高等教育公共基础类“十四五”系列规划教材

线性代数

Linear Algebra

（第三版）

四川大学数学学院 编
陈 丽 谭英谊 胡朝浪 主编

四川大学出版社
SICHUAN UNIVERSITY PRESS

图书在版编目（CIP）数据

线性代数 / 四川大学数学学院编 ; 陈丽， 谭英谊，
胡朝浪主编． — 3 版． — 成都 ： 四川大学出版社，
2023.12（2024.7 重印）

ISBN 978-7-5690-6505-3

Ⅰ．①线… Ⅱ．①四… ②陈… ③谭… ④胡… Ⅲ．
①线性代数－高等学校－教材 Ⅳ．① O151.2

中国国家版本馆 CIP 数据核字（2023）第 242829 号

书　　名：线性代数（第三版）
　　　　　Xianxing Daishu (Di-san Ban)
编　　者：四川大学数学学院
主　　编：陈　丽　谭英谊　胡朝浪
丛 书 名：高等教育公共基础类“十四五”系列规划教材

丛书策划：李志勇　王　睿
选题策划：毕　潜　王　睿
责任编辑：毕　潜　王　睿
责任校对：胡晓燕
装帧设计：墨创文化
责任印制：王　炜

出版发行：四川大学出版社有限责任公司
　　　　　地址：成都市一环路南一段 24 号（610065）
　　　　　电话：（028）85408311（发行部）、85400276（总编室）
　　　　　电子邮箱：scupress@vip.163.com
　　　　　网址：https://press.scu.edu.cn
印前制作：四川胜翔数码印务设计有限公司
印刷装订：成都金龙印务有限责任公司

成品尺寸：185mm×260mm
印　　张：15
字　　数：368 千字

版　　次：2012 年 8 月 第 1 版
　　　　　2024 年 1 月 第 3 版
印　　次：2024 年 7 月 第 3 次印刷
定　　价：58.00 元

本社图书如有印装质量问题，请联系发行部调换

扫码获取数字资源

四川大学出版社
微信公众号

前　言

线性代数对人类社会的影响是巨大的，在现实生活中被用来解决数学、物理学、生物学、化学、工程、统计学、生态经济学、金融学、心理学和社会学等领域的问题．线性代数的应用包括信息传输、电影和视频特效的开发、声音录制、互联网上的网络搜索引擎和经济分析等方面．线性代数是大学数学教育中一门主要基础课程，对于培养新世纪人才起着重要作用．本书是在四川大学进行多年教学实践与改革探索的基础上编写而成的，并经过多次修订，逐渐完善．本书充分吸收国内现在通行的《线性代数》教材和国外优秀教材的优点，结合四川大学的理科、工科、医科以及部分文科类专业线性代数的教学要求，逐步形成第三版．

本书在编写时适当进行了一些改革性的尝试，主要具有以下几个特色：

第一，知识体系具备科学性及新颖性．充分吸收国内外相关教材的优点，调整了国内教材的内容结构，优化了线性代数内容的编排，由浅入深，从线性方程组展开，以矩阵为框架，初等行变换为主要工具，线性空间与线性变换为蓝图，建立了线性代数的框架体系．

第二，加入最实用的计算机信息技术知识，具有突出的时代性．随着社会的日益发展，以计算机为核心的信息技术在社会的各个领域广泛应用，线性代数的内容也与计算机信息技术密切相关．本书的线性方程组、矩阵、行列式各章中都涉及信息技术知识，第 8 章专门介绍了用国产数学软件北太天元解决线性代数的相关问题．这些体现了信息技术的应用化教育，具有鲜明的时代特色．

第三，结构逻辑性强，可阅读性高．遵照循序渐进原则，知识引入自然、合理，使用规范的数学符号和术语，推导论证严密流畅，文字通俗易懂．

第四，注重理论联系实际，具有较强的实用性．为了体现数学知识的综合运用和应用数学工具解决实际问题的过程与方法，本书列举了相应知识的应用实例，可以培养学生的应用意识，激发学习兴趣，提高学生融会贯通地分析问题和解决问题的能力．

第五，内容取舍上注重与中学内容的衔接，与后续课程的关联，与国际接轨，适用范围广泛．本书在术语符号上采用国际通用符号．本书适用于理工科学生作为线性代数教材使用，还可以作为高等教育自学考试用书和考研参考书．

第六，守正创新，与时俱进．本书新增了一批数字教学资源，以拓展教学范围，丰富教材形态，满足广大读者深入学习、理解课程内容、掌握课程教学要求的需要．这些资源可以通过扫描书中的二维码来使用．增加的数字教学资源包括两类：一类是重点、难点和疑难点的讲解视频；另一类是每章的部分习题的数字化内容，可直接用手机操作练习，直接得分.

本书共8章.

第1章主要从线性方程组的高斯消元法求解过程自然地引出矩阵及初等变换,得到线性方程组的解的情况,并介绍了线性方程组的一些应用.

第2章首先介绍了矩阵的线性运算,接着从线性方程的角度引出矩阵的乘法.对于矩阵的逆也是紧密结合线性方程组、矩阵的初等变换给出其判定的充要条件.本章的最后两节介绍了矩阵的转置与分块.

第3章根据方阵可逆的充要条件,分别从一阶、二阶、三阶方阵可逆推导出这些低阶方阵的行列式不等于零,进而以递推方式给出了 n 阶行列式的定义.以初等行变换作用在矩阵上使得矩阵的行列式发生相应变化,从本质上展现出行列式的性质.本章还介绍了行列式的计算以及克莱姆法则等应用。

第4章引入了 n 维向量的概念,讨论了向量组线性相关和线性无关的概念和性质,向量的线性关系是线性代数最重要的基本概念之一,本章的许多结果都是基于线性无关性的概念来展开的.在介绍了向量组的极大线性无关组和秩后,进一步考虑了向量空间 $\mathbf{R}^n$ 的基、维数、向量坐标和子空间等概念.矩阵的秩作为列向量组的秩引入.在此基础上,本章系统地研究了线性方程组的问题,讨论了一般线性方程组有解的条件、解的性质、解的结构,使线性方程组的理论表述更加简明、深刻.

第5章引入了抽象的线性空间的概念,研究了线性空间的性质与结构,为进一步揭示线性空间的向量之间的内在联系,研究了线性变换的性质及其与矩阵之间的关系.线性空间与线性变换深刻地揭示了线性代数各种问题的本质,具有高度的抽象概括性,初步体现了从具体到抽象、化抽象为具体的代数思想.根据不同专业的要求,本章可选择性地教学.

第6章和第7章特征向量与二次型的内容集中在矩阵理论及其应用几个方面:矩阵的相似、合同,矩阵对角化的条件,实对称矩阵正交相似与对角形矩阵的理论与计算,实对称矩阵与实二次型的分类并应用于函数的极值问题,以及二次曲线、二次曲面的分类.

第8章介绍了国产数学软件北太天元的最基本的使用方法以及用以解决最基本线性代数问题的有关指令,并给出了若干应用实例,可用于计算机辅助教学.

本教材由四川大学数学学院高等数学教研室组织编写,参加编写的人员有陈丽、谭英谊、胡朝浪.第1、2、3章由陈丽编写,第4、5章由谭英谊编写,第6、7、8章由胡朝浪编写.

本教材在编写过程中得到四川大学数学学院和四川大学出版社的鼎力支持,并获得了许多同行的支持与帮助,在此表示真诚的感谢.

本书中难免有不妥之处,欢迎读者批评指正.

编　者

2023年8月

目　录

第 1 章　线性方程组

在数学里最重要的一个问题可能就是解线性方程组. 在科学研究或工业应用中大部分的数学问题会在某一阶段涉及线性方程组. 利用现代数学方法，一个复杂的问题通常可转化为一个简单的线性方程组. 线性方程组是在应用中产生的，广泛涉及商业、经济学、社会学、生态学、人口统计学、遗传学、电子学、工程学、物理等领域. 因此，本书第 1 章就从线性方程组开始.

§1.1　线性方程组　高斯消元法与矩阵

定义 1.1.1　一个 ***n* 元线性方程**(linear equation in n unknowns)是具有如下形式的方程：

$$a_1x_1+a_2x_2+\cdots+a_nx_n=b, \tag{1.1.1}$$

其中，系数(coefficients)a_1，a_2，…，a_n 与常数项b 均为已知的实数或者复数；x_1，x_2，…，x_n 为未知变量；n 为正整数. 一个**线性方程组**(system of linear equations)或者**线性系统**(linear system)是一个或者几个含相同变量的线性方程的集合. 一个含 m 个方程的 n 元线性方程组形如：

$$\begin{cases} a_{11}x_1+a_{12}x_2+\cdots+a_{1n}x_n=b_1, \\ a_{21}x_1+a_{22}x_2+\cdots+a_{2n}x_n=b_2, \\ \qquad\qquad\vdots \\ a_{m1}x_1+a_{m2}x_2+\cdots+a_{mn}x_n=b_m, \end{cases} \tag{1.1.2}$$

其中，a_{ij} 与 b_i($i=1$，2，…，m；$j=1$，2，…，n)都是已知的数. 我们称(1.1.2)为 $m\times n$ 线性方程组. 当 b_i 全为零时，称(1.1.2)为**齐次线性方程组**(homogeneous linear equations). 当 b_i 不全为零时，称(1.1.2)为**非齐次线性方程组**(nonhomogeneous linear equations). 方程组的**解**(solution)是一组满足方程组的 n 元有序数组(x_1，x_2，…，x_n). 如果 n 元数组(0，0，…，0)满足方程组，就称其为方程组的**零解**(zero solution). 若方程组的解中含有非零数，则称其为**非零解**(untrival solution). 方程组的全部解的集合，称为方程组的**解集**(solution set).

下列都是线性方程组.

$$(A)\begin{cases} x_1+3x_2=7, \\ 2x_1+x_2=4. \end{cases}\qquad (B)\begin{cases} x_1-x_2=2, \\ -x_1+x_2=-2. \end{cases}\qquad (C)\begin{cases} x_1-x_2=2, \\ x_1-x_2=3. \end{cases}$$

如二元数组(1, 2)是方程组(A)的解，二元数组(3, 1)是方程组(B)的一个解. 但是方程组(C)没有解. 因为上述三个方程组的每个方程在几何上表示平面内的一条直线，求解方程组实际上就是求两条直线的交点. 方程组(A)表示两条直线相交于唯一一点(1, 2). 方程组(B)表示两条直线重合，从而交点有无穷多个，意味着方程组(B)有无穷多解. 方程组(C)表示两条直线平行但不重合，所以无交点，从而方程组无解. 这个例子反映了线性方程组的一般事实.

线性方程组的解有三种情况：(1)无解；(2)有唯一解；(3)有无穷多解.

注:如果一个线性方程组有唯一解或无穷多解，则称它是**相容**(consistent)的；如果无解，则称它是**不相容**(inconsistent)的.

线性方程组的两个基本问题：

(1)**方程组是否有解，即是否至少存在一个解. 这是解的存在性问题.**

(2)**如果解存在，解是否仅有一个. 这是解的唯一性问题.**

在初等数学中，我们用代入消元法或者加减消元法求解二元和三元线性方程组. 容易发现线性方程组的解完全由未知量的系数与常数项确定. 为了更清楚地表达线性方程组的解与未知量的系数和常数项的关系，我们在本节讨论一般线性方程组求解的**高斯消元法**(Gaussian elimination).

考虑两个线性方程组：

$$(A)\begin{cases} 2x_1+2x_2-x_3=3, \\ \qquad x_2 \qquad =2, \\ \qquad\qquad 2x_3=6. \end{cases}\qquad (B)\begin{cases} 2x_1+2x_2-x_3=3, \\ -2x_1-x_2+x_3=-1, \\ 2x_1+2x_2+x_3=9. \end{cases}$$

方程组(A)易解，因为从后两个方程立即得到 $x_2=2$，$x_3=3$. 然后把它们代入第一个方程解得 $x_1=1$. 因此方程组(A)的解为三元有序数组(1, 2, 3).

方程组(B)看起来要复杂一些. 实际上方程组(B)与(A)有相同的解. 将第一个方程与第二个方程相加得

$$\begin{array}{rcrcrcr} 2x_1 & + & 2x_2 & - & x_3 & = & 3 \\ -2x_1 & - & x_2 & + & x_3 & = & -1 \\ \hline & & x_2 & & & = & 2 \end{array}$$

如果三元有序数组(x_1, x_2, x_3)是方程组(B)的任一解，则它必满足方程组的每一个方程，也就一定满足其中任意两个方程相加或者乘以某个非零常数产生的新方程. 自然地，交换两个方程的位置也不会改变方程组的解. 所以 $x_2=2$.

同样地，第三个方程减去第一个方程得

$$\begin{array}{rcrcrcl} 2x_1 & + & 2x_2 & + & x_3 & = & 9 \\ 2x_1 & + & 2x_2 & - & x_3 & = & 3 \\ \hline & & & & 2x_3 & = & 6 \end{array}$$

所以方程组(B)的解一定是方程组(A)的解.

用方程组(A)的第二个方程 $x_2=2$ 减去第一个方程，可得方程组(B)的第二个方程；用方程组(A)的第一个方程加上第三个方程，可得到方程组(B)的第三个方程. 所以方程组(A)的解是方程组(B)的解.

因此三元有序数组(x_1, x_2, x_3)是方程组(B)的解当且仅当它是方程组(A)的解. 所以两个方程组有相同的解(1，2，3).

包含相同变量的两个方程组如果有相同的解集，则称它们是**等价**的(equivalent).

归纳起来，有三种变换作用在一个线性方程组上可以获得与之等价的线性方程组，我们称这三种变换为**线性方程组的初等变换**(elementary operations of linear system)：

(1) 交换方程组中两个方程的顺序.

(2) 在一个方程的两端都乘以一个非零的常数.

(3) 一个方程的常数倍加在另一个方程上.

一般地，只要给定一个线性方程组，我们可以使用这三种变换获得比原方程组更容易求解的等价线性方程组. 从上面的例子中可以看到，方程组(A)比方程组(B)易求解. 原因在于方程组(A)具有"阶梯形" 形式，而方程组(B)明显就不具备"阶梯形" 形式.

阶梯形方程组易解，线性方程组的初等变换作用就是将方程组化成阶梯形.

在运用消元法求解方程组的过程中，参与变换运算的实际上是方程组中各变量的系数及常数项.

定义 1.1.2　由 $m\times n$ 个(实或复)数 $a_{ij}(i=1, 2, \cdots, m; j=1, 2, \cdots, n)$排成 m 行 n 列的数表

$$\begin{bmatrix} a_{11} & a_{12} & \cdots & a_{1n} \\ a_{21} & a_{22} & \cdots & a_{2n} \\ \vdots & \vdots & & \vdots \\ a_{m1} & a_{m2} & \cdots & a_{mn} \end{bmatrix}$$

称为 m 行 n 列矩阵(或 $m\times n$ 矩阵)，简称**矩阵**(matrix). 数 a_{ij} 称为矩阵的第 i 行第 j 列(或位于(i,j))**元素**(entry).

我们常用大写字母 $\boldsymbol{A}$，$\boldsymbol{B}$，…表示矩阵. 需要表示出它的元素时，可记为 $\boldsymbol{A}=[a_{ij}]$，$\boldsymbol{B}=[b_{ij}]$等. 如果要指明它是 m 行 n 列矩阵，则可用 $\boldsymbol{A}_{m\times n}$，$\boldsymbol{A}_{mn}$ 或$[a_{ij}]_{m\times n}$等记号表示. 元素全为零的矩阵，称为零矩阵，记为 $\boldsymbol{O}_{mn}$ 或 $\boldsymbol{O}$. 当矩阵 $\boldsymbol{A}$ 的行数与列数等于 n 时称为 n 阶矩阵、n 阶方阵或方阵，可表示为 $\boldsymbol{A}_n$ 或 $\boldsymbol{A}_{nn}$. 特别地，一阶矩阵是由一个元素构成的矩阵. n 阶方阵的元素 $a_{11}, a_{22}, \cdots, a_{nn}$ 在方阵的主对角线上.

定义 1.1.3　一个线性方程组中每个变量的系数及常数项按照它们在方程组中的位

置构成的矩阵，称为方程组的**增广矩阵**(augmented matrix). 如果只是把方程组中各变量的系数按照它们在方程组中的位置排成一个矩形阵列，就称之为方程组的**系数矩阵**(coefficient matrix).

一个增广矩阵与一个方程组一一对应. 增广矩阵的一行与一个方程对应. 系数矩阵的行数对应方程组中方程个数，其列数对应方程组未知量个数. 方程组中的初等变换就对应增广矩阵的行之间的相应变换.

利用矩阵记号，可以简化求解线性方程组.

例 1.1.1 求解线性方程组

$$\begin{cases} x_1-2x_2+x_3=0, \\ 2x_2+x_3=7, \\ 2x_1+x_2-x_3=1. \end{cases}$$

解 下面分别采用方程组记号与矩阵记号来描述消元过程，并将结果呈现. 可以从对照中看到运用矩阵的方便性.

$$\begin{cases} x_1-2x_2+x_3=0 \\ 2x_2+x_3=7 \\ 2x_1+x_2-x_3=1 \end{cases} \qquad \begin{bmatrix} 1 & -2 & 1 & 0 \\ 0 & 2 & 1 & 7 \\ 2 & 1 & -1 & 1 \end{bmatrix}$$

保留第一个方程中的 x_1，并且消去其余方程中的 x_1. 注意并不是真正地消去变量 x_1，实质上是把 x_1的系数化为 0. 把第一个方程的 -2 倍加到第三个方程上，将计算结果代替原第三个方程.

$$\begin{cases} x_1-2x_2+x_3=0 \\ 2x_2+x_3=7 \\ 5x_2-3x_3=1 \end{cases} \qquad \begin{bmatrix} 1 & -2 & 1 & 0 \\ 0 & 2 & 1 & 7 \\ 0 & 5 & -3 & 1 \end{bmatrix}$$

将上述第二个方程的 1 倍加到第一个方程上，第二个方程的 $-\dfrac{5}{2}$ 倍加到第三个方程上，得

$$\begin{cases} x_1+2x_3=7 \\ 2x_2+x_3=7 \\ -\dfrac{11}{2}x_3=-\dfrac{33}{2} \end{cases} \qquad \begin{bmatrix} 1 & 0 & 2 & 7 \\ 0 & 2 & 1 & 7 \\ 0 & 0 & -\dfrac{11}{2} & -\dfrac{33}{2} \end{bmatrix}$$

将上述第三个方程乘以 $-\dfrac{2}{11}$，把 x_3的系数化为 1，得

$$\begin{cases} x_1+2x_3=7 \\ 2x_2+x_3=7 \\ x_3=3 \end{cases} \qquad \begin{bmatrix} 1 & 0 & 2 & 7 \\ 0 & 2 & 1 & 7 \\ 0 & 0 & 1 & 3 \end{bmatrix}$$

将上述第三个方程的 -1 倍加到第二个方程上，消去第二个方程中的变量 x_3. 将第三个方程的 -2 倍加到第一个方程上，消去第一个方程中的变量 x_3.

$$\begin{cases} x_1 & & & =1 \\ & 2x_2 & & =4 \\ & & x_3 & =3 \end{cases} \qquad \begin{bmatrix} 1 & 0 & 0 & 1 \\ 0 & 2 & 0 & 4 \\ 0 & 0 & 1 & 3 \end{bmatrix}$$

将上述第二个方程乘以$\frac{1}{2}$，把 x_2的系数化为 1. 得方程组的解：

$$\begin{cases} x_1 & & & =1 \\ & x_2 & & =2 \\ & & x_3 & =3 \end{cases} \qquad \begin{bmatrix} 1 & 0 & 0 & 1 \\ 0 & 1 & 0 & 2 \\ 0 & 0 & 1 & 3 \end{bmatrix}$$

定义 1.1.4　我们把作用在增广矩阵上的对应于线性方程组的三种初等变换称为**矩阵的初等行变换**(elementary row operations of matrix)：

(1) 对换变换——交换矩阵的两行.

(2) 数乘变换——将某行全体元素都乘以某一非零常数.

(3) 倍加变换——把某行用该行与另一行的常数倍的和替换，即把另一行的常数倍加到某行上.

初等行变换可以应用于任意矩阵.

定义 1.1.5　两个矩阵如果可以通过一系列的初等行变换进行转化，则称这两个矩阵是**行等价**(row equivalent)的.

需要注意初等行变换是可逆的. 如果两行交换，那么再进行一次交换，它们可以回到原来的位置. 如果一行乘以非零常数 c，那么在得到的新行上乘以$\frac{1}{c}$ 就还原成原来的行. 最后考虑两行的倍加变换，比如说第一行的 c 倍加到第二行上得到新的第二行，这个变换的逆就是把第一行的 $-c$ 倍加到第二行上，其结果是原来的第二行.

一个方程组经初等变换变为一个新的方程组，这个新方程组经过初等变换可以还原为原方程组. 对应地，一个方程组的增广矩阵通过一系列的初等行变换化为一个新方程组的增广矩阵，这个新增广矩阵可以通过初等行变换化为原来方程组的增广矩阵. 最重要的是，初等行变换前后的方程组的解是相同的.

定理 1.1.1　如果两个线性方程组的增广矩阵是行等价的，那么这两个线性方程组有相同的解.

§1.2　行化简和阶梯形矩阵　解的存在性与唯一性

在第一节中我们已经看到阶梯形方程组容易求解. 将方程组化为阶梯形，从矩阵角度看就是要将方程组的系数矩阵化为“阶梯形”. 我们首先介绍包括“阶梯形”矩阵在内的两类重要矩阵. 矩阵的非零行(非零列)是指至少包含一个非零元素的行(列)；行的非零首元或首项元素(leading entry)是指非零行中最左边的非零元素.

定义 1. 2. 1 如果一个矩阵满足下列两个性质，则称该矩阵具有**阶梯形**(echelon form)，称该矩阵为**阶梯形矩阵**(echelon matrix)：

(1) 所有非零行均在零行之上.

(2) 每一行非零首元所在的列，都在上一行非零首元所在列的右边，即非零首元所在列数随行数增加而严格增加.

如果一个阶梯形矩阵还满足以下条件，则称该矩阵具有**行简化阶梯形式**(reduced echelon form)，称该矩阵为**行最简形矩阵**(reduced echelon matrix)或 Jordan 阶梯形矩阵：

(3) 非零行中的非零首元均为 1.

(4) 每个非零首元 1 在其所处的列中是唯一的非零元素.

使用不同顺序的初等行变换，任意一个非零矩阵 $\boldsymbol{A}$ 都可以化为不同的阶梯形矩阵，这个阶梯形矩阵称为 $\boldsymbol{A}$ 的阶梯形. 但是从一个矩阵出发，通过不同顺序的初等行变换化简，得到的行简化阶梯形矩阵是唯一的，从而矩阵有唯一的行最简形.

证明见附录.

当矩阵进行初等行变换得到行阶梯形矩阵后，在进一步化简为行最简形的过程中，非零行的非零首元位置没有变化. 根据行最简形的唯一性，在由给定矩阵得到任意阶梯形矩阵的过程中，非零首元位置相同.

定义 1. 2. 2 矩阵 $\boldsymbol{A}$ 的阶梯形中非零首元对应的位置称为 $\boldsymbol{A}$ 的**主元位置**(pivot position)，位于主元位置的元素称为**主元**(pivot)，主元所在列称为 $\boldsymbol{A}$ 的一个**主元列**(pivot column).

我们在求解线性方程组，讨论矩阵代数、行列式、向量空间的过程中，许多基本概念都与矩阵的主元位置有联系.

例 1. 2. 1 将下列矩阵 $\boldsymbol{A}$ 化为阶梯形矩阵，进而化为行最简形，并求 $\boldsymbol{A}$ 的主元列.

$$\begin{bmatrix} 0 & 0 & -3 & 1 & 6 \\ 2 & -4 & 3 & -4 & -11 \\ -1 & 2 & -1 & 2 & 5 \\ 3 & -6 & 10 & -8 & -28 \end{bmatrix}$$

解 最左边第一列是非零列，所以(1,1)位置就是第一个主元位置. 对换第一、三行，这是因为第三行的第一个元素是 -1，用它可以将第一列的其余非零元化为零，而且不涉及分数运算.

$$\begin{bmatrix} -1 & 2 & -1 & 2 & 5 \\ 2 & -4 & 3 & -4 & -11 \\ 0 & 0 & -3 & 1 & 6 \\ 3 & -6 & 10 & -8 & -28 \end{bmatrix}$$

对上面的矩阵，使用倍加变换将(1,1)主元位置下方的元素都化为零. 第一行的 2 倍加到第二行、第一行的 3 倍加到第四行，分别将第二、第四行的第一个元素化为零.

$$\begin{bmatrix} -1 & 2 & -1 & 2 & 5 \\ 0 & 0 & 1 & 0 & -1 \\ 0 & 0 & -3 & 1 & 6 \\ 0 & 0 & 7 & -2 & -13 \end{bmatrix}$$

这个新矩阵的第二行的主元位置必须尽可能地靠左，所以第二行的主元位于第三列. 选定(2，3)位置的元 1 为第二行的主元. 用初等行变换把它下方的元素化为零. 将第二行的 3 倍加到第三行、将第二行的 −7 倍加到第四行，得

$$\begin{bmatrix} -1 & 2 & -1 & 2 & 5 \\ 0 & 0 & 1 & 0 & -1 \\ 0 & 0 & 0 & 1 & 3 \\ 0 & 0 & 0 & -2 & -6 \end{bmatrix}$$

选定第三行的主元为(3，4)位置的元素 1，然后用第三行的 2 倍加到第四行，将主元下方的元素化为零. 这就得到了矩阵 $\boldsymbol{A}$ 的阶梯形矩阵.

$$\begin{bmatrix} -1 & 2 & -1 & 2 & 5 \\ 0 & 0 & 1 & 0 & -1 \\ 0 & 0 & 0 & 1 & 3 \\ 0 & 0 & 0 & 0 & 0 \end{bmatrix}$$

此时该矩阵的主元位置为(1,1),(2,3),(3,4). 我们继续对阶梯形矩阵应用初等行变换，将主元列除主元外的元素化为零并将主元化为 1，就得到了矩阵 $\boldsymbol{A}$ 的行最简形矩阵，同时得到了矩阵 $\boldsymbol{A}$ 的主元列是第一、三、四列.

$$\begin{bmatrix} 1 & -2 & 0 & 0 & 2 \\ 0 & 0 & 1 & 0 & -1 \\ 0 & 0 & 0 & 1 & 3 \\ 0 & 0 & 0 & 0 & 0 \end{bmatrix}$$

通过例 1.2.1 显示，主元是位于主元位置的非零元素. 不同的初等行变换顺序，可生成不同的主元集合. 上例中阶梯形矩阵的主元就是 −1，1，1. 主元的作用是可用初等行变换中的倍加变换生成零元.

矩阵的行化简算法　应用初等行变换，化矩阵为阶梯形矩阵(行最简形)的一般步骤如下：

(1) 从矩阵最左边的非零列开始，主元位置在该列的第一行. 如果该位置上的元素是零元，就应用初等行对换变换把该位置元变为非零元，得到一个主元.

(2) 应用初等行变换中的倍加变换将主元下方的元素化为零.

(3) 盖住或者忽略含有主元位置的行和它上面所有的行. 对余下的子矩阵应用第一步到第二步就可得到阶梯形矩阵.

(4) 如果要得到行最简形矩阵，在进行第二步时，就应用初等行变换中的倍加变换将主元列中除主元外的所有元素化为零，并用数乘变换将主元化为 1.

我们把上述矩阵的行化简算法应用到方程组的增广矩阵上，将直接得出线性方程组

是否有解，在有解的情况下，还可得出其解集的显式表示.

例 1.2.2 求解线性方程组

例 1.2.2 解析

$$\begin{cases} x_1+x_2+x_3+x_4+x_5=1, \\ -x_1-x_2+x_5=-1, \\ -2x_1-2x_2+3x_5=1, \\ x_3+x_4+3x_5=3, \\ x_1+x_2+2x_3+2x_4+4x_5=4. \end{cases}$$

解 首先对增广矩阵用初等行变换化简为阶梯形矩阵(或化为行最简形)

$$\begin{bmatrix} 1 & 1 & 1 & 1 & 1 & 1 \\ -1 & -1 & 0 & 0 & 1 & -1 \\ -2 & -2 & 0 & 0 & 3 & 1 \\ 0 & 0 & 1 & 1 & 3 & 3 \\ 1 & 1 & 2 & 2 & 4 & 4 \end{bmatrix} \to \begin{bmatrix} 1 & 1 & 1 & 1 & 1 & 1 \\ 0 & 0 & 1 & 1 & 2 & 0 \\ 0 & 0 & 0 & 0 & 1 & 3 \\ 0 & 0 & 0 & 0 & 0 & 0 \\ 0 & 0 & 0 & 0 & 0 & 0 \end{bmatrix} \to \begin{bmatrix} 1 & 1 & 0 & 0 & 0 & 4 \\ 0 & 0 & 1 & 1 & 0 & -6 \\ 0 & 0 & 0 & 0 & 1 & 3 \\ 0 & 0 & 0 & 0 & 0 & 0 \\ 0 & 0 & 0 & 0 & 0 & 0 \end{bmatrix}$$

我们可以看到线性方程组的系数矩阵的主元列数与增广矩阵的主元列数相等，都为 3. 从阶梯形矩阵及行最简形矩阵可以分别写出对应的等价线性方程组：

$$\begin{cases} x_1+x_2+x_3+x_4+x_5=1, \\ x_3+x_4+2x_5=0, \\ x_5=3. \end{cases} \quad \begin{cases} x_1+x_2=4, \\ x_3+x_4=-6, \\ x_5=3. \end{cases} \tag{1.2.1}$$

从上面的方程组可以解出

$$\begin{cases} x_1=4-x_2, \\ x_3=-6-x_4, \\ x_5=3. \end{cases} \tag{1.2.2}$$

其中，变量 x_1，x_3，x_5 与阶梯形矩阵的主元位置对应，称为**基本变量**(basic variables). 因为在行最简形矩阵对应的方程组中，这三个变量分别只在一个方程中出现，可以将它们解出来，用显式表示. 方程组余下的变量 x_2，x_4 称为**自由变量**(free variables). 称 x_2，x_4 为自由变量，是因为我们可以自由地选择它们的值. 一旦选定，方程组(1.2.2)就可以确定 x_1，x_3，x_5 的值，从而得到原方程组的一个解. 例如，当取 $x_2=1$，$x_4=-1$，从(1.2.2)可以解得 $x_1=3$，$x_3=-5$，$x_5=3$，原方程组的一个解为 $x_1=3$，$x_2=1$，$x_3=-5$，$x_4=-1$，$x_5=3$. 方程组(1.2.2)中的解称为原方程组的**通解**(general solution)，因为它给出了所有解的显式表示.

在这个例题里，必须注意到，自由变量的出现，是因为线性方程组的主元列数(主元列数就是基本变量的个数)少于总的未知量个数. 主元列数为 3，总的未知量个数为 5，所以剩下的两个未知量就自然地成为了自由变量. 自由变量的个数等于总未知量个数减去基本变量个数，也就是等于总未知量个数减去主元列数的差值.

通解(1.2.2)中的表示是解集的参数表示，自由变量作为参数出现. 在方程组有解时，且有自由变量，则解集就可以有多种参数表示. 如在(1.2.1)中，我们可以把 x_1，x_3

当作参数变量，求出用 x_1，x_3 表示的 x_2，x_4，x_5. 我们也可以得到方程组通解的显式表达 $x_2=4-x_1$，$x_4=-6-x_3$，$x_5=3$. 方程组无解时，解集没有参数表示.

例 1.2.3　求解线性方程组

例 1.2.3 解析

$$\begin{cases} x_1+x_2+x_3+x_4+x_5=1, \\ -x_1-x_2+x_5=-1, \\ -2x_1-2x_2+2x_5=1, \\ x_3+x_4+3x_5=3, \\ x_1+x_2+2x_3+2x_4+4x_5=4. \end{cases}$$

解　首先对增广矩阵用初等行变换化简为阶梯形矩阵(或化为行最简形)

$$\begin{bmatrix} 1 & 1 & 1 & 1 & 1 & 1 \\ -1 & -1 & 0 & 0 & 1 & -1 \\ -2 & -2 & 0 & 0 & 2 & 1 \\ 0 & 0 & 1 & 1 & 3 & 3 \\ 1 & 1 & 2 & 2 & 4 & 4 \end{bmatrix} \rightarrow \begin{bmatrix} 1 & 1 & 1 & 1 & 1 & 1 \\ 0 & 0 & 1 & 1 & 2 & 0 \\ 0 & 0 & 0 & 0 & 1 & 3 \\ 0 & 0 & 0 & 0 & 0 & 3 \\ 0 & 0 & 0 & 0 & 0 & 0 \end{bmatrix}$$

从阶梯形矩阵写出对应的等价线性方程组：

$$\begin{cases} x_1+x_2+x_3+x_4+x_5=1, \\ x_3+x_4+2x_5=0, \\ x_5=3, \\ 0=3. \end{cases}$$

其中出现了一个矛盾方程 $0=3$，对任意的变量取值，都不可能满足这个方程，所以原方程组无解. 这个现象也反映出系数矩阵的主元列数与增广矩阵的主元列数不等，系数矩阵的主元列数比增广矩阵的主元列数少 1.

类似于例 1.2.2 和例 1.2.3，对任意一个线性方程组，运用初等行变换将其增广矩阵化为阶梯形(行最简形)，再写出对应的等价方程组，依据等价方程组有没有包含矛盾方程，可以判断方程组有无解. 我们可以得到下面的定理.

定理 1.2.1　一个线性方程组有解当且仅当增广矩阵的最右边一列不为主元列，即当且仅当增广矩阵的阶梯形式没有如下形式的行：

$$[0 \ \cdots \ 0 \ b],$$

其中 b 不为零.

在线性方程组有解时，如果没有自由变量，则方程组有唯一解；如果至少有一个自由变量，则方程组有无穷多解.

我们利用系数矩阵与增广矩阵的主元列数，可以将上面的定理重新叙述如下：

定理 1.2.2　一个线性方程组有解当且仅当系数矩阵与增广矩阵有相同的主元列数. 在线性方程组有解时，如果主元列数等于未知量个数，则方程组有唯一解；如果主元列数少于未知量个数，则方程组有无穷多解.

推论 1.2.1　齐次线性方程组一定有解. $m\times n$ 的齐次线性方程组只有零解当且仅

当其系数矩阵的主元列数等于未知量个数 n. $m\times n$ 的齐次线性方程组有非零解当且仅当其系数矩阵的主元列数小于未知量个数 n.

推论 1.2.2 若 $m<n$，则 $m\times n$ 的齐次线性方程组有非零解.

下面的步骤概括了如何求出并表示线性方程组的所有解.

使用初等行变换求解线性方程组的步骤：

(1) 写出方程组的增广矩阵.

(2) 使用初等行变换法得到等价的阶梯形矩阵. 判定方程组是否有解. 如果无解，则停止；否则，进行下一步.

(3) 继续进行初等行变换化简，得到行最简形.

(4) 写出行最简形矩阵对应的线性方程组.

(5) 改写第四步得到的每个非零方程，将其中的基本变量显式表示出来，得到方程组的解.

我们将在第 4 章向量空间中继续揭示方程组有无解的判定，以及方程组有无穷多解时解的结构.

*§1.3 线性方程组的应用

§1.3.1 经济学中的线性方程组

假设一个经济系统或经济实体包含多个部门. 我们知道每个部门一年的总产出，并准确了解其产出如何在经济系统或经济实体的其他部门之间分配或交易. 把一个部门产出的总货币价值称为该产出的价格. 经济学家列昂惕夫(Wassily Leontief)①教授对投入产出模型证明了下面的结论：

存在赋给各部门总产出的平衡价格，使得每个部门的投入与产出都相等.

下面的例题说明如何求平衡价格.

例 1.3.1 商品交换的经济模型.

假设一个原始社会的部落中，人们从事三种职业：农业生产、工具和器皿的手工制作、缝制衣物. 最初，假设部落中不存在货币制度，所有的商品和服务均进行实物交换. 我们记这三类人为 F，M，C，假设农民 F 留他们收成的一半给自己、$\frac{1}{4}$ 收成给手工业者、$\frac{1}{4}$ 收成给制衣工人. 手工业者将他们的产品平均分成三份，每一类成员得到 $\frac{1}{3}$. 制衣工人将一半的衣物给农民，并将剩余的一半平均分给手工业者和他们自己. 综上所述，可得如下表格：

① Wassily W Leontief. Input-Output Economics[J]. Scientific American, 1987(10): 15−21.

	F	M	C
F	$\frac{1}{2}$	$\frac{1}{3}$	$\frac{1}{2}$
M	$\frac{1}{4}$	$\frac{1}{3}$	$\frac{1}{4}$
C	$\frac{1}{4}$	$\frac{1}{3}$	$\frac{1}{4}$

该表格的第一列表示农民生产产品的分配，第二列表示手工业者生产产品的分配，第三列表示制衣工人生产产品的分配.

当部落规模增大时，实物交易系统就变得非常复杂，因此，部落决定使用货币系统. 对这个简单的经济体系，我们假设没有资本的积累和债务，并且每一种产品的价格均可以反映实物交换系统中产品的价值. 问题是，如何给三种产品定价，就可以公平地体现当前的实物交易系统.

解　这个问题可以利用经济学家列昂惕夫提出的经济模型转化为线性方程组. 对这个模型，我们令 x_1 为所有农产品的价值，x_2 为所有手工业产品的价值，x_3 为所有服装的价值. 由表格的第一行，农民获得的产品价值是所有农产品价值的 $\frac{1}{2}$，加上 $\frac{1}{3}$ 的手工业产品的价值，再加上 $\frac{1}{2}$ 的服装价值. 因此，农民总共得到的产品价值为

$$\frac{1}{2}x_1+\frac{1}{3}x_2+\frac{1}{2}x_3=x_1.$$

利用表格的第二行，将手工业者得到和制造的产品价值写成方程，我们得到第二个方程

$$\frac{1}{4}x_1+\frac{1}{3}x_2+\frac{1}{4}x_3=x_2.$$

最后利用表格的第三行，我们得到

$$\frac{1}{4}x_1+\frac{1}{3}x_2+\frac{1}{4}x_3=x_3.$$

这些方程可写成齐次方程组：

$$\begin{cases}-\frac{1}{2}x_1+\frac{1}{3}x_2+\frac{1}{2}x_3=0,\\ \frac{1}{4}x_1-\frac{2}{3}x_2+\frac{1}{4}x_3=0,\\ \frac{1}{4}x_1+\frac{1}{3}x_2-\frac{3}{4}x_3=0.\end{cases}$$

该方程组对应的增广矩阵的行最简形为

$$\begin{bmatrix}1 & 0 & -\frac{5}{3} & 0\\ 0 & 1 & -1 & 0\\ 0 & 0 & 0 & 0\end{bmatrix}.$$

它有一个自由变量 x_3. 令 $x_3=3$, 我们得到解(5, 3, 3), 并且通解包含所有(5, 3, 3)的倍数. 由此可得, 变量应按下列的比例取值:

$$x_1 : x_2 : x_3 = 5 : 3 : 3.$$

这个简单的系统是封闭的列昂惕夫生产—消费模型的例子. 列昂惕夫模型是我们理解经济体系的基础. 现代应用则会包含成千上万的经济实体, 并得到一个非常庞大的线性方程组.

例 1.3.2 假设一个城镇有三个主要生产企业:煤矿、电厂、钢铁公司组成它的经济系统, 每个行业的产出在各个行业中的分配如下表所示, 每一列中的元素表示占该行业总产出的比例.

一个简单的经济系统

产出分配			购买者
煤矿	电厂	钢铁公司	
0.0	0.4	0.6	煤矿
0.6	0.1	0.2	电厂
0.4	0.5	0.2	钢铁公司

以第三列为例, 钢铁公司的总产出分配如下:60% 分配到煤矿, 20% 分配到电厂, 余下 20% 分配到钢铁公司(钢铁公司把这 20%当做部门运营所需的投入). 因考虑了所有的产出, 所以每一列的小数加起来必须等于 1.

把煤矿、电厂、钢铁公司每年总产出的价格(即货币价值)分别用 p_C, p_E 和 p_S表示. 试求使得每个行业的投入与产出都相等的平衡价格.

解 沿列可以看出每个行业的产出分配到何处, 沿行则可以看出这个行业的所需的投入. 例如, 第一行说明煤矿接收(购买)了 40% 的电厂产出和 60% 的钢铁公司产出, 由于电厂和钢铁公司的总产出价格分别是 p_E, p_S, 因此煤矿必须分别向电厂和钢铁公司支付 $0.4p_E$ 和 $0.6p_S$元. 煤矿的总支出为 $0.4p_E+0.6p_S$. 为了使煤矿的收入 p_C等于它的支出, 所以

$$p_C = 0.4p_E + 0.6p_S.$$

交易表格的第二行说明了电厂分别要向煤矿、电厂、钢铁公司各部门支付 $0.6p_C$, $0.1p_E$, $0.2p_S$. 因此电厂的收支平衡条件是

$$p_E = 0.6p_C + 0.1p_E + 0.2p_S.$$

交易表格的第三行导出了最后一个收支平衡条件

$$p_S = 0.4p_C + 0.5p_E + 0.2p_S.$$

综合上面三个方程得到一个线性方程组:

$$\begin{cases} p_C - 0.4p_E - 0.6p_S = 0, \\ -0.6p_C + 0.9p_E - 0.2p_S = 0, \\ -0.4p_C - 0.5p_E + 0.8p_S = 0. \end{cases}$$

用初等行变换将增广矩阵化为行最简形(为简单起见, 保留两位小数),即

$$\begin{bmatrix} 1 & -0.4 & -0.6 & 0 \\ -0.6 & 0.9 & -0.2 & 0 \\ -0.4 & -0.5 & 0.8 & 0 \end{bmatrix} \to \begin{bmatrix} 1 & 0 & -0.94 & 0 \\ 0 & 1 & -0.85 & 0 \\ 0 & 0 & 0 & 0 \end{bmatrix}.$$

写出方程组的通解：$p_C = 0.94p_S$，$p_E = 0.85p_S$，其中 p_S 为自由变量. 每个 p_S 的取值都确定一个平衡价格的取值. 如果我们取 p_S 为 100 万元，则 $p_C = 94$ 万元，$p_E = 85$ 万元. 换句话说，如果煤矿产出价格为 94 万元，则电厂产出价格为 85 万元，钢铁公司产出价格为 100 万元，那么每个行业的收入和支出相等.

§1.3.2　网络流中的线性方程组

当科学家、工程师和经济学家研究网络中的流量时，线性方程组就自然产生了. 例如，城市规划者和交通工程师监控城市道路网格内的交通流量，电气工程师计算电路中流经的电流，经济学家分析产品通过批发商和零售商网络从生产者到消费者的分配. 大多数网络问题中的方程组都包含了数百甚至上千个变量和方程.

一个网络由一个点集以及连接部分或全部点的直线或弧线构成. 网络中的点称为联结点(或节点). 网络中的联结线称为分支. 每一个分支中的流量方向已经指定，并且流量(或流速)已知或者已经标为变量.

网络流的基本设想是网络中流入和流出的总量相等，并且每个联结点流入和流出的总量也相等. 例如，一个联结点有一个流入分支和两个流出分支. 通过流入分支进入某联结点的流量是 50 单位，x_1，x_2 分别表示该联结点从其他分支流出的流量. 因为流量在每个联结点守恒，所以我们一定有 $x_1 + x_2 = 50$. 在类似的网络模式中，每个联结点的流量都可以用一个线性方程组来表示. 网络分析要解决的问题就是：在部分信息(如网络的输入量)已知的情况下，确定每一分支中的流量.

例 1.3.3　图 1.1 中的网络给出了下午 3:00—4:00，某市紫荆片区的一些单行道交通流量(以每小时的汽车数量来度量). 确定网络的流量模式.

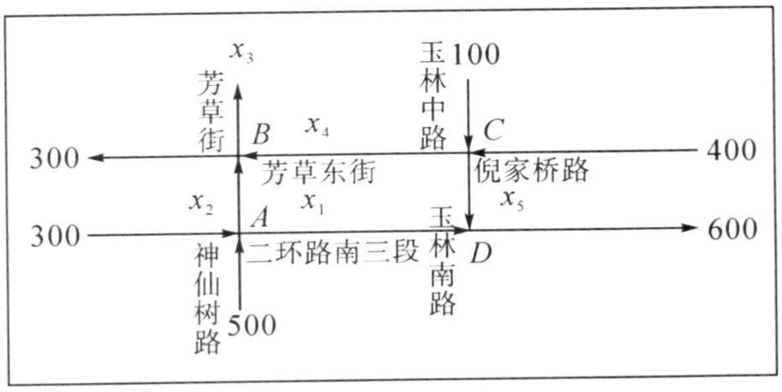

图 1.1　交通流量

解　写出流量表示的方程，然后求出方程的通解. 首先标出街道交叉点(联结点)和分支中未知的流量，如图 1.1 所示. 设定每个交叉点的流入量与流出量相等.

交叉点	流入量		流出量
A	$300+500$	=	x_1+x_2
B	x_2+x_4	=	$300+x_3$
C	$100+400$	=	x_4+x_5
D	x_1+x_5	=	600

此外，该网络的总流入量$(500+300+100+400)$等于网络的总流出量$(300+x_3+600)$，化简得$x_3=400$. 把这个方程与整理后的前四个方程联立起来，得到如下的线性方程组：

$$\begin{cases} x_1+x_2 = 800, \\ x_2-x_3+x_4 = 300, \\ x_4+x_5 = 500, \\ x_1+x_5 = 600, \\ x_3 = 400. \end{cases}$$

对该方程组的增广矩阵施行初等行变换得到对应的最简方程组：

$$\begin{cases} x_1+x_5 = 600, \\ x_2-x_5 = 200, \\ x_3 = 400, \\ x_4+x_5 = 500. \end{cases}$$

网络的流量模式表示为

$$x_1 = 600 - x_5,$$
$$x_2 = 200 + x_5,$$
$$x_3 = 400,$$
$$x_4 = 500 - x_5,$$
$$x_5 \text{ 是自由变量.}$$

网络分支中的负流量表示与模型中指定的方向相反. 由于街道是单行道，因此变量不能取负值. 这就导致变量在取正值时也有一定的局限性. 例如，由于x_4不能为负，所以$x_5\leqslant 500$.

§1.3.3 配平化学方程式

化学方程式表示化学反应中消耗和产生的物质的量. 例如，在光合作用过程中，植物利用阳光中的辐射能，将二氧化碳(CO_2)和水(H_2O)转化为葡萄糖($C_6H_{12}O_6$)和氧气(O_2). 化学反应方程式为

$$x_1CO_2+x_2H_2O \longrightarrow x_3O_2+x_4C_6H_{12}O_6.$$

为了“配平”这个化学方程式，我们必须找出一列x_1，x_2，x_3，x_4的值，使得方程式左端的碳原子(C)、氢原子(H)和氧原子(O)的总数与右端对应的原子总数相等(因为化

学反应中原有的原子不可能消失，也不可能产生新的原子）. 配平化学方程式的一个系统的方法，就是建立能描述反应过程中每种原子数目的线性方程（或向量方程）. 因为二氧化碳中只含一个碳原子，而葡萄糖中含六个碳原子，为平衡碳原子个数，所以有方程

$$x_1=6x_4.$$

同样地，为了平衡氧原子，我们需要

$$2x_1+x_2=2x_3+6x_4.$$

最后一个关于氢原子的平衡方程式为

$$2x_2=12x_4.$$

将上面三个方程中的未知变量移到等号的左端，可以建立一个齐次线性方程组：

$$\begin{cases} x_1 - 6x_4=0, \\ 2x_1+x_2-2x_3-6x_4=0, \\ 2x_2-12x_4=0. \end{cases}$$

由推论（1.2.1）可知，这个线性方程组有非零解. 要平衡方程，我们必须找到元素都是非负整数的解（x_1，x_2，x_3，x_4）. 取 x_4 为自由变量，则 $x_1=x_2=x_3=6x_4$. 特别地，取 $x_4=1$，可得平衡方程

$$6CO_2+6H_2O\longrightarrow 6O_2+C_6H_{12}O_6.$$

§1.3.4　电路

简单电网中的电流可以用线性方程组来描述. 在一个电路中可以根据电阻大小和电源电压来确定电路中各分支的电流. 电流从电源的输出端（即用较长竖线表示的一端）流出. 当电流经过电阻（例如灯泡或者发动机）时，一些电压被“消耗”. 根据欧姆定律（Ohm’s law），流经电阻时的“电压降”由公式给出：$V=iR$，其中 i 表示通过电阻的电流，单位为安培；R 表示电阻，单位为欧姆；V 表示电压，单位为伏特. 如图 1.2 所示，字母表示连接节点，i 表示节点间的电流. 导线上的箭头表示电流的方向. 如果某分支上的电流（如 i_2）的符号为负，则表示在该分支上电流的方向与箭头方向相反.

为计算分支上的电流，需要使用基尔霍夫定律（Kirchhoff’s laws）：

（1）任一节点上流出电流的量等于流入电流的量.

（2）任一回路上电压的代数和等于各元件上电压降的代数和.

下面计算图 1.2 所示的电路中的电流. 利用基尔霍夫定律和欧姆定律，有

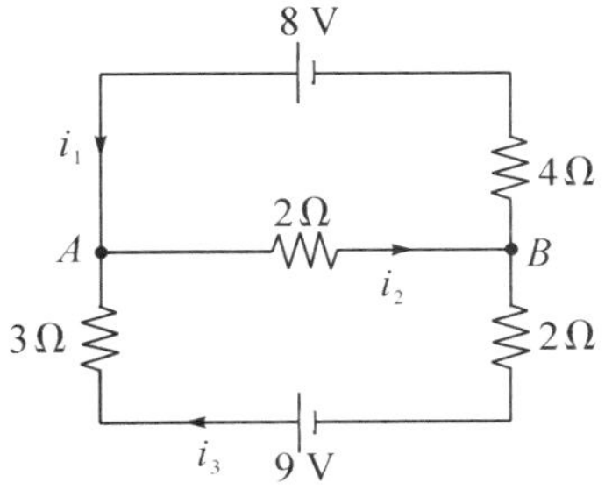

图 1.2　电路

$$\begin{cases} i_1 - i_2 + i_3 = 0 & \text{节点 } A, \\ -i_1 + i_2 - i_3 = 0 & \text{节点 } B, \\ 4i_1 + 2i_2 = 8 & \text{上层回路}, \\ 2i_2 + 5i_3 = 9 & \text{下层回路}. \end{cases}$$

由此电路对应的增广矩阵为$\begin{bmatrix} 1 & -1 & 1 & 0 \\ -1 & 1 & -1 & 0 \\ 4 & 2 & 0 & 8 \\ 0 & 2 & 5 & 9 \end{bmatrix}$,相应的行最简形为

$$\begin{bmatrix} 1 & 0 & 0 & 1 \\ 0 & 1 & 0 & 2 \\ 0 & 0 & 1 & 1 \\ 0 & 0 & 0 & 0 \end{bmatrix}.$$

可以解得电路中三个分支的电流分别是:$i_1=1$, $i_2=2$, $i_3=1$.

习题 1

1. 利用高斯消元法，给出与下列方程组等价且系数矩阵为行阶梯形的方程组. 指出方程组是否有解. 在方程组有解时，求出其解.

(1) $\begin{cases} 2x_1 + 3x_2 + x_3 = 1, \\ x_1 + x_2 + x_3 = 3, \\ 3x_1 + 4x_2 + 2x_3 = 4; \end{cases}$　　(2) $\begin{cases} x_1 + x_2 = 0, \\ 2x_1 + 3x_2 = 0, \\ 3x_1 - 2x_2 = 0; \end{cases}$

(3) $\begin{cases} x_1 - 3x_2 + x_3 = 1, \\ 2x_1 + x_2 - x_3 = 2, \\ x_1 + 4x_2 - 2x_3 = 1, \\ 5x_1 - 8x_2 + 2x_3 = 5; \end{cases}$　　(4) $\begin{cases} x_1 + x_2 + x_3 + x_4 = 0, \\ 2x_1 + 3x_2 - x_3 - x_4 = 2, \\ 3x_1 + 2x_2 + x_3 + x_4 = 5, \\ 3x_1 + 6x_2 - x_3 - x_4 = 4. \end{cases}$

2. 含有两个方程的三元齐次线性方程组有多少组解？对非齐次的 2×3 线性方程组会有多少组解？给出答案的几何解释.

3. 要想知道线性方程组是有解的，并且有唯一解，我们必须知道哪些关于增广矩阵中主元列的信息？

4. 设一个线性方程组的增广矩阵为$\begin{bmatrix} 1 & 2 & 1 & 0 \\ 2 & 5 & 3 & 0 \\ -1 & 1 & a & 0 \end{bmatrix}$.

(1)该方程组是否会无解？试说明理由.

(2)当 a 为何值时，该方程组有唯一解？当 a 为何值时，该方程组有无穷多解？

5. 设有一线性方程组，其增广矩阵为$\begin{bmatrix}1 & 1 & 3 & 2\\ 1 & 2 & 4 & 3\\ 1 & 3 & a & b\end{bmatrix}$.

(1)当a与b为何值时，该方程组有无穷多解？

(2)当a与b为何值时，该方程组无解？

6. 假设实验数据用平面上的点集来表示，则这些数据的一个插值多项式(interpolating polynomial)是指图像经过所有点的一个多项式. 在科学工作中，这样的多项式可以用于估计已知数据点之间的值，也可以用来在计算机屏幕上绘制图形图像的曲线. 求插值多项式的一种方法就是解线性方程组. 求数据(1, 12), (2, 15), (3, 16)的插值多项式$P(t)=a_0+a_1t+a_2t^2$，即求a_0, a_1, a_2，使得

$$\begin{cases}a_0+a_1(1)+a_2(1)^2=12,\\ a_0+a_1(2)+a_2(2)^2=15,\\ a_0+a_1(3)+a_2(3)^2=16.\end{cases}$$

7. 某化工厂生产低硫和高硫燃料. 每吨低硫燃料在搅拌设备中耗时5分钟，在精炼设备中耗时4分钟；每吨高硫燃料在搅拌设备中耗时3分钟，在精炼设备中耗时2分钟. 如果搅拌设备可运转4小时，精炼设备可运转3小时，每种类型的燃料应生产多少吨，以使设备得到充分利用？

8. 某塑料制造商生产两种类型的塑料：普通塑料和特殊塑料. 每吨普通塑料在工厂A耗时2个小时，在工厂B耗时5个小时. 每吨特殊塑料在工厂A耗时2个小时，在工厂B耗时3个小时. 如果工厂A每天运转8个小时，工厂B每天运转14个小时，则每天生产多少吨每种类型的塑料，可以使两个工厂得到充分利用？

9. 某制造商生产甲、乙、丙三种化学试剂. 每吨甲试剂需要在仪器A上处理6分钟，在仪器B上处理24分钟. 每吨乙试剂需要在仪器A上处理6分钟，在仪器B上处理12分钟. 每吨丙试剂需要在仪器A上处理12分钟，在仪器B上处理12分钟. 如果仪器A每天运转10小时，仪器B每天运转16小时，每种类型的试剂可以生产多少吨才能充分利用各类仪器？

*10. 某营养师正在准备由食物A、B和C组成的一餐. 每盎司食物A含有2单位的蛋白质、3单位的脂肪和4单位的碳水化合物，每盎司食物B含有3单位的蛋白质、2单位的脂肪和1单位的碳水化合物，每盎司食物C含有3单位的蛋白质、3单位的脂肪和2单位的碳水化合物. 如果一顿饭必须提供25单位的蛋白质、24单位的脂肪和21单位的碳水化合物，那么每种食物应该使用多少盎司？

*11. 一笔60000元的遗产将在三个信托中分配，第二个信托的投资额是第一个信托的1.5倍. 这三个信托每年分别按9%、10%和8%的利率支付利息，并在第一年年底返还总计5600元的利息. 每个信托投资了多少？

*12. 一家具制造商生产椅子、茶几、餐桌. 每把椅子需要10分钟打磨，6分钟染色，12分钟上漆. 每条茶几需要12分钟打磨，8分钟染色，12分钟上漆. 每张餐桌需要15分

钟打磨,12 分钟染色,18 分钟上漆.每周砂光台、染色台、上漆工作台分别可用 16 小时、11 小时、18 小时.每周分别生产多少数量的椅子、茶几、餐桌才能充分利用三种工作台?

*13. 一家书商以三种不同的装订方式出版一本图书:锁线胶订本、锁线精装本、仿古线装本.每本锁线胶订本需要 1 分钟的缝线时间和 2 分钟的胶合时间,每本锁线精装本需要 2 分钟的缝线时间和 3 分钟的胶合时间,每本仿古线装本需要 3 分钟的缝线时间和 4 分钟的胶合时间.每天缝纫设备可用 6 小时,涂胶设备可用 11 小时.每天每种类型的图书分别生产多少数量才能充分利用这些设备?

*14. 液态苯在空气中可以燃烧. 如果将一个冷的物体直接放在燃烧的苯的上部,则水蒸气就会在物体上凝结,同时烟灰(碳)也会在该物体上沉积. 这个化学反应的方程式为

$$x_1 C_6H_6 + x_2 O_2 \longrightarrow x_3 C + x_4 H_2O.$$

求变量 x_1, x_2, x_3和 x_4, 以配平该化学方程式.

*15. 硼硫化合物与水发生剧烈的反应,生成硼酸和硫化氢气体(臭鸡蛋气味):

$$B_2S_3 + H_2O \longrightarrow H_3BO_3 + H_2S.$$

试配平该化学方程式.

*16. 一种苏打水含有碳酸氢钠($NaHCO_3$)和柠檬酸($H_3C_6H_5O_7$). 药片在水中溶解,按照如下反应生成柠檬酸钠、水和二氧化碳气体:

$$NaHCO_3 + H_3C_6H_5O_7 \longrightarrow Na_3C_6H_5O_7 + H_2O + CO_2.$$

试配平该化学方程式.

*17. 在商品交换的经济模型例 1.3.1 中,若采用下表所示的商品分配法:

	F	M	C
F	$\frac{1}{3}$	$\frac{1}{3}$	$\frac{1}{3}$
M	$\frac{1}{3}$	$\frac{1}{2}$	$\frac{1}{6}$
C	$\frac{1}{3}$	$\frac{1}{6}$	$\frac{1}{2}$

试确定商品的相对价值 x_1, x_2, x_3.

*18. 城市道路交叉处通常建成单行的小环岛,如图 1.3 所示. 假设交通行进方向必须按照图 1.3 所示,试求出该网络流的通解,找出 x_6的最小值.

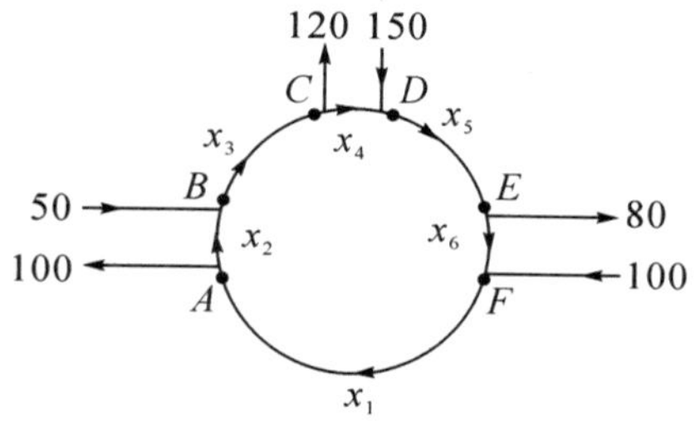

图 1.3 环岛交通

*19. 在图 1.4 中，求各电路的电流强度.

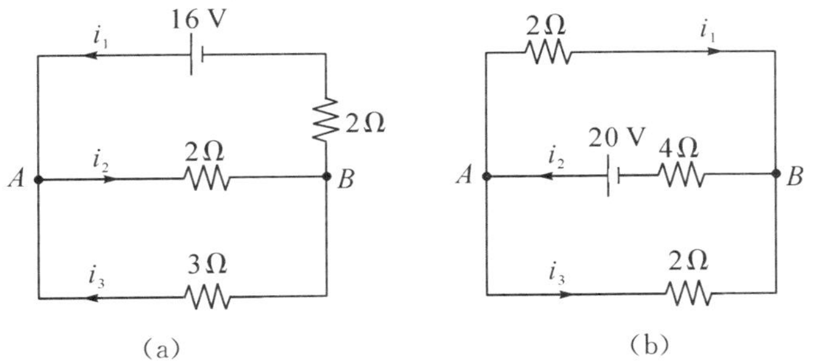

图 1.4　电路

*20. 热传导研究中的一个重要问题是，已知金属薄片边界附近的温度，确定其上稳态温度的分布. 假设如图 1.5 所示的金属片表示一根金属柱的横截面，并且忽略与盘片垂直方向的热量传递. 设 T_1，T_2，T_3，T_4表示图中四个内部网格节点的温度. 一个节点的温度约等于四个相邻节点(上、下、左、右)的平均温度. 例如：$T_1=(10+20+T_2+T_4)/4$ 或 $4T_1-T_2-T_4=30$. 写出一个含有四个方程的方程组，该方程组的解给出对温度 T_1，T_2，T_3，T_4的估计，并求解该方程组.

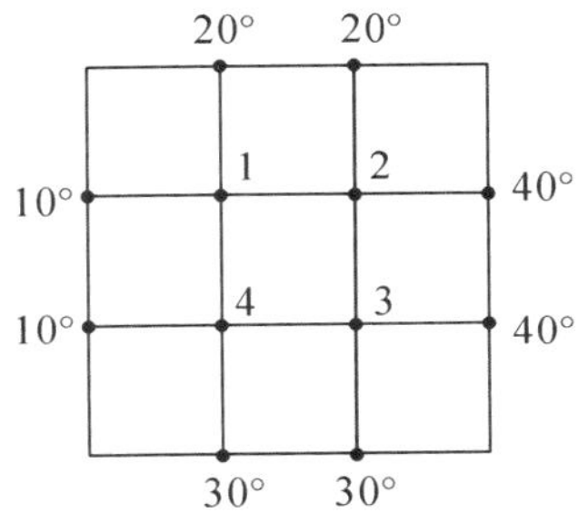

图 1.5　热传导

在线练习 1

第 2 章　矩阵代数

我们已经在第 1 章线性方程组中看到线性方程组与增广矩阵一一对应;线性方程组是否有解取决于系数矩阵主元列数与增广矩阵主元列数的关系. 在本章中，我们将定义矩阵的算术运算(加、数乘、乘)以及矩阵的逆、转置、分块等. 本章所介绍的定义和定理将为我们提供一些基本工具，使我们能处理涉及两个或多个矩阵的线性代数问题. 一旦掌握了矩阵的代数运算，我们分析问题和解决方程组的能力将大大加强.

§2.1　矩阵与向量

矩阵与向量

一个 m 行 n 列的矩阵 $[a_{ij}]_{m\times n}$ 具有如下形式:

$$A=\begin{bmatrix} a_{11} & a_{12} & \cdots & a_{1n} \\ a_{21} & a_{22} & \cdots & a_{2n} \\ \vdots & \vdots & & \vdots \\ a_{m1} & a_{m2} & \cdots & a_{mn} \end{bmatrix}.$$

矩阵是一个矩形数表,常用作信息储存.

例 2.1.1　一个关于 m 个文档、n 个可用于搜索的关键字(按首字母顺序排序)的数据库可以用一个 $m\times n$ 矩阵表示. 每一个文档对应矩阵的一列,每一个关键字对应矩阵的一行. 矩阵的元素 a_{ij} 表示第 j 个文档中第 i 个关键字出现的相对频率.

本书中的矩阵除特别说明外都是元素为实数的矩阵.

向量　由于仅有一行或一列的矩阵可以表示线性方程组的解，因此需要特别关注. 具有 m 个方程 n 个变量的线性方程组的解是一个 n 元数组. 我们称由实数组成的 n 元有序数组为 n 维向量(vector). 全体 n 维向量的集合记为 $\mathbf{R}^n$. 如果将 n 元数组表示为一个 $1\times n$ 的矩阵，则称为 n 维行向量(row vector). 若将 n 元数组表示为一个 $n\times 1$ 的矩阵，则称为 n 维列向量(column vector).

例如，线性方程组 $\begin{cases} x_1+2x_2=4 \\ x_1-\ x_2=1 \end{cases}$ 的解可以表示成 2 维行向量(2，1)，或 2 维列向量 $\begin{bmatrix} 2 \\ 1 \end{bmatrix}$. 对于 n 元线性方程组，用 n 维列向量($n\times 1$ 的矩阵)表示解是很方便的.

由于后面大部分使用列向量，$\mathbf{R}^n$ 中的向量通常写成列向量形式. 列向量的标准记号采用黑斜体小写字母.

例 2.1.2　在解析几何中，我们曾学过用坐标表示空间向量：$\boldsymbol{a}=(a_1, a_2, a_3)$. 等式右端是 1×3 实矩阵，它表示三维向量.

例 2.1.3　线性方程组

$$\begin{cases} a_{11}x_1+a_{12}x_2+\cdots+a_{1n}x_n=b_1, \\ a_{21}x_1+a_{22}x_2+\cdots+a_{2n}x_n=b_2, \\ \qquad\qquad\vdots \\ a_{m1}x_1+a_{m2}x_2+\cdots+a_{mn}x_n=b_m \end{cases} \tag{2.1.1}$$

的解为 n 维向量 $\boldsymbol{x}=\begin{bmatrix} x_1 \\ x_2 \\ \vdots \\ x_n \end{bmatrix}$.

给定一个 $m\times n$ 矩阵 $\boldsymbol{A}$，经常会使用它的特定行或列.

矩阵 $\boldsymbol{A}=[a_{ij}]_{m\times n}$ 的每一行都是 n 维行向量. 若用 $\boldsymbol{\alpha}_i=(a_{i1}, a_{i2}, \cdots, a_{in})$ 表示它的第 i 个行向量，这时矩阵 $\boldsymbol{A}$ 也可记为

$$\boldsymbol{A}=\begin{bmatrix} \boldsymbol{\alpha}_1 \\ \boldsymbol{\alpha}_2 \\ \vdots \\ \boldsymbol{\alpha}_m \end{bmatrix}. \tag{2.1.2}$$

同样，$\boldsymbol{A}$ 的每一列都是 m 维列向量. 若用

$$\boldsymbol{A}_j=\begin{bmatrix} a_{1j} \\ a_{2j} \\ \vdots \\ a_{mj} \end{bmatrix}$$

表示 $\boldsymbol{A}$ 的第 j 个列向量，则 $\boldsymbol{A}$ 也可记为

$$\boldsymbol{A}=[\boldsymbol{A}_1, \boldsymbol{A}_2, \cdots, \boldsymbol{A}_n]. \tag{2.1.3}$$

若 $\boldsymbol{A}$ 是线性方程组(2.1.1)的系数矩阵，则 $\boldsymbol{A}_j$ 是方程组(2.1.1)中 x_j 的系数构成的向量.

§2.2　矩阵的代数运算

§2.2.1　矩阵的加法与数乘

1. 定义与基本性质

矩阵的加法与数乘

定义 2.2.1　如果矩阵 $\boldsymbol{A}$ 与 $\boldsymbol{B}$ 有相同的行数和相同的列数，则 $\boldsymbol{A}$ 与 $\boldsymbol{B}$ 称为同型矩阵.

定义 2.2.2 如果同型矩阵 $\boldsymbol{A}=[a_{ij}]$，$\boldsymbol{B}=[b_{ij}]$的对应元素都相等，即 $a_{ij}=b_{ij}$，则称 $\boldsymbol{A}$ 与 $\boldsymbol{B}$ 相等，记为 $\boldsymbol{A}=\boldsymbol{B}$.

定义 2.2.3 两个同型矩阵 $\boldsymbol{A}=[a_{ij}]_{m\times n}$和 $\boldsymbol{B}=[b_{ij}]_{m\times n}$的对应元素相加所得的同型矩阵 $\boldsymbol{C}=[a_{ij}+b_{ij}]_{m\times n}$称为矩阵 $\boldsymbol{A}$ 与 $\boldsymbol{B}$ 之和，记为

$$\boldsymbol{C}=\boldsymbol{A}+\boldsymbol{B},$$

即

$$[a_{ij}+b_{ij}]_{m\times n}=[a_{ij}]_{m\times n}+[b_{ij}]_{m\times n}.$$

例如，$\boldsymbol{A}=\begin{bmatrix}2\\1\end{bmatrix}$，$\boldsymbol{B}=\begin{bmatrix}-3&0&4\\5&-1&2\end{bmatrix}$，$\boldsymbol{C}=\begin{bmatrix}3&1&2\\-5&5&-1\end{bmatrix}$，则 $\boldsymbol{A}+\boldsymbol{B}$ 无意义. 而

$$\begin{aligned}\boldsymbol{B}+\boldsymbol{C}&=\begin{bmatrix}-3&0&4\\5&-1&2\end{bmatrix}+\begin{bmatrix}3&1&2\\-5&5&-1\end{bmatrix}\\&=\begin{bmatrix}-3+3&0+1&4+2\\5-5&-1+5&2-1\end{bmatrix}=\begin{bmatrix}0&1&6\\0&4&1\end{bmatrix}.\end{aligned}$$

显然对一切 $\boldsymbol{A}=\boldsymbol{A}_{m\times n}$恒有

$$\boldsymbol{O}_{m\times n}+\boldsymbol{A}_{m\times n}=\boldsymbol{A}_{m\times n}\quad 或\quad \boldsymbol{O}+\boldsymbol{A}=\boldsymbol{A}.$$

定义 2.2.4 λ 是一个数，$\boldsymbol{A}=[a_{ij}]_{m\times n}$是矩阵，则同型矩阵$[\lambda a_{ij}]_{m\times n}$称为数 λ 与矩阵 $\boldsymbol{A}$ 的**乘积**，记为 $\lambda\boldsymbol{A}$，即

$$\lambda\boldsymbol{A}=\lambda[a_{ij}]_{m\times n}=[\lambda a_{ij}]_{m\times n}.$$

例如：

$$3\begin{bmatrix}2&1&5\\0&-2&1\end{bmatrix}=\begin{bmatrix}6&3&15\\0&-6&3\end{bmatrix}.$$

矩阵的加法和数与矩阵的乘法统称为矩阵的**线性运算**. 这些运算都归结为数(元素)的加法与乘法，易知有下列性质：

(i)加法交换律 $\boldsymbol{A}+\boldsymbol{B}=\boldsymbol{B}+\boldsymbol{A}$.

(ii)加法结合律$(\boldsymbol{A}+\boldsymbol{B})+\boldsymbol{C}=\boldsymbol{A}+(\boldsymbol{B}+\boldsymbol{C})$.

(iii)$\boldsymbol{A}+\boldsymbol{O}=\boldsymbol{A}$.

(iv)$\boldsymbol{A}+(-\boldsymbol{A})=\boldsymbol{O}$.

(v)$1\boldsymbol{A}=\boldsymbol{A}$.

(vi)数乘的结合律 $\lambda(\mu\boldsymbol{A})=(\lambda\mu)\boldsymbol{A}$.

(vii)数乘的分配律 $\lambda(\boldsymbol{A}+\boldsymbol{B})=\lambda\boldsymbol{A}+\lambda\boldsymbol{B}$.

(viii)$(\lambda+\mu)\boldsymbol{A}=\lambda\boldsymbol{A}+\mu\boldsymbol{A}$.

2. 线性组合

线性运算是同型矩阵间最基本的运算. 设给定了若干个同型矩阵 $\boldsymbol{A}_1$，$\boldsymbol{A}_2$，…，$\boldsymbol{A}_m$，经线性运算

$$\lambda_1\boldsymbol{A}_1+\lambda_2\boldsymbol{A}_2+\cdots+\lambda_m\boldsymbol{A}_m=\sum_{j=1}^{m}\lambda_j\boldsymbol{A}_j=\boldsymbol{B}$$

(其中 λ_j 是常数，$j=1, 2, \cdots, m$)得到的矩阵 $\boldsymbol{B}$ 称为矩阵 $\boldsymbol{A}_1, \boldsymbol{A}_2, \cdots, \boldsymbol{A}_m$ 的**线性组合**(linear combination). 或者称 $\boldsymbol{B}$ 可经矩阵 $\boldsymbol{A}_1, \boldsymbol{A}_2, \cdots, \boldsymbol{A}_m$ **线性表出**. 线性组合是讨论同型矩阵间是否有所谓线性关系的基本概念. 特别当它们都是 n 维向量时，这种讨论很有用.

例 2.2.1　设 $\boldsymbol{M}_1=\begin{bmatrix}1 & 0\\0 & 0\end{bmatrix}$，$\boldsymbol{M}_2=\begin{bmatrix}0 & 1\\0 & 0\end{bmatrix}$，$\boldsymbol{M}_3=\begin{bmatrix}0 & 0\\1 & 0\end{bmatrix}$，$\boldsymbol{M}_4=\begin{bmatrix}0 & 0\\0 & 1\end{bmatrix}$，证明任何一个二阶矩阵 $\boldsymbol{A}=\begin{bmatrix}a_1 & a_2\\a_3 & a_4\end{bmatrix}$ 都是 $\boldsymbol{M}_1, \boldsymbol{M}_2, \boldsymbol{M}_3, \boldsymbol{M}_4$ 的线性组合.

证明　因为

$$\begin{aligned}&\lambda_1\boldsymbol{M}_1+\lambda_2\boldsymbol{M}_2+\lambda_3\boldsymbol{M}_3+\lambda_4\boldsymbol{M}_4\\=&\begin{bmatrix}\lambda_1 & 0\\0 & 0\end{bmatrix}+\begin{bmatrix}0 & \lambda_2\\0 & 0\end{bmatrix}+\begin{bmatrix}0 & 0\\\lambda_3 & 0\end{bmatrix}+\begin{bmatrix}0 & 0\\0 & \lambda_4\end{bmatrix}=\begin{bmatrix}\lambda_1 & \lambda_2\\\lambda_3 & \lambda_4\end{bmatrix},\end{aligned}$$

与 $\boldsymbol{A}$ 比较知，当 $\lambda_1=a_1, \lambda_2=a_2, \lambda_3=a_3, \lambda_4=a_4$ 时有

$$\boldsymbol{A}=\begin{bmatrix}a_1 & a_2\\a_3 & a_4\end{bmatrix}=a_1\boldsymbol{M}_1+a_2\boldsymbol{M}_2+a_3\boldsymbol{M}_3+a_4\boldsymbol{M}_4.$$

例 2.2.2　将线性方程组(2.1.1)的常数项列表示成未知量系数列的线性组合(即线性方程组的向量形式).

解　注意到向量是特殊的矩阵，利用矩阵相等及矩阵的线性运算，可得

$$x_1\begin{bmatrix}a_{11}\\a_{21}\\\vdots\\a_{m1}\end{bmatrix}+x_2\begin{bmatrix}a_{12}\\a_{22}\\\vdots\\a_{m2}\end{bmatrix}+\cdots+x_n\begin{bmatrix}a_{1n}\\a_{2n}\\\vdots\\a_{mn}\end{bmatrix}=\begin{bmatrix}a_{11}x_1+a_{12}x_2+\cdots+a_{1n}x_n\\a_{21}x_1+a_{22}x_2+\cdots+a_{2n}x_n\\\vdots\\a_{m1}x_1+a_{m2}x_2+\cdots+a_{mn}x_n\end{bmatrix}=\begin{bmatrix}b_1\\b_2\\\vdots\\b_m\end{bmatrix}.$$

将每个未知量 $x_i(i=1,2,\cdots,n)$ 的系数列记为 $\boldsymbol{A}_i$，常数项列记为 $\boldsymbol{b}$，则线性方程组可以表示成

$$x_1\boldsymbol{A}_1+x_2\boldsymbol{A}_2+\cdots+x_n\boldsymbol{A}_n=\boldsymbol{b}.$$

因此方程组(2.1.1)有无解的问题等价于其常数列向量 $\boldsymbol{b}$ 是否可由各未知量的系数列向量线性表出.

这一问题我们将在第 4 章详细讨论.

§2.2.2　矩阵的乘法

矩阵乘法的定义

1. 矩阵乘法的定义

矩阵乘法最初也是从线性方程组的研究中产生的. 我们仍以简化线性方程组的表示为目的，讨论为什么要引入矩阵乘法以及如何定义矩阵的乘法.

对于一个单变量的线性方程即一元一次方程 $ax=b$，我们通常认为 a, x, b 是标

量. 它们也可以看成是 1×1 矩阵. 接下来的目标就是要将线性方程组(2.1.1)作为一元一次线性方程 $ax=b$ 的推广，可以表示成 $\boldsymbol{AX}=\boldsymbol{b}$，其中系数矩阵 $\boldsymbol{A}$ 和常数列矩阵 $\boldsymbol{b}$ 是一元一次方程中未知量系数 a 及常数 b 的推广.

情形 1 一个方程有多个未知量.

我们首先考虑一个方程有多个变量的情形. 如方程 $2x_1+x_2+3x_3=5$，若令

$$\boldsymbol{A}=\begin{bmatrix}2 & 1 & 3\end{bmatrix},\quad \boldsymbol{X}=\begin{bmatrix}x_1\\x_2\\x_3\end{bmatrix},$$

并定义乘积

$$\boldsymbol{AX}=\begin{bmatrix}2 & 1 & 3\end{bmatrix}\begin{bmatrix}x_1\\x_2\\x_3\end{bmatrix}=2x_1+x_2+3x_3,$$

则方程 $2x_1+x_2+3x_3=5$ 可以写为矩阵方程

$$\boldsymbol{AX}=5.$$

对一个含有 n 个未知量的线性方程 $a_1x_1+a_2x_2+\cdots+a_nx_n=b$，若令

$$\boldsymbol{A}=\begin{bmatrix}a_1 & a_2 & \cdots & a_n\end{bmatrix},\quad \boldsymbol{X}=\begin{bmatrix}x_1\\x_2\\\vdots\\x_n\end{bmatrix},$$

并定义乘积

$$\boldsymbol{AX}=\begin{bmatrix}a_1 & a_2 & \cdots & a_n\end{bmatrix}\begin{bmatrix}x_1\\x_2\\\vdots\\x_n\end{bmatrix}=a_1x_1+a_2x_2+\cdots+a_nx_n,$$

则方程 $a_1x_1+a_2x_2+\cdots+a_nx_n=b$ 可以写为矩阵方程

$$\boldsymbol{AX}=b.$$

注意:左侧的行向量与右侧的列向量乘积的结果是一个数. 这种乘积与通常向量的内积或数量积的运算一致.

情形 2 m 个方程 n 个未知量.

现在考虑线性方程组(2.1.1)

$$\begin{cases}a_{11}x_1+a_{12}x_2+\cdots+a_{1n}x_n=b_1,\\a_{21}x_1+a_{22}x_2+\cdots+a_{2n}x_n=b_2,\\\qquad\vdots\\a_{m1}x_1+a_{m2}x_2+\cdots+a_{mn}x_n=b_m.\end{cases}$$

首先利用矩阵相等的定义，线性方程组(2.1.1)的 m 个等式可用下列一个等式来表示:

$$\begin{bmatrix} a_{11}x_1+a_{12}x_2+\cdots+a_{1n}x_n \\ a_{21}x_1+a_{22}x_2+\cdots+a_{2n}x_n \\ \vdots \\ a_{m1}x_1+a_{m2}x_2+\cdots+a_{mn}x_n \end{bmatrix} = \begin{bmatrix} b_1 \\ b_2 \\ \vdots \\ b_m \end{bmatrix}. \tag{2.2.1}$$

两端都是 $m\times1$ 矩阵．右端是(2.1.1)的常数列矩阵 $\boldsymbol{b}$．而左端矩阵的每个元(或分量)恰好是方程组系数矩阵 $\boldsymbol{A}$ 中相应行的每个元分别与未知量组成的 $n\times1$ 矩阵 $\boldsymbol{X}$ 中的对应元乘积之和，因此它被 $\boldsymbol{A}$ 与 $\boldsymbol{X}$ 唯一确定．如果我们把它规定为 $\boldsymbol{A}$ 与 $\boldsymbol{X}$ 的“乘积”，并且把这个“乘积”记为 $\boldsymbol{AX}$，即

$$\boldsymbol{AX} = \begin{bmatrix} a_{11} & a_{12} & \cdots & a_{1n} \\ a_{21} & a_{22} & \cdots & a_{2n} \\ \vdots & \vdots & & \vdots \\ a_{m1} & a_{m2} & \cdots & a_{mn} \end{bmatrix} \begin{bmatrix} x_1 \\ x_2 \\ \vdots \\ x_n \end{bmatrix} = \begin{bmatrix} a_{11}x_1+a_{12}x_2+\cdots+a_{1n}x_n \\ a_{21}x_1+a_{22}x_2+\cdots+a_{2n}x_n \\ \vdots \\ a_{m1}x_1+a_{m2}x_2+\cdots+a_{mn}x_n \end{bmatrix}.$$

则线性方程组(2.1.1)像一元一次方程 $ax=b$ 一样表示为

$$\begin{bmatrix} a_{11} & a_{12} & \cdots & a_{1n} \\ a_{21} & a_{22} & \cdots & a_{2n} \\ \vdots & \vdots & & \vdots \\ a_{m1} & a_{m2} & \cdots & a_{mn} \end{bmatrix} \begin{bmatrix} x_1 \\ x_2 \\ \vdots \\ x_n \end{bmatrix} = \begin{bmatrix} b_1 \\ b_2 \\ \vdots \\ b_m \end{bmatrix},$$

或者抽象地表示为矩阵方程

$$\boldsymbol{AX}=\boldsymbol{b}.$$

给定一个 $m\times n$ 矩阵 $\boldsymbol{A}$ 和空间 $\mathbf{R}^n$ 中的向量 $\boldsymbol{X}$，可以计算乘积 $\boldsymbol{AX}$．乘积 $\boldsymbol{AX}$ 将是一个 $m\times1$ 矩阵，即是 $\mathbf{R}^m$ 中的一个向量. $\boldsymbol{AX}$ 中的第 i 个元素可以采用下面的方法计算：

$$a_{i1}x_1+a_{i2}x_2+\cdots+a_{in}x_n,$$

它等于矩阵的第 i 个行向量与列向量 $\boldsymbol{X}$ 的数量积.

这是我们为什么要这样定义矩阵乘法的目的之一．下面就来给出矩阵乘法的定义.

定义 2.2.5(矩阵与列向量的乘积)　设 $\boldsymbol{A}=[a_{ij}]_{m\times n}$，$\boldsymbol{C}=[c_j]_{n\times1}$，则规定 $m\times n$ 矩阵 $\boldsymbol{A}$ 与 n 维列向量($n\times1$ 矩阵)$\boldsymbol{C}$ 相乘的乘积 $\boldsymbol{AC}$ 是以 $d_i=\sum_{j=1}^{n}a_{ij}c_j\ (i=1,2,\cdots,m)$ 为分量的 m 维列向量($m\times1$ 矩阵)，即

$$\boldsymbol{AC} = \begin{bmatrix} a_{11} & a_{12} & \cdots & a_{1n} \\ a_{21} & a_{22} & \cdots & a_{2n} \\ \vdots & \vdots & & \vdots \\ a_{m1} & a_{m2} & \cdots & a_{mn} \end{bmatrix} \begin{bmatrix} c_1 \\ c_2 \\ \vdots \\ c_n \end{bmatrix} = \begin{bmatrix} a_{11}c_1+a_{12}c_2+\cdots+a_{1n}c_n \\ a_{21}c_1+a_{22}c_2+\cdots+a_{2n}c_n \\ \vdots \\ a_{m1}c_1+a_{m2}c_2+\cdots+a_{mn}c_n \end{bmatrix}. \tag{2.2.2}$$

依照定义 2.2.5，矩阵 $\boldsymbol{A}$ 与列向量 $\boldsymbol{C}$ 能够相乘的条件是，$\boldsymbol{A}$ 的列数要等于列向量 $\boldsymbol{C}$ 的行数. 而乘积 $\boldsymbol{AC}$ 是 m 维列向量.

$\boldsymbol{A}$ 与 $\boldsymbol{C}$ 相乘的规则是，乘积 $\boldsymbol{AC}$ 的第 i 个分量等于矩阵 $\boldsymbol{A}$ 的第 i 个行向量与列向量 $\boldsymbol{C}$ 的对应分量乘积之和.

现在容易把定义 2.2.5 推广到第二个因子是一般矩阵 $\boldsymbol{B}$ 的情形. 如果矩阵 $\boldsymbol{A}$ 与矩阵 $\boldsymbol{B}$ 的每个列向量都可相乘，其结果显然都是同维列向量. 我们称顺次以这些列向量为列的矩阵为矩阵 $\boldsymbol{A}$ 与矩阵 $\boldsymbol{B}$ 相乘的乘积 $\boldsymbol{AB}$. 于是我们有下面的定义.

定义 2.2.6(矩阵与矩阵的乘积)　设 $\boldsymbol{A}=[a_{ij}]_{m\times n}$，$\boldsymbol{B}=[b_{ij}]_{n\times s}$，$\boldsymbol{A}$ 与 $\boldsymbol{B}$ 相乘的**乘积**(product)$\boldsymbol{AB}$ 定义如下：

$$\boldsymbol{AB}=\begin{bmatrix} a_{11} & a_{12} & \cdots & a_{1n} \\ a_{21} & a_{22} & \cdots & a_{2n} \\ \vdots & \vdots & & \vdots \\ a_{m1} & a_{m2} & \cdots & a_{mn} \end{bmatrix}_{mn} \begin{bmatrix} b_{11} & b_{12} & \cdots & b_{1s} \\ b_{21} & b_{22} & \cdots & b_{2s} \\ \vdots & \vdots & & \vdots \\ b_{n1} & b_{n2} & \cdots & b_{ns} \end{bmatrix}_{ns}$$

$$=\begin{bmatrix} \sum_{k=1}^{n} a_{1k}b_{k1} & \sum_{k=1}^{n} a_{1k}b_{k2} & \cdots & \sum_{k=1}^{n} a_{1k}b_{ks} \\ \sum_{k=1}^{n} a_{2k}b_{k1} & \sum_{k=1}^{n} a_{2k}b_{k2} & \cdots & \sum_{k=1}^{n} a_{2k}b_{ks} \\ \vdots & \vdots & & \vdots \\ \sum_{k=1}^{n} a_{mk}b_{k1} & \sum_{k=1}^{n} a_{mk}b_{k2} & \cdots & \sum_{k=1}^{n} a_{mk}b_{ks} \end{bmatrix}_{ms}=\boldsymbol{D}. \tag{2.2.3}$$

即：$\boldsymbol{A}$ 与 $\boldsymbol{B}$ 相乘所得的矩阵 $\boldsymbol{D}=\boldsymbol{AB}$ 是 $m\times s$ 矩阵. 它的元素 $d_{ij}=\sum_{k=1}^{n} a_{ik}b_{kj}$ $(i=1, 2, \cdots, m; j=1, 2, \cdots, s)$ 是 $\boldsymbol{A}$ 的第 i 个行向量与 $\boldsymbol{B}$ 的第 j 个列向量的对应分量乘积之和(乘法规则).

注意，矩阵 $\boldsymbol{A}$ 与 $\boldsymbol{B}$ 能够相乘(即 $\boldsymbol{AB}$ 有意义)的条件是 $\boldsymbol{A}$ 的列数必须等于 $\boldsymbol{B}$ 的行数，乘积 $\boldsymbol{D}=\boldsymbol{AB}$ 的行(列)数等于 $\boldsymbol{A}$ 的行($\boldsymbol{B}$ 的列)数.

若用 $\boldsymbol{B}_j$ $(j=1, 2, \cdots, s)$ 记矩阵 $\boldsymbol{B}$ 的第 j 个列向量，由定义 2.2.5 和定义 2.2.6 知，矩阵 $\boldsymbol{A}$ 与 $\boldsymbol{B}$ 的乘积 $\boldsymbol{AB}$ 还可表示成

$$\boldsymbol{AB}=\boldsymbol{A}(\boldsymbol{B}_1, \boldsymbol{B}_2, \cdots, \boldsymbol{B}_s)=(\boldsymbol{AB}_1, \boldsymbol{AB}_2, \cdots, \boldsymbol{AB}_s). \tag{2.2.4}$$

例 2.2.3　已知

$$\boldsymbol{A}=\begin{bmatrix} 3 & 1 & 2 \\ 2 & 0 & 1 \end{bmatrix}, \boldsymbol{B}=\begin{bmatrix} 3 & 0 \\ -1 & 2 \end{bmatrix},$$

则 $\boldsymbol{AB}$ 无意义；但

$$\boldsymbol{BA}=\begin{bmatrix} 3 & 0 \\ -1 & 2 \end{bmatrix}\begin{bmatrix} 3 & 1 & 2 \\ 2 & 0 & 1 \end{bmatrix}=\begin{bmatrix} 9 & 3 & 6 \\ 1 & -1 & 0 \end{bmatrix}.$$

例 2.2.4　已知

$$\boldsymbol{A}=[a_1, a_2, \cdots, a_n], \boldsymbol{B}=\begin{bmatrix} b_1 \\ b_2 \\ \vdots \\ b_n \end{bmatrix},$$

则

$$\boldsymbol{AB}=[a_1, a_2, \cdots, a_n]\begin{bmatrix} b_1 \\ b_2 \\ \vdots \\ b_n \end{bmatrix}=[a_1b_1+a_2b_2+\cdots+a_nb_n],$$

而

$$\boldsymbol{BA}=\begin{bmatrix} b_1 \\ b_2 \\ \vdots \\ b_n \end{bmatrix}[a_1, a_2, \cdots, a_n]=\begin{bmatrix} b_1a_1 & b_1a_2 & \cdots & b_1a_n \\ b_2a_1 & b_2a_2 & \cdots & b_2a_n \\ \vdots & \vdots & & \vdots \\ b_na_1 & b_na_2 & \cdots & b_na_n \end{bmatrix},$$

$\boldsymbol{AB}$ 与 $\boldsymbol{BA}$ 是不同型的矩阵．显然 $\boldsymbol{AB}\neq\boldsymbol{BA}$．

例 2.2.5　已知

$$\boldsymbol{A}=\begin{bmatrix} 1 & 1 \\ -1 & -1 \end{bmatrix}, \boldsymbol{B}=\begin{bmatrix} 1 & -1 \\ -1 & 1 \end{bmatrix}, \boldsymbol{C}=\begin{bmatrix} 0 & 1 \\ 0 & -1 \end{bmatrix},$$

显然

$$\boldsymbol{AB}=\begin{bmatrix} 1 & 1 \\ -1 & -1 \end{bmatrix}\begin{bmatrix} 1 & -1 \\ -1 & 1 \end{bmatrix}=\begin{bmatrix} 0 & 0 \\ 0 & 0 \end{bmatrix}=\boldsymbol{O}.$$

$$\boldsymbol{BA}=\begin{bmatrix} 1 & -1 \\ -1 & 1 \end{bmatrix}\begin{bmatrix} 1 & 1 \\ -1 & -1 \end{bmatrix}=\begin{bmatrix} 2 & 2 \\ -2 & -2 \end{bmatrix},$$

$$\boldsymbol{AC}=\begin{bmatrix} 1 & 1 \\ -1 & 1 \end{bmatrix}\begin{bmatrix} 0 & 1 \\ 0 & -1 \end{bmatrix}=\begin{bmatrix} 0 & 0 \\ 0 & 0 \end{bmatrix}=\boldsymbol{O}.$$

这里虽然 $\boldsymbol{AB}$ 与 $\boldsymbol{BA}$ 是同型矩阵，但仍有 $\boldsymbol{AB}\neq\boldsymbol{BA}$．

从这些例子看出，矩阵乘法不满足交换律．首先当 $t\neq m$ 时，$\boldsymbol{A}_{m\times n}\boldsymbol{B}_{n\times t}$ 有意义，而 $\boldsymbol{B}_{n\times t}\boldsymbol{A}_{m\times n}$ 无意义，二者无法比较．其次，虽然 $\boldsymbol{A}_{m\times n}\boldsymbol{B}_{n\times m}$ 和 $\boldsymbol{B}_{n\times m}\boldsymbol{A}_{m\times n}$ 都有意义，但当 $m\neq n$ 时，第一个乘积 $m\times m$ 是矩阵，而第二个乘积为 $n\times n$ 矩阵，它们不能相等．最后即使 $\boldsymbol{A}_{n\times n}\boldsymbol{B}_{n\times n}$ 和 $\boldsymbol{B}_{n\times n}\boldsymbol{A}_{n\times n}$ 都有意义，且都是 $n\times n$ 矩阵，但两者对应位置的元未必相等．

矩阵若与零矩阵可以相乘，其乘积显然为零矩阵．而例 2.2.5 的 $\boldsymbol{A}$ 和 $\boldsymbol{B}$ 都是非零矩阵，但却有 $\boldsymbol{AB}=\boldsymbol{O}$．这表明在矩阵论中：若 $\boldsymbol{AB}=\boldsymbol{O}$，不一定有 $\boldsymbol{A}=\boldsymbol{O}$ 或 $\boldsymbol{B}=\boldsymbol{O}$ 成立．由此可知，由 $\boldsymbol{AB}=\boldsymbol{AC}$ 和 $\boldsymbol{A}\neq\boldsymbol{O}$ 不能推出 $\boldsymbol{B}=\boldsymbol{C}$，即矩阵乘法不满足消去律．

矩阵乘法的特点与性质

2. **矩阵乘法的性质**

矩阵乘法符合下列规则：

(i)结合律$(\boldsymbol{AB})\boldsymbol{C}=\boldsymbol{A}(\boldsymbol{BC})$,

(ii)分配律 $\boldsymbol{A}(\boldsymbol{B}+\boldsymbol{C})=\boldsymbol{AB}+\boldsymbol{AC}$, $(\boldsymbol{A}+\boldsymbol{B})\boldsymbol{C}=\boldsymbol{AC}+\boldsymbol{BC}$,

(iii)$\lambda(\boldsymbol{AB})=(\lambda\boldsymbol{A})\boldsymbol{B}=\boldsymbol{A}(\lambda\boldsymbol{B})$,

其中,$\boldsymbol{A}$,$\boldsymbol{B}$,$\boldsymbol{C}$ 是使上述矩阵乘法有意义的矩阵,λ 是数.

下面给出矩阵乘法结合律的证明.

证明 假设 $\boldsymbol{A}=[a_{ij}]_{m\times n}$,$\boldsymbol{B}=[b_{ij}]_{n\times p}$,$\boldsymbol{C}=[c_{ij}]_{p\times s}$,则$(\boldsymbol{AB})\boldsymbol{C}$ 与 $\boldsymbol{A}(\boldsymbol{BC})$都有意义,都是 $m\times s$ 矩阵.

下面证明$(\boldsymbol{AB})\boldsymbol{C}$ 与 $\boldsymbol{A}(\boldsymbol{BC})$分别位于$(i,t)$位置的元相等.

$[(\boldsymbol{AB})\boldsymbol{C}]_{it}=(\boldsymbol{AB})$的第 i 行元与 $\boldsymbol{C}$ 的第 t 列元对应乘积之和

$$=\left[\sum_{j=1}^{n}a_{ij}b_{j1}\quad \sum_{j=1}^{n}a_{ij}b_{j2}\quad \cdots\quad \sum_{j=1}^{n}a_{ij}b_{jp}\right]\begin{bmatrix}c_{1t}\\ c_{2t}\\ \vdots\\ c_{pt}\end{bmatrix}$$

$$=\sum_{k=1}^{p}\left(\sum_{j=1}^{n}a_{ij}b_{jk}\right)c_{kt}$$

$$=\sum_{k=1}^{p}\sum_{j=1}^{n}a_{ij}b_{jk}c_{kt}$$

$$=\sum_{j=1}^{n}a_{ij}\left(\sum_{k=1}^{p}b_{jk}c_{kt}\right)$$

$$=[a_{i1}\quad a_{i2}\quad \cdots\quad a_{in}]\begin{bmatrix}\sum\limits_{k=1}^{p}b_{1k}c_{kt}\\ \sum\limits_{k=1}^{p}b_{2k}c_{kt}\\ \vdots\\ \sum\limits_{k=1}^{p}b_{nk}c_{kt}\end{bmatrix}$$

$=\boldsymbol{A}$ 的第 i 行元与$(\boldsymbol{BC})$的第 t 列元对应乘积之和

$=[\boldsymbol{A}(\boldsymbol{BC})]_{it}$

根据矩阵相等的定义,有 $\boldsymbol{A}(\boldsymbol{BC})=(\boldsymbol{AB})\boldsymbol{C}$.

例 2.2.6 设变量 z_1,z_2,…,z_m 都是变量 y_1,y_2,…,y_k 的线性函数

$$\begin{cases}z_1=a_{11}y_1+a_{12}y_2+\cdots+a_{1k}y_k,\\ z_2=a_{21}y_1+a_{22}y_2+\cdots+a_{2k}y_k,\\ \quad\vdots\\ z_m=a_{m1}y_1+a_{m2}y_2+\cdots+a_{mk}y_k.\end{cases}\tag{2.2.5}$$

例 2.2.6 解析

而变量 y_1,y_2,…,y_k 又是变量 x_1,x_2,…,x_n 的线性函数

$$\begin{cases} y_1 = b_{11}x_1 + b_{12}x_2 + \cdots + b_{1n}x_n, \\ y_2 = b_{21}x_1 + b_{22}x_2 + \cdots + b_{2n}x_n, \\ \qquad \vdots \\ y_k = b_{k1}x_1 + b_{k2}x_2 + \cdots + b_{kn}x_n. \end{cases} \tag{2.2.6}$$

求变量 z_1，z_2，…，z_m 与 x_1，x_2，…，x_n 的函数关系.

解　首先用矩阵的形式把函数关系(2.2.5)，(2.2.6)表示成

$$\boldsymbol{Z} = \boldsymbol{AY}, \tag{2.2.7}$$

$$\boldsymbol{Y} = \boldsymbol{BX}, \tag{2.2.8}$$

其中，$\boldsymbol{X} = \begin{bmatrix} x_1 \\ x_2 \\ \vdots \\ x_n \end{bmatrix}$，$\boldsymbol{Y} = \begin{bmatrix} y_1 \\ y_2 \\ \vdots \\ y_k \end{bmatrix}$，$\boldsymbol{Z} = \begin{bmatrix} z_1 \\ z_2 \\ \vdots \\ z_m \end{bmatrix}$，为各组变量的列矩阵，$\boldsymbol{A} = [a_{ij}]_{m\times k}$，$\boldsymbol{B} = [b_{ij}]_{k\times n}$ 分别是(2.2.5)，(2.2.6)的系数矩阵.

现在将(2.2.8)代入(2.2.7)得

$$\boldsymbol{Z} = \boldsymbol{A}(\boldsymbol{BX}) = (\boldsymbol{AB})\boldsymbol{X}.$$

这就是所求函数的矩阵形式.

我们只要计算出

$$\boldsymbol{AB} = \left[\sum_{p=1}^{k} a_{ip}b_{pj}\right]_{m\times n},$$

就可还原成通常的形式：

$$\begin{cases} z_1 = \left[\sum\limits_{p=1}^{k} a_{1p}b_{p1}\right]x_1 + \left[\sum\limits_{p=1}^{k} a_{1p}b_{p2}\right]x_2 + \cdots + \left[\sum\limits_{p=1}^{k} a_{1p}b_{pn}\right]x_n, \\ z_2 = \left[\sum\limits_{p=1}^{k} a_{2p}b_{p1}\right]x_1 + \left[\sum\limits_{p=1}^{k} a_{2p}b_{p2}\right]x_2 + \cdots + \left[\sum\limits_{p=1}^{k} a_{2p}b_{pn}\right]x_n, \\ \qquad \vdots \\ z_m = \left[\sum\limits_{p=1}^{k} a_{mp}b_{p1}\right]x_1 + \left[\sum\limits_{p=1}^{k} a_{mp}b_{p2}\right]x_2 + \cdots + \left[\sum\limits_{p=1}^{k} a_{mp}b_{pn}\right]x_n. \end{cases}$$

例 2.2.7　设 $\boldsymbol{\alpha} = \begin{bmatrix} x \\ y \end{bmatrix}$ 是二维平面上的任意向量. 已知 $\boldsymbol{A} = \begin{bmatrix} \cos\theta & -\sin\theta \\ \sin\theta & \cos\theta \end{bmatrix}$，$\boldsymbol{B} = \begin{bmatrix} 1 & 2 \\ 0 & 1 \end{bmatrix}$，$\boldsymbol{C} = \begin{bmatrix} k & 0 \\ 0 & k \end{bmatrix}$ $(k > 0)$，计算 $\boldsymbol{T}_1(\boldsymbol{\alpha}) = \boldsymbol{A\alpha}$，$\boldsymbol{T}_2(\boldsymbol{\alpha}) = \boldsymbol{B\alpha}$，$\boldsymbol{T}_3(\boldsymbol{\alpha}) = \boldsymbol{C\alpha}$，$\boldsymbol{T}_4(\boldsymbol{\alpha}) = \boldsymbol{AC\alpha}$.

解　利用定义和矩阵乘法直接计算得

$$\boldsymbol{T}_1(\boldsymbol{\alpha}) = \boldsymbol{A\alpha} = \begin{bmatrix} \cos\theta x - \sin\theta y \\ \sin\theta x + \cos\theta y \end{bmatrix}, \quad \boldsymbol{T}_2(\boldsymbol{\alpha}) = \boldsymbol{B\alpha} = \begin{bmatrix} x + 2y \\ y \end{bmatrix},$$

$$\boldsymbol{T}_3(\boldsymbol{\alpha}) = \boldsymbol{C\alpha} = \begin{bmatrix} kx \\ ky \end{bmatrix}, \quad \boldsymbol{T}_4(\boldsymbol{\alpha}) = \boldsymbol{AC\alpha} = \begin{bmatrix} \cos\theta kx - \sin\theta ky \\ \sin\theta kx + \cos\theta ky \end{bmatrix}.$$

实际上,$\boldsymbol{T}_1(\boldsymbol{\alpha})$,$\boldsymbol{T}_2(\boldsymbol{\alpha})$,$\boldsymbol{T}_3(\boldsymbol{\alpha})$分别代表三种简单变换(映射). 变换 $\boldsymbol{T}_1(\boldsymbol{\alpha})$的几何意义是将二维平面内的向量 $\boldsymbol{\alpha}$ 逆时针旋转 θ 角度. $\boldsymbol{T}_2(\boldsymbol{\alpha})$表示平面上的剪切变换(shear transformation),也称为水平错切变换或 X 方向错切. 若 $\boldsymbol{B}=\begin{bmatrix}1 & 0\\ k & 1\end{bmatrix}$,则 $\boldsymbol{T}_2(\boldsymbol{\alpha})=\boldsymbol{B\alpha}$ 表示平面上竖直错切变换或 Y 方向错切. $\boldsymbol{T}_3(\boldsymbol{\alpha})$称为伸缩变换,当 $0<k<1$ 时,称 $\boldsymbol{T}_3(\boldsymbol{\alpha})$为压缩变换(contraction);当 $k>1$ 时,称 $\boldsymbol{T}_3(\boldsymbol{\alpha})$为膨胀变换(dilation);当 $k=1$ 时,称 $\boldsymbol{T}_3(\boldsymbol{\alpha})$为恒等变换. $\boldsymbol{T}_4(\boldsymbol{\alpha})$表示对向量 $\boldsymbol{\alpha}$ 先做伸缩变换,然后做旋转变换. 若对向量 $\boldsymbol{\alpha}$ 先做旋转变换,再做伸缩变换,效果相同,所以有 $\boldsymbol{AC}=\boldsymbol{CA}$.

例 2.2.8 设 $\boldsymbol{\alpha}=\begin{bmatrix}x\\ y\\ z\end{bmatrix}$是三维空间中的任意向量. 已知 $\boldsymbol{A}=\begin{bmatrix}1 & 0 & 0\\ 0 & 1 & 0\\ 0 & 0 & 0\end{bmatrix}$,$\boldsymbol{B}=\begin{bmatrix}-1 & 0 & 0\\ 0 & 1 & 0\\ 0 & 0 & 1\end{bmatrix}$. 计算 $\boldsymbol{T}_1(\boldsymbol{\alpha})=\boldsymbol{A\alpha}$,$\boldsymbol{T}_2(\boldsymbol{\alpha})=\boldsymbol{B\alpha}$,$\boldsymbol{T}_3(\boldsymbol{\alpha})=\boldsymbol{AB\alpha}$.

解 利用定义和矩阵乘法直接计算得

$$\boldsymbol{T}_1(\boldsymbol{\alpha})=\boldsymbol{A\alpha}=\begin{bmatrix}x\\ y\\ 0\end{bmatrix},\quad \boldsymbol{T}_2(\boldsymbol{\alpha})=\boldsymbol{B\alpha}=\begin{bmatrix}-x\\ y\\ z\end{bmatrix},\quad \boldsymbol{T}_3(\boldsymbol{\alpha})=\boldsymbol{AB\alpha}=\begin{bmatrix}-x\\ y\\ 0\end{bmatrix}.$$

$\boldsymbol{T}_1(\boldsymbol{\alpha})$,$\boldsymbol{T}_2(\boldsymbol{\alpha})$,$\boldsymbol{T}_3(\boldsymbol{\alpha})$分别代表三种变换. 变换 $\boldsymbol{T}_1(\boldsymbol{\alpha})$的几何意义是将三维空间中的 $\boldsymbol{\alpha}=\begin{bmatrix}x\\ y\\ z\end{bmatrix}$投影到 XOY 平面上,得到投影向量$\begin{bmatrix}x\\ y\\ 0\end{bmatrix}$. 变换 $\boldsymbol{T}_2(\boldsymbol{\alpha})$的几何意义是三维空间中以 YOZ 平面为对称面的反射变换(reflection),$\mathbf{R}^3$ 中的向量 $\boldsymbol{\alpha}=\begin{bmatrix}x\\ y\\ z\end{bmatrix}$在反射变换的作用下得到$\begin{bmatrix}-x\\ y\\ z\end{bmatrix}$. 变换 $\boldsymbol{T}_3(\boldsymbol{\alpha})$的几何意义是在三维空间中首先以 YOZ 平面为对称面对 $\boldsymbol{\alpha}$ 做反射变换,然后再投影到 XOY 面上.

当矩阵是方阵时,我们指出两点:

(i)n 阶方阵

$$\boldsymbol{I}_n=\begin{bmatrix}1 & 0 & \cdots & 0\\ 0 & 1 & \cdots & 0\\ \vdots & \vdots & & \vdots\\ 0 & 0 & \cdots & 1\end{bmatrix}=\begin{bmatrix}1 & & \\ & 1 & \\ & & \ddots & \\ & & & 1\end{bmatrix}$$

称为 n 阶单位矩阵(identity matrix),在不会混淆时也记为 $\boldsymbol{I}$ 或 $\boldsymbol{E}$. n 阶单位矩阵 $\boldsymbol{I}$ 的列

向量为用于定义 n 维欧几里得空间的标准向量. $\boldsymbol{I}$ 的第 j 列向量的标准记号为 $\boldsymbol{e}_j$. $\boldsymbol{I}$ 可写为 $\boldsymbol{I}=(\boldsymbol{e}_1, \boldsymbol{e}_2, \cdots, \boldsymbol{e}_n)$. 容易验证,对任何矩阵 $\boldsymbol{A}_{m\times n}$, 有 $\boldsymbol{I}_m\boldsymbol{A}=\boldsymbol{A}\boldsymbol{I}_n=\boldsymbol{A}$.

(ii)设 $\boldsymbol{A}$ 是 n 阶矩阵, 则乘积$\underbrace{\boldsymbol{A}\boldsymbol{A}\cdots\boldsymbol{A}}_{\text{有限个}}$有意义. k 个 $\boldsymbol{A}$ 相乘称为 $\boldsymbol{A}$ 的 k 次幂, 记为

$$\boldsymbol{A}^k=\underbrace{\boldsymbol{A}\boldsymbol{A}\cdots\boldsymbol{A}}_{k\text{个}}(k\text{ 为自然数}),$$

方阵的幂

并约定

$$\boldsymbol{A}^0=\boldsymbol{I}.$$

不难验证

$$\boldsymbol{A}^k\boldsymbol{A}^l=\boldsymbol{A}^{k+l},\ (\boldsymbol{A}^k)^l=\boldsymbol{A}^{kl}(k,\ l\text{ 为自然数})$$

成立. 由于矩阵乘法不满足交换律, 一般地,$(\boldsymbol{A}\boldsymbol{B})^k\neq\boldsymbol{A}^k\boldsymbol{B}^k$($\boldsymbol{A}$, $\boldsymbol{B}$ 皆为方阵, $k\geqslant 2$).

当 $\boldsymbol{A}$ 为方阵时, 称矩阵

$$f(\boldsymbol{A})=a_0\boldsymbol{A}^m+a_1\boldsymbol{A}^{m-1}+\cdots+a_{m-1}\boldsymbol{A}+a_m\boldsymbol{I}$$

为方阵 $\boldsymbol{A}$ 的**多项式**, 也称 $f(\boldsymbol{A})$是普通多项式

$$f(\lambda)=a_0\lambda^m+a_1\lambda^{m-1}+\cdots+a_{m-1}\lambda+a_m$$

方阵的多项式

当 $\lambda=\boldsymbol{A}$ 的值. 设 $\varphi(\lambda)$, $\psi(\lambda)$是两个多项式, 令

$$f(\lambda)=\varphi(\lambda)+\psi(\lambda);\ g(\lambda)=\varphi(\lambda)\psi(\lambda).$$

由矩阵的运算法则不难得到对应的矩阵等式

$$f(\boldsymbol{A})=\varphi(\boldsymbol{A})+\psi(\boldsymbol{A});\ g(\boldsymbol{A})=\varphi(\boldsymbol{A})\psi(\boldsymbol{A}).$$

特别是由 $\varphi(\lambda)\psi(\lambda)=\psi(\lambda)\varphi(\lambda)$推出 $\varphi(\boldsymbol{A})\psi(\boldsymbol{A})=\psi(\boldsymbol{A})\varphi(\boldsymbol{A})$.

例 2.2.9　设 n 阶矩阵 $\boldsymbol{A}$ 满足关系式:$\boldsymbol{A}^2+\boldsymbol{A}+2\boldsymbol{I}=\boldsymbol{O}$. 证明存在 $\boldsymbol{B}$,使得$(\boldsymbol{A}-2\boldsymbol{I})\boldsymbol{B}=\boldsymbol{I}$.

解　根据已知等式和方阵多项式可以因式分解得

$$(\boldsymbol{A}-2\boldsymbol{I})(\boldsymbol{A}+3\boldsymbol{I})=-8\boldsymbol{I},$$

整理得

$$(\boldsymbol{A}-2\boldsymbol{I})\left[-\frac{1}{8}(\boldsymbol{A}+3\boldsymbol{I})\right]=\boldsymbol{I}.$$

即存在方阵 $\boldsymbol{B}=-\frac{1}{8}(\boldsymbol{A}+3\boldsymbol{I})$,使得

$$(\boldsymbol{A}-2\boldsymbol{I})\boldsymbol{B}=\boldsymbol{I}.$$

*3. 矩阵乘法的应用

(1)经济学中的应用.

某地区有三个公司: A, B, C, 每个公司都生产Ⅰ, Ⅱ, Ⅲ, Ⅳ四种产品. 已知每个公司的日产量(单位:个)、每种产品的单价(元/个)和单位利润(元/个), 见表 2.1 和表 2.2,求每个公司的总收入与总利润.

表 2.1 各公司的日产量

	Ⅰ	Ⅱ	Ⅲ	Ⅳ
公司 A	20	30	10	45
公司 B	15	10	70	20
公司 C	20	15	35	25

表 2.2 产品的单价与单位利润

	单价(元/个)	单位利润(元/个)
产品Ⅰ	100	20
产品Ⅱ	150	45
产品Ⅲ	300	120
产品Ⅳ	200	60

解 根据总收入等于总产量乘以产品单价，总利润等于产品总量乘以单位利润，可得表 2.3：

表 2.3 各公司的总收入与总利润

	总收入	总利润
公司 A	18500	5650
公司 B	28000	10350
公司 C	19750	6775

上面的三个数表可以用三个矩阵表示，设

$$\boldsymbol{A}=\begin{bmatrix}20 & 30 & 10 & 45\\15 & 10 & 70 & 20\\20 & 15 & 35 & 25\end{bmatrix},\ \boldsymbol{B}=\begin{bmatrix}100 & 20\\150 & 45\\300 & 120\\200 & 60\end{bmatrix},\ \boldsymbol{C}=\begin{bmatrix}18500 & 5650\\28000 & 10350\\19750 & 6775\end{bmatrix}.$$

矩阵 $\boldsymbol{C}$ 是矩阵 $\boldsymbol{A}$ 与矩阵 $\boldsymbol{B}$ 的乘积，即 $\boldsymbol{C}=\boldsymbol{AB}$.

生态学、经济学和工程学等许多领域中经常需要对随时间变化的动态系统进行数学建模. 系统中的某些量按离散时间间隔测量，于是产生了向量序列 $\boldsymbol{x}_0$，$\boldsymbol{x}_1$，$\boldsymbol{x}_2$，…，$\boldsymbol{x}_k$. 其中的元素 $\boldsymbol{x}_k$ 给出了第 k 次测量时系统状态的有关信息.

如果存在矩阵 $\boldsymbol{A}$，使得 $\boldsymbol{x}_1=\boldsymbol{A}\boldsymbol{x}_0$，$\boldsymbol{x}_2=\boldsymbol{A}x_1$，以此类推，

$$\boldsymbol{x}_{k+1}=\boldsymbol{A}\boldsymbol{x}_k,\qquad k=0,1,2,\cdots \tag{2.2.9}$$

则称(2.2.9)为一个线性差分方程(linear difference equation)或者递归方程(recurrence relation). 给定这样一个方程，如果已知 $\boldsymbol{x}_0$，则可以计算 $\boldsymbol{x}_1$，$\boldsymbol{x}_2$等. 下面是一些实际问题中产生的差分方程.

(2)一个地区人员流动状况计算的简单模型.

在某个地区，每年有 30%的城市居民迁移到乡村，20%的乡村居民迁移到城市. 这个地区有 8000 位城市居民，2000 位乡村居民. 假设该地区居民总数保持为一常数. 一年后，有多少城市居民和乡村居民？两年后呢？

解 可用如下方式构造矩阵 $\boldsymbol{A}$. 矩阵 $\boldsymbol{A}$ 的第一行元素分别为一年后仍在城市的城市居民和在城市的乡村居民的百分比，第二行元素分别为一年后在乡村的城市居民和仍在乡村的乡村居民的百分比. 因此

$$\boldsymbol{A}=\begin{bmatrix}0.70 & 0.20\\0.30 & 0.80\end{bmatrix}.$$

若令

$$\boldsymbol{x}=\begin{bmatrix}8000\\2000\end{bmatrix},$$

则一年后的城市居民和乡村居民人数可以用 $\boldsymbol{A}$ 乘以 $\boldsymbol{x}$ 计算，即

$$\boldsymbol{A}\boldsymbol{x}=\begin{bmatrix}0.70 & 0.20\\0.30 & 0.80\end{bmatrix}\begin{bmatrix}8000\\2000\end{bmatrix}=\begin{bmatrix}6000\\4000\end{bmatrix}.$$

一年后将有 6000 位城市居民，4000 位乡村居民. 要求两年后城市居民和乡村居民的数量，计算如下：

$$\boldsymbol{A}^2\boldsymbol{x}=\boldsymbol{A}(\boldsymbol{A}\boldsymbol{x})=\begin{bmatrix}0.70 & 0.20\\0.30 & 0.80\end{bmatrix}\begin{bmatrix}6000\\4000\end{bmatrix}=\begin{bmatrix}5000\\5000\end{bmatrix}.$$

两年后，一半的居民在城市，一半的居民在乡村. 一般地，n 年后城市居民和乡村居民的数量可由 $\boldsymbol{A}^n\boldsymbol{x}$ 求得.

(3)生态学：海龟的种群统计.

管理和保护大量野生物种依赖于人们模型化动物种群的能力. 一个经典的模型化方法是将物种的生命周期划分为几个阶段. 该模型假设每一阶段种群的大小仅依赖于雌性的数量，并且每一个雌性个体从一年到下一年存活的概率仅依赖于它在生命周期的阶段，而并不依赖于个体的实际年龄. 例如，我们考虑一个 4 个阶段的模型来分析海龟的动态种群.

在每一个阶段，我们估计出一年中存活的概率，并用每年期望的产卵量近似给出繁殖能力的估计. 这些结果在表 2.4 中给出. 在每一阶段名称后的圆括号中给出该阶段近似的年龄.

表 2.4　海龟种群统计学的 4 个阶段

阶段编号	描述(年龄以年为单位)	年存活率	年产卵量
1	卵、孵化期(< 1)	0.67	0
2	幼年和未成年期(1 ～ 21)	0.7394	0
3	初始繁殖期(22)	0.81	127
4	成熟繁殖期(23 ～ 54)	0.8077	79

若 d_i 表示第 i 个阶段持续的时间，s_i 为该阶段的存活率，那么在第 i 阶段中，下一年仍然存活的比例将为

$$p_i=\left(\frac{1-s_i^{d_i-1}}{1-s_i^{d_i}}\right)s_i,$$

而下一年转移到第 $i+1$ 个阶段时，可以存活的比例应为

$$q_i=\frac{s_i^{d_i}(1-s_i)}{1-s_i^{d_i}}.$$

若令 e_i 表示阶段 $i(i=2,3,4)$ 一年中平均的产卵量，并构造矩阵

$$\boldsymbol{L}=\begin{bmatrix} p_1 & e_2 & e_3 & e_4 \\ q_1 & p_2 & 0 & 0 \\ 0 & q_2 & p_2 & 0 \\ 0 & 0 & q_3 & p_3 \end{bmatrix}, \tag{2.2.10}$$

则 $\boldsymbol{L}$ 可以用于预测以后每阶段海龟的数量. 形如(2.2.10)的矩阵称为莱斯利(Leslie)矩阵，相应的种群模型通常称为莱斯利种群模型①②. 利用表 2.4 给出的数字，模型的莱斯利矩阵为

$$\boldsymbol{L}=\begin{bmatrix} 0 & 0 & 127 & 79 \\ 0.67 & 0.7394 & 0 & 0 \\ 0 & 0.0006 & 0 & 0 \\ 0 & 0 & 0.81 & 0.8077 \end{bmatrix}.$$

设初始时种群在各个阶段的数量分别为 200000，300000，500 和 1500. 若将这个初始种群数量表示为向量 $\boldsymbol{x}_0$，1 年后各个阶段的种群数量可如下计算：

$$\boldsymbol{x}_1=\boldsymbol{L}\boldsymbol{x}_0=\begin{bmatrix} 0 & 0 & 127 & 79 \\ 0.67 & 0.7394 & 0 & 0 \\ 0 & 0.0006 & 0 & 0 \\ 0 & 0 & 0.81 & 0.8077 \end{bmatrix}\begin{bmatrix} 200000 \\ 300000 \\ 500 \\ 1500 \end{bmatrix}=\begin{bmatrix} 182000 \\ 355820 \\ 180 \\ 1617 \end{bmatrix}.$$

(上述结果已经四舍五入到最近的整数)为求得 2 年后种群数量向量，再次左乘以矩阵 $\boldsymbol{L}$，即

$$\boldsymbol{x}_2=\boldsymbol{L}\boldsymbol{x}_1=\boldsymbol{L}^2\boldsymbol{x}_0.$$

一般地，k 年后种群数量可以通过计算向量 $\boldsymbol{x}_k=\boldsymbol{L}^k\boldsymbol{x}_0$ 求得. 为观察长时间的趋势，我们计算 $\boldsymbol{x}_{10}$，$\boldsymbol{x}_{25}$，$\boldsymbol{x}_{50}$，结果归纳在表 2.5 中. 这个模型预测，繁殖期的海龟数量将在 50 年后减少 80%.

表 2.5　海龟种群预测

阶段编号	初始种群数量	10 年	25 年	50 年
1	200000	114264	74039	35966
2	300000	329212	213669	103795
3	500	214	139	68
4	1500	1061	687	334

§2.3　逆矩阵与矩阵的初等变换

第二节定义了矩阵的加法、数乘及乘法. 自然会想到，在矩阵中有无作为乘法逆运算的除法呢？即对任意给定的矩阵 $\boldsymbol{A}$，$\boldsymbol{B}$，当 $\boldsymbol{A}\neq\boldsymbol{O}$ 时，是否有唯一的矩阵 $\boldsymbol{X}$ 使 $\boldsymbol{A}\boldsymbol{X}=\boldsymbol{B}$

---

① Leslie P H. On the Use of Matrices in Certain Population Mathematics[J]. Biometrika，1945，33.

② Crouse Deborah T，Larry B Crowder，Hal Caswell. A Stage-Based Population Model for Loggerhead Sea Turtles and Implications for Conservation[J]. Ecology，1987，68(5).

(或 $XA=B$)成立呢？在一般情形下，这是不可能的，也就是说，矩阵没有除法运算. 但是对于一类叫做可逆矩阵的 n 阶方阵而言，这种形式上的“除法”是可行的. 回顾一下实数的乘法逆元，例如 3 的乘法逆元是 $\frac{1}{3}$ 或 3^{-1}. 这个逆元满足等式

$$3^{-1}\cdot 3=1 \text{ 且 } 3\cdot 3^{-1}=1.$$

正如数 1 为实数乘法中的单位元一样，存在一个特殊的矩阵 $\boldsymbol{I}$，即单位矩阵，是矩阵乘法中的单位元，即

$$\boldsymbol{IA}=\boldsymbol{A},\ \boldsymbol{AI}=\boldsymbol{A}$$

对任意 n 阶方阵 $\boldsymbol{A}$ 都成立. 由于矩阵乘法不满足交换律，因此将逆元概念推广到矩阵时，我们需要上面的两个式子同时成立.

§2.3.1　逆矩阵

定义 2.3.1　设 $\boldsymbol{A}$ 是一个 n 阶矩阵. 若存在 n 阶矩阵 $\boldsymbol{B}$，使得

$$\boldsymbol{AB}=\boldsymbol{BA}=\boldsymbol{I}$$

成立，则称 $\boldsymbol{A}$ 是**可逆的**(invertible)、非奇异的或可逆矩阵，矩阵 $\boldsymbol{B}$ 称为 $\boldsymbol{A}$ 的逆矩阵，简称为 $\boldsymbol{A}$ 的逆(inverse).

一个 n 阶方阵若没有逆矩阵，则称其为**不可逆**或奇异矩阵.

由此定义可知，$\boldsymbol{B}$ 也是可逆矩阵，且 $\boldsymbol{A}$ 是 $\boldsymbol{B}$ 的逆矩阵，而且只有方阵才可以有逆矩阵. 对于非方阵，不应使用术语奇异或非奇异、可逆或不可逆.

定理 2.3.1　若 $\boldsymbol{A}$ 是可逆矩阵，则它的逆矩阵是唯一的.

证明　用反证法，设 $\boldsymbol{A}$ 的逆矩阵不止一个. 例如 $\boldsymbol{B}$，$\boldsymbol{C}$ 是其中两个，那么有

$$\boldsymbol{AB}=\boldsymbol{BA}=\boldsymbol{I},\ \boldsymbol{AC}=\boldsymbol{CA}=\boldsymbol{I}.$$

于是

$$\boldsymbol{B}=\boldsymbol{BI}=\boldsymbol{B}(\boldsymbol{AC})=(\boldsymbol{BA})\boldsymbol{C}=\boldsymbol{IC}=\boldsymbol{C},$$

由此可得 $\boldsymbol{A}$ 的逆矩阵是唯一的.

可逆矩阵的性质

由于可逆矩阵 $\boldsymbol{A}$ 的逆矩阵只有一个，今后用 $\boldsymbol{A}^{-1}$ 来记 $\boldsymbol{A}$ 的逆矩阵，即

$$\boldsymbol{A}^{-1}\boldsymbol{A}=\boldsymbol{AA}^{-1}=\boldsymbol{I}.$$

由此可知 $\boldsymbol{A}^{-1}$ 也是可逆矩阵，且 $(\boldsymbol{A}^{-1})^{-1}=\boldsymbol{A}$.

我们经常使用可逆矩阵的乘积. 可以证明，任意可逆矩阵的乘积仍然是可逆矩阵. 下面的定理刻画了两个可逆矩阵 $\boldsymbol{A}$ 和 $\boldsymbol{B}$ 的乘积之逆与 $\boldsymbol{A}$ 和 $\boldsymbol{B}$ 的逆乘积间的关系.

定理 2.3.2　若 $\boldsymbol{A}$ 与 $\boldsymbol{B}$ 为 n 阶可逆矩阵，则 $\boldsymbol{AB}$ 也为 n 阶可逆矩阵，而且

$$(\boldsymbol{AB})^{-1}=\boldsymbol{B}^{-1}\boldsymbol{A}^{-1}.$$

证明　因为 $\boldsymbol{A}$，$\boldsymbol{B}$ 是可逆矩阵，所以 $\boldsymbol{A}^{-1}$，$\boldsymbol{B}^{-1}$ 都存在且为 n 阶矩阵，从而

$$(\boldsymbol{AB})(\boldsymbol{B}^{-1}\boldsymbol{A}^{-1})=\boldsymbol{A}(\boldsymbol{BB}^{-1})\boldsymbol{A}^{-1}=\boldsymbol{AIA}^{-1}=\boldsymbol{AA}^{-1}=\boldsymbol{I}.$$

同理可知，$(\boldsymbol{B}^{-1}\boldsymbol{A}^{-1})(\boldsymbol{AB})=\boldsymbol{I}$. 由定义 2.3.1 知 $(\boldsymbol{AB})^{-1}=\boldsymbol{B}^{-1}\boldsymbol{A}^{-1}$.

推论 2.3.1 若 $\boldsymbol{A}_1$，$\boldsymbol{A}_2$，…，$\boldsymbol{A}_m$ 皆为 n 阶可逆矩阵，则乘积 $\boldsymbol{A}_1\boldsymbol{A}_2\cdots\boldsymbol{A}_m$ 也是一个 n 阶可逆矩阵且

$$(\boldsymbol{A}_1\boldsymbol{A}_2\cdots\boldsymbol{A}_m)^{-1}=\boldsymbol{A}_m^{-1}\cdots\boldsymbol{A}_2^{-1}\boldsymbol{A}_1^{-1}.$$

定理 2.3.3 设 $\boldsymbol{A}$ 是 n 阶可逆矩阵，那么对任意的 $\boldsymbol{B}=\boldsymbol{B}_{n\times m}$(或 $\boldsymbol{B}=\boldsymbol{B}_{m\times n}$)，矩阵方程

$$\boldsymbol{AX}=\boldsymbol{B}(\text{或 } \boldsymbol{XA}=\boldsymbol{B}) \tag{2.3.1}$$

有唯一解 $\boldsymbol{X}=\boldsymbol{A}^{-1}\boldsymbol{B}$(或 $\boldsymbol{X}=\boldsymbol{BA}^{-1}$).

证明 由于 $\boldsymbol{A}$ 可逆，用其逆矩阵 $\boldsymbol{A}^{-1}$ 左乘方程 $\boldsymbol{AX}=\boldsymbol{B}$ 的两端得 $\boldsymbol{A}^{-1}(\boldsymbol{AX})=\boldsymbol{A}^{-1}\boldsymbol{B}$. 由此易知 $\boldsymbol{X}=\boldsymbol{A}^{-1}\boldsymbol{B}$ 为方程的解. 若方程还有另一解 $\boldsymbol{C}=\boldsymbol{C}_{n\times m}$，即 $\boldsymbol{AC}=\boldsymbol{B}$，则 $\boldsymbol{C}=\boldsymbol{EC}=(\boldsymbol{A}^{-1}\boldsymbol{A})\boldsymbol{C}=\boldsymbol{A}^{-1}(\boldsymbol{AC})=\boldsymbol{A}^{-1}\boldsymbol{B}$. 所以矩阵方程有唯一解. 对于 $\boldsymbol{XA}=\boldsymbol{B}$ 的情形,同理可证.

除定义外,一个 n 阶矩阵具备什么条件时，它是可逆矩阵？在可逆时如何求出它的逆矩阵？下面我们将引用一系列特殊矩阵——初等矩阵(elementary matrix)，使用矩阵乘法来判定并计算可逆矩阵的逆矩阵，并用之求解线性方程组.

§2.3.2 矩阵的初等变换与逆矩阵的求法

这一节我们介绍一种求逆矩阵的方法，即初等变换的方法. 对矩阵的行(列)进行下列三类变换，即矩阵的初等行(列)变换. 初等行变换和初等列变换统称**初等变换**(elementary transformation)：

(1) 对换变换——交换矩阵的两行(列).

(2) 数乘变换——将某行(列)全体元素都乘以某一非零常数.

(3) 倍加变换——把某行(列)用该行(列)与另一行(列)的常数倍的和替换，也就是把另一行(列)的常数倍加到某行(列)上.

定义 2.3.2 由 n 阶单位矩阵 $\boldsymbol{I}$ 经过一次初等变换后所得的矩阵称为**初等矩阵**.

对应于矩阵的三类初等变换,有三种类型的初等矩阵：

(1)互换 $\boldsymbol{I}$ 的 i，j 两行(两列)所得的初等矩阵——第一类初等矩阵.

初等矩阵的概念与性质

$$\boldsymbol{E}(i,j)=\begin{bmatrix}
1 & & \vdots & & & & \vdots & & \\
 & \ddots & \vdots & & & & \vdots & & \\
 & \cdots & 0 & & \cdots & & 1 & \cdots & \\
 & & \vdots & 1 & & & \vdots & & \\
 & & \vdots & & \ddots & & \vdots & & \\
 & & \vdots & & & 1 & \vdots & & \\
 & \cdots & 1 & & \cdots & & 0 & \cdots & \\
 & & \vdots & & & & \vdots & 1 & \\
 & & \vdots & & & & \vdots & & 1
\end{bmatrix}\begin{matrix} \\ \\ i\text{ 行} \\ \\ \\ \\ j\text{ 行} \\ \\ \\ \end{matrix}\quad (i\neq j).$$

i 列　　　　j 列

(2)用 $k(k\neq0)$乘 $\boldsymbol{I}$ 的第 i 行(列)所得的初等矩阵——第二类初等矩阵.

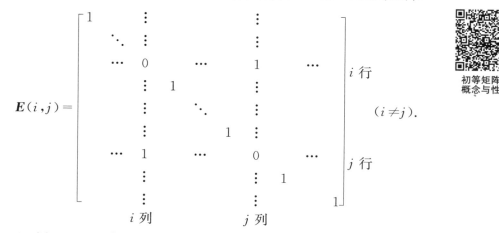

$$
\boldsymbol{E}(i(k))=\begin{bmatrix}
1 & & \vdots & & \\
& \ddots & \vdots & & \\
& & 1 \quad \vdots & & \\
& \cdots & k & \cdots & \\
& & \vdots \quad 1 & & \\
& & \vdots & \ddots & \\
& & \vdots & & 1
\end{bmatrix} i\text{ 行} \quad (k\neq 0).
$$

i 列

(3)将 $\boldsymbol{I}$ 的第 j 行(i 列)的 k 倍加到第 i 行(j 列)上去($i\neq j$)所得的初等矩阵——第三类初等矩阵.

$$
\boldsymbol{E}(i,j\ (k))=\begin{bmatrix}
1 & & \vdots & & \vdots & & \\
& \ddots & \vdots & & \vdots & & \\
& \cdots & 1 & \cdots & k & \cdots & \\
& & \vdots & \ddots & \vdots & & \\
& \cdots & \cdots & \cdots & 1 & \cdots & \\
& & \vdots & & \vdots & \ddots & \\
& & \vdots & & \vdots & & 1
\end{bmatrix}\begin{matrix} \\ \\ i\text{ 行} \\ \\ j\text{ 行} \\ \\ \\ \end{matrix} \quad (i\neq j).
$$

i 列　　j 列

显然，三类初等矩阵都是可逆矩阵.

矩阵的初等变换与矩阵乘法有着紧密的联系.

引理 2.3.1　对矩阵 $\boldsymbol{A}=(a_{ij})_{m\times n}$ 进行某一初等行(列)变换，其结果等于对 $\boldsymbol{A}$ 左(右)乘一个相应的 m 阶(n 阶)初等矩阵.

证明　仅以第三种初等行变换为例进行验证.

$$
\boldsymbol{E}(i,j\ (k))\boldsymbol{A}=\begin{bmatrix}
1 & & \vdots & & \vdots & & \\
& \ddots & \vdots & & \vdots & & \\
& \cdots & 1 & \cdots & k & \cdots & \\
& & \vdots & \ddots & \vdots & & \\
& \cdots & \cdots & \cdots & 1 & \cdots & \\
& & \vdots & & \vdots & \ddots & \\
& & \vdots & & \vdots & & 1
\end{bmatrix}\begin{bmatrix}
a_{11} & a_{12} & \cdots & a_{1n} \\
\vdots & \vdots & & \vdots \\
a_{i1} & a_{i2} & \cdots & a_{in} \\
\vdots & \vdots & & \vdots \\
a_{j1} & a_{j2} & \cdots & a_{jn} \\
\vdots & \vdots & & \vdots \\
a_{m1} & a_{m2} & \cdots & a_{mn}
\end{bmatrix}
$$

$$
=\begin{bmatrix}
a_{11} & a_{12} & \cdots & a_{1n} \\
\vdots & \vdots & & \vdots \\
a_{i1}+ka_{j1} & a_{i2}+ka_{j2} & \cdots & a_{in}+ka_{jn} \\
\vdots & \vdots & & \vdots \\
a_{j1} & a_{j2} & \cdots & a_{jn} \\
\vdots & \vdots & & \vdots \\
a_{m1} & a_{m2} & \cdots & a_{mn}
\end{bmatrix}.
$$

等式右端恰为对 $\boldsymbol{A}$ 施行第三类初等行变换之结果.

这里把矩阵的初等变换归结为用某些初等矩阵左乘或右乘该矩阵，这对于简化矩阵乘法运算及研讨矩阵的某些性质都很有用. 例如，利用引理很易推出初等矩阵的逆矩阵分别为

$$(\boldsymbol{E}(i,j))^{-1}=\boldsymbol{E}(i,j),$$

$$(\boldsymbol{E}(i(k)))^{-1}=\boldsymbol{E}\left(i\left(\frac{1}{k}\right)\right) \quad (k\neq 0),$$

$$(\boldsymbol{E}(i,j(k)))^{-1}=\boldsymbol{E}(i,j(-k)).$$

下面介绍用矩阵的初等行变换求逆矩阵的方法.

定理 2.3.4(矩阵可逆的等价条件)　设 $\boldsymbol{A}$ 为一个 n 阶方阵，则下列命题等价：

(1)$\boldsymbol{A}$ 可逆.

(2)$\boldsymbol{Ax}=\boldsymbol{0}$ 只有零解.

(3)$\boldsymbol{A}$ 与 n 阶单位矩阵 $\boldsymbol{I}$ 行等价，即 $\boldsymbol{A}$ 可经有限次初等行变换化为 $\boldsymbol{I}$.

方阵可逆的判定及推论

证明　我们首先证明(1)可推出(2). 若 $\boldsymbol{A}$ 可逆，且 $\bar{\boldsymbol{x}}$ 是 $\boldsymbol{Ax}=\boldsymbol{0}$ 的一个解，则

$$\bar{\boldsymbol{x}}=\boldsymbol{I}\bar{\boldsymbol{x}}=(\boldsymbol{A}^{-1}\boldsymbol{A})\bar{\boldsymbol{x}}=\boldsymbol{A}^{-1}(\boldsymbol{A}\bar{\boldsymbol{x}})=\boldsymbol{A}^{-1}\boldsymbol{0}=\boldsymbol{0}.$$

因此 $\boldsymbol{Ax}=\boldsymbol{0}$ 只有零解.

然后证明(2)可推出(3). $\boldsymbol{Ax}=\boldsymbol{0}$ 只有零解，由推论 1.2.1 可知，$\boldsymbol{A}$ 的主元列数等于未知量个数 n，这 n 个主元位置一定在主对角线上. 这就表明 $\boldsymbol{A}$ 的行最简形是 n 阶单位矩阵 $\boldsymbol{I}$，即 $\boldsymbol{A}$ 可经过有限次初等行变换化为单位矩阵 $\boldsymbol{I}$，$\boldsymbol{A}$ 与 $\boldsymbol{I}$ 行等价.

最后证明(3)可推出(1). 假设 $\boldsymbol{A}$ 与单位矩阵 $\boldsymbol{I}$ 行等价. 因为 $\boldsymbol{A}$ 的行化简的每一步都对应着左乘以一个相应的初等矩阵，所以存在初等矩阵 $\boldsymbol{E}_1$，$\boldsymbol{E}_2$，…，$\boldsymbol{E}_k$，使得

$$\boldsymbol{E}_k\cdots\boldsymbol{E}_2\boldsymbol{E}_1\boldsymbol{A}=\boldsymbol{I}. \tag{2.3.2}$$

因为可逆矩阵的乘积 $\boldsymbol{E}_k\cdots\boldsymbol{E}_2\boldsymbol{E}_1$ 是可逆的，在式(2.3.2)两端左乘以 $(\boldsymbol{E}_k\cdots\boldsymbol{E}_2\boldsymbol{E}_1)^{-1}$，得

$$(\boldsymbol{E}_k\cdots\boldsymbol{E}_2\boldsymbol{E}_1)^{-1}(\boldsymbol{E}_k\cdots\boldsymbol{E}_2\boldsymbol{E}_1)\boldsymbol{A}=(\boldsymbol{E}_k\cdots\boldsymbol{E}_2\boldsymbol{E}_1)^{-1}\boldsymbol{I},$$

即

$$\boldsymbol{A}=(\boldsymbol{E}_k\cdots\boldsymbol{E}_2\boldsymbol{E}_1)^{-1}.$$

因此 $\boldsymbol{A}$ 是一个可逆矩阵的逆，从而 $\boldsymbol{A}$ 是可逆的.

由于初等矩阵的逆矩阵仍为初等矩阵，可逆矩阵的乘积矩阵仍可逆，由等式(2.3.

2)和推论 1.2.1 知,有下述的结果.

推论 2.3.2　下列命题等价:

(1)方阵 $\boldsymbol{A}$ 可逆.

(2)$\boldsymbol{A}$ 必可表为若干个初等矩阵的乘积.

(3)$\boldsymbol{A}$ 的主元列数为 n.

推论 2.3.3　若 n 阶方阵 $\boldsymbol{A}$ 与 $\boldsymbol{B}$ 行等价,则 $\boldsymbol{A}$ 可逆的充要条件是 $\boldsymbol{B}$ 可逆.

推论 2.3.4　若 n 阶方阵 $\boldsymbol{A}$ 与 $\boldsymbol{B}$ 满足 $\boldsymbol{AB}=\boldsymbol{I}$,则 $\boldsymbol{A}$ 与 $\boldsymbol{B}$ 均可逆,且互为逆阵,$\boldsymbol{BA}=\boldsymbol{I}$.

证明　若 $\boldsymbol{B}$ 不可逆,则齐次线性方程组 $\boldsymbol{Bx}=\boldsymbol{0}$ 有非零解 $\boldsymbol{x}_0$. 从而 $\boldsymbol{A}(\boldsymbol{Bx}_0)=\boldsymbol{A0}=\boldsymbol{0}$,而 $\boldsymbol{AB}=\boldsymbol{I}$,$\boldsymbol{A}(\boldsymbol{Bx}_0)=\boldsymbol{Ix}_0=\boldsymbol{x}_0=0$,与 $\boldsymbol{x}_0$ 非零矛盾. 故 $\boldsymbol{B}$ 可逆. $\boldsymbol{A}=\boldsymbol{AI}=\boldsymbol{ABB}^{-1}=\boldsymbol{B}^{-1}$,$\boldsymbol{A}^{-1}=\boldsymbol{B}$. 所以 $\boldsymbol{A}$ 与 $\boldsymbol{B}$ 均可逆,且互为逆阵,$\boldsymbol{BA}=\boldsymbol{I}$.

从上面的证明过程中我们可以得到求 $\boldsymbol{A}$ 的逆矩阵 $\boldsymbol{A}^{-1}$ 的方法.

用初等变换求逆阵的方法

由

$$\begin{aligned}\boldsymbol{A}^{-1} &= [(\boldsymbol{E}_k\cdots\boldsymbol{E}_2\boldsymbol{E}_1)^{-1}]^{-1}\\ &= \boldsymbol{E}_k\cdots\boldsymbol{E}_2\boldsymbol{E}_1\end{aligned}$$

可知

$$\boldsymbol{A}^{-1}=\boldsymbol{E}_k\cdots\boldsymbol{E}_2\boldsymbol{E}_1\boldsymbol{I}.$$

这说明 $\boldsymbol{A}^{-1}$ 是由 $\boldsymbol{E}_k\cdots\boldsymbol{E}_2\boldsymbol{E}_1$ 连续作用到 n 阶单位矩阵 $\boldsymbol{I}$ 上得到的. 该序列与化简 $\boldsymbol{A}$ 为单位矩阵的序列相同.

$$\boldsymbol{E}_k\cdots\boldsymbol{E}_2\boldsymbol{E}_1\boldsymbol{A}=\boldsymbol{I}, \tag{2.3.3}$$

$$\boldsymbol{E}_k\cdots\boldsymbol{E}_2\boldsymbol{E}_1\boldsymbol{I}=\boldsymbol{A}^{-1}. \tag{2.3.4}$$

比较(2.3.3)和(2.3.4)可知,若对 $\boldsymbol{A}$ 和 $\boldsymbol{I}$ 进行完全相同的一系列初等行变换,则当 $\boldsymbol{A}$ 化成单位矩阵 $\boldsymbol{I}$ 时,原来的单位矩阵 $\boldsymbol{I}$ 就被化成了 $\boldsymbol{A}$ 的逆矩阵 $\boldsymbol{A}^{-1}$. 从而可这样来求 $\boldsymbol{A}$ 的逆矩阵:先作 $n\times 2n$ 矩阵 $[\boldsymbol{A}\,|\,\boldsymbol{I}]$,并对它进行初等行变换,使 $\boldsymbol{A}$ 化为单位矩阵,则 $\boldsymbol{I}$ 相应地就化为了 $\boldsymbol{A}^{-1}$.

$$[\boldsymbol{A}\,|\,\boldsymbol{I}]\xrightarrow{\text{初等行变换}}[\boldsymbol{I}\,|\,\boldsymbol{A}^{-1}].$$

例 2.3.1　已知 $\boldsymbol{A}=\begin{bmatrix}0&1&2\\1&1&4\\2&-1&0\end{bmatrix}$,利用矩阵的初等变换求 $\boldsymbol{A}^{-1}$.

解　$$[\boldsymbol{A},\boldsymbol{I}]=\begin{bmatrix}0&1&2&1&0&0\\1&1&4&0&1&0\\2&-1&0&0&0&1\end{bmatrix}\xrightarrow{E(1,2)}\begin{bmatrix}1&1&4&0&1&0\\0&1&2&1&0&0\\2&-1&0&0&0&1\end{bmatrix}$$

$$\xrightarrow{E(3,1(-2))}\begin{bmatrix}1&1&4&0&1&0\\0&1&2&1&0&0\\0&-3&-8&0&-2&1\end{bmatrix}$$

$$\xrightarrow[E(3,2(3))]{E(1,2(-1))}\begin{bmatrix}1 & 0 & 2 & -1 & 1 & 0\\ 0 & 1 & 2 & 1 & 0 & 0\\ 0 & 0 & -2 & 3 & -2 & 1\end{bmatrix}$$

$$\xrightarrow[E\left(3\left(-\frac{1}{2}\right)\right)]{E(1,3(1))\\E(2,3(1))}\begin{bmatrix}1 & 0 & 0 & 2 & -1 & 1\\ 0 & 1 & 0 & 4 & -2 & 1\\ 0 & 0 & 1 & -\frac{3}{2} & 1 & -\frac{1}{2}\end{bmatrix}=[\boldsymbol{I}\mid\boldsymbol{A}^{-1}].$$

于是

$$\boldsymbol{A}^{-1}=\begin{bmatrix}2 & -1 & 1\\ 4 & -2 & 1\\ -\frac{3}{2} & 1 & -\frac{1}{2}\end{bmatrix}.$$

用初等行变换方法来求逆矩阵时可不必先判断 $\boldsymbol{A}$ 是否可逆. 根据定理 2. 3. 4，当我们对 $n\times 2n$ 矩阵$[\boldsymbol{A}\mid\boldsymbol{I}]$进行初等行变换时，若出现前 n 行 n 列构成的矩阵的某行为零行，则知 $\boldsymbol{A}$ 肯定化不成单位矩阵 $\boldsymbol{I}$，从而 $\boldsymbol{A}$ 为不可逆矩阵.

同样也可以利用初等列变换来求可逆矩阵的逆矩阵，方法如下：

$$\begin{bmatrix}\boldsymbol{A}\\ \boldsymbol{I}\end{bmatrix}\xrightarrow{\text{初等列变换}}\begin{bmatrix}\boldsymbol{I}\\ \boldsymbol{A}^{-1}\end{bmatrix}.$$

一般地，求一个可逆矩阵的逆矩阵往往要进行复杂的计算. 对于一个具体的矩阵，应根据它的特点，尽量选择较简单的方法.

例 2. 3. 2 求 n 阶矩阵

$$\boldsymbol{A}=\begin{bmatrix}1 & & & & \\ a & 1 & & & \\ a^2 & a & 1 & & \\ \vdots & \vdots & \vdots & \ddots & \\ a^{n-1} & a^{n-2} & a^{n-3} & \cdots & 1\end{bmatrix}$$

(主对角线以上的元全为 0)的逆矩阵.

解 根据矩阵的特点，从最后一行起减去前面一行的 a 倍，即可化成单位矩阵. 因此

$$\left[\begin{array}{ccccc:ccccc}1 & & & & & 1 & & & & \\ a & 1 & & & & 0 & 1 & & & \\ a^2 & a & 1 & & & 0 & 0 & 1 & & \\ \vdots & \vdots & \vdots & \ddots & & \vdots & \vdots & \vdots & \ddots & \\ a^{n-1} & a^{n-2} & a^{n-3} & \cdots & 1 & 0 & 0 & 0 & \cdots & 1\end{array}\right]$$

$$\rightarrow\left[\begin{array}{ccccc:ccccc} 1 & & & & & 1 & & & & \\ & 1 & & & & -a & 1 & & & \\ & & 1 & & & & -a & 1 & & \\ & & & \ddots & & & & \ddots & \ddots & \\ & & & & 1 & & & & -a & 1 \end{array}\right]$$

(空白处之元均为 0).

于是

$$\begin{bmatrix} 1 & & & & \\ a & 1 & & & \\ a^2 & a & 1 & & \\ \vdots & \vdots & \vdots & \ddots & \\ a^{n-1} & a^{n-2} & a^{n-3} & \cdots & 1 \end{bmatrix}^{-1}=\begin{bmatrix} 1 & & & & \\ -a & 1 & & & \\ & -a & 1 & & \\ & & \ddots & \ddots & \\ & & & -a & 1 \end{bmatrix}.$$

例 2.3.3　解方程组

$$\begin{cases} x_2+2x_3=1, \\ x_1+x_2+4x_3=3, \\ 2x_1-x_2=3. \end{cases}$$

解　这个方程组中的系数矩阵是例 2.3.1 中的矩阵 $\boldsymbol{A}$. $\boldsymbol{A}$ 可逆，所以方程组的解为

$$\boldsymbol{X}=\boldsymbol{A}^{-1}\boldsymbol{B}=\begin{bmatrix} 2 & -1 & 1 \\ 4 & -2 & 1 \\ -\dfrac{3}{2} & 1 & -\dfrac{1}{2} \end{bmatrix}\begin{bmatrix} 1 \\ 3 \\ 3 \end{bmatrix}=\begin{bmatrix} 2 \\ 1 \\ 0 \end{bmatrix}.$$

在例 2.3.3 中，我们求解矩阵方程 $\boldsymbol{AX}=\boldsymbol{B}$ 的解题步骤是先用初等行变换化$[\boldsymbol{A}|\boldsymbol{I}]$为$[\boldsymbol{I}|\boldsymbol{A}^{-1}]$，求出 $\boldsymbol{A}^{-1}$，然后再将 $\boldsymbol{A}^{-1}$与 $\boldsymbol{B}$ 相乘，计算出解 $\boldsymbol{X}=\boldsymbol{A}^{-1}\boldsymbol{B}$. 事实上，由于

$$\boldsymbol{E}_k\cdots\boldsymbol{E}_2\boldsymbol{E}_1\boldsymbol{A}=\boldsymbol{I},$$
$$\boldsymbol{E}_k\cdots\boldsymbol{E}_2\boldsymbol{E}_1\boldsymbol{I}=\boldsymbol{A}^{-1},$$
$$\boldsymbol{E}_k\cdots\boldsymbol{E}_2\boldsymbol{E}_1\boldsymbol{B}=\boldsymbol{A}^{-1}\boldsymbol{B}.$$

特别关注上面的后两个方程，要得到 $\boldsymbol{A}^{-1}$需要对同阶单位矩阵 $\boldsymbol{I}$ 进行化$\boldsymbol{A}$ 为$\boldsymbol{I}$ 的相同的初等行变换 $\boldsymbol{E}_k\cdots\boldsymbol{E}_2\boldsymbol{E}_1$，将这些行变换同样作用到矩阵 $\boldsymbol{B}$ 上，就得到 $\boldsymbol{A}^{-1}\boldsymbol{B}$. 所以求解 n 个 n 元线性方程组成的方程组的解时，我们只需要将 $\boldsymbol{A}$ 与 $\boldsymbol{B}$ 并排写成增广矩阵的形式$[\boldsymbol{A}|\boldsymbol{B}]$，然后对$[\boldsymbol{A}|\boldsymbol{B}]$进行初等行变换，将其中的 $\boldsymbol{A}$ 化为单位矩阵，相应地 $\boldsymbol{B}$ 就化为了$\boldsymbol{A}^{-1}\boldsymbol{B}$，也就是求出了解 $\boldsymbol{X}=\boldsymbol{A}^{-1}\boldsymbol{B}$.

若两个 $m\times n$ 矩阵$\boldsymbol{A}$ 与$\boldsymbol{B}$ 可通过一系列初等列变换进行转化,则称 $\boldsymbol{A}$ 与 $\boldsymbol{B}$ 是列等价的.

若两个 $m\times n$ 矩阵$\boldsymbol{A}$ 与$\boldsymbol{B}$ 可通过一系列初等行、列变换相互转化,则称 $\boldsymbol{A}$ 与 $\boldsymbol{B}$ 等价(equivalent),记为 $\boldsymbol{A}\simeq\boldsymbol{B}$.

推论 2.3.5　(1)若两个 $m\times n$ 矩阵$\boldsymbol{A}$ 与$\boldsymbol{B}$ 等价的充要条件是存在m 阶可逆矩阵$\boldsymbol{P}$,

n 阶可逆矩阵 $\boldsymbol{Q}$,使得 $\boldsymbol{PAQ}=\boldsymbol{B}$.

(2)任何一个 $m\times n$ 矩阵 $\boldsymbol{A}$ 都等价于一个规范型矩阵

$$\begin{bmatrix} 1 & \cdots & 0 & 0 & \cdots & 0 \\ \vdots & & \vdots & \vdots & & \vdots \\ 0 & \cdots & 1 & 0 & \cdots & 0 \\ 0 & \cdots & 0 & 0 & \cdots & 0 \\ \vdots & & \vdots & \vdots & & \vdots \\ 0 & \cdots & 0 & 0 & \cdots & 0 \end{bmatrix}$$

(即只有 r 个 1 分别位于(1,1),(2,2),…,(r,r),其余位置全是 0 的矩阵).

特别地,n 阶方阵 $\boldsymbol{A}$ 可逆的充要条件是 $\boldsymbol{A}$ 与 n 阶单位矩阵 $\boldsymbol{I}$ 等价.

信息加密与解密的希尔算法

1929 年,Lester S. Hill 通过矩阵理论对传输信息进行加密处理,提出了在密码史上有重要地位的希尔加密算法.假定每个字母当作 26 进制数字:$A=1$,$B=2$,$C=3$,…代表明文的一串字母从左至右,每 n 个字母分为一组,并将对应的 n 个整数排成 n 维向量.为保证不被非法用户收到明文信息,需要加密处理.将编码与一个 $n\times n$ 的矩阵相乘并加密后变成密文进行传递,以增加非法用户破译的难度,同时让合法用户能轻松解密.一个简单理想化的加密双向通信过程为:设 $\boldsymbol{A}$ 是$m\times n$矩阵,$\boldsymbol{B}$ 是 $n\times m$ 矩阵.明文信息 $\boldsymbol{\alpha}$ 是n 维列向量,$\boldsymbol{\beta}$ 是 m 维列向量.甲方将信息 $\boldsymbol{\alpha}$ 通过左乘矩阵$\boldsymbol{A}$ 的方式加密后发给乙方,乙方收到加密信息 $\boldsymbol{A\alpha}$ 后,再左乘矩阵 $\boldsymbol{B}$ 来解密.同理,乙方将信息 $\boldsymbol{\beta}$ 左乘矩阵 $\boldsymbol{B}$ 加密发送给甲方,甲方收到加密信息 $\boldsymbol{B\beta}$ 后再左乘矩阵 $\boldsymbol{A}$ 解密.由于解密后的信息与原明文信息必须一致 ,所以有 $\boldsymbol{BA\alpha}=\boldsymbol{\alpha}$,$\boldsymbol{AB\beta}=\boldsymbol{\beta}$.由信息的任意性,可得 $\boldsymbol{AB}=\boldsymbol{I}n$,$\boldsymbol{BA}=\boldsymbol{I}m$,事实上,用来加密和解密的矩阵必须是同阶方阵,且满足 $\boldsymbol{AB}=\boldsymbol{BA}=\boldsymbol{I}$.

若要发出信息“galaxy”,使用编码规则,信息对应编码:7,1,12,1,24,25.分组为两个三维向量 $\boldsymbol{\alpha}_1=\begin{bmatrix}7\\1\\12\end{bmatrix}$,$\boldsymbol{\alpha}_2=\begin{bmatrix}1\\24\\25\end{bmatrix}$,或写成一个信息矩阵 $\boldsymbol{M}=\begin{bmatrix}7 & 1\\1 & 24\\12 & 25\end{bmatrix}$.加密的过程就是任选一个三阶可逆方阵 $\boldsymbol{A}$,用 $\boldsymbol{A}$ 左乘信息矩阵$\boldsymbol{M}$,结果就是密码.例如选择

$$\boldsymbol{A}=\begin{bmatrix}2 & -1 & 1\\4 & -2 & 1\\-3 & 2 & -1\end{bmatrix}.$$

计算

$$\boldsymbol{A\alpha}_1=\begin{bmatrix}2 & -1 & 1\\4 & -2 & 1\\-3 & 2 & -1\end{bmatrix}\begin{bmatrix}7\\1\\12\end{bmatrix}=\begin{bmatrix}25\\38\\-31\end{bmatrix},\ \boldsymbol{A\alpha}_2=\begin{bmatrix}2 & -1 & 1\\4 & -2 & 1\\-3 & 2 & -1\end{bmatrix}\begin{bmatrix}1\\24\\25\end{bmatrix}=\begin{bmatrix}3\\-19\\20\end{bmatrix},$$

或
$$\boldsymbol{AM}=\begin{bmatrix}2&-1&1\\4&-2&1\\-3&2&-1\end{bmatrix}\begin{bmatrix}7&1\\1&24\\12&25\end{bmatrix}=\begin{bmatrix}25&3\\38&-19\\-31&20\end{bmatrix}.$$

则传送的密码为:25，38，-31，3，-19，20.

收到信息后，根据约定可逆矩阵 $\boldsymbol{A}$ 为解密的钥匙(密匙). 用 $\boldsymbol{A}$ 的逆左乘密码矩阵即解密为明码.

$$\boldsymbol{A}^{-1}=\begin{bmatrix}0&1&1\\1&1&2\\2&-1&0\end{bmatrix}.\ \boldsymbol{A}^{-1}\begin{bmatrix}25\\38\\-31\end{bmatrix}=\begin{bmatrix}0&1&1\\1&1&2\\2&-1&0\end{bmatrix}\begin{bmatrix}25\\38\\-31\end{bmatrix}=\begin{bmatrix}7\\1\\12\end{bmatrix},$$

$$\boldsymbol{A}^{-1}\begin{bmatrix}3\\-19\\20\end{bmatrix}=\begin{bmatrix}1\\24\\25\end{bmatrix}.\text{或 }\boldsymbol{A}^{-1}\begin{bmatrix}25&3\\38&-19\\-31&20\end{bmatrix}=\begin{bmatrix}7&1\\1&24\\12&25\end{bmatrix}.$$

§2.4　矩阵的转置

§2.4.1　矩阵的转置定义及性质

本节介绍矩阵的另一种运算——矩阵的转置.

定义 2.4.1　设 $\boldsymbol{A}$ 是一个 $m\times n$ 矩阵，若将 $\boldsymbol{A}$ 的行顺次改成列，所得到的 $n\times m$ 矩阵称为**矩阵 $\boldsymbol{A}$ 的转置**(transpose)，记作 $\boldsymbol{A}^{\mathrm{T}}$.

如果
$$\boldsymbol{A}=\begin{bmatrix}a_{11}&a_{12}&\cdots&a_{1n}\\a_{21}&a_{22}&\cdots&a_{2n}\\\vdots&\vdots&&\vdots\\a_{m1}&a_{m2}&\cdots&a_{mn}\end{bmatrix},$$

则
$$\boldsymbol{A}^{\mathrm{T}}=\begin{bmatrix}a_{11}&a_{21}&\cdots&a_{m1}\\a_{12}&a_{22}&\cdots&a_{m2}\\\vdots&\vdots&&\vdots\\a_{1n}&a_{2n}&\cdots&a_{mn}\end{bmatrix}.$$

如果分别用 a_{ij}^{T} 与 a_{ij} 表示 $\boldsymbol{A}^{\mathrm{T}}$ 与 $\boldsymbol{A}$ 中第 i 行第 j 列处的元，则有
$$a_{ij}^{\mathrm{T}}=a_{ji}\quad(i=1,2,\cdots,n;\ j=1,2,\cdots,m).$$

矩阵的转置满足下面的运算规律:

矩阵的转置满足的运算规律

(i) $(\boldsymbol{A}^{\mathrm{T}})^{\mathrm{T}}=\boldsymbol{A}$.

(ii) $(\boldsymbol{A}\pm\boldsymbol{B})^{\mathrm{T}}=\boldsymbol{A}^{\mathrm{T}}\pm\boldsymbol{B}^{\mathrm{T}}$.

(iii)$(\lambda \boldsymbol{A})^{\mathrm{T}}=\lambda \boldsymbol{A}^{\mathrm{T}}$($\lambda$ 为实数).

(iv)$(\boldsymbol{AB})^{\mathrm{T}}=\boldsymbol{B}^{\mathrm{T}}\boldsymbol{A}^{\mathrm{T}}$.

(v)若 $\boldsymbol{A}$ 是可逆矩阵，则$(\boldsymbol{A}^{\mathrm{T}})^{-1}=(\boldsymbol{A}^{-1})^{\mathrm{T}}$.

前三个等式都较为明显，不再一一证明. 现证第四个等式. 设 $\boldsymbol{A}=[a_{ij}]_{m\times n}$，则 $\boldsymbol{B}=[b_{ij}]_{n\times p}$. 于是$(\boldsymbol{AB})^{\mathrm{T}}$为 $p\times m$ 矩阵，显然 $\boldsymbol{B}^{\mathrm{T}}\boldsymbol{A}^{\mathrm{T}}$也是 $p\times m$ 矩阵. 设 $\boldsymbol{AB}=[c_{ij}]_{m\times p}$，$(\boldsymbol{AB})^{\mathrm{T}}=[d_{st}]_{p\times m}$，$\boldsymbol{B}^{\mathrm{T}}\boldsymbol{A}^{\mathrm{T}}=[e_{st}]_{p\times m}$，则

$$d_{st}=c_{ts}=\sum_{k=1}^{n}a_{tk}b_{ks},\quad e_{st}=\sum_{k=1}^{n}b_{ks}a_{tk}=\sum_{k=1}^{n}a_{tk}b_{ks}=d_{st},$$
$$s=1,2,\cdots,p;\ t=1,2,\cdots,m.$$

故

$$(\boldsymbol{AB})^{\mathrm{T}}=\boldsymbol{B}^{\mathrm{T}}\boldsymbol{A}^{\mathrm{T}}.$$

至于第五个等式，由 $\boldsymbol{AA}^{-1}=\boldsymbol{I}$ 和第四个等式知

$$(\boldsymbol{AA}^{-1})^{\mathrm{T}}=(\boldsymbol{A}^{-1})^{\mathrm{T}}\boldsymbol{A}^{\mathrm{T}}=\boldsymbol{I}^{\mathrm{T}}=\boldsymbol{I},$$

同理可得

$$\boldsymbol{A}^{\mathrm{T}}(\boldsymbol{A}^{-1})^{\mathrm{T}}=(\boldsymbol{A}^{-1}\boldsymbol{A})^{\mathrm{T}}=\boldsymbol{I}^{\mathrm{T}}=\boldsymbol{I},$$

因此

$$(\boldsymbol{A}^{\mathrm{T}})^{-1}=(\boldsymbol{A}^{-1})^{\mathrm{T}}.$$

§2.4.2 几个重要的方阵

1. 对称矩阵

定义 2.4.2 若矩阵 $\boldsymbol{A}$ 满足条件 $\boldsymbol{A}^{\mathrm{T}}=\boldsymbol{A}$，则 $\boldsymbol{A}$ 称为**对称矩阵**.

由定义可知，对称矩阵必为方阵.

一个 n 阶矩阵 $\boldsymbol{A}=[a_{ij}]$是对称矩阵的充要条件为

$$a_{ij}=a_{ji}\quad(i,j=1,2,\cdots,n).$$

例如，$\boldsymbol{B}$ 是一个 $m\times n$ 实矩阵，则 $\boldsymbol{BB}^{\mathrm{T}}$($\boldsymbol{B}^{\mathrm{T}}\boldsymbol{B}$)是 $m(n)$阶的对称矩阵.

设 $\boldsymbol{A}$，$\boldsymbol{B}$ 都是 n 阶对称矩阵，则 $\boldsymbol{A}+\boldsymbol{B}$，$\lambda\boldsymbol{A}$($\lambda$ 为实数)都是对称矩阵. 但 $\boldsymbol{AB}$ 一般不是对称矩阵，如$\begin{bmatrix}1&1\\1&2\end{bmatrix}\begin{bmatrix}1&1\\1&0\end{bmatrix}=\begin{bmatrix}2&1\\3&1\end{bmatrix}$.

在一类关于网络的图论(graph theory)应用问题中，经常涉及对称矩阵. 图论是应用数学的一个重要领域. 图论在通信网络中的应用尤为突出.

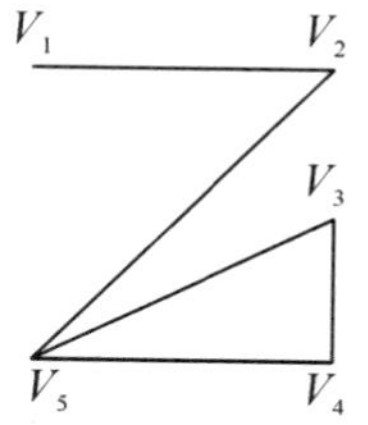

图 2.1 网络图 Q

一个无向图(graph)定义为顶点(vertex)和顶点对(或称为边(edge))的集合. 图 2.1 所示的网络图 Q 给出了一个图的几何表示. 其中的顶点 V_1，V_2，V_3，V_4，V_5可以看成是通信网络的结点. 将两

个顶点互相连接的线段对应于边，如下所示：

$$\{V_1, V_2\}, \{V_2, V_5\}, \{V_3, V_4\}, \{V_3, V_5\}, \{V_4, V_5\},$$

每条边表示网络中两个结点之间有直接通信链路.

一个实际的通信网络可能包含大量的结点和边. 事实上，如果有几百万个顶点，网络的图形将变得十分复杂.

另一个表示网络的方法是矩阵. 如果图共包含 n 个顶点，可定义一个 $n\times n$ 的矩阵 $\boldsymbol{A}$，它的元素为

$$a_{ij}=\begin{cases}1, \text{如果}\{V_i, V_j\}\text{是图的一条边},\\0, \text{如果没有边连接顶点 } V_i \text{ 和 } V_j.\end{cases}$$

矩阵 $\boldsymbol{A}$ 称为图的邻接矩阵(adjacency matrix). 图 2.1 的邻接矩阵为

$$\boldsymbol{A}=\begin{bmatrix}0&1&0&0&0\\1&0&0&0&1\\0&0&0&1&1\\0&0&1&0&1\\0&1&1&1&0\end{bmatrix}.$$

注意矩阵 $\boldsymbol{A}$ 是对称的. 事实上，任何邻接矩阵必定是对称的. 因为如果 $\{V_i, V_j\}$ 是图的一边，则 $a_{ij}=a_{ji}=1$；否则，如果没有边连接顶点 V_i 和 V_j，则在这种情况下，$a_{ij}=a_{ji}=0$.

连接一个顶点到另一个顶点的边的序列称为图上的路(walk). 例如边 $\{V_1, V_2\}$，$\{V_2, V_5\}$ 就表示从顶点 V_1 到顶点 V_5 的一条路. 由于这条路包含了两条边，所以称该路的长度为 2，并以 $V_1\to V_2\to V_5$ 表示从 V_1 到 V_5 的长为 2 的路. 类似地，$V_4\to V_5\to V_2\to V_1$ 表示从 V_4 到 V_1 的长为 3 的路. 一条路可能多次经过同一条边. 如 $V_4\to V_5\to V_4\to V_5$ 表示一条从 V_4 到 V_5 的长为 3 的路. 一般地，通过将邻接矩阵乘幂，可以求出两顶点间给定长度的路的条数.

定理 2.4.1　设 $\boldsymbol{A}$ 为某图的 $n\times n$ 邻接矩阵，且 $a_{ij}^{(k)}$ 表示 $\boldsymbol{A}^k$ 的 (i, j) 元素，则 $a_{ij}^{(k)}$ 等于顶点 V_i 和 V_j 间长度为 k 的路的条数.

证明　采用数学归纳法. 当 $k=1$ 时，由邻接矩阵的定义可知结论成立. 假设对某个 m，矩阵 $\boldsymbol{A}^m$ 中的每一元素表示相应两顶点间长度为 m 的路的数目. 因此 $a_{il}^{(m)}$ 等于顶点 V_i 和 V_l 间长度为 m 的路的条数. 如果有一条边 $\{V_l, V_j\}$，则 $a_{il}^{(m)}a_{lj}=a_{il}^{(m)}$ 表示从顶点 V_i 到 V_j 长度为 $m+1$ 的形如 $V_i\to\cdots V_l\to V_j$ 的路的数目. 另一方面，如果 $\{V_l, V_j\}$ 不是一条边，则从 V_i 到 V_j 没有长度为 $m+1$ 的路，$a_{il}^{(m)}a_{lj}=a_{il}^{(m)}0=0$. 由此得到，从 V_i 到 V_j 长度为 $m+1$ 的所有路的总数为

$$a_{i1}^{(m)}a_{1j}+a_{i2}^{(m)}a_{2j}+\cdots+a_{in}^{(m)}a_{nj},$$

而这恰好是 $\boldsymbol{A}^{m+1}$ 的 (i, j) 元素.

例 2.4.1　为求网络图 Q 中任何两个顶点间长度为 3 的路的数量，我们只需计算

$$A^3=\begin{bmatrix}0&2&1&1&0\\2&0&1&1&4\\1&1&2&3&4\\1&1&3&2&4\\0&4&4&4&2\end{bmatrix}.$$

因此从 V_3 到 V_5 长度为 3 的路的数目是 $a_{35}^{(3)}=4$. 注意矩阵 $\boldsymbol{A}^3$ 是对称的，这说明了从顶点 V_i 到 V_j 长度为 3 的路的条数与从 V_j 到 V_i 的路之条数相同.

2. **反对称矩阵**

定义 2.4.3 若矩阵 $\boldsymbol{A}$ 满足条件 $\boldsymbol{A}^{\mathrm{T}}=-\boldsymbol{A}$，则 $\boldsymbol{A}$ 称为**反对称矩阵.**

显然反对称矩阵是一个方阵. 由定义知一个 n 阶矩阵是反对称矩阵的充要条件是它的元素满足条件：

$$a_{ij}=\begin{cases}-a_{ji}, & i\neq j,\\0, & i=j.\end{cases}$$

即主对角线上的元素全为零，主对角线两侧对称的元素互为相反数.

设 $\boldsymbol{A}$，$\boldsymbol{B}$ 都是同阶反对称矩阵，则 $\boldsymbol{A}+\boldsymbol{B}$，$\lambda\boldsymbol{A}$($\lambda$ 为实数)都是反对称矩阵. 但两个反对称矩阵的乘积一般不是反对称矩阵，如 $\begin{bmatrix}0&1\\-1&0\end{bmatrix}\begin{bmatrix}0&-1\\1&0\end{bmatrix}=\begin{bmatrix}1&0\\0&1\end{bmatrix}$.

3. **对角形矩阵**

定义 2.4.4 若 n 阶方阵 $\boldsymbol{A}=[a_{ij}]$满足当 $i\neq j$ 时，$a_{ij}=0$，则称该方阵为对角形矩阵.

若不写具体的零元素，则 n 阶对角形矩阵形如

$$\begin{bmatrix}d_1&&&\\&d_2&&\\&&\ddots&\\&&&d_n\end{bmatrix}.$$

显然，对角形矩阵是对称矩阵. 对角形矩阵有下列性质：

第一，若 $\boldsymbol{A}$ 与 $\boldsymbol{B}$ 均为 n 阶对角形矩阵，则 $\boldsymbol{A}+\boldsymbol{B}$，$\lambda\boldsymbol{A}$($\lambda$ 为实数)，$\boldsymbol{AB}$ 皆为对角形矩阵，且

$$\boldsymbol{AB}=\begin{bmatrix}a_1&&&\\&a_2&&\\&&\ddots&\\&&&a_n\end{bmatrix}\begin{bmatrix}b_1&&&\\&b_2&&\\&&\ddots&\\&&&b_n\end{bmatrix}=\begin{bmatrix}a_1b_1&&&\\&a_2b_2&&\\&&\ddots&\\&&&a_nb_n\end{bmatrix}=\boldsymbol{BA},$$

即两个 n 阶对角形矩阵相乘是可交换的.

第二，对角形矩阵可逆的充要条件是它主对角线上的元素全部非零，且逆矩阵 $\boldsymbol{A}^{-1}$

也是对角形矩阵. $\boldsymbol{A}^{-1}$的主对角线上的元素恰为 $\boldsymbol{A}$ 中对应元素的倒数，即

$$\boldsymbol{A}^{-1}=\begin{bmatrix}a_1 & & & \\ & a_2 & & \\ & & \ddots & \\ & & & a_n\end{bmatrix}^{-1}=\begin{bmatrix}a_1^{-1} & & & \\ & a_2^{-1} & & \\ & & \ddots & \\ & & & a_n^{-1}\end{bmatrix}.$$

4. **正交矩阵**

定义 2.4.5　若 n 阶矩阵 $\boldsymbol{A}$ 满足 $\boldsymbol{A}^{\mathrm{T}}\boldsymbol{A}=\boldsymbol{A}\boldsymbol{A}^{\mathrm{T}}=\boldsymbol{I}$，则 $\boldsymbol{A}$ 称为**正交矩阵**.

显然，正交矩阵是可逆矩阵. 由其定义可直接推出下列命题.

(1)n 阶矩阵 $\boldsymbol{A}$ 为正交矩阵的充分必要条件是

$$\boldsymbol{A}^{\mathrm{T}}=\boldsymbol{A}^{-1}.$$

(2)n 阶矩阵 $\boldsymbol{A}=[a_{ij}]_{n\times n}$是正交矩阵的充分必要条件是下列两组等式

$$\sum_{k=1}^{n}a_{ik}a_{jk}=\begin{cases}1, & i=j,\\ 0, & i\neq j\end{cases}\qquad (i, j=1, 2, \cdots, n),$$

$$\sum_{k=1}^{n}a_{ki}a_{kj}=\begin{cases}1, & i=j,\\ 0, & i\neq j\end{cases}\qquad (i, j=1, 2, \cdots, n)$$

中至少有一组成立(其实，由一组等式成立可推出另一组等式成立). 这就是说，正交矩阵每一行(列)n 个元的平方和等于 1;两个不同行(列)的对应元乘积之和等于零.

(3)$\boldsymbol{A}$ 为正交矩阵，则 $\boldsymbol{A}^{\mathrm{T}}=\boldsymbol{A}^{-1}$也是正交矩阵.

(4)若 $\boldsymbol{A}$ 与 $\boldsymbol{B}$ 均为 n 阶正交矩阵，则乘积 $\boldsymbol{AB}$($\boldsymbol{BA}$)也是正交矩阵. 此结果还可推广为有限多个同阶正交矩阵的乘积仍是正交矩阵.

请注意 $\boldsymbol{A}+\boldsymbol{B}$ 一般不是正交矩阵.

§2.5　分块矩阵

§2.5.1　分块矩阵的定义

在第一节中，我们曾使用过记号

$$\boldsymbol{A}=\begin{bmatrix}\boldsymbol{\alpha}_1\\ \boldsymbol{\alpha}_2\\ \vdots\\ \boldsymbol{\alpha}_m\end{bmatrix}\quad 和\quad \boldsymbol{A}=[\boldsymbol{A}_1, \boldsymbol{A}_2, \cdots, \boldsymbol{A}_n].$$

这些记号的特点是把一个普通的矩阵表示成由若干个小矩阵为元素构成的矩阵，因而它简化了矩阵的形式.

定义 2.5.1 对于任意一个 $m\times n$ 矩阵 $\boldsymbol{A}$，可以用若干条水平直线和竖直线按某种需要把 $\boldsymbol{A}$ 划分成若干个行数与列数较少的矩阵，这种矩阵称为 $\boldsymbol{A}$ 的子块或子矩阵. 以子块为元素的矩阵 $\boldsymbol{A}$ 称为分块矩阵.

例如，把下列 3×4 矩阵 $\boldsymbol{A}$ 分成四块.

$$\boldsymbol{A}=\left[\begin{array}{ccc:c} a_{11} & a_{12} & a_{13} & a_{14} \\ \hdashline a_{21} & a_{22} & a_{23} & a_{24} \\ a_{31} & a_{32} & a_{33} & a_{34} \end{array}\right],$$

则

$$\boldsymbol{A}_{11}=\begin{bmatrix} a_{11} & a_{12} & a_{13}\end{bmatrix},\ \boldsymbol{A}_{12}=\begin{bmatrix} a_{14}\end{bmatrix},$$

$$\boldsymbol{A}_{21}=\begin{bmatrix} a_{21} & a_{22} & a_{23} \\ a_{31} & a_{32} & a_{33}\end{bmatrix},\ \boldsymbol{A}_{22}=\begin{bmatrix} a_{24} \\ a_{34}\end{bmatrix},$$

是矩阵 $\boldsymbol{A}$ 的子块，而 $\boldsymbol{A}$ 可记为

$$\boldsymbol{A}=\begin{bmatrix} \boldsymbol{A}_{11} & \boldsymbol{A}_{12} \\ \boldsymbol{A}_{21} & \boldsymbol{A}_{22}\end{bmatrix}.$$

这是以子块 $\boldsymbol{A}_{11}$，$\boldsymbol{A}_{12}$，$\boldsymbol{A}_{21}$，$\boldsymbol{A}_{22}$ 为元素的分块矩阵. 它还可以记为

$$\boldsymbol{A}=[\boldsymbol{A}_{ij}]_{2\times 2}.$$

§2.5.2 分块矩阵的运算

一个矩阵可以根据不同的需要划分成不同的子块，构成不同的分块矩阵. 它们还可以像普通矩阵那样进行运算. 但矩阵在分块时要注意到矩阵的运算规则.

(1)分块矩阵的加法：设 $\boldsymbol{A}$ 与 $\boldsymbol{B}$ 是两个同型矩阵($m\times n$ 矩阵)，要得到 $\boldsymbol{A}+\boldsymbol{B}$ 的分块形式，必须对 $\boldsymbol{A}$，$\boldsymbol{B}$ 采用完全相同的分块方式. 若

$$\boldsymbol{A}=[\boldsymbol{A}_{ij}]_{l\times k},\quad \boldsymbol{B}=[\boldsymbol{B}_{ij}]_{l\times k},$$

且 $\boldsymbol{A}_{ij}$ 与 $\boldsymbol{B}_{ij}$ 都是同型矩阵，则

$$\boldsymbol{A}+\boldsymbol{B}=[\boldsymbol{A}_{ij}+\boldsymbol{B}_{ij}]_{l\times k}.$$

(2)分块矩阵的数乘：数乘分块矩阵等于数乘矩阵的每个子块所得之矩阵，即

$$\lambda\boldsymbol{A}=\lambda[\boldsymbol{A}_{ij}]_{l\times k}=[\lambda\boldsymbol{A}_{ij}]_{l\times k}.$$

(3)分块矩阵的转置矩阵：分块矩阵 $\boldsymbol{A}=[\boldsymbol{A}_{ij}]_{l\times k}$ 的转置矩阵是将 $\boldsymbol{A}$ 中子块构成的行顺次改成为列，然后再将每个子块转置即得转置矩阵 $\boldsymbol{A}^{\mathrm{T}}$. 例如，分块矩阵

$$\boldsymbol{A}=\begin{bmatrix} \boldsymbol{A}_{11} & \boldsymbol{A}_{12} & \boldsymbol{A}_{13} \\ \boldsymbol{A}_{21} & \boldsymbol{A}_{22} & \boldsymbol{A}_{23}\end{bmatrix}_{2\times 3}.$$

它的转置矩阵为

$$\boldsymbol{A}^{\mathrm{T}}=\begin{bmatrix} \boldsymbol{A}_{11}^{\mathrm{T}} & \boldsymbol{A}_{21}^{\mathrm{T}} \\ \boldsymbol{A}_{12}^{\mathrm{T}} & \boldsymbol{A}_{22}^{\mathrm{T}} \\ \boldsymbol{A}_{13}^{\mathrm{T}} & \boldsymbol{A}_{23}^{\mathrm{T}}\end{bmatrix}_{3\times 2}.$$

(4)分块矩阵的乘法．矩阵 $\boldsymbol{A}$，$\boldsymbol{B}$ 要能做出分块形式的乘积 $\boldsymbol{AB}$，不仅要求 $\boldsymbol{A}$ 的列数等于 $\boldsymbol{B}$ 的行数，而且还必须要求 $\boldsymbol{A}$ 关于列的分块方式与 $\boldsymbol{B}$ 关于行的分块方式要完全一致．用图表示为

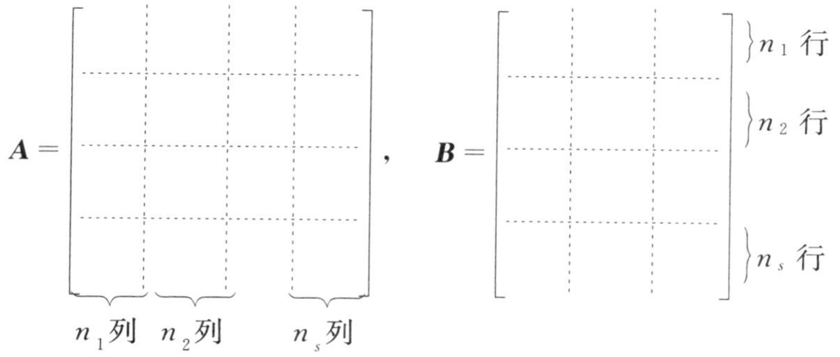

而 $\boldsymbol{A}$ 关于行的分块方式与 $\boldsymbol{B}$ 关于列的分块方式可以毫无关系(可有不同的分法)．例如，$\boldsymbol{A}$ 分成 l 个横条(每条可含 $\boldsymbol{A}$ 的若干个行)，$\boldsymbol{B}$ 分成 k 个竖条(每条含 $\boldsymbol{B}$ 的若干个列)．它们的分块矩阵为

$$\boldsymbol{A}=\begin{bmatrix}\boldsymbol{A}_{11} & \boldsymbol{A}_{12} & \cdots & \boldsymbol{A}_{1s}\\ \boldsymbol{A}_{21} & \boldsymbol{A}_{22} & \cdots & \boldsymbol{A}_{2s}\\ \vdots & \vdots & & \vdots\\ \boldsymbol{A}_{l1} & \boldsymbol{A}_{l2} & \cdots & \boldsymbol{A}_{ls}\end{bmatrix}_{l\times s},\quad \boldsymbol{B}=\begin{bmatrix}\boldsymbol{B}_{11} & \boldsymbol{B}_{12} & \cdots & \boldsymbol{B}_{1k}\\ \boldsymbol{B}_{21} & \boldsymbol{B}_{22} & \cdots & \boldsymbol{B}_{2k}\\ \vdots & \vdots & & \vdots\\ \boldsymbol{B}_{s1} & \boldsymbol{B}_{s2} & \cdots & \boldsymbol{B}_{sk}\end{bmatrix}_{s\times k}.$$

这种分法使得分块矩阵 $\boldsymbol{A}$ 中任一子块 $\boldsymbol{A}_{im}$ 的列数与分块矩阵 $\boldsymbol{B}$ 中的子块 $\boldsymbol{B}_{mj}$ 的行数相等．因而乘积 $\boldsymbol{A}_{im}\boldsymbol{B}_{mj}$ $(i=1,2,\cdots,l;\ j=1,2,\cdots,k)$ 都存在．$\boldsymbol{AB}$ 的分块矩阵为

$$\boldsymbol{AB}=\begin{bmatrix}\boldsymbol{C}_{11} & \boldsymbol{C}_{12} & \cdots & \boldsymbol{C}_{1k}\\ \boldsymbol{C}_{21} & \boldsymbol{C}_{22} & \cdots & \boldsymbol{C}_{2k}\\ \vdots & \vdots & & \vdots\\ \boldsymbol{C}_{l1} & \boldsymbol{C}_{l2} & \cdots & \boldsymbol{C}_{lk}\end{bmatrix}_{l\times k},$$

其中，子块 $\boldsymbol{C}_{ij}=\sum\limits_{m=1}^{s}\boldsymbol{A}_{im}\boldsymbol{B}_{mj}$．

这就是说，分块矩阵的乘法与普通以数为元素的矩阵的乘法规则是一样的．注意，这里的 $\boldsymbol{A}_{im}\boldsymbol{B}_{mj}$ 是矩阵相乘，因此顺序一般不能交换．

例如，$\boldsymbol{A}=[a_{ij}]_{m\times n}$，$\boldsymbol{B}=[b_{ij}]_{n\times s}$，将 $\boldsymbol{A}$ 视为一块，$\boldsymbol{B}$ 按列分成 s 块，$\boldsymbol{B}=[\boldsymbol{B}_1,\boldsymbol{B}_2,\cdots,\boldsymbol{B}_s]$，于是 $\boldsymbol{AB}=\boldsymbol{A}[\boldsymbol{B}_1,\boldsymbol{B}_2,\cdots,\boldsymbol{B}_s]=[\boldsymbol{AB}_1,\boldsymbol{AB}_2,\cdots,\boldsymbol{AB}_s]$．这就是§2.2.2 的式(2.2.4)．若将 $\boldsymbol{A}$ 分成 mn 块(即一个元素为一块)，将 $\boldsymbol{B}$ 分成一行为一块，则

$$\boldsymbol{AB}=\begin{bmatrix}a_{11} & a_{12} & \cdots & a_{1n}\\ a_{21} & a_{22} & \cdots & a_{2n}\\ \vdots & \vdots & & \vdots\\ a_{m1} & a_{m2} & \cdots & a_{mn}\end{bmatrix}\begin{bmatrix}\boldsymbol{\beta}_1\\ \boldsymbol{\beta}_2\\ \vdots\\ \boldsymbol{\beta}_n\end{bmatrix}$$

$$
=\begin{bmatrix} a_{11}\boldsymbol{\beta}_1+a_{12}\boldsymbol{\beta}_2+\cdots+a_{1n}\boldsymbol{\beta}_n \\ a_{21}\boldsymbol{\beta}_1+a_{22}\boldsymbol{\beta}_2+\cdots+a_{2n}\boldsymbol{\beta}_n \\ \vdots \\ a_{m1}\boldsymbol{\beta}_1+a_{m2}\boldsymbol{\beta}_2+\cdots+a_{mn}\boldsymbol{\beta}_n \end{bmatrix}.
$$

不难用矩阵乘法直接验证这一结果.

例 2.5.1 利用分块矩阵求 $\boldsymbol{AB}$.

$$
\boldsymbol{A}=\begin{bmatrix} 1 & 0 & 0 & 0 \\ 0 & 1 & 0 & 0 \\ -1 & 2 & 1 & 0 \\ 1 & 1 & 0 & 1 \end{bmatrix},\quad \boldsymbol{B}=\begin{bmatrix} 1 & 0 & 1 & 0 \\ -1 & 2 & 0 & 1 \\ 1 & 0 & 4 & 1 \\ -1 & -1 & 2 & 0 \end{bmatrix}.
$$

例 2.5.1 解析

解 将 $\boldsymbol{A}$, $\boldsymbol{B}$ 分块成

$$
\boldsymbol{A}=\left[\begin{array}{cc:cc} 1 & 0 & 0 & 0 \\ 0 & 1 & 0 & 0 \\ \hdashline -1 & 2 & 1 & 0 \\ 1 & 1 & 0 & 1 \end{array}\right]=\begin{bmatrix} \boldsymbol{I} & \boldsymbol{O} \\ \boldsymbol{A}_1 & \boldsymbol{I} \end{bmatrix},
$$

$$
\boldsymbol{B}=\left[\begin{array}{cc:cc} 1 & 0 & 1 & 0 \\ -1 & 2 & 0 & 1 \\ \hdashline 1 & 0 & 4 & 1 \\ -1 & -1 & 2 & 0 \end{array}\right]=\begin{bmatrix} \boldsymbol{B}_1 & \boldsymbol{I} \\ \boldsymbol{B}_2 & \boldsymbol{B}_3 \end{bmatrix},
$$

则

$$
\boldsymbol{AB}=\begin{bmatrix} \boldsymbol{I} & \boldsymbol{O} \\ \boldsymbol{A}_1 & \boldsymbol{I} \end{bmatrix}\begin{bmatrix} \boldsymbol{B}_1 & \boldsymbol{I} \\ \boldsymbol{B}_2 & \boldsymbol{B}_3 \end{bmatrix}=\begin{bmatrix} \boldsymbol{B}_1 & \boldsymbol{I} \\ \boldsymbol{A}_1\boldsymbol{B}_1+\boldsymbol{B}_2 & \boldsymbol{A}_1+\boldsymbol{B}_3 \end{bmatrix},
$$

而

$$
\boldsymbol{A}_1\boldsymbol{B}_1+\boldsymbol{B}_2=\begin{bmatrix} -1 & 2 \\ 1 & 1 \end{bmatrix}\begin{bmatrix} 1 & 0 \\ -1 & 2 \end{bmatrix}+\begin{bmatrix} 1 & 0 \\ -1 & -1 \end{bmatrix}=\begin{bmatrix} -2 & 4 \\ -1 & 1 \end{bmatrix},
$$

$$
\boldsymbol{A}_1+\boldsymbol{B}_3=\begin{bmatrix} -1 & 2 \\ 1 & 1 \end{bmatrix}+\begin{bmatrix} 4 & 1 \\ 2 & 0 \end{bmatrix}=\begin{bmatrix} 3 & 3 \\ 3 & 1 \end{bmatrix}.
$$

于是

$$
\boldsymbol{AB}=\begin{bmatrix} 1 & 0 & 1 & 0 \\ -1 & 2 & 0 & 1 \\ -2 & 4 & 3 & 3 \\ -1 & 1 & 3 & 1 \end{bmatrix}.
$$

例 2.5.2 设分块矩阵 $\boldsymbol{M}=\begin{bmatrix} \boldsymbol{A} & \boldsymbol{O} \\ \boldsymbol{C} & \boldsymbol{D} \end{bmatrix}$为已知，其中 $\boldsymbol{A}=\boldsymbol{A}_{r\times r}$，$\boldsymbol{D}=\boldsymbol{D}_{s\times s}$，均为可逆矩阵，求 $\boldsymbol{M}^{-1}$.

解 设逆矩阵 $\boldsymbol{M}^{-1}$的分块形式为

$$
\boldsymbol{M}^{-1}=\begin{bmatrix} \boldsymbol{X} & \boldsymbol{Y} \\ \boldsymbol{Z} & \boldsymbol{T} \end{bmatrix},
$$

其中，$X=X_{r\times r}$，$T=T_{s\times s}$，利用分块矩阵乘法有

$$MM^{-1}=\begin{bmatrix}A & O\\ C & D\end{bmatrix}\begin{bmatrix}X & Y\\ Z & T\end{bmatrix}=\begin{bmatrix}AX & AY\\ CX+DZ & CY+DT\end{bmatrix}=I=\begin{bmatrix}I_r & O\\ O & I_s\end{bmatrix}.$$

于是

$$\begin{cases}AX=I_r,\\ AY=O,\\ CX+DZ=O,\\ CY+DT=I_s.\end{cases}$$

因为 A 可逆，由第一式得 $X=A^{-1}$；由第二式得 $Y=A^{-1}O=O$；又因为 D 可逆，由第三式可以得 $Z=-D^{-1}CA^{-1}$；由第四式得 $T=D^{-1}$. 由此得

$$M^{-1}=\begin{bmatrix}A^{-1} & O\\ -D^{-1}CA^{-1} & D^{-1}\end{bmatrix}.$$

定义 2.5.2　形如

$$A=\begin{bmatrix}A_1 & O & \cdots & O\\ O & A_2 & \cdots & O\\ \vdots & \vdots & & \vdots\\ O & O & \cdots & A_s\end{bmatrix}$$

的 n 阶矩阵 A 称为**分块对角矩阵**，其中主对角线上的子块 $A_i(i=1, 2, \cdots, s)$ 均为方阵，其余子块均为零矩阵.

分块对角矩阵有下面两个简单的性质.

(1)两个同类型的 n 阶分块对角矩阵

$$A=\begin{bmatrix}A_1 & O & \cdots & O\\ O & A_2 & \cdots & O\\ \vdots & \vdots & & \vdots\\ O & O & \cdots & A_s\end{bmatrix},\quad B=\begin{bmatrix}B_1 & O & \cdots & O\\ O & B_2 & \cdots & O\\ \vdots & \vdots & & \vdots\\ O & O & \cdots & B_s\end{bmatrix}$$

(其中 A_i 与 $B_i(i=1, 2, \cdots, s)$ 是同阶方阵)的乘积

$$AB=\begin{bmatrix}A_1B_1 & O & \cdots & O\\ O & A_2B_2 & \cdots & O\\ \vdots & \vdots & & \vdots\\ O & O & \cdots & A_sB_s\end{bmatrix}\tag{2.5.1}$$

仍为同一类型的分块对角矩阵.

(2)分块对角矩阵 A 可逆的充分必要条件是 A_1，A_2，$\cdots$，A_s 均为可逆矩阵，且

$$A^{-1}=\begin{bmatrix}A_1^{-1} & O & \cdots & O\\ O & A_2^{-1} & \cdots & O\\ \vdots & \vdots & & \vdots\\ O & O & \cdots & A_s^{-1}\end{bmatrix}\tag{2.5.2}$$

也为同一类型的分块对角矩阵.

下面介绍分块矩阵的广义初等变换.

以下仅对形如$\begin{bmatrix} A & B \\ C & D \end{bmatrix}\begin{matrix} m \\ n \end{matrix}$的分块矩阵和单位矩阵的分块矩阵$\begin{bmatrix} I_m & O \\ O & I_n \end{bmatrix}$进行讨论.

分块矩阵有以下三种广义初等行变换：

(1)交换两行，$\begin{bmatrix} A & B \\ C & D \end{bmatrix}\begin{matrix} m \\ n \end{matrix} \to \begin{bmatrix} C & D \\ A & B \end{bmatrix} = \begin{bmatrix} O & I_n \\ I_m & O \end{bmatrix}\begin{bmatrix} A & B \\ C & D \end{bmatrix}$.

(2)用一个可逆矩阵P左乘某一行（这里P是m阶可逆阵），如

$$\begin{bmatrix} A & B \\ C & D \end{bmatrix}\begin{matrix} m \\ n \end{matrix} \to \begin{bmatrix} PA & PB \\ C & D \end{bmatrix} = \begin{bmatrix} P & O \\ O & I_n \end{bmatrix}\begin{bmatrix} A & B \\ C & D \end{bmatrix}.$$

(3)用一个矩阵Q左乘某一行后加到另一行（这里Q是$n\times m$矩阵），如

$$\begin{bmatrix} A & B \\ C & D \end{bmatrix}\begin{matrix} m \\ n \end{matrix} \to \begin{bmatrix} A & B \\ C+QA & D+QB \end{bmatrix} = \begin{bmatrix} I_m & O \\ Q & I_n \end{bmatrix}\begin{bmatrix} A & B \\ C & D \end{bmatrix}.$$

类似地，有以下广义初等列变换：

(4) $\begin{bmatrix} \overset{s}{A} & \overset{t}{B} \\ C & D \end{bmatrix} \to \begin{bmatrix} B & A \\ D & C \end{bmatrix} = \begin{bmatrix} A & B \\ C & D \end{bmatrix}\begin{bmatrix} O & I_s \\ I_t & O \end{bmatrix}$.

(5) $\begin{bmatrix} \overset{s}{A} & \overset{t}{B} \\ C & D \end{bmatrix} \to \begin{bmatrix} A & BP \\ C & DP \end{bmatrix} = \begin{bmatrix} A & B \\ C & D \end{bmatrix}\begin{bmatrix} I_s & O \\ O & P \end{bmatrix}$（$P$是$t$阶可逆矩阵）.

(6) $\begin{bmatrix} \overset{s}{A} & \overset{t}{B} \\ C & D \end{bmatrix} \to \begin{bmatrix} A+BQ & B \\ C+DQ & D \end{bmatrix} = \begin{bmatrix} A & B \\ C & D \end{bmatrix}\begin{bmatrix} I_s & O \\ Q & I_t \end{bmatrix}$（$Q$是$t\times s$矩阵）.

下面举例来说明广义初等变换在求逆矩阵和解决其他问题时是比较方便的.

例 2.5.3 设A，D都是n阶可逆矩阵，求$M=\begin{bmatrix} A & O \\ C & D \end{bmatrix}$的逆矩阵.

解 与数值矩阵求逆矩阵的方法类似，对$\left[\begin{array}{cc:cc} A & O & I_n & O \\ C & D & O & I_n \end{array}\right]$作广义初等行变换化简为

$$\left[\begin{array}{cc:cc} I_n & O & X_1 & X_2 \\ O & I_n & X_3 & X_4 \end{array}\right].$$

则

$$M^{-1} = \begin{bmatrix} X_1 & X_2 \\ X_3 & X_4 \end{bmatrix}.$$

$$\begin{bmatrix} A & O & I_n & O \\ C & D & O & I_n \end{bmatrix} \xrightarrow{-CA^{-1}\text{左乘(1行)}+\text{(2行)}} \begin{bmatrix} A & O & I_n & O \\ O & D & -CA^{-1} & I_n \end{bmatrix}$$

$$\xrightarrow{A^{-1}\text{左乘(1行)},D^{-1}\text{左乘(2行)}} \begin{bmatrix} I & O & A^{-1} & O \\ O & I & -D^{-1}CA^{-1} & D^{-1} \end{bmatrix},$$

故

$$M^{-1}=\begin{bmatrix} A^{-1} & O \\ -D^{-1}CA^{-1} & D^{-1} \end{bmatrix}.$$

校正卫星轨道的计算

当人造卫星发射成功之后，卫星受到地球引力等诸多因素的影响，轨道会发生变化. 为保证卫星在其预定轨道上运行并发挥作用，需要校正其位置. 假设卫星在第 i 时刻实际位置与预定轨道的差为列向量 $\boldsymbol{\alpha}_i$，则矩阵序列 $\{\boldsymbol{A}_n=[\boldsymbol{\alpha}_1, \boldsymbol{\alpha}_2, \cdots, \boldsymbol{\alpha}_n]\}$ 会反映出随时间推移实际位置与预定轨道的偏差规律. 要校正位置，需要先计算矩阵 $\boldsymbol{B}_n=\boldsymbol{A}_n^{\mathrm{T}}\boldsymbol{A}_n$. 当新数据 $\boldsymbol{\alpha}_{n+1}$ 被测出时，$\boldsymbol{B}_{n+1}$ 需要被快速计算出来. 使用分块矩阵可以大大简化计算.

$$\begin{aligned}\boldsymbol{B}_{n+1}&=\boldsymbol{A}_{n+1}^{\mathrm{T}}\boldsymbol{A}_{n+1}=[\boldsymbol{\alpha}_1, \cdots, \boldsymbol{\alpha}_n, \boldsymbol{\alpha}_{n+1}]^{\mathrm{T}}[\boldsymbol{\alpha}_1, \cdots, \boldsymbol{\alpha}_n, \boldsymbol{\alpha}_{n+1}]\\ &=[\boldsymbol{A}_n, \boldsymbol{\alpha}_{n+1}]^{\mathrm{T}}[\boldsymbol{A}_n, \boldsymbol{\alpha}_{n+1}]=\begin{bmatrix} \boldsymbol{B}_n & \boldsymbol{A}_n^{\mathrm{T}}\boldsymbol{\alpha}_{n+1} \\ \boldsymbol{\alpha}_{n+1}^{\mathrm{T}}\boldsymbol{A}_n & \boldsymbol{\alpha}_{n+1}^{\mathrm{T}}\boldsymbol{\alpha}_{n+1} \end{bmatrix}\end{aligned}$$

注意到对任意的 n，矩阵 $\boldsymbol{B}_n$ 是对称的. 从而计算 $\boldsymbol{B}_{n+1}$ 的过程被简化为计算一个 n 维列向量 $\boldsymbol{A}_n^{\mathrm{T}}\boldsymbol{\alpha}_{n+1}$ 和一个数值 $\boldsymbol{\alpha}_{n+1}^{\mathrm{T}}\boldsymbol{\alpha}_{n+1}$.

习题 2

1. 计算下列矩阵乘积.

(1) $\begin{bmatrix} 3 & -2 \\ 0 & 1 \\ 2 & 4 \\ -1 & 0 \end{bmatrix}\begin{bmatrix} 2 & 1 & -1 \\ 0 & -1 & 2 \end{bmatrix}$;

(2) $\begin{bmatrix} 1 & 2 & -1 \\ -2 & 1 & 0 \\ 1 & 0 & 3 \end{bmatrix}\begin{bmatrix} 2 & 3 \\ 1 & -1 \\ 2 & 4 \end{bmatrix}$;

(3) $\begin{bmatrix} 1 & -1 & 2 \end{bmatrix}\begin{bmatrix} 2 & 1 & 0 \\ 1 & 1 & 3 \\ 4 & 2 & 1 \end{bmatrix}$;

(4) $\begin{bmatrix} x & y & 1 \end{bmatrix}\begin{bmatrix} a_{11} & a_{12} & b_1 \\ a_{21} & a_{22} & b_2 \\ b_1 & b_2 & c \end{bmatrix}\begin{bmatrix} x \\ y \\ 1 \end{bmatrix}$　　$(a_{12}=a_{21})$;

(5) $\begin{bmatrix} 1 & 1 & 0 \\ 1 & -1 & 0 \\ \frac{1}{2} & \frac{1}{2} & 1 \end{bmatrix}\begin{bmatrix} 0 & -2 & 1 \\ -2 & 0 & 1 \\ 1 & 1 & 0 \end{bmatrix}\begin{bmatrix} 1 & 1 & \frac{1}{2} \\ 1 & -1 & \frac{1}{2} \\ 0 & 0 & 1 \end{bmatrix}$.

2. 设 $\boldsymbol{A}=\begin{bmatrix}1 & 3\\2 & -1\end{bmatrix}$，$\boldsymbol{B}=\begin{bmatrix}3 & 0\\1 & 2\end{bmatrix}$，求 $2\boldsymbol{A}-3\boldsymbol{B}$，$\boldsymbol{A}^2$，$\boldsymbol{B}^2$；$\boldsymbol{A}^2\boldsymbol{B}^2$ 与 $(\boldsymbol{AB})^2$.

3. 设 $\boldsymbol{A}=\begin{bmatrix}0 & 1 & 0\\0 & 1 & 1\\0 & 0 & 1\end{bmatrix}$，$f(x)=x^3-3x^2+3x-1$. 求 $f(\boldsymbol{A})$.

4. 求 $\boldsymbol{A}^n$(n 为自然数).

(1)$\boldsymbol{A}=\begin{bmatrix}\cos\varphi & \sin\varphi\\-\sin\varphi & \cos\varphi\end{bmatrix}$；

(2)$\boldsymbol{A}=\begin{bmatrix}\lambda & 1 & 0\\0 & \lambda & 1\\0 & 0 & \lambda\end{bmatrix}$；

习题 2—4(2)解析

(3)$\boldsymbol{A}=\begin{bmatrix}0 & 0 & 1\\0 & 1 & 0\\1 & 0 & 0\end{bmatrix}\begin{bmatrix}1 & 2 & 3\\2 & 4 & 6\\3 & 6 & 9\end{bmatrix}\begin{bmatrix}1 & 0 & 0\\0 & 0 & 1\\0 & 1 & 0\end{bmatrix}^{2n}$.

5. 若 $\boldsymbol{AB}=\boldsymbol{BA}$，$\boldsymbol{AC}=\boldsymbol{CA}$，证明：$\boldsymbol{A}$，$\boldsymbol{B}$，$\boldsymbol{C}$ 为同阶矩阵，且 $\boldsymbol{A}(\boldsymbol{B}+\boldsymbol{C})=(\boldsymbol{B}+\boldsymbol{C})\boldsymbol{A}$；$\boldsymbol{A}(\boldsymbol{BC})=\boldsymbol{BCA}$.

6. 已知 n 阶矩阵 $\boldsymbol{A}$ 和 $\boldsymbol{B}$ 满足等式 $\boldsymbol{AB}=\boldsymbol{BA}$，$m$ 为自然数. 证明：

(1)$(\boldsymbol{A}+\boldsymbol{B})^2=\boldsymbol{A}^2+2\boldsymbol{AB}+\boldsymbol{B}^2$；

(2)$(\boldsymbol{A}+\boldsymbol{B})^m=\boldsymbol{A}^m+C_m^1\boldsymbol{A}^{m-1}\boldsymbol{B}+C_m^2\boldsymbol{A}^{m-2}\boldsymbol{B}^2+\cdots+C_m^k\boldsymbol{A}^{m-k}\boldsymbol{B}^k+\cdots+\boldsymbol{B}^m$；

(3)$\boldsymbol{A}^{m+1}-\boldsymbol{B}^{m+1}=(\boldsymbol{A}-\boldsymbol{B})(\boldsymbol{A}^m+\boldsymbol{A}^{m-1}\boldsymbol{B}+\cdots+\boldsymbol{A}^{m-k}\boldsymbol{B}^k+\cdots+\boldsymbol{B}^m)$.

7. 已知

$$\boldsymbol{A}=\begin{bmatrix}a_1 & & & \\ & a_2 & & \\ & & \ddots & \\ & & & a_n\end{bmatrix},$$

其中，a_1，a_2，…，a_n 两两互不相等，且 $\boldsymbol{AB}=\boldsymbol{BA}$，证明 $\boldsymbol{B}$ 必为对角形矩阵.

8. $\boldsymbol{A}=[a_{ij}]_{m\times n}$ 的列向量为 $\boldsymbol{A}_1,\boldsymbol{A}_2,\cdots,\boldsymbol{A}_n$，$\boldsymbol{B}=[b_{ij}]_{n\times s}$ 的行向量为 $\boldsymbol{\beta}_1,\boldsymbol{\beta}_2,\cdots,\boldsymbol{\beta}_n$，证明：

$\boldsymbol{AB}$ 的第 i 个行向量 $=a_{i1}\boldsymbol{\beta}_1+a_{i2}\boldsymbol{\beta}_2+\cdots+a_{in}\boldsymbol{\beta}_n$，

$\boldsymbol{AB}$ 的第 j 个列向量 $=b_{1j}\boldsymbol{A}_1+b_{2j}\boldsymbol{A}_2+\cdots+b_{nj}\boldsymbol{A}_n$，

($i=1$，2，…，m；$j=1$，2，…，s).

9. 求 $\boldsymbol{A}^{-1}$.

(1)$\boldsymbol{A}=\begin{bmatrix}a & b\\c & d\end{bmatrix}$　$(ad-bc\neq 0)$；

(2)$\boldsymbol{A}=\begin{bmatrix}\cos\alpha & -\sin\alpha\\\sin\alpha & \cos\alpha\end{bmatrix}$；

(3) $A=\begin{bmatrix}1&2&-3\\0&1&2\\0&0&1\end{bmatrix}$;

(4) $A=\begin{bmatrix}2&5&7\\6&3&4\\5&-2&-3\end{bmatrix}$;

(5) $A=\begin{bmatrix}1&2&3&4\\2&3&1&2\\1&1&1&-1\\1&0&-2&-6\end{bmatrix}$;

(6) $A=\begin{bmatrix}2&1&0&0&0\\0&2&1&0&0\\0&0&2&1&0\\0&0&0&2&1\\0&0&0&0&2\end{bmatrix}$.

10. 解下列矩阵方程，求 $\boldsymbol{X}$.

(1) $\begin{bmatrix}2&5\\1&3\end{bmatrix}\boldsymbol{X}=\begin{bmatrix}4&-6\\2&1\end{bmatrix}$;

(2) $\boldsymbol{X}\begin{bmatrix}3&6\\4&8\end{bmatrix}=\begin{bmatrix}2&4\\9&18\end{bmatrix}$;

(3) $\begin{bmatrix}2&3&-1\\1&2&0\\-1&2&-2\end{bmatrix}\boldsymbol{X}=\begin{bmatrix}2\\-1\\3\end{bmatrix}$;

(4) $\begin{bmatrix}1&-3&1\\2&1&0\\4&5&-1\end{bmatrix}\boldsymbol{X}=\begin{bmatrix}-1&2\\1&3\\2&1\end{bmatrix}$;

习题 2—10(4)解析

(5) $\begin{bmatrix}0&1&0\\1&0&0\\0&0&1\end{bmatrix}\boldsymbol{X}\begin{bmatrix}1&0&0\\0&0&1\\0&1&0\end{bmatrix}=\begin{bmatrix}1&-4&3\\2&0&-1\\1&-2&0\end{bmatrix}$.

11. 若 $\boldsymbol{A}$ 和 $\boldsymbol{B}$ 是同阶可逆矩阵，且 $\boldsymbol{AB}=\boldsymbol{BA}$，证明：$\boldsymbol{AB}^{-1}=\boldsymbol{B}^{-1}\boldsymbol{A}$，$\boldsymbol{A}^{-1}\boldsymbol{B}=\boldsymbol{BA}^{-1}$，$\boldsymbol{A}^{-1}\boldsymbol{B}^{-1}=\boldsymbol{B}^{-1}\boldsymbol{A}^{-1}$.

12. 设 n 阶矩阵 $\boldsymbol{A}$ 满足方程 $\boldsymbol{A}^2-\boldsymbol{A}+\boldsymbol{I}=\boldsymbol{O}$，证明：$\boldsymbol{A}$ 为可逆矩阵，且 $\boldsymbol{A}^{-1}=\boldsymbol{I}-\boldsymbol{A}$.

13. 若 n 阶矩阵 $\boldsymbol{A}$ 满足条件 $\boldsymbol{A}^k=\boldsymbol{O}$（$k$ 是正整数），则 $(\boldsymbol{I}-\boldsymbol{A})^{-1}=\boldsymbol{I}+\boldsymbol{A}+\boldsymbol{A}^2+\cdots+\boldsymbol{A}^{k-1}$.

14. 解下列方程组.

(1)$\begin{cases} -x+y+z+t=a, \\ x-y+z+t=b, \\ x+y-z+t=c, \\ x+y+z-t=d; \end{cases}$

(2)$\begin{cases} a(x+t)+b(y+z)=c, \\ a_1(y+t)+b_1(z+x)=c_1, \\ a_2(z+t)+b_2(x+y)=c_2, \\ x+y+z+t=d, \end{cases}$

$(a\neq b,\ a_1\neq b_1,\ a_2\neq b_2)$.

15. 如果在给定的可逆矩阵 $\boldsymbol{A}$ 中,

(1)将第 i 行和第 j 行互换;

(2)将第 i 行乘以数 $c(c\neq 0)$;

(3)将第 j 行的 λ 倍加到第 i 行 $(i\neq j)$ 上去;

问逆矩阵 $\boldsymbol{A}^{-1}$ 分别怎样变化? 如果是对列进行类似的变换, $\boldsymbol{A}^{-1}$ 又怎样变化?

16. $\boldsymbol{E}(i,j)$, $\boldsymbol{E}(i(c))$, $\boldsymbol{E}(i,j(\lambda))(i\neq j)$ 为三种初等矩阵.

(1)求它们的转置矩阵 $\boldsymbol{E}(i,j)^{\mathrm{T}}$, $\boldsymbol{E}(i(c))^{\mathrm{T}}$, $\boldsymbol{E}(i,j(\lambda))^{\mathrm{T}}$;

(2)试述 $\boldsymbol{E}(i,j)^{\mathrm{T}}\boldsymbol{A}\boldsymbol{E}(i,j)$, $\boldsymbol{E}(i(c))^{\mathrm{T}}\boldsymbol{A}\boldsymbol{E}(i(c))$, $\boldsymbol{E}(i,j(\lambda))^{\mathrm{T}}\boldsymbol{A}\boldsymbol{E}(i,j(\lambda))$ 分别对 $\boldsymbol{A}$ 进行了什么样的初等变换.

17. 已知 $\boldsymbol{A}=\begin{bmatrix} 2 & 1 & 1 \\ 6 & 4 & 5 \\ 4 & 1 & 3 \end{bmatrix}$.

(1)求初等矩阵 $\boldsymbol{E}_1$, $\boldsymbol{E}_2$, $\boldsymbol{E}_3$, 使得 $\boldsymbol{E}_3\boldsymbol{E}_2\boldsymbol{E}_1\boldsymbol{A}=\boldsymbol{U}$, 其中 $\boldsymbol{U}$ 为一上三角形矩阵;

(2)求初等矩阵 $\boldsymbol{E}_1$, $\boldsymbol{E}_2$, $\boldsymbol{E}_3$ 的逆. 令 $\boldsymbol{L}=\boldsymbol{E}_1^{-1}\boldsymbol{E}_2^{-1}\boldsymbol{E}_3^{-1}$, 找出矩阵 $\boldsymbol{L}$ 的特征. 验证 $\boldsymbol{A}=\boldsymbol{L}\boldsymbol{U}$.

18. 若 $\boldsymbol{A}$ 是 n 阶对称矩阵, $\boldsymbol{B}$ 是 n 阶反对称矩阵, 试证:

(1)$\boldsymbol{A}^2$, $\boldsymbol{B}^2$ 及 $\boldsymbol{AB}-\boldsymbol{BA}$ 都是对称矩阵, $\boldsymbol{AB}+\boldsymbol{BA}$ 是 n 阶反对称矩阵;

(2)$\boldsymbol{AB}$ 是反对称矩阵的充要条件为 $\boldsymbol{AB}=\boldsymbol{BA}$;

(3)若 $\boldsymbol{A}$ 可逆, 则 $\boldsymbol{A}^{-1}$ 也是对称矩阵.

19. 设 $\boldsymbol{A}$ 为 n 阶的对称矩阵, 且对任意的 $n\times 1$ 矩阵 $\boldsymbol{X}$ 有 $\boldsymbol{X}^{\mathrm{T}}\boldsymbol{A}\boldsymbol{X}=0$, 证明 $\boldsymbol{A}=\boldsymbol{O}$.

20. 设 $\boldsymbol{B}$ 为 n 阶可逆矩阵, 又

$$\boldsymbol{U}=\begin{bmatrix} u_1 \\ u_2 \\ \vdots \\ u_n \end{bmatrix}, \quad \boldsymbol{V}=\begin{bmatrix} v_1 \\ v_2 \\ \vdots \\ v_n \end{bmatrix},$$

令 $\boldsymbol{A}=\boldsymbol{B}+\boldsymbol{U}\boldsymbol{V}^{\mathrm{T}}$, 证明: 当 $\gamma=1+\boldsymbol{V}^{\mathrm{T}}\boldsymbol{B}^{-1}\boldsymbol{U}\neq 0$ 时,

$$A^{-1}=B^{-1}-\frac{1}{\gamma}(B^{-1}U)(V^{T}B^{-1}).$$

21. 设 $\boldsymbol{A}$, $\boldsymbol{B}$ 分别是 m 阶和 n 阶可逆矩阵，求 $\begin{bmatrix}\boldsymbol{A} & \boldsymbol{O}\\ \boldsymbol{O} & \boldsymbol{B}\end{bmatrix}^{-1}=\begin{bmatrix}\boldsymbol{A}^{-1} & -\boldsymbol{A}^{-1}\boldsymbol{C}\boldsymbol{B}^{-1}\\ \boldsymbol{O} & \boldsymbol{B}^{-1}\end{bmatrix}$. 并利用该结论求矩阵 $\begin{bmatrix}1&2&3&4\\1&1&2&3\\0&0&1&1\\0&0&1&2\end{bmatrix}$ 的逆矩阵.

习题 2—22 解析

22. 设 $\boldsymbol{A}$,$\boldsymbol{B}$ 都是 n 阶上三角形矩阵,证明:$\boldsymbol{AB}$ 是上三角形矩阵.

23. 设 n 维行向量 $\boldsymbol{\alpha}$ 非零,则 $\boldsymbol{A}=\boldsymbol{I}-\dfrac{2}{\boldsymbol{\alpha}\boldsymbol{\alpha}^{T}}\boldsymbol{\alpha}^{T}\boldsymbol{\alpha}$ 是对称的正交矩阵.

*24. 将下列各题矩阵分块后再计算.

(1)求

$$\begin{bmatrix}1&1&0&0&0&0\\0&1&0&0&0&0\\0&0&2&0&0&0\\0&0&0&-3&1&0\\0&0&0&0&-3&1\\0&0&0&0&0&-3\end{bmatrix}^{3};$$

(2)求

$$\begin{bmatrix}1&3&0&0&0\\2&8&0&0&0\\0&0&1&0&1\\0&0&2&3&2\\0&0&3&1&1\end{bmatrix}^{-1};$$

(3)求

$$\begin{bmatrix}1&3&0&0&0\\2&8&0&0&0\\1&0&1&0&1\\0&1&2&3&2\\2&3&3&1&1\end{bmatrix}^{-1}.$$

25. 用 0 表示关,1 表示开. 矩阵 $\boldsymbol{A}=\begin{bmatrix}\text{on}&\text{off}&\text{on}\\\text{off}&\text{on}&\text{off}\\\text{off}&\text{on}&\text{on}\end{bmatrix}$. 求矩阵 $\boldsymbol{B}$,使得 $\boldsymbol{A}+\boldsymbol{B}$ 中的元全是 off.

26. 为了消除害虫,需要给植物喷洒杀虫剂,部分杀虫剂会被植物吸收,当食草动物吃下喷洒杀虫剂的植物后,杀虫剂会进入食草动物体内.为了检测杀虫剂被食草动物吸收的剂量,需要两个相关量:杀虫剂被植物吸收的量和食草动物食用喷药植物的量.假设现有三种杀虫剂,四种植物,三种食草动物马、牛、羊. $\boldsymbol{A}_{ij}$ 表示第 i 种杀虫剂被第 j 种植物吸收的剂量(毫克),$\boldsymbol{B}_{ij}$ 表示第 i 种食草动物每月食用第 j 种植物的数量,则有矩阵

$$\boldsymbol{A}=\begin{bmatrix}1&3&2&4\\2&1&4&3\\4&2&3&1\end{bmatrix}\begin{matrix}\text{杀虫剂 1}\\\text{杀虫剂 2},\\\text{杀虫剂 3}\end{matrix}\quad \boldsymbol{B}=\begin{bmatrix}20&15&10\\25&20&15\\30&15&10\\25&10&20\end{bmatrix}\begin{matrix}\text{植物 1}\\\text{植物 2}\\\text{植物 3}\\\text{植物 4}\end{matrix},$$

$\boldsymbol{AB}$ 的(i,j)元表示第 i 种杀虫剂被第 j 种食草动物吸收的剂量.

如果有狮子、老虎两种食肉动物捕食食草动物,它们每月捕食三种食草动物的数量如下:

$$\begin{matrix}\quad\text{马}&\text{牛}&\text{羊}\end{matrix}$$
$$\boldsymbol{C}=\begin{bmatrix}30&20&10\\20&10&30\end{bmatrix}\begin{matrix}\text{狮子}\\\text{老虎}\end{matrix},$$

分别求出每种杀虫剂被一种食肉动物吸收的量.

27. 某家具制造厂制造椅子和桌子需要经过两道工序:加工和装配.矩阵 $\boldsymbol{A}$ 给出了每个过程生产产品所需时间.家具制造厂有两个分厂,分别在成都和重庆.每个过程生产效率(件/小时)用矩阵 $\boldsymbol{B}$ 表示:

$$\begin{matrix}\text{加工}&\text{装配}\end{matrix}\qquad\qquad\begin{matrix}\text{成都}&\text{重庆}\end{matrix}$$
$$\boldsymbol{A}=\begin{bmatrix}0.2&0.3\\0.3&0.2\end{bmatrix}\begin{matrix}\text{椅子}\\\text{桌子}\end{matrix},\quad \boldsymbol{B}=\begin{bmatrix}15&10\\10&20\end{bmatrix}\begin{matrix}\text{加工}\\\text{装配}\end{matrix},$$

则 $\boldsymbol{AB}$ 中的元表示家具制造厂的什么信息? $\boldsymbol{BA}$ 中的元表示家具制造厂的什么信息?

28. 某制造商分别在甲、乙两个工厂生产两种产品 P,Q.在生产过程中会产生污染物二氧化硫、一氧化碳和颗粒物.矩阵 $\boldsymbol{A}$ 给出了这些污染物的数量(kg).

$$\begin{matrix}SO_2&CO&\text{颗粒物}\end{matrix}$$
$$\boldsymbol{A}=\begin{bmatrix}300&200&100\\200&300&400\end{bmatrix}\begin{matrix}\text{产品 P}\\\text{产品 Q}\end{matrix}$$

管理法规要求清除这些污染物.每天每个工厂清理每公斤污染物的费用(元)见矩阵 $\boldsymbol{B}$.

$$\begin{matrix}\text{甲}&\text{乙}\end{matrix}$$
$$\boldsymbol{B}=\begin{bmatrix}8&9\\10&11\\12&13\end{bmatrix}\begin{matrix}SO_2\\CO\\\text{颗粒物}\end{matrix}$$

用矩阵乘法求制造商在每个工厂清理污染物的支出.

29. 一个饮食研究项目的对象由两种性别的成人和儿童组成.参与者的构成由矩阵 $\boldsymbol{A}$ 给出:

$$\begin{array}{c} \quad\quad\;\text{成人}\quad\;\text{儿童} \\ \boldsymbol{A}=\begin{bmatrix} 80 & 120 \\ 100 & 200 \end{bmatrix}\begin{array}{l}\text{女}\\ \text{男}\end{array} \end{array}$$

每天每位成人、儿童消耗的蛋白质、脂肪、碳水化合物量见矩阵 $\boldsymbol{B}$：

$$\begin{array}{c} \quad\quad\text{蛋白质}\quad\text{脂肪}\quad\text{碳水化合物} \\ \boldsymbol{B}=\begin{bmatrix} 20 & 25 & 15 \\ 15 & 20 & 25 \end{bmatrix}\begin{array}{l}\text{成人}\\ \text{儿童}\end{array} \end{array}$$

则：(1)项目中的男性每日消耗的蛋白质量是多少？

(2)项目中的女性每日消耗的碳水化合物量是多少？

30. 一家商贸公司有甲、乙、丙三个分公司. 电脑一体机、打印机都有经典款、高配款、旗舰款在公司销售，销售价格由矩阵 $\boldsymbol{A}$ 给出，每个分公司的销售数量见矩阵 $\boldsymbol{B}$：

$$\begin{array}{c} \quad\quad\text{经典款}\quad\text{高配款}\quad\text{旗舰款} \\ \boldsymbol{A}=\begin{bmatrix} 3000 & 5000 & 10000 \\ 500 & 600 & 1000 \end{bmatrix}\begin{array}{l}\text{电脑一体机}\\ \text{打印机}\end{array} \end{array},\quad \begin{array}{c} \quad\quad\text{甲}\quad\;\text{乙}\quad\;\text{丙} \\ \boldsymbol{B}=\begin{bmatrix} 300 & 200 & 100 \\ 200 & 300 & 200 \\ 200 & 200 & 400 \end{bmatrix}\begin{array}{l}\text{经典款}\\ \text{高配款}\\ \text{旗舰款}\end{array} \end{array}$$

则：(1)甲公司销售经典款商品的总额为多少？

(2)丙公司销售旗舰款商品的总额为多少？

31. 假设在一个地区，居民人数固定不变，且只有两家公司甲和乙互为竞争对手. 每一年，四分之三的甲公司顾客会转变成乙公司的顾客，而乙公司顾客中有三分之一会转变成甲公司的顾客. 当两个公司的新商品上市时，甲公司占有五分之三的市场份额. 请问一年后，两家公司所占市场份额分别是多少？ 两年后，两家公司所占市场份额又分别是多少？ 多年以后，两家公司所占市场份额会不会趋于一种稳定状态？

在线练习 2

第3章　行列式

行列式(determinant)是由一些数值排列成的方阵经计算得到的一个数. 早在1683年和1693年，日本数学家关孝和与德国数学家莱布尼茨就分别独立地提出了行列式的概念. 以后很长一段时间内，行列式主要应用于讨论线性方程组. 约160年后，行列式发展为矩阵的一个独立理论分支. 行列式是研究线性代数的一个重要工具，同时它在数学的其他分支及社会经济学、物理、力学等许多科学领域中也有广泛的应用. 行列式公式可以给出矩阵的重要信息. 每一个方阵都与一个称为方阵的行列式的实数对应. 这个数值将告诉我们这个方阵是否可逆. 在初等数学中，我们用代入消元法或加减消元法求解二元和三元线性方程组时，可以分别用二阶和三阶行列式来表示线性方程组的解与未知量的系数与常数项的关系. 推广到研究 n 元线性方程组，需要把行列式推广到 n 阶. 因此本章主要学习内容为 n 阶行列式的定义、性质和计算方法及其应用.

§3.1　方阵的行列式

任何一个 n 阶方阵 $\boldsymbol{A}$，均对应一个数,记为 $\det(\boldsymbol{A})$，这个数的值可以决定方阵 $\boldsymbol{A}$ 是否可逆.

情形1　一阶方阵.

如果一阶方阵 $\boldsymbol{A}=[a]$，则当且仅当 $a\neq 0$ 时，$\boldsymbol{A}$ 存在乘法逆元 $\frac{1}{a}$. 因此，如果定义 $\boldsymbol{A}$ 的行列式为

$$\det(\boldsymbol{A})=a,$$

则当且仅当 $\det(\boldsymbol{A})\neq 0$ 时，$\boldsymbol{A}$ 为可逆矩阵. 一阶方阵 $\boldsymbol{A}$ 的行列式 $\det(\boldsymbol{A})$ 也通常用含两条竖线的记号 $|\boldsymbol{A}|$ 来表示，注意这个一阶行列式与绝对值不同.

情形2　二阶方阵.

二阶方阵 $\boldsymbol{A}=\begin{bmatrix} a_{11} & a_{12} \\ a_{21} & a_{22} \end{bmatrix}$，由定理2.3.4，方阵 $\boldsymbol{A}$ 可逆的充要条件是 $\boldsymbol{A}$ 行等价于 $\boldsymbol{I}$. 因此，若 $a_{11}\neq 0$，可以利用如下的运算检测 $\boldsymbol{A}$ 是否行等价于同阶单位阵 $\boldsymbol{I}$.

(1) 将 $\boldsymbol{A}$ 的第二行乘以 a_{11}，即

$$\begin{bmatrix} a_{11} & a_{12} \\ a_{11}a_{21} & a_{11}a_{22} \end{bmatrix}.$$

(2) 第一行的 $-a_{21}$ 倍加到新矩阵的第二行上，也就是从新矩阵的第二行中减去第一行的 a_{21} 倍，即

$$\begin{bmatrix} a_{11} & a_{12} \\ 0 & a_{11}a_{22}-a_{21}a_{12} \end{bmatrix}.$$

因为 $a_{11}\neq 0$，于是方阵 $\boldsymbol{A}$ 行等价于 $\boldsymbol{I}$ 的充要条件是

$$a_{11}a_{22}-a_{21}a_{12}\neq 0. \tag{3.1.1}$$

若 $a_{11}=0$，我们可以交换 $\boldsymbol{A}$ 的两行，于是方阵

$$\begin{bmatrix} a_{21} & a_{22} \\ 0 & a_{12} \end{bmatrix}$$

行等价于同阶单位阵 $\boldsymbol{I}$ 的充要条件为 $a_{21}a_{12}\neq 0$. 当 $a_{11}=0$ 时，这个条件等价于条件(3.1.1). 因此，若 $\boldsymbol{A}$ 为任意二阶矩阵，且定义

$$\det(\boldsymbol{A})=a_{11}a_{22}-a_{12}a_{21},$$

则当且仅当 $\det(\boldsymbol{A})\neq 0$ 时，方阵 $\boldsymbol{A}$ 是可逆的.

记号　我们用两条竖线代替矩阵的方括号，得到一个二阶行列式的表示，记为 $\det(\boldsymbol{A})$ 或 $|\boldsymbol{A}|$：

$$\begin{vmatrix} a_{11} & a_{12} \\ a_{21} & a_{22} \end{vmatrix}.$$

情形 3　三阶方阵.

考虑三阶方阵 $\boldsymbol{A}$，对其进行初等行变换，观察它是否等价于三阶单位矩阵 $\boldsymbol{I}$ 来检验该矩阵是否可逆.

$$\boldsymbol{A}=\begin{bmatrix} a_{11} & a_{12} & a_{13} \\ a_{21} & a_{22} & a_{23} \\ a_{31} & a_{32} & a_{33} \end{bmatrix}.$$

假设 $a_{11}\neq 0$，分别用 a_{11} 乘以矩阵 $\boldsymbol{A}$ 的第二行和第三行，然后第一行的 $-a_{21}$ 倍加到新矩阵的第二行，第一行的 $-a_{31}$ 倍加到第三行上，则 $\boldsymbol{A}$ 经过初等行变换化为下列矩阵 $\boldsymbol{B}$，即 $\boldsymbol{A}$ 与 $\boldsymbol{B}$ 行等价：

$$\boldsymbol{B}=\begin{bmatrix} a_{11} & a_{12} & a_{13} \\ 0 & a_{11}a_{22}-a_{12}a_{21} & a_{11}a_{23}-a_{13}a_{21} \\ 0 & a_{11}a_{32}-a_{12}a_{31} & a_{11}a_{33}-a_{13}a_{31} \end{bmatrix}.$$

根据推论 2.3.3，三阶方阵 $\boldsymbol{A}$ 可逆的充要条件是与之行等价的方阵 $\boldsymbol{B}$ 可逆，再根据推论 2.3.2，$\boldsymbol{B}$ 的主元列数为 3. 所以 $\boldsymbol{A}$ 可逆等价于

$$\begin{bmatrix} a_{11}a_{22}-a_{12}a_{21} & a_{11}a_{23}-a_{13}a_{21} \\ a_{11}a_{32}-a_{12}a_{31} & a_{11}a_{33}-a_{13}a_{31} \end{bmatrix}$$

的主元列为 2，即该二阶矩阵可逆. 根据情形 2 的结论，二阶矩阵可逆等价于其二阶行列式不等于零. 因此可得三阶方阵 $\boldsymbol{A}$ 可逆的充要条件是

$$\begin{vmatrix} a_{11}a_{22}-a_{12}a_{21} & a_{11}a_{23}-a_{13}a_{21} \\ a_{11}a_{32}-a_{12}a_{31} & a_{11}a_{33}-a_{13}a_{31} \end{vmatrix} \neq 0.$$

这个条件可以简化为

$$a_{11}a_{22}a_{33}+a_{12}a_{23}a_{31}+a_{13}a_{21}a_{32}-a_{11}a_{23}a_{32}-a_{12}a_{21}a_{33}-a_{13}a_{22}a_{31}\neq 0. \tag{3.1.2}$$

定义 3.1.1 对三阶方阵 $\boldsymbol{A}=[a_{ij}]$,称

$$a_{11}a_{22}a_{33}+a_{12}a_{23}a_{31}+a_{13}a_{21}a_{32}-a_{11}a_{23}a_{32}-a_{12}a_{21}a_{33}-a_{13}a_{22}a_{31}$$

为方阵 $\boldsymbol{A}$ 的行列式,记为 $|\boldsymbol{A}|$ 或 $\det(\boldsymbol{A})$,即

$$\begin{aligned}|\boldsymbol{A}| &= \begin{vmatrix} a_{11} & a_{12} & a_{13} \\ a_{21} & a_{22} & a_{23} \\ a_{31} & a_{32} & a_{33} \end{vmatrix} \\ &= a_{11}a_{22}a_{33}+a_{12}a_{23}a_{31}+a_{13}a_{21}a_{32}-a_{11}a_{23}a_{32}-a_{12}a_{21}a_{33}-a_{13}a_{22}a_{31}. \end{aligned} \tag{3.1.3}$$

则当 $a_{11}\neq 0$ 时,三阶方阵 $\boldsymbol{A}$ 可逆的充要条件是 $|\boldsymbol{A}|\neq 0$.

对于 $a_{11}=0$ 的情形,考虑如下的可能性:

(1) $a_{11}=0$,$a_{21}\neq 0$.

(2) $a_{11}=a_{21}=0$,$a_{31}\neq 0$.

(3) $a_{11}=a_{21}=a_{31}=0$.

对于第一种情况,可以证明 $\boldsymbol{A}$ 行等价于 $\boldsymbol{I}$ 的充要条件是

$$a_{12}a_{23}a_{31}+a_{13}a_{21}a_{32}-a_{12}a_{21}a_{33}-a_{13}a_{22}a_{31}\neq 0.$$

这个条件与条件(3.1.2)在 $a_{11}=0$ 时是相同的.

对于第二种情况,可以推出

$$\boldsymbol{A}=\begin{bmatrix} 0 & a_{12} & a_{13} \\ 0 & a_{22} & a_{23} \\ a_{31} & a_{32} & a_{33} \end{bmatrix}$$

行等价于三阶单位阵 $\boldsymbol{I}$ 的充要条件是

$$a_{31}(a_{12}a_{23}-a_{22}a_{13})\neq 0.$$

它对应于条件(3.1.2)在 $a_{11}=a_{21}=0$ 时的特殊情况.

对于第三种情况,矩阵 $\boldsymbol{A}$ 不行等价于 $\boldsymbol{I}$,显然它不可逆. 此时 $|\boldsymbol{A}|=0$.

综上所述,不论 a_{11} 取何值时,公式(3.1.2)都给出了三阶方阵可逆的充要条件.

为了把二、三阶行列式推广到 n 阶行列式,我们先看看二、三阶行列式的一些共同特点,以便为 n 阶行列式的定义提供某些依据.

二阶行列式

$$\begin{vmatrix} a_{11} & a_{12} \\ a_{21} & a_{22} \end{vmatrix} = a_{11}a_{22}-a_{12}a_{21}.$$

可以用两个一阶行列式来定义:

$$M_{11}=a_{22},\quad M_{12}=a_{21}.$$

其中，M_{11}为方阵 $\boldsymbol{A}$ 删除第一行第一列得到的一阶方阵的行列式，M_{12}为方阵 $\boldsymbol{A}$ 删除第一行第二列得到的一阶方阵的行列式.

$\boldsymbol{A}$ 的行列式$|\boldsymbol{A}|$ 可以表示为如下的形式：

$$|\boldsymbol{A}|=a_{11}a_{22}-a_{12}a_{21}=a_{11}M_{11}-a_{12}M_{12}.$$

三阶行列式

$$\begin{vmatrix} a_{11} & a_{12} & a_{13} \\ a_{21} & a_{22} & a_{23} \\ a_{31} & a_{32} & a_{33} \end{vmatrix}=a_{11}a_{22}a_{33}+a_{12}a_{23}a_{31}+a_{13}a_{21}a_{32}-a_{13}a_{22}a_{31}-a_{12}a_{21}a_{33}-a_{11}a_{23}a_{32}.$$

利用二阶行列式的定义，我们将其具体的计算表达式(3. 1. 3)重新改写为

$$\begin{aligned}|\boldsymbol{A}|&=a_{11}(a_{22}a_{33}-a_{23}a_{32})-a_{12}(a_{21}a_{33}-a_{23}a_{31})+a_{13}(a_{21}a_{32}-a_{22}a_{31})\\&=a_{11}\begin{vmatrix} a_{22} & a_{23} \\ a_{32} & a_{33} \end{vmatrix}-a_{12}\begin{vmatrix} a_{21} & a_{23} \\ a_{31} & a_{33} \end{vmatrix}+a_{13}\begin{vmatrix} a_{21} & a_{22} \\ a_{31} & a_{32} \end{vmatrix}.\end{aligned}$$

对 $j=1，2，3$，用 M_{1j}表示删除方阵 $\boldsymbol{A}$ 的第一行第 j 列得到的二阶方阵的行列式，则 $\boldsymbol{A}$ 的行列式可以表示为

$$|\boldsymbol{A}|=a_{11}M_{11}-a_{12}M_{12}+a_{13}M_{13}.$$

其中，

$$M_{11}=\begin{vmatrix} a_{22} & a_{23} \\ a_{32} & a_{33} \end{vmatrix},\ M_{12}=\begin{vmatrix} a_{21} & a_{23} \\ a_{31} & a_{33} \end{vmatrix},\ M_{13}=\begin{vmatrix} a_{21} & a_{22} \\ a_{31} & a_{32} \end{vmatrix}.$$

设 $\boldsymbol{A}=[a_{ij}]$为 $n(n\leqslant 3)$阶方阵，M_{ij}表示删除方阵$\boldsymbol{A}$ 的第 i 行第 j 列得到的$n-1$阶方阵的行列式，称 M_{ij} 为元素 a_{ij} 的余子式(minor). 定义元素 a_{ij} 的代数余子式(cofactor) A_{ij} 为

$$A_{ij}=(-1)^{i+j}M_{ij}.$$

通过这个定义，二阶行列式可改写为

$$|\boldsymbol{A}|=a_{11}A_{11}+a_{12}A_{12}. \tag{3.1.4}$$

式(3. 1. 4)称为按 $\boldsymbol{A}$ 的第一行展开. 注意，也可写为

$$|\boldsymbol{A}|=a_{11}a_{22}-a_{12}a_{21}=a_{21}(-a_{12})+a_{22}a_{11}=a_{21}A_{21}+a_{22}A_{22}.$$

这就是将 $\boldsymbol{A}$ 的行列式$|\boldsymbol{A}|$ 按第二行展开. 事实上方阵的行列式还可以按照方阵的某一列展开：

$$\begin{aligned}|\boldsymbol{A}|&=a_{11}a_{22}+a_{12}(-a_{21})=a_{11}A_{11}+a_{21}A_{21} && \text{(第一列)}\\&=a_{12}(-a_{21})+a_{22}a_{11}=a_{12}A_{12}+a_{22}A_{22}. && \text{(第二列)}\end{aligned}$$

同样地，三阶行列式可改写为

$$|\boldsymbol{A}|=a_{11}A_{11}+a_{12}A_{12}+a_{13}A_{13}.$$

例 3. 1. 1　设

$$\boldsymbol{A}=\begin{bmatrix} 2 & 4 & 3 \\ 1 & 3 & 4 \\ 4 & 2 & 1 \end{bmatrix},$$

计算其行列式$|\boldsymbol{A}|$.

解
$$\begin{aligned}|\boldsymbol{A}| &= a_{11}A_{11}+a_{12}A_{12}+a_{13}A_{13}\\ &=(-1)^{1+1}a_{11}M_{11}+(-1)^{1+2}a_{12}M_{12}+(-1)^{1+3}a_{13}M_{13}\\ &=2\begin{vmatrix}3&4\\2&1\end{vmatrix}-4\begin{vmatrix}1&4\\4&1\end{vmatrix}+3\begin{vmatrix}1&3\\4&2\end{vmatrix}\\ &=2(3-8)-4(1-16)+3(2-12)\\ &=20.\end{aligned}$$

类似于二阶方阵，三阶方阵的行列式可以用矩阵的任何一行或任何一列的代数余子式展开来表示. 例如

$$\begin{aligned}|\boldsymbol{A}| &= a_{11}(a_{22}a_{33}-a_{23}a_{32})-a_{12}(a_{21}a_{33}-a_{23}a_{31})+a_{13}(a_{21}a_{32}-a_{22}a_{31})\\ &=a_{31}(a_{12}a_{23}-a_{13}a_{22})-a_{32}(a_{11}a_{23}-a_{13}a_{21})+a_{33}(a_{11}a_{22}-a_{12}a_{21})\\ &=a_{31}\begin{vmatrix}a_{12}&a_{13}\\a_{22}&a_{23}\end{vmatrix}-a_{32}\begin{vmatrix}a_{11}&a_{13}\\a_{21}&a_{23}\end{vmatrix}+a_{33}\begin{vmatrix}a_{11}&a_{12}\\a_{21}&a_{22}\end{vmatrix}\\ &=a_{31}A_{31}+a_{32}A_{32}+a_{33}A_{33}.\end{aligned}$$

这个行列式的展开是按照$\boldsymbol{A}$的第三行进行的.

例 3.1.2 设$\boldsymbol{A}$为例 3.1.1 中的方阵，将$\boldsymbol{A}$的行列式按照第二列展开并求值.

解
$$\begin{aligned}|\boldsymbol{A}| &= a_{12}A_{12}+a_{22}A_{22}+a_{32}A_{32}\\ &=(-1)^{1+2}a_{12}M_{12}+(-1)^{2+2}a_{22}M_{22}+(-1)^{3+2}a_{32}M_{32}\\ &=-4\begin{vmatrix}1&4\\4&1\end{vmatrix}+3\begin{vmatrix}2&3\\4&1\end{vmatrix}-2\begin{vmatrix}2&3\\1&4\end{vmatrix}\\ &=-4(1-16)+3(2-12)-2(8-3)\\ &=20.\end{aligned}$$

我们已经看到二阶行列式可以用两个一阶行列式表示，三阶行列式可以用三个二阶行列式表示. 一般地，一个n阶方阵的行列式(简称为n阶行列式)可以由n个$n-1$阶行列式来定义. 下面我们就给出方阵的行列式的递归定义.

定义 3.1.2 一个n阶方阵$\boldsymbol{A}$的行列式(determinant)，记为$|\boldsymbol{A}|$或$\det(\boldsymbol{A})$，是一个与方阵$\boldsymbol{A}$对应的数量，它可如下递归定义：

$$|\boldsymbol{A}|=\begin{cases}a_{11}, & \text{当 } n=1 \text{ 时},\\ a_{11}A_{11}+a_{12}A_{12}+\cdots+a_{1n}A_{1n}, & \text{当 } n>1 \text{ 时}.\end{cases}$$

其中，

$$A_{1j}=(-1)^{1+j}M_{1j},\quad j=1,2,\cdots,n,$$

为$\boldsymbol{A}$的第一行a_{1j}元素对应的代数余子式. 这里M_{1j}为元素a_{1j}的余子式，一般地，M_{ij}为元素a_{ij}的余子式，它是由$\boldsymbol{A}$划去元素a_{ij}所在的第i行,第j列后余下的元素按原来顺序构成的$n-1$阶行列式. $(-1)^{i+j}M_{ij}=A_{ij}$，称为元素a_{ij}的代数余子式.

定义中的公式称为**行列式按第一行展开**(expansion of $\det(\boldsymbol{A})$ along the first row).

正如我们已经看到的，并不需要限制行列式按第一行展开. 我们给出行列式的展开

定理，其证明见 § 3.2 节末.

定理 3.1.1（行列式的展开定理） 设 $\boldsymbol{A}$ 为一个 n 阶方阵，其中 $n\geqslant 2$，则 $\boldsymbol{A}$ 的行列式可以按照任意行或列展开进行计算，即

$$\begin{aligned}|\boldsymbol{A}| = \det(\boldsymbol{A}) &= a_{i1}A_{i1}+a_{i2}A_{i2}+\cdots+a_{in}A_{in}\\ &= a_{1j}A_{1j}+a_{2j}A_{2j}+\cdots+a_{nj}A_{nj},\end{aligned}$$

$i=1, 2, \cdots, n$；$j=1, 2, \cdots, n$.

注意 方阵的元素 a_{ij} 的代数余子式 A_{ij} 的正负符号取决于元素 a_{ij} 在原方阵中的位置，与元素 a_{ij} 本身的大小、符号没有关系.

例 3.1.3 按第二行展开行列式 $|\boldsymbol{A}|$ 并求值.

$$|\boldsymbol{A}| = \begin{vmatrix} 1 & 2 & 5 & 2 \\ 0 & 0 & 3 & 0 \\ 2 & 5 & 1 & 3 \\ 4 & 0 & 2 & 0 \end{vmatrix}.$$

解

$$\begin{aligned}|\boldsymbol{A}| &= a_{21}A_{21}+a_{22}A_{22}+a_{23}A_{23}+a_{24}A_{24}\\ &= (-1)^{2+1}a_{21}M_{21}+(-1)^{2+2}a_{22}M_{22}+(-1)^{2+3}a_{23}M_{23}+(-1)^{2+4}a_{24}M_{24}\\ &= 0+0+3\cdot(-1)\begin{vmatrix} 1 & 2 & 2 \\ 2 & 5 & 3 \\ 4 & 0 & 0 \end{vmatrix}+0\\ &= -3\cdot\begin{vmatrix} 1 & 2 & 2 \\ 2 & 5 & 3 \\ 4 & 0 & 0 \end{vmatrix} \quad （按第三行展开）\\ &= -3\cdot\left(4\cdot\begin{vmatrix} 2 & 2 \\ 5 & 3 \end{vmatrix}+0+0\right)\\ &= -3\cdot[4\cdot(6-10)]\\ &= 48.\end{aligned}$$

行列式展开定理对于计算含有多个零元素的方阵的行列式很有用. 例如，假设方阵的某一行元素大部分为零，则根据展开定理，其行列式展开式中也有对应的很多项为零，这就意味着有很多相应的余子式不用计算. 对于某一列含有多个零元素的情况，运用展开定理同样可以简化计算.

例 3.1.4 求 n 阶行列式

$$|\boldsymbol{A}| = \begin{vmatrix} a_{11} & a_{12} & a_{13} & \cdots & a_{1n} \\ 0 & a_{22} & a_{23} & \cdots & a_{2n} \\ 0 & 0 & a_{33} & \cdots & a_{3n} \\ \vdots & \vdots & \vdots & & \vdots \\ 0 & 0 & 0 & \cdots & a_{nn} \end{vmatrix}$$

例 3.1.4 解析

的值.

解 这个行列式的特点是主对角线左下方的元全为 0，即当 $i>j$ 时，$a_{ij}=0$. 像这样的行列式称为右上三角形行列式，或称为上三角形行列式.

对行列式按第一列展开，得

$$|\boldsymbol{A}|=a_{11}\begin{vmatrix} a_{22} & a_{23} & \cdots & a_{2n} \\ 0 & a_{33} & \cdots & a_{3n} \\ \vdots & \vdots & & \vdots \\ 0 & 0 & \cdots & a_{nn} \end{vmatrix}-0\cdot M_{21}+0\cdot M_{31}+\cdots+(-1)^{n+1}\cdot 0\cdot M_{n1}.$$

以后我们将略去展开式中的零项. 接下来对这个 $n-1$ 阶方阵的行列式继续按第一列展开，注意到该行列式的特征与原来的 n 阶行列式相同，都为上三角形行列式，因此展开后结果为(1，1)位置元素与其代数余子式(也就是余子式)相乘，而这个元的余子式仍然是低一阶的上三角形行列式. 所以我们可以连续地做 $n-1$ 次按照第一列展开，得到这个上三角行列式的值就为主对角线上的元素的乘积. 用数学归纳法可以证明这个结论.

对于下三角形矩阵 $\boldsymbol{A}=[a_{ij}]$：主对角线以上的元全为 0，即当 $i<j$ 时，$a_{ij}=0$，其行列式的值仍然为主对角线上元素乘积.

推论 3.1.1 三角形方阵的行列式的值等于主对角线上的元素的乘积.

定理 3.1.2 设 $\boldsymbol{A}$ 为 n 阶方阵，则矩阵的转置不改变行列式的值：$|\boldsymbol{A}^{\mathrm{T}}|=|\boldsymbol{A}|$.

定理 3.1.2 转置不改变行列式的值

证明 对 n 采用数学归纳法证明. 显然，一阶方阵是对称的，该结论对 $n=1$ 是成立的. 假设这个结论对所有 k 阶方阵都成立. 对 $k+1$ 阶方阵 $\boldsymbol{A}$，按第一行展开行列式，有

$$|\boldsymbol{A}|=a_{11}M_{11}-a_{12}M_{12}+a_{13}M_{13}-\cdots\pm a_{1,k+1}M_{1,k+1}.$$

其中的 M_{ij} 为元素 a_{ij} 的余子式，是 k 阶方阵的行列式. 用 M_{ij}^{T} 表示 a_{ij} 在 $\boldsymbol{A}^{\mathrm{T}}$ 中的余子式. 根据归纳假设有

$$|\boldsymbol{A}|=a_{11}M_{11}^{\mathrm{T}}-a_{12}M_{12}^{\mathrm{T}}+a_{13}M_{13}^{\mathrm{T}}-\cdots\pm a_{1,k+1}M_{1,k+1}^{\mathrm{T}}. \tag{3.1.5}$$

等式(3.1.5)的右端恰好是 $\boldsymbol{A}^{\mathrm{T}}$ 的行列式 $|\boldsymbol{A}^{\mathrm{T}}|$ 按照其第一列的展开式. 因此

$$|\boldsymbol{A}^{\mathrm{T}}|=|\boldsymbol{A}|.$$

这个结论说明行列式中行与列的地位是对称、平等的. 因此，行列式对行成立的性质，对列也同样成立.

定理 3.1.3 设 $\boldsymbol{A}$ 为 n 阶方阵.

(1)若 $\boldsymbol{A}$ 中有某一行或某一列的元素全为零，则 $|\boldsymbol{A}|=0$.

(2)若 $\boldsymbol{A}$ 中有两行或两列对应相等，则 $|\boldsymbol{A}|=0$.

证明 (1)只需对行列式按零行或零列展开即可得证.

(2)对 $n(n\geqslant 2)$ 采用数学归纳法证明. 显然，若二阶方阵有两行或两列，根据二阶行列式的定义，该结论对 $n=2$ 是成立的. 假设这个结论对所有 $k(k\geqslant 2)$ 阶方阵都成立. 对 $k+1$ 阶方阵 $\boldsymbol{A}$，为方便叙述，假设它有两行(第 r 行和第 s 行)对应相等(对有两列对应

相等情形同理证明）. 按第 t 行（$t\neq r$，$t\neq s$）展开行列式，有

$$|\boldsymbol{A}|=(-1)^{t+1}[a_{t1}M_{t1}-a_{t2}M_{t2}+a_{t3}M_{t3}-\cdots+(-1)^{k}a_{t,k+1}M_{t,k+1}].$$

其中的 M_{tj} 为元素 a_{tj} 的余子式，为 k 阶方阵的行列式，且 M_{tj} 中有两行对应相等. 根据归纳假设有 $M_{tj}=0$，所以 $|\boldsymbol{A}|=0$.

下面的一个结论根据行列式的展开定理可直接证明.

定理 3.1.4　若行列式中某行（列）的元均可表示为两项之和，例如 $\boldsymbol{A}=[\alpha_1,\cdots,\alpha_{i-1},\beta+\gamma,\alpha_{i+1},\cdots,\alpha_n]$，则 $\det(\boldsymbol{A})=\det([\alpha_1,\cdots,\alpha_{i-1},\beta,\alpha_{i+1},\cdots,\alpha_n])+\det([\alpha_1,\cdots,\alpha_{i-1},\gamma,\alpha_{i+1},\cdots,\alpha_n])$；若 $\boldsymbol{A}=\begin{bmatrix}\alpha_1\\ \vdots\\ \alpha_{i-1}\\ \beta+\gamma\\ \alpha_{i+1}\\ \vdots\\ \alpha_n\end{bmatrix}$，则 $\det(\boldsymbol{A})=\det\left(\begin{bmatrix}\alpha_1\\ \vdots\\ \alpha_{i-1}\\ \beta\\ \alpha_{i+1}\\ \vdots\\ \alpha_n\end{bmatrix}\right)+\det\left(\begin{bmatrix}\alpha_1\\ \vdots\\ \alpha_{i-1}\\ \gamma\\ \alpha_{i+1}\\ \vdots\\ \alpha_n\end{bmatrix}\right)$.

证明　将 $\det(\boldsymbol{A})$ 按第 i 行（第 i 列）展开，利用行列式展开定理，结论成立.

§3.2　行列式的主要性质

对矩阵进行了初等行变换之后，矩阵的行列式会发生相应的变换. 本节我们考虑初等行变换对矩阵行列式的作用，然后证明方阵可逆的充要条件是该方阵的行列式不等于零.

引理 3.2.1　设 $\boldsymbol{A}$ 为 n 阶方阵，则

$$a_{i1}A_{j1}+a_{i2}A_{j2}+\cdots+a_{in}A_{jn}=\begin{cases}|\boldsymbol{A}|, & \text{当 } i=j \text{ 时},\\ 0, & \text{当 } i\neq j \text{ 时}.\end{cases}$$

$$a_{1i}A_{1j}+a_{2i}A_{2j}+\cdots+a_{ni}A_{nj}=\begin{cases}|\boldsymbol{A}|, & \text{当 } i=j \text{ 时},\\ 0, & \text{当 } i\neq j \text{ 时}.\end{cases}\tag{3.2.1}$$

证明　若 $i=j$，式(3.2.1)恰为方阵 $\boldsymbol{A}$ 的行列式展开式. 当 $i\neq j$（不妨设 $i>j$）时，记 $\boldsymbol{B}$ 是将 $\boldsymbol{A}$ 的第 j 行替换为 $\boldsymbol{A}$ 的第 i 行得到的矩阵.

$$\boldsymbol{B}=\begin{bmatrix}a_{11} & a_{12} & \cdots & a_{1n}\\ \vdots & \vdots & & \vdots\\ a_{i1} & a_{i2} & \cdots & a_{in}\\ \vdots & \vdots & & \vdots\\ a_{i1} & a_{i2} & \cdots & a_{in}\\ \vdots & \vdots & & \vdots\\ a_{n1} & a_{n2} & \cdots & a_{nn}\end{bmatrix}\begin{matrix}\\ \\ \leftarrow\text{第 } j \text{ 行}\\ \\ \\ \\ \\ \end{matrix}$$

因为 $\boldsymbol{B}$ 有两行对应相等，所以它的行列式 $|\boldsymbol{B}|$ 必为零. 注意在 $\boldsymbol{B}$ 中第 j 行的元实际上是 $\boldsymbol{A}$ 中第 i 行的元. 而一个元的余子式与该元素的大小无关，只与其位置有关. 在 $\boldsymbol{B}$ 中第 j 行的元的余子式 M_{jk}^{B} 实际上是 $\boldsymbol{A}$ 中第 j 行的元的余子式 M_{jk}^{A}，$k=1,2,\cdots,n$. 将 $|\boldsymbol{B}|$ 按照第 j 行展开，有

$$\begin{aligned}0=|\boldsymbol{B}|&=a_{i1}(-1)^{j+1}M_{j1}^{B}+a_{i2}(-1)^{j+2}M_{j2}^{B}+\cdots+a_{in}(-1)^{j+n}M_{jn}^{B}\\&=a_{i1}(-1)^{j+1}M_{j1}^{A}+a_{i2}(-1)^{j+2}M_{j2}^{B}+\cdots+a_{in}(-1)^{j+n}M_{jn}^{A}\\&=a_{i1}A_{j1}+a_{i2}A_{j2}+\cdots+a_{in}A_{jn}.\end{aligned}$$

对列的情形同理可得.

接下来我们考虑三种初等行变换对方阵的行列式所起的作用.

行运算Ⅰ 对换变换.

设 $\boldsymbol{A}$ 为二阶方阵，且对换变换的初等阵为 $\boldsymbol{E}(1,2)=\begin{bmatrix}0&1\\1&0\end{bmatrix}$，则

$$|\boldsymbol{E}(1,2)\boldsymbol{A}|=\begin{vmatrix}a_{21}&a_{22}\\a_{11}&a_{12}\end{vmatrix}=a_{12}a_{21}-a_{11}a_{22}=-|\boldsymbol{A}|.$$

对 $n>2$，令 $\boldsymbol{E}(i,j)$ 为对换 $\boldsymbol{A}$ 的第 i 行和第 j 行得到的初等矩阵. 容易用数学归纳法证明 $|\boldsymbol{E}(i,j)\boldsymbol{A}|=-|\boldsymbol{A}|$. 我们以 $n=3$ 为例说明证明思想. 假设一个三阶方阵 $\boldsymbol{A}$ 的第一行与第三行进行了对换. 按照第二行展开行列式 $|\boldsymbol{E}(1,3)\boldsymbol{A}|$，并利用二阶方阵的结果，有

$$\begin{aligned}|\boldsymbol{E}(1,3)\boldsymbol{A}|&=\begin{vmatrix}a_{31}&a_{32}&a_{33}\\a_{21}&a_{22}&a_{23}\\a_{11}&a_{12}&a_{13}\end{vmatrix}\\&=-a_{21}\begin{vmatrix}a_{32}&a_{33}\\a_{12}&a_{13}\end{vmatrix}+a_{22}\begin{vmatrix}a_{31}&a_{33}\\a_{11}&a_{13}\end{vmatrix}-a_{23}\begin{vmatrix}a_{31}&a_{32}\\a_{11}&a_{12}\end{vmatrix}\\&=a_{21}\begin{vmatrix}a_{12}&a_{13}\\a_{32}&a_{33}\end{vmatrix}-a_{22}\begin{vmatrix}a_{11}&a_{13}\\a_{31}&a_{33}\end{vmatrix}+a_{23}\begin{vmatrix}a_{11}&a_{12}\\a_{31}&a_{32}\end{vmatrix}\\&=-|\boldsymbol{A}|.\end{aligned}$$

一般地，如果 $\boldsymbol{A}$ 为一 n 阶方阵，且 $\boldsymbol{E}(i,j)$ 为交换单位矩阵的第 i 行和第 j 行得到的初等矩阵，则

$$|\boldsymbol{E}(i,j)\boldsymbol{A}|=-|\boldsymbol{A}|.$$

特别地，

$$|\boldsymbol{E}(i,j)|=|\boldsymbol{E}(i,j)\boldsymbol{I}|=-|\boldsymbol{I}|=-1.$$

因此，对任意第一类对换变换对应的初等矩阵 $\boldsymbol{E}$，都有

$$|\boldsymbol{EA}|=-|\boldsymbol{A}|=|\boldsymbol{E}||\boldsymbol{A}|.$$

行运算Ⅱ 数乘变换.

设 $\boldsymbol{E}(i(k))$ 为第二类初等矩阵，它是由单位矩阵的第 i 行乘以一个非零常数 k 得到的. 如果将 $|\boldsymbol{E}(i(k))\boldsymbol{A}|$ 按第 i 行展开，则

$$\begin{aligned}|\boldsymbol{E}(i(k))\boldsymbol{A}| &= ka_{i1}A_{i1}+ka_{i2}A_{i2}+\cdots+ka_{in}A_{in}\\ &= k(a_{i1}A_{i1}+a_{i2}A_{i2}+\cdots+a_{in}A_{in})\\ &= k|\boldsymbol{A}|.\end{aligned}$$

特别地，

$$|\boldsymbol{E}(i(k))| = |\boldsymbol{E}(i(k))\boldsymbol{I}| = k|\boldsymbol{I}| = k.$$

因此，对任意第二类数乘变换对应的初等矩阵 $\boldsymbol{E}$，都有

$$|\boldsymbol{E}\boldsymbol{A}| = k|\boldsymbol{A}| = |\boldsymbol{E}||\boldsymbol{A}|.$$

行运算Ⅲ　倍加变换.

设 $\boldsymbol{E}(j,i(k))$ 为第三类初等矩阵，它是由单位矩阵的第 i 行乘以一个非零常数 k 加到第 j 行得到的. 因为 $\boldsymbol{E}(j,i(k))$ 是三角形的，且它的主对角线上的元素均为 1，所以 $|\boldsymbol{E}(j,i(k))|=1$. 如果将 $|\boldsymbol{E}(j,i(k))\boldsymbol{A}|$ 按第 j 行展开，并根据引理 3.2.1，则

$$\begin{aligned}|\boldsymbol{E}(j,i(k))\boldsymbol{A}| &= (a_{j1}+ka_{i1})A_{j1}+(a_{j2}+ka_{i2})A_{j2}+\cdots+(a_{jn}+ka_{in})A_{jn}\\ &= k(a_{i1}A_{j1}+a_{i2}A_{j2}+\cdots+a_{in}A_{jn})+(a_{j1}A_{j1}+a_{j2}A_{j2}+\cdots+a_{jn}A_{jn})\\ &= k\cdot 0+|\boldsymbol{A}|\\ &= |\boldsymbol{A}|.\end{aligned}$$

因此，对任意第三类倍加变换对应的初等矩阵 $\boldsymbol{E}$，

$$|\boldsymbol{E}\boldsymbol{A}| = |\boldsymbol{A}| = |\boldsymbol{E}||\boldsymbol{A}|.$$

综上所述，若 $\boldsymbol{E}$ 为初等矩阵，则

$$|\boldsymbol{E}\boldsymbol{A}| = |\boldsymbol{E}||\boldsymbol{A}|.$$

其中，

$$|\boldsymbol{E}| = \begin{cases}-1, & \text{若 } \boldsymbol{E} \text{ 为第一类初等矩阵},\\ k\neq 0, & \text{若 } \boldsymbol{E} \text{ 为第二类初等矩阵},\\ 1, & \text{若 } \boldsymbol{E} \text{ 为第三类初等矩阵}.\end{cases}$$

类似的结论对列也是成立的. 事实上，如果 $\boldsymbol{E}$ 为一初等矩阵，则 $\boldsymbol{E}^{\mathrm{T}}$ 是初等矩阵. 且

$$|\boldsymbol{A}\boldsymbol{E}| = |(\boldsymbol{A}\boldsymbol{E})^{\mathrm{T}}| = |\boldsymbol{E}^{\mathrm{T}}\boldsymbol{A}^{\mathrm{T}}| = |\boldsymbol{E}^{\mathrm{T}}||\boldsymbol{A}^{\mathrm{T}}| = |\boldsymbol{E}||\boldsymbol{A}| = |\boldsymbol{A}||\boldsymbol{E}|.$$

因此，初等行或列变换对方阵行列式的值的作用总结如下.

定理 3.2.1　(1) 交换方阵的两行(或列)改变行列式的符号.

(2) 方阵的某行(或列)乘以一个常数后的行列式等于将行列式乘以这个常数.

(3) 将某行(或列)的常数倍加到其他行(或列)上，不改变行列式的值.

注　从定理 3.2.1 中的第三条可直接得到一个推论：如果方阵中某一行(或列)是另一行(或列)的倍数，则该方阵的行列式为零.

定理 3.2.2　一个 n 阶方阵 $\boldsymbol{A}$ 可逆的充要条件为 $|\boldsymbol{A}|\neq 0$.

证明　方阵 $\boldsymbol{A}$ 可经过有限次初等行变换化为阶梯形矩阵，进一步化为行最简形矩阵 $\boldsymbol{U}$. 因此，存在对应的初等矩阵 $\boldsymbol{E}_1$，$\boldsymbol{E}_2$，…，$\boldsymbol{E}_k$，使得

$$\boldsymbol{U} = \boldsymbol{E}_k\cdots\boldsymbol{E}_2\boldsymbol{E}_1\boldsymbol{A},$$

且

$$|U|=|E_k\cdots E_2E_1A|=|E_k|\cdots|E_2||E_1||A|.$$

由于初等矩阵的行列式均不等于零，所以$|A|\neq0$的充要条件是$|U|\neq0$. 如果A不可逆，则U有一行元素全为零(主元列数小于列数)，$|U|=0$. 如果A可逆，则U的主元列数等于列数，为主对角线上的元全为1的三角形矩阵，$|U|=1\neq0$.

根据定理3.2.2的证明，我们可以得到一个计算行列式$|A|$的方法：用初等行变换化简A为阶梯形，即

$$U=E_kE_{k-1}\cdots E_1A.$$

如果U的最后一行所含元素全为零，则A是不可逆的，$|A|=0$；否则，A为可逆的. 用初等行变换中的对换变换及倍加变换将A化为阶梯形矩阵U. 即

$$U=E_mE_{m-1}\cdots E_1A,$$

且A的行列式$|A|=\pm|U|=\pm t_{11}t_{22}\cdots t_{nn}$，其中$t_{ii}$为三角形矩阵$U$的主对角线上元素. 如果使用对换变换偶数次，则符号为正；否则为负.

我们已经得到对任意的初等矩阵E，有

$$|EA|=|E||A|=|A||E|=|AE|.$$

这是下面的定理的特殊情况.

定理 3.2.3 设A与B均为n阶方阵，则

$$|AB|=|A||B|.$$

证明 若B是不可逆的，则$|B|=0$，且根据定理2.3.4，齐次线性方程组$BX=0$有非零解，从而$ABX=0$也有非零解. 因此AB也不可逆. 所以$|AB|=0=|A||B|$.

若B可逆，则B可以表示成一些初等矩阵的乘积，$B=E_kE_{k-1}\cdots E_1$，所以

$$\begin{aligned}|AB|&=|AE_kE_{k-1}\cdots E_1|=|A||E_k||E_{k-1}|\cdots|E_1|\\&=|A||E_kE_{k-1}\cdots E_1|=|A||B|.\end{aligned}$$

例 3.2.1 计算行列式

$$|A|=\begin{vmatrix}3&1&-1&2\\-5&1&3&-4\\2&0&1&-1\\1&-5&3&-3\end{vmatrix}$$

的值.

解

$$|A|\xlongequal{\text{互换(1)、(2)两列}}-\begin{vmatrix}1&3&-1&2\\1&-5&3&-4\\0&2&1&-1\\-5&1&3&-3\end{vmatrix}$$

$$\xlongequal[5\cdot(1)\text{行}+(5)\text{行}]{-1\cdot(1)\text{行}+(2)\text{行}}-\begin{vmatrix}1&3&-1&2\\0&-8&4&-6\\0&2&1&-1\\0&16&-2&7\end{vmatrix}$$

$$\xlongequal{\text{互换(2)、(3)行}}\begin{vmatrix}1&3&-1&2\\0&2&1&-1\\0&-8&4&-6\\0&16&-2&7\end{vmatrix}$$

$$\xlongequal[-8\cdot(2)\text{行}+(4)\text{行}]{4\cdot(2)\text{行}+(3)\text{行}}\begin{vmatrix}1&3&-1&2\\0&2&1&-1\\0&0&8&-10\\0&0&-10&15\end{vmatrix}$$

$$\xlongequal{\frac{5}{4}\cdot(3)\text{行}+(4)\text{行}}\begin{vmatrix}1&3&-1&2\\0&2&1&-1\\0&0&8&-10\\0&0&0&\frac{5}{2}\end{vmatrix}$$

$$=1\cdot2\cdot8\cdot\frac{5}{2}=40.$$

上例的做法只是为了说明如何利用对换变换、倍加变换将行列式化成上三角形行列式. 在化简过程中，自然还可利用行列式的其他性质(例如数乘变换等).

例 3.2.2　求 $\begin{vmatrix}3&0&4&0\\2&2&2&2\\0&-7&0&0\\1&2&3&4\end{vmatrix}$ 第四行各元素的余子式之和.

例 3.2.2 解析

解　以 M_{ij} 表示行列式中元素 a_{ij} 的余子式，则有

$$M_{41}+M_{42}+M_{43}+M_{44}=-A_{41}+A_{42}-A_{43}+A_{44}=\begin{vmatrix}3&0&4&0\\2&2&2&2\\0&-7&0&0\\-1&1&-1&1\end{vmatrix}$$

$$=(-7)\times(-1)^{3+2}\times\begin{vmatrix}3&4&0\\2&2&2\\-1&-1&1\end{vmatrix}$$

$$=14\begin{vmatrix}3&4&0\\1&1&1\\0&0&2\end{vmatrix}=28\begin{vmatrix}3&4\\1&1\end{vmatrix}=-28.$$

例 3.2.3　计算 n 阶行列式

$$|\boldsymbol{D}|=\begin{vmatrix} a & b & b & \cdots & b \\ b & a & b & \cdots & b \\ b & b & a & \cdots & b \\ \vdots & \vdots & \vdots & & \vdots \\ b & b & b & \cdots & a \end{vmatrix}$$

的值.

解 行列式 $|\boldsymbol{D}|$ 的主对角线上的元全为 a，其余的元全为 b. 我们将第 2，3，…，n 列都加到第一列上，然后提出第一列的公因子 $a+(n-1)b$，得到

$$|\boldsymbol{D}|=[a+(n-1)b]\begin{vmatrix} 1 & b & b & \cdots & b \\ 1 & a & b & \cdots & b \\ 1 & b & a & \cdots & b \\ \vdots & \vdots & \vdots & & \vdots \\ 1 & b & b & \cdots & a \end{vmatrix}$$

$$\xlongequal[i=2,\ 3,\ \cdots,\ n]{-1\cdot(1)\text{行}+(i)\text{行}}[a+(n-1)b]\begin{vmatrix} 1 & b & b & \cdots & b \\ 0 & a-b & 0 & \cdots & 0 \\ 0 & 0 & a-b & \cdots & 0 \\ \vdots & \vdots & \vdots & & \vdots \\ 0 & 0 & 0 & \cdots & a-b \end{vmatrix}$$

$$=[a+(n-1)b](a-b)^{n-1}.$$

注 我们可以直接将第一行的(-1)倍分别加到第 2，3，…，n 行得到

$$|\boldsymbol{D}|=\begin{vmatrix} a & b & b & \cdots & b \\ b-a & a-b & 0 & \cdots & 0 \\ b-a & 0 & a-b & \cdots & 0 \\ \vdots & \vdots & \vdots & & \vdots \\ b-a & 0 & 0 & \cdots & a-b \end{vmatrix}$$

$$\xlongequal[i=2,\ 3,\ \cdots,\ n]{1\cdot(i)\text{列}+(1)\text{列}}\begin{vmatrix} a+(n-1)b & b & b & \cdots & b \\ 0 & a-b & 0 & \cdots & 0 \\ 0 & 0 & a-b & \cdots & 0 \\ \vdots & \vdots & \vdots & & \vdots \\ 0 & 0 & 0 & \cdots & a-b \end{vmatrix}$$

$$=[a+(n-1)b](a-b)^{n-1}.$$

利用行列式的倍加变换性质，可将某行(列)的 $n-1$ 个元化为零(造零)，然后再按该行(列)展开这个 n 阶行列式. 于是就化成了一个 $n-1$ 阶行列式. 继续下去最后可化成三阶或二阶行列式来计算，这样工作量就大大减少. 具体计算一个行列式时，应根据行列式的特点，灵活应用行列式的性质与展开定理才能迅速准确地求得结果.

例 3.2.4 计算 n 阶行列式

$$|\boldsymbol{D}_n|=\begin{vmatrix} a & c & c & \cdots & c \\ b & a & c & \cdots & c \\ b & b & a & \cdots & c \\ \vdots & \vdots & \vdots & & \vdots \\ b & b & b & \cdots & a \end{vmatrix}$$

的值.

解　$|\boldsymbol{D}_n|$ 的主对角线上的元全为 a，主对角线以上的元全为 c，主对角线以下的元全为 b. 若 $b=c$，则就是前面的例 3.2.3，现在就 $b\neq c$ 时来计算$|\boldsymbol{D}_n|$.

从第一行起，每行减去其后面一行，得到

$$|\boldsymbol{D}_n|=\begin{vmatrix} a-b & c-a & 0 & \cdots & 0 & 0 \\ 0 & a-b & c-a & \cdots & 0 & 0 \\ 0 & 0 & a-b & \cdots & 0 & 0 \\ \vdots & \vdots & \vdots & & \vdots & \vdots \\ 0 & 0 & 0 & \cdots & a-b & c-a \\ b & b & b & \cdots & b & a \end{vmatrix},$$

再按第一列展开得

$$|\boldsymbol{D}_n|=(a-b)\begin{vmatrix} a-b & c-a & \cdots & 0 & 0 \\ 0 & a-b & \cdots & 0 & 0 \\ \vdots & \vdots & & \vdots & \vdots \\ 0 & 0 & \cdots & a-b & c-a \\ b & b & \cdots & b & a \end{vmatrix}+$$

$$b(-1)^{n+1}\begin{vmatrix} c-a & 0 & \cdots & 0 & 0 \\ a-b & c-a & \cdots & 0 & 0 \\ 0 & a-b & \cdots & 0 & 0 \\ \vdots & \vdots & & \vdots & \vdots \\ 0 & 0 & \cdots & a-b & c-a \end{vmatrix}.$$

等式右端两个行列式都是 $n-1$ 阶行列式. 其中第一个是与$|\boldsymbol{D}_n|$ 同型的，记为$|\boldsymbol{D}_{n-1}|$，第二个为$(c-a)^{n-1}$. 于是

$$|\boldsymbol{D}_n|=(a-b)|\boldsymbol{D}_{n-1}|+b(-1)^{n+1}(c-a)^{n-1},$$

化简上式得

$$|\boldsymbol{D}_n|=(a-b)|\boldsymbol{D}_{n-1}|+b(a-c)^{n-1}. \tag{3.2.2}$$

这是关于$|\boldsymbol{D}_n|$ 的递推公式. 又$|\boldsymbol{D}_1|=a$，我们利用递推公式不难计算出$|\boldsymbol{D}_n|$ 的值. 对本题，由于$|\boldsymbol{D}_n|$ 形状的特点，可用下面的方法计算$|\boldsymbol{D}_n|$. 将行列式$|\boldsymbol{D}_n|$ 转置后，$|\boldsymbol{D}_n^{\mathrm{T}}|$ 与$|\boldsymbol{D}_n|$ 形状完全相同，而仅仅是 b 与 c 的位置互换了. 于是将式(3.2.2)中的 b 与 c 互换可得出

$$|\boldsymbol{D}_n^{\mathrm{T}}|=(a-c)|\boldsymbol{D}_{n-1}^{\mathrm{T}}|+c(a-b)^{n-1},$$

即

$$|\boldsymbol{D}_n| = (a-c)|\boldsymbol{D}_{n-1}| + c(a-b)^{n-1}. \tag{3.2.3}$$

由式(3.2.2)与式(3.2.3)消去$|\boldsymbol{D}_{n-1}|$得

$$|\boldsymbol{D}_n| = \frac{b(a-c)^n - c(a-b)^n}{b-c} \quad (b \neq c).$$

例 3.2.5 证明范德蒙德(Vandermonde)行列式

例 3.2.5 解析

$$V(x_1, x_2, \cdots, x_n) = \begin{vmatrix} 1 & 1 & 1 & \cdots & 1 \\ x_1 & x_2 & x_3 & \cdots & x_n \\ x_1^2 & x_2^2 & x_3^2 & \cdots & x_n^2 \\ \vdots & \vdots & \vdots & & \vdots \\ x_1^{n-1} & x_2^{n-1} & x_3^{n-1} & \cdots & x_n^{n-1} \end{vmatrix} = \prod_{1 \leqslant j < i \leqslant n} (x_i - x_j), \tag{3.2.4}$$

其中$\prod$是连乘号，式子右端表示下面各行的乘积

$$(x_2-x_1)(x_3-x_1)(x_4-x_1)\cdots(x_n-x_1)$$
$$(x_3-x_2)(x_4-x_2)\cdots(x_n-x_2)$$
$$(x_4-x_3)\cdots(x_n-x_3)$$
$$\cdots\cdots$$
$$(x_n-x_{n-1})$$

证明 我们用数学归纳法证明，当 $n=2$ 时，有

$$V(x_1, x_2) = \begin{vmatrix} 1 & 1 \\ x_1 & x_2 \end{vmatrix} = x_2 - x_1,$$

结论成立. 今假定对于 $n-1$ 阶范德蒙德行列式结论成立，来证明对 n 阶范德蒙德行列式等式也成立.

在 $V(x_1, x_2, \cdots, x_n)$ 中从末行起，每行减去其前一行的 x_1 倍得

$$V(x_1, x_2, \cdots, x_n) = \begin{vmatrix} 1 & 1 & 1 & \cdots & 1 \\ 0 & x_2-x_1 & x_3-x_1 & \cdots & x_n-x_1 \\ 0 & x_2(x_2-x_1) & x_3(x_3-x_1) & \cdots & x_n(x_n-x_1) \\ \vdots & \vdots & \vdots & & \vdots \\ 0 & x_2^{n-2}(x_2-x_1) & x_3^{n-2}(x_3-x_1) & \cdots & x_n^{n-2}(x_n-x_1) \end{vmatrix}$$

$$\xlongequal{\text{按第一列展开并提出各列公式子}} (x_2-x_1)(x_3-x_1)\cdots(x_n-x_1) \begin{vmatrix} 1 & 1 & 1 & \cdots & 1 \\ x_2 & x_3 & x_4 & \cdots & x_n \\ x_2^2 & x_3^2 & x_4^2 & \cdots & x_n^2 \\ \vdots & \vdots & \vdots & & \vdots \\ x_2^{n-2} & x_3^{n-2} & x_4^{n-2} & \cdots & x_n^{n-2} \end{vmatrix}$$

$$\xlongequal{\text{由归纳法假设}} (x_2-x_1)(x_3-x_1)\cdots(x_n-x_1) \prod_{2 \leqslant j < i \leqslant n} (x_i - x_j)$$

$$= \prod_{1 \leqslant j < i \leqslant n} (x_i - x_j).$$

关于行列式展开定理的证明.

行列式展开定理的证明

行列式按第一行展开与按第一列展开值相等.

引理 1　设 $\boldsymbol{A}$ 为 n 阶方阵,则

$$a_{11}A_{11} + a_{12}A_{12} + \cdots + a_{1n}A_{1n} = |\boldsymbol{A}| = a_{11}A_{11} + a_{21}A_{21} + \cdots + a_{n1}A_{n1}. \quad (1)$$

证明　对方阵阶数用数学归纳法.

当 $n=1$ 时,结论成立.

假设对 $n-1$ 阶方阵的行列式按第一行展开与按第一列展开值相等. 下面讨论 n 阶方阵的情形,证明(1)式中左、右两端对应项相等. 注意到,根据余子式或代数余子式定义,展开式中 $a_{11}A_{11}$ 包含了所有含 a_{11} 的项,(1)式左、右两端第一项是相等的.

考虑(1)式右端的第 i 项 $a_{i1}A_{i1} = a_{i1}(-1)^{i+1}M_{i1}$. 将

$$M_{i1} = \begin{vmatrix} a_{12} & a_{13} & \cdots & a_{1j} & \cdots & a_{1n} \\ \vdots & \vdots & & \vdots & & \vdots \\ a_{i-1,2} & a_{i-1,3} & \cdots & a_{i-1,j} & \cdots & a_{i-1,n} \\ a_{i+1,2} & a_{i+1,3} & \cdots & a_{i+1,j} & \cdots & a_{i+1,n} \\ \vdots & \vdots & & \vdots & & \vdots \\ a_{n2} & a_{n3} & \cdots & a_{nj} & \cdots & a_{nn} \end{vmatrix}$$

按第一行展开,展开式中第 $j-1$ 项为 $a_{1j}(-1)^{1+j-1}M_{1i,1j}$,$M_{1i,1j}$ 表示的是原方阵 $\boldsymbol{A}$ 中删去第一行、第 i 行以及第一列和第 j 列的余子式. 在(1)式右端中包含 $a_{i1}a_{1j}$ 的项为 $a_{i1}(-1)^{i+1}a_{1j}(-1)^{1+j-1}M_{1i,1j} = (-1)^{i+j+1}a_{i1}a_{1j}M_{1i,1j}$.

在(1)式的左端,考虑(1)式左端的第 j 项 $a_{1j}A_{1j} = a_{1j}(-1)^{1+j}M_{1j}$. 注意到余子式 M_{1j} 是 $n-1$ 阶方阵的行列式,由归纳假设,将

$$M_{1j} = \begin{vmatrix} a_{21} & \cdots & a_{2,j-1} & a_{2,j+1} & \cdots & a_{2n} \\ a_{31} & \cdots & a_{3,j-1} & a_{3,j+1} & \cdots & a_{3n} \\ \vdots & & \vdots & \vdots & & \vdots \\ a_{i1} & \cdots & a_{i,j-1} & a_{i,j+1} & \cdots & a_{i,n} \\ \vdots & & \vdots & \vdots & & \vdots \\ a_{n1} & \cdots & a_{n,j-1} & a_{n,j+1} & \cdots & a_{nn} \end{vmatrix}$$

按第一列展开,展开式中第 $i-1$ 项为 $a_{i1}(-1)^{i-1+1}M_{1i,1j}$. 在(1)式左端中包含 $a_{i1}a_{1j}$ 的项为 $a_{1j}(-1)^{1+j}a_{i1}(-1)^{i+1-1}M_{1i,1j} = (-1)^{i+j+1}a_{i1}a_{1j}M_{1i,1j}$. 所以(1)式两端对应项相等,从而两端的值相等. 结论得证.

交换方阵的两行(或两列),行列式的值变号.

引理 2　设 $\boldsymbol{A}$ 为 n 阶方阵,$\boldsymbol{B}$ 是由 $\boldsymbol{A}$ 交换两行(两列)所得矩阵,则 $|\boldsymbol{B}| = -|\boldsymbol{A}|$.

证明 对方阵的阶数用数学归纳法. 当 $n=2$ 时，$\begin{vmatrix} c & d \\ a & b \end{vmatrix} = -\begin{vmatrix} a & b \\ c & d \end{vmatrix}$，结论成立. 假设对 $n-1$ 阶方阵，结论成立. 下面证明 n 阶方阵的情形.

首先讨论交换方阵相邻两行，如第 r 行和第 $r+1$ 行，结论成立.

将 $\boldsymbol{B}$ 的行列式按第一列展开，其中第 i 项为 $(-1)^{i+1}b_{i1}M_{i1}^{B}$，$M_{i1}^{B}$ 表示矩阵 $\boldsymbol{B}$ 中 $(i, 1)$ 位置元的余子式.

$$|\boldsymbol{B}| = \begin{vmatrix} a_{11} & a_{12} & \cdots & a_{1n} \\ \vdots & \vdots & & \vdots \\ a_{r+1,1} & a_{r+1,2} & \cdots & a_{r+1,n} \\ a_{r1} & a_{r2} & \cdots & a_{rn} \\ \vdots & \vdots & & \vdots \\ a_{n1} & a_{n2} & \cdots & a_{nn} \end{vmatrix} \begin{matrix} \\ \\ \leftarrow 第\ r\ 行 \\ \leftarrow 第\ r+1\ 行 \\ \\ \\ \end{matrix}$$

若 $i \neq r, i \neq r+1$，则 $b_{i1}=a_{i1}$，M_{i1}^{B} 就是 M_{i1}^{A} 交换了相邻两行所得. 由归纳假设，对 $n-1$ 阶方阵的行列式，有 $M_{i1}^{B} = -M_{i1}^{A}$.

若 $i=r$，则 $b_{i1}=a_{r+1,1}$，$M_{i1}^{B}=M_{r+1,1}^{A}$.

在展开式中，第 $i=r$ 项为 $(-1)^{r+1}b_{r1}M_{r1}^{B} = (-1)^{r+1}a_{r+1,1}M_{r+1,1}^{A} = -(-1)^{(r+1)+1}a_{r+1,1}M_{r+1,1}^{A}$.

若 $i=r+1$，则 $b_{i1}=a_{r1}$，$M_{i1}^{B}=M_{r1}^{A}$. 在展开式中的第 $i=r+1$ 项为 $(-1)^{i+1}b_{i1}M_{i1}^{B} = (-1)^{(r+1)+1}b_{r+1,1}M_{r+1,1}^{B} = -(-1)^{r+1}a_{r1}M_{r1}^{A}$.

因此，$\boldsymbol{B}$ 的行列式按第一列展开后的第 r 项和第 $r+1$ 项分别等于 $\boldsymbol{A}$ 的行列式按第一列展开后的第 $r+1$ 项和第 r 项的相反数.

综上所述，可得

$$\begin{aligned} |\boldsymbol{B}| &= \sum_{i=1}^{n} (-1)^{i+1} b_{i1}M_{i1}^{B} \\ &= \Big[\sum_{i=1}^{n(i\neq r, i\neq r+1)} (-1)^{i+1} b_{i1}M_{i1}^{B}\Big] + (-1)^{r+1} b_{r1}M_{r1}^{B} + (-1)^{(r+1)+1} b_{r+1,1}M_{r+1,1}^{B} \\ &= \Big[\sum_{i=1}^{n(i\neq r, i\neq r+1)} (-1)^{i+1} a_{i1}(-M_{i1}^{A})\Big] - (-1)^{(r+1)+1} a_{r+1,1}M_{r+1,1}^{A} - (-1)^{r+1} a_{r1}M_{r1}^{A} \\ &= -\sum_{i=1}^{n} (-1)^{i+1} a_{i1}M_{i1}^{A} \\ &= -|\boldsymbol{A}|. \end{aligned}$$

下面证明交换方阵 $\boldsymbol{A}$ 的任意两行，如第 r 行和第 s 行 $(r<s)$，得到矩阵 $\boldsymbol{B}$，有 $|\boldsymbol{B}| = -|\boldsymbol{A}|$. 事实上，只需要对矩阵 $\boldsymbol{A}$ 连续施行交换相邻两行共 $2(s-r)-1$ 次，就可以实现第 r 行和第 s 行交换. 由于连续交换相邻两行的次数为奇数，且每交换相邻两行一次，行列式的符号改变一次，所以交换方阵 $\boldsymbol{A}$ 的第 r 行和第 s 行，行列式的值最终只改变一次符号. 所以，$|\boldsymbol{B}| = -|\boldsymbol{A}|$. 结论得证.

行列式展开定理:行列式可按任意一行展开,也可按任意一列展开,值不变.

设 $\boldsymbol{A}$ 为 n 阶方阵,则 $|\boldsymbol{A}|=a_{i1}A_{i1}+a_{i2}A_{i2}+\cdots+a_{in}A_{in}=a_{1j}A_{1j}+a_{2j}A_{2j}+\cdots+a_{nj}A_{nj}$, $i=1,2,\cdots,n$, $j=1,2,\cdots,n$.

证明　假设方阵 $\boldsymbol{B}$ 是由方阵 $\boldsymbol{A}$ 交换第一行和第 i 行所得,这里用了连续 $i-1$ 次相邻两行交换, $|\boldsymbol{B}|=(-1)^{i-1}|\boldsymbol{A}|$. 将 $\boldsymbol{B}$ 的行列式按第一行展开,注意到 $b_{1j}=a_{ij}$, $M_{1j}^{B}=M_{ij}^{A}$. 所以

$$
\begin{aligned}
|\boldsymbol{A}| &= (-1)^{i-1}|\boldsymbol{B}| = (-1)^{i-1}\sum_{j=1}^{n}(-1)^{j+1}b_{1j}M_{1j}^{B} \\
&= (-1)^{i-1}\sum_{j=1}^{n}(-1)^{j+1}a_{ij}M_{ij}^{A} = \sum_{j=1}^{n}(-1)^{i+j}a_{ij}M_{ij}^{A}.
\end{aligned}
$$

因此得到方阵 $\boldsymbol{A}$ 的行列式按第 i 行展开的展开式,即方阵 $\boldsymbol{A}$ 的行列式可按第 i 行展开. 同理可证方阵 $\boldsymbol{A}$ 的行列式可以按照任意一列展开. 结论得证.

将高阶行列式展成较低阶行列式的一般公式是拉普拉斯定理. 我们仅介绍有关的定义与结论, 不给出证明.

定义 3.2.1　在 n 阶行列式中, 任意指定 r 个行与 r 个列($1\leqslant r<n$). 位于这些行列交点处的 r^2 个元素构成的 r 阶行列式 M 称为原行列式的一个 r 阶子式. 在 n 阶行列式中, 划去某个 r 阶子式 M 所在的行与列后, 剩下的 $n-r$ 个行与 $n-r$ 个列上的元素也构成一个 $n-r$ 阶子式 N. 我们称这一对子式 M 与 N **互为余子式**. 例如, 前面的 a_{ij} 与 M_{ij} 就互为余子式.

设 r 阶子式 M 是由行列式中第 i_1, i_2, $\cdots$, i_r 行和第 j_1, j_2, $\cdots$, j_r 列相交处的元素构成的, 且 N 是 M 的余子式, 则称带有正或负号 $(-1)^{\sum_{k=1}^{r}i_k+\sum_{k=1}^{r}j_k}$ 的余子式 N, 即 $(-1)^{\sum_{k=1}^{r}i_k+\sum_{k=1}^{r}j_k}N$ 为 M 的代数余子式.

例如, 在五阶行列式

$$
\begin{vmatrix}
a_{11} & a_{12} & a_{13} & a_{14} & a_{15} \\
a_{21} & a_{22} & a_{23} & a_{24} & a_{25} \\
a_{31} & a_{32} & a_{33} & a_{34} & a_{35} \\
a_{41} & a_{42} & a_{43} & a_{44} & a_{45} \\
a_{51} & a_{52} & a_{53} & a_{54} & a_{55}
\end{vmatrix}
$$

中, 位于第一、三行与第二、三列处的元素构成的二阶子式为

$$
M=\begin{vmatrix}
a_{12} & a_{13} \\
a_{32} & a_{33}
\end{vmatrix},
$$

则 M 的余子式是

$$
N=\begin{vmatrix}
a_{21} & a_{24} & a_{25} \\
a_{41} & a_{44} & a_{45} \\
a_{51} & a_{54} & a_{55}
\end{vmatrix},
$$

而 M 的代数余子式为

$$A=(-1)^{1+3+2+3}N=-N=-\begin{vmatrix} a_{21} & a_{24} & a_{25} \\ a_{41} & a_{44} & a_{45} \\ a_{51} & a_{54} & a_{55} \end{vmatrix}.$$

一阶子式 a_{ij} 的代数余子式我们记为 A_{ij}.

定理 3.2.4*(拉普拉斯定理) 在 n 阶行列式中任意选定 k 个行(列)($1\leqslant k<n$),则 n 阶行列式 $|\boldsymbol{A}|$ 等于位于这 k 个行(列)中的一切 k 阶子式 M_i($i=1, 2, \cdots, \mathrm{C}_n^k$)与其对应的代数余子式 A_i 乘积之和. 即

$$|\boldsymbol{A}|=\sum_{i=1}^{\mathrm{C}_n^k} M_i A_i. \tag{3.2.5}$$

显然行列式的展开定理(定理 3.1.1)是它的特例($k=1$). 拉普拉斯定理把 n 阶行列式的计算化成若干个 k 阶与 $n-k$ 阶行列式的计算. 特别当某 k 个行(列)中所含的 k 阶子式为零者甚多时,按这 k 行展开行列式,则计算量大为减少.

例 3.2.6 计算行列式

$$|\boldsymbol{A}|=\begin{vmatrix} 2 & 1 & 0 & 0 & 0 \\ 1 & 2 & 1 & 0 & 0 \\ 0 & 1 & 2 & 1 & 0 \\ 0 & 0 & 1 & 2 & 1 \\ 0 & 0 & 0 & 1 & 2 \end{vmatrix}$$

的值.

解 按前两行展开并去掉为零的项后得

$$\begin{aligned}|\boldsymbol{A}|&=\begin{vmatrix} 2 & 1 \\ 1 & 2 \end{vmatrix}(-1)^{1+2+1+2}\begin{vmatrix} 2 & 1 & 0 \\ 1 & 2 & 1 \\ 0 & 1 & 2 \end{vmatrix}+\begin{vmatrix} 2 & 0 \\ 1 & 1 \end{vmatrix}(-1)^{1+2+1+3}\begin{vmatrix} 1 & 1 & 0 \\ 0 & 2 & 1 \\ 0 & 1 & 2 \end{vmatrix}\\ &=3\times 4-2\times 3=6.\end{aligned}$$

§3.3 行列式的应用

本节主要学习行列式的一些应用,包括利用可逆矩阵的行列式来计算其逆阵以及如何用行列式求解线性方程组.

(1)**伴随矩阵与克莱姆法则.**

定义 3.3.1 设 $\boldsymbol{A}=[a_{ij}]$ 为一个 n 阶方阵. 它的每一个元 a_{ij} 都有一个代数余子式 A_{ij}. 将这些代数余子式取代原矩阵 $\boldsymbol{A}$ 中的元素 a_{ij},对结果矩阵取转置后得到的新矩阵就称为矩阵 $\boldsymbol{A}$ 的**伴随矩阵 $\boldsymbol{A}^*$**.

引理 3.3.1　对任意 n 阶方阵 $\boldsymbol{A}$，$\boldsymbol{A}\boldsymbol{A}^*=\boldsymbol{A}^*\boldsymbol{A}=|\boldsymbol{A}|\boldsymbol{I}$.

由伴随矩阵 $\boldsymbol{A}^*$ 的定义，及引理 3.2.1，经矩阵乘法运算可得证.

特别地，在方阵 $\boldsymbol{A}$ 可逆的时候，$|\boldsymbol{A}|\neq 0$，有

$$\boldsymbol{A}\left(\frac{1}{|\boldsymbol{A}|}\boldsymbol{A}^*\right)=\left(\frac{1}{|\boldsymbol{A}|}\boldsymbol{A}^*\right)\boldsymbol{A}=\boldsymbol{I}.$$

所以，我们得到求方阵逆阵的另一个方法.

定理 3.3.1　n 阶方阵 $\boldsymbol{A}$ 可逆的充要条件是 $|\boldsymbol{A}|\neq 0$，且 $\boldsymbol{A}^{-1}=\frac{1}{|\boldsymbol{A}|}\boldsymbol{A}^*$.

例 3.3.1　设 $\boldsymbol{A}=\begin{bmatrix} a_{11} & a_{12} \\ a_{21} & a_{22} \end{bmatrix}$ 为二阶方阵，则 $\boldsymbol{A}$ 可逆当且仅当 $|\boldsymbol{A}|=a_{11}a_{22}-a_{12}a_{21}\neq 0$，且

$$\boldsymbol{A}^{-1}=\frac{1}{a_{11}a_{22}-a_{12}a_{21}}\begin{bmatrix} a_{22} & -a_{12} \\ -a_{21} & a_{11} \end{bmatrix}.$$

利用定理 2.3.4 和引理 3.2.1，不难导出解 n 元线性方程组的克莱姆法则.

定理 3.3.2（克莱姆法则 Cramer's rule）　n 元线性方程组

$$\begin{cases} a_{11}x_1+a_{12}x_2+\cdots+a_{1n}x_n=b_1, \\ a_{21}x_1+a_{22}x_2+\cdots+a_{2n}x_n=b_2, \\ \qquad\vdots \\ a_{n1}x_1+a_{n2}x_2+\cdots+a_{nn}x_n=b_n, \end{cases} \tag{3.3.1}$$

当其系数矩阵 $\boldsymbol{A}$ 的行列式 $|\boldsymbol{A}|\neq 0$ 时，存在唯一解：

$$x_j=\frac{1}{|\boldsymbol{A}|}\begin{vmatrix} a_{11} & \cdots & a_{1(j-1)} & b_1 & a_{1(j+1)} & \cdots & a_{1n} \\ a_{21} & \cdots & a_{2(j-1)} & b_2 & a_{2(j+1)} & \cdots & a_{2n} \\ \vdots & & \vdots & \vdots & \vdots & & \vdots \\ a_{n1} & \cdots & a_{n(j-1)} & b_n & a_{n(j+1)} & \cdots & a_{nn} \end{vmatrix}=\frac{|\boldsymbol{A}_j|}{|\boldsymbol{A}|}\quad (j=1,2,\cdots,n).$$

其中，$\boldsymbol{A}_j$ 表示把系数矩阵 $\boldsymbol{A}$ 中的第 j 列换成常数项列后的矩阵.

证明　首先方程组(3.3.1)可表示为矩阵形式

$$\boldsymbol{A}\boldsymbol{X}=\boldsymbol{b},$$

由于 $\boldsymbol{A}$ 是可逆矩阵，由定理 2.3.4 知方程组(3.3.1)有唯一解：

$$\begin{aligned} \boldsymbol{X} &= \boldsymbol{A}^{-1}\boldsymbol{b}=\frac{1}{|\boldsymbol{A}|}\boldsymbol{A}^*\boldsymbol{b} \\ &= \frac{1}{|\boldsymbol{A}|}\begin{bmatrix} A_{11} & A_{21} & \cdots & A_{n1} \\ A_{12} & A_{22} & \cdots & A_{n2} \\ \vdots & \vdots & & \vdots \\ A_{1n} & A_{2n} & \cdots & A_{nn} \end{bmatrix}\begin{bmatrix} b_1 \\ b_2 \\ \vdots \\ b_n \end{bmatrix} \\ &= \frac{1}{|\boldsymbol{A}|}\begin{bmatrix} b_1A_{11}+b_2A_{21}+\cdots+b_nA_{n1} \\ b_1A_{12}+b_2A_{22}+\cdots+b_nA_{n2} \\ \vdots \\ b_1A_{1n}+b_2A_{2n}+\cdots+b_nA_{nn} \end{bmatrix}. \end{aligned}$$

比较等式两端得

$$x_j=\frac{1}{|\boldsymbol{A}|}(b_1\boldsymbol{A}_{1j}+b_2\boldsymbol{A}_{2j}+\cdots+b_n\boldsymbol{A}_{nj})$$

$$=\frac{1}{|\boldsymbol{A}|}\begin{vmatrix} a_{11} & \cdots & a_{1j-1} & b_1 & a_{1j+1} & \cdots & a_{1n} \\ a_{21} & \cdots & a_{2j-1} & b_2 & a_{2j+1} & \cdots & a_{2n} \\ \vdots & & \vdots & \vdots & \vdots & & \vdots \\ a_{n1} & \cdots & a_{nj-1} & b_n & a_{nj+1} & \cdots & a_{nn} \end{vmatrix}$$

$$=\frac{|\boldsymbol{A}_j|}{|\boldsymbol{A}|}\quad (j=1,\ 2,\ \cdots,\ n).$$

例 3.3.2 解线性方程组

$$\begin{cases} 2x_1+x_2-5x_3+x_4=8, \\ x_1-3x_2-6x_4=9, \\ 2x_2-x_3+2x_4=-5, \\ x_1+4x_2-7x_3+6x_4=0. \end{cases}$$

解 因为系数行列式

$$|\boldsymbol{A}|=\begin{vmatrix} 2 & 1 & -5 & 1 \\ 1 & -3 & 0 & -6 \\ 0 & 2 & -1 & 2 \\ 1 & 4 & -7 & 6 \end{vmatrix}=27\neq 0,$$

可用克莱姆法则求方程组的解. 计算出

$$|\boldsymbol{A}_1|=\begin{vmatrix} 8 & 1 & -5 & 1 \\ 9 & -3 & 0 & -6 \\ -5 & 2 & -1 & 2 \\ 0 & 4 & -7 & 6 \end{vmatrix}=81,\quad |\boldsymbol{A}_2|=\begin{vmatrix} 2 & 8 & -5 & 1 \\ 1 & 9 & 0 & -6 \\ 0 & -5 & -1 & 2 \\ 1 & 0 & -7 & 6 \end{vmatrix}=-108,$$

$$|\boldsymbol{A}_3|=\begin{vmatrix} 2 & 1 & 8 & 1 \\ 1 & -3 & 9 & -6 \\ 0 & 2 & -5 & 2 \\ 1 & 4 & 0 & 6 \end{vmatrix}=-27,\quad |\boldsymbol{A}_4|=\begin{vmatrix} 2 & 1 & -5 & 8 \\ 1 & -3 & 0 & 9 \\ 0 & 2 & -1 & -5 \\ 1 & 4 & -7 & 0 \end{vmatrix}=27.$$

方程组的解为

$$(x_1,\ x_2,\ x_3,\ x_4)=\left(\frac{|\boldsymbol{A}_1|}{|\boldsymbol{A}|},\ \frac{|\boldsymbol{A}_2|}{|\boldsymbol{A}|},\ \frac{|\boldsymbol{A}_3|}{|\boldsymbol{A}|},\ \frac{|\boldsymbol{A}_4|}{|\boldsymbol{A}|}\right)=(3,\ -4,\ -1,\ 1).$$

克莱姆法则给出了一个将 $n\times n$ 的线性方程组的解用行列式表示的便利方法，但是，要得到计算结果，我们需要计算 $n+1$ 个 n 阶行列式. 即使只是计算两个这样的行列式，其计算工作量都比用高斯消元法的计算量大. 所以，我们通常运用高斯消元法(初等变换法)求解线性方程组.

推论 n 个 n 元齐次线性方程组 $\boldsymbol{AX}=0$ 只有零解的充要条件是 $|\boldsymbol{A}|\neq 0$；n 个 n 元非

齐次线性方程组 $\boldsymbol{AX}=\boldsymbol{b}$ 有唯一解的充要条件是 $|\boldsymbol{A}|\neq 0$.

(2)**行列式在向量积上的应用.**

给定 $\mathbf{R}^3$ 中的两个向量 $\boldsymbol{x}=(x_1, x_2, x_3)^{\mathrm{T}}$ 和 $\boldsymbol{y}=(y_1, y_2, y_3)^{\mathrm{T}}$，可以定义第三个向量，即向量积，也叫叉积或外积，记为 $\boldsymbol{x}\times\boldsymbol{y}$：

$$\boldsymbol{x}\times\boldsymbol{y}=\begin{bmatrix} x_2y_3-y_2x_3 \\ y_1x_3-x_1y_3 \\ x_1y_2-y_1x_2 \end{bmatrix}.$$

若 $\boldsymbol{C}$ 为任意形如

$$\boldsymbol{C}=\begin{bmatrix} w_1 & w_2 & w_3 \\ x_1 & x_2 & x_3 \\ y_1 & y_2 & y_3 \end{bmatrix}$$

的矩阵，则

$$\boldsymbol{x}\times\boldsymbol{y}=A_{11}\boldsymbol{e}_1+A_{12}\boldsymbol{e}_2+A_{13}\boldsymbol{e}_3=\begin{bmatrix} A_{11} \\ A_{12} \\ A_{13} \end{bmatrix}.$$

其中，$A_{1j}(j=1, 2, 3)$ 是方阵 $\boldsymbol{C}$ 的第一行元素的代数余子式，$\boldsymbol{e}_j$ 分别是三阶单位矩阵的列向量.

我们将方阵 $\boldsymbol{C}$ 的行列式 $|\boldsymbol{C}|$ 按其第一行展开得

$$\begin{aligned} |\boldsymbol{C}| &= w_1A_{11}+w_2A_{12}+w_3A_{13} \\ &=(w_1w_2w_3)(\boldsymbol{x}\times\boldsymbol{y}) \\ &=\boldsymbol{w}^{\mathrm{T}}(\boldsymbol{x}\times\boldsymbol{y}). \end{aligned}$$

特别地，若 $\boldsymbol{w}=\boldsymbol{x}$ 或 $\boldsymbol{w}=\boldsymbol{y}$，则矩阵 $\boldsymbol{C}$ 中有两行相同，从而行列式值为零. 因此有

$$\boldsymbol{x}^{\mathrm{T}}(\boldsymbol{x}\times\boldsymbol{y})=\boldsymbol{y}^{\mathrm{T}}(\boldsymbol{x}\times\boldsymbol{y})=\boldsymbol{0}. \tag{3.3.2}$$

这意味着向量 $\boldsymbol{x}$，$\boldsymbol{y}$ 的向量积垂直于 $\boldsymbol{x}$，$\boldsymbol{y}$ 所在的超平面.

在微积分教材中，一般使用行向量 $\boldsymbol{x}=(x_1, x_2, x_3)$ 和 $\boldsymbol{y}=(y_1, y_2, y_3)$，并定义向量积为行向量，即

$$\boldsymbol{x}\times\boldsymbol{y}=(x_2y_3-y_2x_3)\boldsymbol{i}+(y_1x_3-x_1y_3)\boldsymbol{j}+(x_1y_2-y_1x_2)\boldsymbol{k}.$$

其中，$\boldsymbol{i}$，$\boldsymbol{j}$，$\boldsymbol{k}$ 分别为三阶单位矩阵的行向量. 若在方阵 $\boldsymbol{C}$ 的第一行分别用 $\boldsymbol{i}$，$\boldsymbol{j}$，$\boldsymbol{k}$ 代替 w_1，w_2，w_3，则向量积可以写为行列式：

$$\boldsymbol{x}\times\boldsymbol{y}=\begin{vmatrix} \boldsymbol{i} & \boldsymbol{j} & \boldsymbol{k} \\ x_1 & x_2 & x_3 \\ y_1 & y_2 & y_3 \end{vmatrix}.$$

若将 $\boldsymbol{x}$，$\boldsymbol{y}$，$\boldsymbol{x}\times\boldsymbol{y}$ 看作列向量. 此时，可以用矩阵的行列式表示向量积，即

$$x \times y = \begin{vmatrix} e_1 & e_2 & e_3 \\ x_1 & x_2 & x_3 \\ y_1 & y_2 & y_3 \end{vmatrix}.$$

另外，我们还可以得到一个常用的结论，参见 David C Lay 所著的《线性代数及其应用》(第三版修订版)第 181 页.

定理 3.3.3 若 $\boldsymbol{A}$ 为二阶方阵，则由 $\boldsymbol{A}$ 的列向量确定的平行四边形的面积等于 $\boldsymbol{A}$ 的行列式 $|\boldsymbol{A}|$ 的绝对值. 若 $\boldsymbol{A}$ 为三阶方阵，则由 $\boldsymbol{A}$ 的列向量确定的平行六面体的体积等于 $\boldsymbol{A}$ 的行列式 $|\boldsymbol{A}|$ 的绝对值.

(3)**行列式在信息编码上的应用.**

一个通用的传递信息的方法是将每一个字母与一个整数对应，然后传输一串整数. 例如，信息

$$SEND\quad MONEY$$

可以编码为

$$5,\ 8,\ 10,\ 21,\ 7,\ 2,\ 10,\ 8,\ 3.$$

其中，S 表示为 5，E 表示为 8，等等. 但是这种编码很容易破译. 我们可以用矩阵乘法对信息进行进一步的伪装. 设 $\boldsymbol{A}$ 是所有元素均为整数的矩阵，且其行列式为 ± 1，由于 $\boldsymbol{A}^{-1} = \pm \boldsymbol{A}^*$，则 $\boldsymbol{A}^{-1}$ 的元素也是整数. 我们可以用这个矩阵对信息进行变换. 变换后的信息将很难破译. 为演示这个操作，令

$$\boldsymbol{A} = \begin{bmatrix} 1 & 2 & 1 \\ 2 & 5 & 3 \\ 2 & 3 & 2 \end{bmatrix},$$

需要编码的信息放在三阶方阵 $\boldsymbol{B}$ 的各列上，即

$$\boldsymbol{B} = \begin{bmatrix} 5 & 21 & 10 \\ 8 & 7 & 8 \\ 10 & 2 & 3 \end{bmatrix}.$$

乘积

$$\boldsymbol{AB} = \begin{bmatrix} 1 & 2 & 1 \\ 2 & 5 & 3 \\ 2 & 3 & 2 \end{bmatrix} \begin{bmatrix} 5 & 21 & 10 \\ 8 & 7 & 8 \\ 10 & 2 & 3 \end{bmatrix} = \begin{bmatrix} 31 & 37 & 29 \\ 80 & 83 & 69 \\ 54 & 67 & 50 \end{bmatrix}$$

给出了用于传输的编码信息：

$$31,\ 80,\ 54,\ 37,\ 83,\ 67,\ 29,\ 69,\ 50.$$

接收到信息的人可通过乘以 $\boldsymbol{A}^{-1}$ 进行译码：

$$\begin{bmatrix} 1 & -1 & 1 \\ 2 & 0 & -1 \\ -4 & 1 & 1 \end{bmatrix} \begin{bmatrix} 31 & 37 & 29 \\ 80 & 83 & 69 \\ 54 & 67 & 50 \end{bmatrix} = \begin{bmatrix} 5 & 21 & 10 \\ 8 & 7 & 8 \\ 10 & 2 & 3 \end{bmatrix}.$$

为构造编码矩阵 $\boldsymbol{A}$，我们可以从单位矩阵 $\boldsymbol{I}$ 开始，利用矩阵的初等行变换中的倍加变换，仔细地将它的某一行的整数倍加到其他行上. 也可以运用初等行变换中的对换变换. 结果矩阵 $\boldsymbol{A}$ 将仅有整数元，且由于 $\det \boldsymbol{A} = \pm \det \boldsymbol{I} = \pm 1$，因此 $\boldsymbol{A}^{-1}$ 也只有整数元.①

附　行列式的另一定义

定义 1　对 n 个不同自然数(可以不必是前 n 个自然数)的一个排列，若某个数字的右边有 r 个比它小的数字，则称该数字在此排列中有 r 个**逆序**. 一个排列中所有数字的逆序之和称为该排列的**逆序数**. 排列 $j_1 j_2 \cdots j_n$ 的逆序数记为 $\tau(j_1 j_2 \cdots j_n)$.

例如：

$$\tau(31254) = 2+0+0+1+0 = 3,$$

$$\tau(12345) = 0,$$

$$\tau(315) = 1+0+0 = 1,$$

$$\tau(n(n-1)\cdots 21) = (n-1)+(n-2)+\cdots+1+0 = \frac{n(n-1)}{2}.$$

显然，对任何一个排列，最右边一个数的逆序都是零. 由 n 个不同自然数组成的一切排列(共 $n!$ 个)中，唯一一个逆序数等于零的排列是按自然数由小到大的排列. 这个排列称为**标准排列**或**自然排列**. 例如 1234，2347 分别是两个标准排列.

定义 2　逆序数等于奇数的排列称为**奇排列**. 逆序数等于偶数的排列称为**偶排列**.

标准排列是偶排列.

把一个排列中某两个不同数字的位置互换，其余的数字不动，就得到另一个排列. 进行一次这种操作称为一次**对换**. 例如，把排列 1324 中的 3，4 两个数字对换得到排列 1423. 这时我们看到：经一次对换奇排列 1324 变成了偶排列 1423. 同样地，偶排列 1423 经一次对换变成了奇排列 1324. 一般地，有下面的结论：

引理　对换改变排列的奇偶性. 即经过一次对换后，奇排列变成偶排列，偶排列变成奇排列.

证明　先考虑相邻两数的对换. 设 $c_1 c_2 \cdots c_k a b d_1 d_2 \cdots d_l$ 为一个 n 阶排列. 对换 a 与 b 得到 n 阶排列 $c_1 c_2 \cdots c_k b a d_1 d_2 \cdots d_l$. 在这两个 n 阶排列中，除了这两个数外，其他各数在两个排列中是否构成逆序的情况完全相同. 因此，若 $a > b$，则有

$$\tau(c_1 c_2 \cdots c_k a b d_1 d_2 \cdots d_l) = \tau(c_1 c_2 \cdots c_k b a d_1 d_2 \cdots d_l) + 1,$$

而当 $a < b$ 时，则有

$$\tau(c_1 c_2 \cdots c_k a b d_1 d_2 \cdots d_l) = \tau(c_1 c_2 \cdots c_k b a d_1 d_2 \cdots d_l) - 1.$$

所以排列 $(c_1 c_2 \cdots c_k a b d_1 d_2 \cdots d_l)$ 与排列 $(c_1 c_2 \cdots c_k b a d_1 d_2 \cdots d_l)$ 的奇偶性不同.

再考虑不相邻两数的对换. 设 $c_1 c_2 \cdots c_s a e_1 e_2 \cdots e_r b d_1 d_2 \cdots d_t$ 为一个 n 阶排列，在 a

① Hansen, Robert. *Two-Year College* Mathematics Journal, 1982, 13(1).

与 b 之间有 $r(r\geqslant 1)$ 个数. 对换 a 与 b 后得到 n 阶排列

$$c_1c_2\cdots c_sbe_1e_2\cdots e_rad_1d_2\cdots d_t.$$

这实际上等同于先把 a 依次与右边相邻数对换，得到排列

$$c_1c_2\cdots c_se_1e_2\cdots e_rabd_1d_2\cdots d_t,$$

再将 b 依次与左边相邻数对换，得到排列

$$c_1c_2\cdots c_sbe_1e_2\cdots e_rad_1d_2\cdots d_t.$$

其间共进行了 $2r+1$ 次相邻两数的对换，即排列 $c_1c_2\cdots c_sbe_1e_2\cdots e_rad_1d_2\cdots d_t$ 是由排列 $c_1c_2\cdots c_sae_1e_2\cdots e_rbd_1d_2\cdots d_t$ 改变 $2r+1$ 次奇偶性得到的，所以它们的奇偶性不同.

由数学归纳法和引理不难证明.

定理 $n(n\geqslant 2)$ 个不同自然数的任一排列必可经若干次对换变成标准排列，并且对换次数的奇偶性与该排列的奇偶性一致.

也就是说，奇(偶)排列必须经奇(偶)数次对换才能变成标准排列. 反过来，标准排列经奇(偶)数次对换得到的排列必为奇(偶)排列.

例如，排列 $32154\xrightarrow{1,\ 3}12354\xrightarrow{5,\ 4}12345$，因此排列 32154 是偶排列(对换的方法与次数不唯一).

还可证明 $n\geqslant 2$ 时，n 个不同自然数的一切排列中奇排列、偶排列各占一半.

现在来看(3.1.3)中带正号的三项，其列标排列的逆序数

$$\tau(123)=0;\ \tau(231)=2;\ \tau(312)=2$$

都是偶数. 三个带负号的项其列标排列的逆序数

$$\tau(321)=3;\ \tau(213)=1;\ \tau(132)=1$$

都是奇数. 这样我们就完全清楚了展开式(3.1.3)的构成规律. 现叙述如下：三阶行列式是一切这种项(3！项)的代数和，每项都是行列式中位于不同行不同列的三个元的乘积. 若把每项写成式$(a_{1j_1}a_{2j_2}a_{3j_3})$的形状，则当 $j_1j_2j_3$ 为偶排列时该项带正号，为奇排列时带负号，即每项带有符号$(-1)^{\tau(j_1j_2j_3)}$. 显然，二阶行列式 $\begin{vmatrix} a_{11} & a_{12} \\ a_{21} & a_{22} \end{vmatrix}=a_{11}a_{22}-a_{12}a_{21}$ 也有上述的特点.

利用上面的说明与记号，就可以把二阶行列式、三阶行列式的展开式改写为

$$\begin{vmatrix} a_{11} & a_{12} \\ a_{21} & a_{22} \end{vmatrix}=\sum_{j_1j_2}(-1)^{\tau(j_1j_2)}a_{1j_1}\,a_{2j_2},$$

$$\begin{vmatrix} a_{11} & a_{12} & a_{13} \\ a_{21} & a_{22} & a_{23} \\ a_{31} & a_{32} & a_{33} \end{vmatrix}=\sum_{j_1j_2j_3}(-1)^{\tau(j_1j_2j_3)}a_{1j_1}\,a_{2j_2}\,a_{3j_3}.$$

这里 $\sum\limits_{j_1j_2}$ 表示对 1，2 的一切排列取和，$\sum\limits_{j_1j_2j_3}$ 表示对 1，2，3 的一切排列取和.

受此启发，我们引入 n 阶行列式的定义.

定义 3 由 n^2 个数 a_{ij}(称为行列式的元素)排成一个 n 行 n 列的表，并在两边各画

一条竖线的记号：

$$\begin{vmatrix} a_{11} & a_{12} & \cdots & a_{1n} \\ a_{21} & a_{22} & \cdots & a_{2n} \\ \vdots & \vdots & & \vdots \\ a_{n1} & a_{n2} & \cdots & a_{nn} \end{vmatrix}$$

称为 n 阶行列式，其中横排称为行，纵排称为列．它等于所有取自不同行不同列的 n 个元素乘积为项的代数和，各项的正负号是：当这一项中 n 个元素按行的自然数顺序排列成 $a_{1j_1}a_{2j_2}\cdots a_{nj_n}$ 后，相应的列标构成的排列为偶排列则带正号，为奇排列则带负号．因此，n 阶行列式所表示的代数和中的一般项可以写为

$$(-1)^{\tau(j_1j_2\cdots j_n)}a_{1j_1}a_{2j_2}\cdots a_{nj_n},$$

其中，$j_1j_2\cdots j_n$ 为自然数 1 到 n 的一个排列，当 $j_1j_2\cdots j_n$ 取遍所有的自然数 1 到 n 的排列(共 $n!$ 项)后，就得到 n 阶行列式表示的代数和中的所有项，即

$$\begin{vmatrix} a_{11} & a_{12} & \cdots & a_{1n} \\ a_{21} & a_{22} & \cdots & a_{2n} \\ \vdots & \vdots & & \vdots \\ a_{n1} & a_{n2} & \cdots & a_{nn} \end{vmatrix} = \sum_{j_1j_2\cdots j_n}(-1)^{\tau(j_1j_2\cdots j_n)}a_{1j_1}a_{2j_2}\cdots a_{nj_n}, \qquad (3.3.3)$$

其中，$\sum\limits_{j_1j_2\cdots j_n}$ 表示对 1，2，…，n 的一切排列取和．

习题 3

1. 若 n 阶行列式 $\det(a_{ij})$ 中为零的元多于 n^2-n 个，则 $\det(a_{ij})=0$.

2. 利用行列式的性质计算．

(1) $\begin{vmatrix} 2 & 0 & -4 & -1 \\ 3 & 6 & 1 & 1 \\ 3 & -13 & 12 & -1 \\ 2 & 3 & 3 & 1 \end{vmatrix}$；　　(2) $\begin{vmatrix} 3 & 1 & 1 & 1 \\ 1 & 3 & 1 & 1 \\ 1 & 1 & 3 & 1 \\ 1 & 1 & 1 & 3 \end{vmatrix}$；

(3) $\begin{vmatrix} a & b & c & 1 \\ b & c & a & 1 \\ c & a & b & 1 \\ \dfrac{b+c}{2} & \dfrac{c+a}{2} & \dfrac{a+b}{2} & 1 \end{vmatrix}$.

3. (1)设平面直线 $y=mx+b$ 通过平面上两点 (x_1, y_1)，(x_2, y_2)．验证直线方程也可由下式表示：

$$\begin{vmatrix} x & y & 1 \\ x_1 & y_1 & 1 \\ x_2 & y_2 & 1 \end{vmatrix}=0.$$

(2)设(x_1, y_1)，(x_2, y_2)，(x_3, y_3)分别是平面三角形的按反时针方向的三个顶点.验证这个三角形的面积可以表示为：

$$A=\frac{1}{2}\begin{vmatrix} x_1 & y_1 & 1 \\ x_2 & y_2 & 1 \\ x_3 & y_3 & 1 \end{vmatrix}.$$

4. 不展开行列式，证明下列等式成立.

(1) $\begin{vmatrix} b+c & c+a & a+b \\ b_1+c_1 & c_1+a_1 & a_1+b_1 \\ b_2+c_2 & c_2+a_2 & a_2+b_2 \end{vmatrix}=2\begin{vmatrix} a & b & c \\ a_1 & b_1 & c_1 \\ a_2 & b_2 & c_2 \end{vmatrix}$；

(2) $\begin{vmatrix} \sin^2\alpha & \cos^2\alpha & \cos2\alpha \\ \sin^2\beta & \cos^2\beta & \cos2\beta \\ \sin^2\gamma & \cos^2\gamma & \cos2\gamma \end{vmatrix}=0.$

5. 计算行列式的值.

(1) $\begin{vmatrix} a & b & c & d \\ a & a+b & a+b+c & a+b+c+d \\ a & 2a+b & 3a+2b+c & 4a+3b+2c+d \\ a & 3a+b & 6a+3b+c & 10a+6b+3c+d \end{vmatrix}$；

(2) $\begin{vmatrix} 1 & 2 & 3 & \cdots & n \\ -1 & 0 & 3 & \cdots & n \\ -1 & -2 & 0 & \cdots & n \\ \vdots & \vdots & \vdots & & \vdots \\ -1 & -2 & -3 & \cdots & 0 \end{vmatrix}$；

(3) $\begin{vmatrix} x_1 & a_{12} & a_{13} & \cdots & a_{1n} \\ x_1 & x_2 & a_{23} & \cdots & a_{2n} \\ x_1 & x_2 & x_3 & \cdots & a_{3n} \\ \vdots & \vdots & \vdots & & \vdots \\ x_1 & x_2 & x_3 & \cdots & x_n \end{vmatrix}$；

(4) $\begin{vmatrix} a_1-b_1 & a_1-b_2 & \cdots & a_1-b_n \\ a_2-b_1 & a_2-b_2 & \cdots & a_2-b_n \\ a_3-b_1 & a_3-b_2 & \cdots & a_3-b_n \\ \vdots & \vdots & & \vdots \\ a_n-b_1 & a_n-b_2 & \cdots & a_n-b_n \end{vmatrix}$；

(5) $\begin{vmatrix} 1+x_1y_1 & 1+x_1y_2 & \cdots & 1+x_1y_n \\ 1+x_2y_1 & 1+x_2y_2 & \cdots & 1+x_2y_n \\ 1+x_3y_1 & 1+x_3y_2 & \cdots & 1+x_3y_n \\ \vdots & \vdots & & \vdots \\ 1+x_ny_1 & 1+x_ny_2 & \cdots & 1+x_ny_n \end{vmatrix}$；

(6) $\begin{vmatrix} x_1-m & x_2 & \cdots & x_n \\ x_1 & x_2-m & \cdots & x_n \\ \vdots & \vdots & & \vdots \\ x_1 & x_2 & \cdots & x_n-m \end{vmatrix}$.

6. 利用行列式的性质求方程的根.

$$\begin{vmatrix} 1 & 1 & 1 & \cdots & 1 \\ 1 & 1-x & 1 & \cdots & 1 \\ 1 & 1 & 2-x & \cdots & 1 \\ \vdots & \vdots & \vdots & & \vdots \\ 1 & 1 & 1 & \cdots & n-1-x \end{vmatrix}=0 \quad (n>1).$$

7. 计算下列 n 阶行列式的值.

(1) $\begin{vmatrix} x & y & 0 & \cdots & 0 & 0 \\ 0 & x & y & \cdots & 0 & 0 \\ \vdots & \vdots & \vdots & & \vdots & \vdots \\ 0 & 0 & 0 & \cdots & x & y \\ y & 0 & 0 & \cdots & 0 & x \end{vmatrix}$；

(2) $\begin{vmatrix} 1 & 2 & 3 & \cdots & n-1 & n \\ 1 & -1 & 0 & \cdots & 0 & 0 \\ 0 & +2 & -2 & \cdots & 0 & 0 \\ \vdots & \vdots & \vdots & & \vdots & \vdots \\ 0 & 0 & 0 & \cdots & n-1 & 1-n \end{vmatrix}$；

(3) $\begin{vmatrix} a+b & ab & 0 & \cdots & 0 & 0 \\ 1 & a+b & ab & \cdots & 0 & 0 \\ 0 & 1 & a+b & \cdots & 0 & 0 \\ \vdots & \vdots & \vdots & & \vdots & \vdots \\ 0 & 0 & 0 & \cdots & a+b & ab \\ 0 & 0 & 0 & \cdots & 1 & a+b \end{vmatrix}$；

习题 3—7(3)解析

(4) $\begin{vmatrix} a_1^n & a_1^{n-1}b_1 & a_1^{n-2}b_1^2 & \cdots & a_1b_1^{n-1} & b_1^n \\ a_2^n & a_2^{n-1}b_2 & a_2^{n-2}b_2^2 & \cdots & a_2b_2^{n-1} & b_2^n \\ \vdots & \vdots & \vdots & & \vdots & \vdots \\ a_{n+1}^n & a_{n+1}^{n-1}b_{n+1} & a_{n+1}^{n-2}b_{n+1}^2 & \cdots & a_{n+1}b_{n+1}^{n-1} & b_{n+1}^n \end{vmatrix}$

$(a_i \neq 0, i=1, 2, \cdots, n+1)$.

8. 证明下列等式.

(1) $$\begin{vmatrix} \cos\frac{\alpha-\beta}{2} & \sin\frac{\alpha+\beta}{2} & \cos\frac{\alpha+\beta}{2} \\ \cos\frac{\beta-\gamma}{2} & \sin\frac{\beta+\gamma}{2} & \cos\frac{\beta+\gamma}{2} \\ \cos\frac{\gamma-\alpha}{2} & \sin\frac{\gamma+\alpha}{2} & \cos\frac{\gamma+\alpha}{2} \end{vmatrix} = \frac{1}{2}[\sin(\beta-\alpha)+\sin(\alpha-\gamma)+\sin(\gamma-\beta)];$$

(2)若 $x_1+x_2+x_3+x_4=1$，则

$$\begin{vmatrix} 1 & 1 & 1 & 1 \\ x_1 & x_2 & x_3 & x_4 \\ x_1^2 & x_2^2 & x_3^2 & x_4^2 \\ x_1^4 & x_2^4 & x_3^4 & x_4^4 \end{vmatrix} = (x_1-x_2)(x_1-x_3)(x_1-x_4)(x_2-x_3)(x_2-x_4)(x_3-x_4);$$

(3) $$\begin{vmatrix} a+x_1 & a & a & \cdots & a & a \\ a & a+x_2 & a & \cdots & a & a \\ \vdots & \vdots & \vdots & & \vdots & \vdots \\ a & a & a & \cdots & a+x_n & a \\ a & a & a & \cdots & a & a \end{vmatrix} = ax_1x_2\cdots x_n;$$

(4) $$\begin{vmatrix} x & -1 & 0 & \cdots & 0 & 0 \\ 0 & x & -1 & \cdots & 0 & 0 \\ \vdots & \vdots & \vdots & & \vdots & \vdots \\ 0 & 0 & 0 & \cdots & x & -1 \\ a_n & a_{n-1} & a_{n-2} & \cdots & a_2 & a_1+x \end{vmatrix} = x^n+a_1x^{n-1}+\cdots+a_{n-1}x+a_n.$$

习题 3—8(4)解析

9. 设 $P(x)=\begin{vmatrix} 1 & x & x^2 & \cdots & x^{n-1} \\ 1 & a_1 & a_1^2 & \cdots & a_1^{n-1} \\ 1 & a_2 & a_2^2 & \cdots & a_2^{n-1} \\ \vdots & \vdots & \vdots & & \vdots \\ 1 & a_{n-1} & a_{n-1}^2 & \cdots & a_{n-1}^{n-1} \end{vmatrix}$，其中 $a_1, a_2, \cdots, a_{n-1}$ 为互不相同的实数.

(1)说明 $P(x)$ 是 $n-1$ 次多项式；

(2)求 $P(x)$ 的根.

10. 利用 $|\boldsymbol{AB}|=|\boldsymbol{A}||\boldsymbol{B}|$ 计算下列行列式.

(1) $\begin{vmatrix} 1+x_1y_1 & 1+x_1y_2 & \cdots & 1+x_1y_n \\ 1+x_2y_1 & 1+x_2y_2 & \cdots & 1+x_2y_n \\ \vdots & \vdots & & \vdots \\ 1+x_ny_1 & 1+x_ny_2 & \cdots & 1+x_ny_n \end{vmatrix}$;

(2) $\begin{vmatrix} 1 & \cos(\alpha_1-\alpha_2) & \cos(\alpha_1-\alpha_3) & \cdots & \cos(\alpha_1-\alpha_n) \\ \cos(\alpha_1-\alpha_2) & 1 & \cos(\alpha_2-\alpha_3) & \cdots & \cos(\alpha_2-\alpha_n) \\ \cos(\alpha_1-\alpha_3) & \cos(\alpha_2-\alpha_3) & 1 & \cdots & \cos(\alpha_3-\alpha_n) \\ \vdots & \vdots & \vdots & & \vdots \\ \cos(\alpha_1-\alpha_n) & \cos(\alpha_2-\alpha_n) & \cos(\alpha_3-\alpha_n) & \cdots & 1 \end{vmatrix}$;

(3) $\begin{vmatrix} \dfrac{1-a_1^nb_1^n}{1-a_1b_1} & \dfrac{1-a_1^nb_2^n}{1-a_1b_2} & \cdots & \dfrac{1-a_1^nb_n^n}{1-a_1b_n} \\ \dfrac{1-a_2^nb_1^n}{1-a_2b_1} & \dfrac{1-a_2^nb_2^n}{1-a_2b_2} & \cdots & \dfrac{1-a_2^nb_n^n}{1-a_2b_n} \\ \vdots & \vdots & & \vdots \\ \dfrac{1-a_n^nb_1^n}{1-a_nb_1} & \dfrac{1-a_n^nb_2^n}{1-a_nb_2} & \cdots & \dfrac{1-a_n^nb_n^n}{1-a_nb_n} \end{vmatrix}$.

11. 用克莱姆法则解下列方程组.

(1) $\begin{cases} 3x_1+2x_2+x_3=5, \\ 2x_1+3x_2+x_3=1, \\ 2x_1+x_2+3x_3=11; \end{cases}$

(2) $\begin{cases} x_1+x_2+x_3+x_4=5, \\ x_1+2x_2-x_3+4x_4=-2, \\ 2x_1-3x_2-x_3-5x_4=-2, \\ 3x_1+x_2+2x_3+11x_4=0; \end{cases}$

(3) $\begin{cases} x+y+z=a+b+c, \\ ax+by+cz=a^2+b^2+c^2, \\ bcx+cay+abz=3abc. \end{cases}$

12. 设 $\boldsymbol{A}$ 为 $n(n>1)$ 阶可逆方阵，$\boldsymbol{A}^*$ 是 $\boldsymbol{A}$ 的伴随矩阵，常数 $k\neq 0, k\neq \pm 1$，求：

(1) $|(k\boldsymbol{A})^*|$；

(2) $(\boldsymbol{A}^*)^*$；

(3) a_{nn} 的代数余子式 $A_{nn}\neq 0$，令 $\boldsymbol{B}=[b_{ij}]_{n\times n}$，其中 $b_{ij}=a_{ij}\,(i\neq n, j\neq n)$，$b_{nn}=a_{nn}-\dfrac{\det(\boldsymbol{A})}{A_{nn}}$，则 $\det(\boldsymbol{B})=0$.

*13. 利用拉普拉斯定理计算行列式的值.

(1) $\begin{vmatrix} a & 1 & 0 & 0 \\ -1 & b & 1 & 0 \\ 0 & -1 & c & 1 \\ 0 & 0 & -1 & d \end{vmatrix}$;

(2) $\begin{vmatrix} 1 & 2 & 0 & 0 \\ 3 & 4 & 0 & 0 \\ 0 & 0 & -1 & 3 \\ 0 & 0 & 5 & 1 \end{vmatrix}$;

(3) $\begin{vmatrix} a & 0 & a & 0 & a \\ b & 0 & c & 0 & d \\ b^2 & 0 & c^2 & 0 & d^2 \\ 0 & ab & 0 & bc & 0 \\ 0 & cd & 0 & da & 0 \end{vmatrix}$;

(4) $$|\boldsymbol{A}| = \begin{vmatrix} a & & & & & & & b \\ & a & & & & & b & \\ & & \ddots & & & \iddots & & \\ & & & a & b & & & \\ & & & b & a & & & \\ & & \iddots & & & \ddots & & \\ & b & & & & & a & \\ b & & & & & & & a \end{vmatrix} \begin{matrix} \left.\begin{matrix} \\ \\ \\ \\ \end{matrix}\right\} n\text{ 行} \\ \left.\begin{matrix} \\ \\ \\ \\ \end{matrix}\right\} n\text{ 行} \end{matrix}$$

(空白处的元均为 0).

*14. 在信息编码中，空格用 0 表示，A 用 1 表示，B 用 2 表示，C 用 3 表示，等等. 使用矩阵

$$\boldsymbol{A} = \begin{bmatrix} -1 & -1 & 2 & 0 \\ 1 & 1 & -1 & 0 \\ 0 & 0 & -1 & 1 \\ 1 & 0 & 0 & -1 \end{bmatrix}$$

进行信息变换，并传输

$$-19,\ 19,\ 25,\ -21,\ 0,\ 18,\ -18,\ 15,\ 3,\ 10,\ -8,\ 3,\ -2,\ 20,\ -7,\ 12.$$

该信息是什么?

在线练习 3

第 4 章　向量空间

自然界有一些量，如速度、加速度、力、位移等，它们既有大小又有方向，只用一个数不足以反映它们的本质，这类量称为向量(或矢量). 向量不只是物理量的抽象，也是几何空间的基本几何量，通过它可以反映几何空间中点与点之间的位置关系. 在对向量引入运算之后，就成为研究空间的有力工具.

17 世纪初，法国数学家笛卡尔对解析几何做出了决定性的贡献. 他的坐标法在几何与代数之间架起了一座桥梁，通过坐标法把几何空间的性质数量化，把几何问题转换成代数问题，使得用代数方法研究和解决几何问题有了可能. 在解析几何中，通过引进直角坐标系，不仅把起点在坐标原点的向量和其终点坐标建立起一一对应的关系，而且可以把几何向量的运算(如向量加法的平行四边形法则)转化为其对应坐标的代数运算(分量相加). 可以用平面向量和几何空间向量处理直线、平面、角度、距离等一系列几何问题，也可以用它们来描述一系列物理现象，如力所做的功、刚体旋转运动中的线速度等.

在平面坐标系下，平面上的向量可以用二元有序数组来表示. 在空间坐标系下，几何空间中的向量可以用三元有序数组来表示. 要更广泛地应用向量这个工具，只考虑平面向量和几何空间向量就不够了. 例如描述人造卫星在太空运行时的状态，人们感兴趣的不只是它的几何轨迹，还希望知道在某个时刻它处在什么位置，其表面温度、压力等物理参数的情况. 这时只用二元、三元数组就不足以表达这么多信息，而要采用 n 元数组，如六元有序数组(t,x,y,z,τ,p)，才能表示卫星的状态，其中 t 表示时间，x,y,z 是坐标系中三个坐标，τ 表示在时刻 t 的温度，p 表示压力. 又如，一个 n 元线性方程组的解 $x_1=c_1,x_2=c_2,\cdots,x_n=c_n$ 就是一个 n 元有序数组.

因此,有必要拓展向量的概念，引入由 n 元有序数组构成的 n 维向量，并抽象出向量空间的概念. 本章不仅要讨论向量的有关理论，还要建立矩阵的秩的概念，最后以此为背景完整地处理线性方程组的解的相关理论.

§4.1　向量与线性组合

定义 4.1.1　如果数的集合 F 包含数 0 和 1，并且 F 中任何两个数的和、差、积、商(除数不为零)都仍是 F 中的数，即 F 对数的加法、减法、乘法和除法(除数不为零)这 4

种运算都是封闭的，则称数集 F 是一个数域.

易见，全体有理数组成的集合、全体实数组成的集合和全体复数组成的集合都是数域，我们称其为有理数域、实数域和复数域，并分别记为 **Q**，**R** 和 **C**. 而全体整数的集合 **Z** 对除法不封闭，全体无理数的集合对乘法不封闭，故都不是数域.

定义 4.1.2 由数域 F 中的 n 个数 $a_1,a_2,\cdots,a_n$ 组成的有序数组称为数域 F 上的 n 维向量(vector)，记作

$$\boldsymbol{\alpha}=(a_1,a_2,\cdots,a_n)$$

或

$$\boldsymbol{\alpha}=\begin{bmatrix}a_1\\a_2\\\vdots\\a_n\end{bmatrix}.$$

向量的定义及运算

式中，a_i 称为向量 $\boldsymbol{\alpha}$ 的第 $i(i=1,2,\cdots,n)$ 个分量. 前一个表示式称为行向量，后一个表示式称为列向量.

n 维行向量可视为 $1\times n$ 矩阵，n 维列向量可视为 $n\times 1$ 矩阵. 用矩阵转置的记号，列向量也记作 $\boldsymbol{\alpha}=(a_1,a_2,\cdots,a_n)^{\mathrm{T}}$. 为讨论方便，本章的向量一般都约定为列向量.

本书中用小写黑体字母 $\boldsymbol{\alpha},\boldsymbol{\beta},\boldsymbol{\gamma},\boldsymbol{x},\boldsymbol{y},\boldsymbol{z},\cdots$表示向量，用带下标的非黑体字母 $a_i,b_i,c_i,x_i,y_i,z_i,\cdots$表示向量的分量.

有限多个维数相同的列(行)向量构成一个向量组.

下面规定向量的相等以及向量的加法和数量乘法.

定义 4.1.3 设 n 维向量 $\boldsymbol{\alpha}=(a_1,a_2,\cdots,a_n)^{\mathrm{T}}$，$\boldsymbol{\beta}=(b_1,b_2,\cdots,b_n)^{\mathrm{T}}$.

(1)如果 $\boldsymbol{\alpha}$ 和 $\boldsymbol{\beta}$ 的对应分量全相等，即 $a_i=b_i,i=1,2,\cdots,n$，则称 $\boldsymbol{\alpha}$ 与 $\boldsymbol{\beta}$ 相等，记作 $\boldsymbol{\alpha}=\boldsymbol{\beta}$.

(2)加法：向量 $\boldsymbol{\alpha}$ 与 $\boldsymbol{\beta}$ 的和是 n 维向量 $\boldsymbol{\alpha}+\boldsymbol{\beta}$，定义为

$$\boldsymbol{\alpha}+\boldsymbol{\beta}=(a_1+b_1,a_2+b_2,\cdots,a_n+b_n)^{\mathrm{T}}.$$

(3)数量乘法：$k\in F$，数 k 与向量 $\boldsymbol{\alpha}$ 的数量乘积 $k\boldsymbol{\alpha}$ 定义为

$$k\boldsymbol{\alpha}=(ka_1,ka_2,\cdots,ka_n)^{\mathrm{T}}.$$

(4)分量全为 0 的向量称为零向量，记作$\boldsymbol{0}=(0,0,\cdots,0)^{\mathrm{T}}$.

(5)向量$(-a_1,-a_2,\cdots,-a_n)^{\mathrm{T}}$ 称为 $\boldsymbol{\alpha}$ 的负向量，记作 $-\boldsymbol{\alpha}$. 显然有 $-\boldsymbol{\alpha}=(-1)\boldsymbol{\alpha}$. 定义向量的减法为 $\boldsymbol{\alpha}-\boldsymbol{\beta}=\boldsymbol{\alpha}+(-\boldsymbol{\beta})$.

向量加法及数乘向量的运算统称向量的线性运算. 向量的线性运算可视为矩阵的线性运算的特殊情形，这些运算可归结为数(分量)的加法与乘法. 由矩阵线性运算满足的运算规律可知，对任意的 n 维向量 $\boldsymbol{\alpha},\boldsymbol{\beta},\boldsymbol{\gamma}$ 及 F 中的任意数 k,l，向量的线性运算满足下列的八条性质：

(1)$\boldsymbol{\alpha}+\boldsymbol{\beta}=\boldsymbol{\beta}+\boldsymbol{\alpha}$；

(2)$(\boldsymbol{\alpha}+\boldsymbol{\beta})+\boldsymbol{\gamma}=\boldsymbol{\alpha}+(\boldsymbol{\beta}+\boldsymbol{\gamma})$；

(3) $\boldsymbol{\alpha}+\mathbf{0}=\boldsymbol{\alpha}$；

(4) $\boldsymbol{\alpha}+(-\boldsymbol{\alpha})=\mathbf{0}$；

(5) $1\boldsymbol{\alpha}=\boldsymbol{\alpha}$；

(6) $k(l\boldsymbol{\alpha})=(kl)\boldsymbol{\alpha}$；

(7) $k(\boldsymbol{\alpha}+\boldsymbol{\beta})=k\boldsymbol{\alpha}+k\boldsymbol{\beta}$；

(8) $(k+l)\boldsymbol{\alpha}=k\boldsymbol{\alpha}+l\boldsymbol{\alpha}$.

定义 4.1.4　数域 F 上的全体 n 维向量，连同上面定义的向量加法及数乘向量的运算，称为数域 F 上的 n 维向量空间(vector space)，记作 F^n.

特别地，当 $F=\mathbf{R}$ 时的向量空间记为 $\mathbf{R}^n$，当 $F=\mathbf{C}$ 时的向量空间记为 $\mathbf{C}^n$. 这是两个最重要且最常用的向量空间，分别称它们为实 n 维向量空间和复 n 维向量空间. 本章我们主要在 $\mathbf{R}^n$ 中进行讨论.

几何上的向量可以认为是向量的特殊情形，即 $n=2,3$ 且 F 为实数域的情形. 当 $n>3$ 时，n 维向量就没有直观的几何意义了，我们仍然称它为向量，一方面是由于几何空间中的向量是它的特殊情形，另一方面也由于它与几何空间中的向量确有许多性质是共同的(例如 n 维向量与 3 维向量的线性运算法则完全一致).

例 4.1.1　设向量 $\boldsymbol{\alpha}_1=(1,-1,2)^{\mathrm{T}}$，$\boldsymbol{\alpha}_2=(1,2,0)^{\mathrm{T}}$，$\boldsymbol{\alpha}_3=(1,0,-3)^{\mathrm{T}}$，$\boldsymbol{\alpha}=\boldsymbol{\alpha}_1-2\boldsymbol{\alpha}_2+4\boldsymbol{\alpha}_3$，求向量 $\boldsymbol{\alpha}$.

解

$$\begin{aligned}\boldsymbol{\alpha}&=(1,-1,2)^{\mathrm{T}}-2(1,2,0)^{\mathrm{T}}+4(1,0,-3)^{\mathrm{T}}\\&=(1-2+4,-1-4+0,2+0-12)^{\mathrm{T}}\\&=(3,-5,-10)^{\mathrm{T}}.\end{aligned}$$

线性组合与线性表出

定义 4.1.5　设 $\boldsymbol{\alpha}_1,\boldsymbol{\alpha}_2,\cdots,\boldsymbol{\alpha}_s$ 是 $\mathbf{R}^n$ 中的一组向量，$k_1,k_2,\cdots,k_s$ 是一组数，称

$$k_1\boldsymbol{\alpha}_1+k_2\boldsymbol{\alpha}_2+\cdots+k_s\boldsymbol{\alpha}_s \tag{4.1.1}$$

是向量组 $\boldsymbol{\alpha}_1,\boldsymbol{\alpha}_2,\cdots,\boldsymbol{\alpha}_s$ 的一个线性组合，$k_1,k_2,\cdots,k_s$ 是组合的系数.

如果向量 $\boldsymbol{\beta}$ 是 $\boldsymbol{\alpha}_1,\boldsymbol{\alpha}_2,\cdots,\boldsymbol{\alpha}_s$ 的线性组合，即存在一组数 $k_1,k_2,\cdots,k_s$ 使得

$$\boldsymbol{\beta}=k_1\boldsymbol{\alpha}_1+k_2\boldsymbol{\alpha}_2+\cdots+k_s\boldsymbol{\alpha}_s, \tag{4.1.2}$$

则称 $\boldsymbol{\beta}$ 可由向量组 $\boldsymbol{\alpha}_1,\boldsymbol{\alpha}_2,\cdots,\boldsymbol{\alpha}_s$ 线性表出.

例 4.1.2　下面是向量 $\boldsymbol{\alpha}_1$ 和 $\boldsymbol{\alpha}_2$ 的几个可能的线性组合：

$$\sqrt{3}\boldsymbol{\alpha}_1+\boldsymbol{\alpha}_2,\qquad \frac{1}{2}\boldsymbol{\alpha}_1=\frac{1}{2}\boldsymbol{\alpha}_1+0\boldsymbol{\alpha}_2,\qquad \mathbf{0}=0\boldsymbol{\alpha}_1+0\boldsymbol{\alpha}_2.$$

例 4.1.3　$\mathbf{R}^n$ 中的零向量可由任意向量组 $\boldsymbol{\alpha}_1,\boldsymbol{\alpha}_2,\cdots,\boldsymbol{\alpha}_s$ 线性表出，因为有

$$0\boldsymbol{\alpha}_1+0\boldsymbol{\alpha}_2+\cdots+0\boldsymbol{\alpha}_s=\mathbf{0}.$$

例 4.1.4　任一 n 维向量 $\boldsymbol{\alpha}=(a_1,a_2,\cdots,a_n)^{\mathrm{T}}$ 都可由 n 维向量组 $\boldsymbol{e}_1=(1,0,\cdots,0)^{\mathrm{T}}$，$\boldsymbol{e}_2=(0,1,\cdots,0)^{\mathrm{T}}$，$\cdots$，$\boldsymbol{e}_n=(0,0,\cdots,1)^{\mathrm{T}}$ 线性表出.

这是因为由向量的线性运算，有

$$(a_1,a_2,\cdots,a_n)^{\mathrm{T}}=a_1(1,0,\cdots,0)^{\mathrm{T}}+a_2(0,1,\cdots,0)^{\mathrm{T}}+\cdots+a_n(0,0,\cdots,1)^{\mathrm{T}}.$$

由向量的线性运算和向量相等的定义，可将线性方程组

$$\begin{cases} a_{11}x_1+a_{12}x_2+\cdots+a_{1n}x_n=b_1, \\ a_{21}x_1+a_{22}x_2+\cdots+a_{2n}x_n=b_2, \\ \qquad\vdots \\ a_{m1}x_1+a_{m2}x_2+\cdots+a_{mn}x_n=b_m \end{cases} \tag{4.1.3}$$

写成

$$x_1\begin{bmatrix} a_{11} \\ a_{21} \\ \vdots \\ a_{m1} \end{bmatrix}+x_2\begin{bmatrix} a_{12} \\ a_{22} \\ \vdots \\ a_{m2} \end{bmatrix}+\cdots+x_n\begin{bmatrix} a_{1n} \\ a_{2n} \\ \vdots \\ a_{mn} \end{bmatrix}=\begin{bmatrix} b_1 \\ b_2 \\ \vdots \\ b_m \end{bmatrix} \tag{4.1.4}$$

或

$$x_1\boldsymbol{\alpha}_1+x_2\boldsymbol{\alpha}_2+\cdots+x_n\boldsymbol{\alpha}_n=\boldsymbol{b} \tag{4.1.5}$$

的形式，其中 $\boldsymbol{\alpha}_j=(a_{1j},a_{2j},\cdots,a_{mj})^{\mathrm{T}}$ 为方程组(4.1.3)的系数矩阵的第 j 个列向量($j=1,2,\cdots,n$)，向量 $\boldsymbol{b}=(b_1,b_2,\cdots,b_m)^{\mathrm{T}}$ 为常数项列. 称式(4.1.4)或(4.1.5)为线性方程组(4.1.3)的向量形式.

对照线性方程组的向量形式，可知满足式(4.1.2)的一组数 $k_1,k_2,\cdots,k_s$ 是线性方程组

$$x_1\boldsymbol{\alpha}_1+x_2\boldsymbol{\alpha}_2+\cdots+x_s\boldsymbol{\alpha}_s=\boldsymbol{\beta} \tag{4.1.6}$$

的一个解.因此,一个向量能否由某个向量组线性表出的问题,本质上是判断线性方程组是否有解的问题.

定理 4.1.1 $\boldsymbol{\beta}$ 可由向量组 $\boldsymbol{\alpha}_1,\boldsymbol{\alpha}_2,\cdots,\boldsymbol{\alpha}_s$ 线性表出的充要条件是线性方程组(4.1.6)有解. 在可以线性表出时，表示方式唯一等价于方程组(4.1.6)有唯一解;有无穷多种表示法等价于方程组(4.1.6)有无穷多解.

例 4.1.5 已知 $\boldsymbol{\alpha}_1=(-1,0,1,2)^{\mathrm{T}}$, $\boldsymbol{\alpha}_2=(3,4,-2,5)^{\mathrm{T}}$, $\boldsymbol{\alpha}_3=(1,4,0,9)^{\mathrm{T}}$, $\boldsymbol{\beta}=(5,4,-4,1)^{\mathrm{T}}$，试问 $\boldsymbol{\beta}$ 能否由 $\boldsymbol{\alpha}_1,\boldsymbol{\alpha}_2,\boldsymbol{\alpha}_3$ 线性表出? 并在可以线性表出时写出其表示式.

解 设 $\boldsymbol{\beta}=x_1\boldsymbol{\alpha}_1+x_2\boldsymbol{\alpha}_2+x_3\boldsymbol{\alpha}_3$，对该非齐次线性方程组的增广矩阵作初等行变换，

$$\overline{\boldsymbol{A}}=[\boldsymbol{A}\,|\,\boldsymbol{\beta}]=[\boldsymbol{\alpha}_1\quad\boldsymbol{\alpha}_2\quad\boldsymbol{\alpha}_3\,|\,\boldsymbol{\beta}]$$

$$=\left[\begin{array}{ccc|c} -1 & 3 & 1 & 5 \\ 0 & 4 & 4 & 4 \\ 1 & -2 & 0 & -4 \\ 2 & 5 & 9 & 1 \end{array}\right]\rightarrow\cdots\rightarrow\left[\begin{array}{ccc|c} -1 & 3 & 1 & 5 \\ 0 & 1 & 1 & 1 \\ 0 & 0 & 0 & 0 \\ 0 & 0 & 0 & 0 \end{array}\right]\rightarrow\left[\begin{array}{ccc|c} -1 & 0 & -2 & 2 \\ 0 & 1 & 1 & 1 \\ 0 & 0 & 0 & 0 \\ 0 & 0 & 0 & 0 \end{array}\right].$$

方程组有解 $x_1=-2-2c$, $x_2=1-c$, $x_3=c$,其中 c 是任意数. 因此,$\boldsymbol{\beta}$ 可以由 $\boldsymbol{\alpha}_1,\boldsymbol{\alpha}_2,\boldsymbol{\alpha}_3$ 线性表示为

$$\boldsymbol{\beta}=(-2-2c)\boldsymbol{\alpha}_1+(1-c)\boldsymbol{\alpha}_2+c\boldsymbol{\alpha}_3,$$

其中,c 为任意数.

§4.2　向量组的线性相关性

在几何空间$\mathbf{R}^3$中，两个向量如果方向相同或相反，它们是共线的；三个向量如果平行于同一平面，它们是共面的. 在几何空间中只要选择三个不共面的向量作为基构造坐标系，几何空间中任意一个向量都可以通过这组基表示清楚. 向量之间的这种关系在n维向量空间中是如何体现的呢？本节将引入向量组的线性相关和线性无关的概念来描述这种性质.

定义 4.2.1　给定向量空间$\mathbf{R}^n$中s个向量$\boldsymbol{\alpha}_1,\boldsymbol{\alpha}_2,\cdots,\boldsymbol{\alpha}_s$，如果存在一组不全为零的数$k_1,k_2,\cdots,k_s$，使得

$$k_1\boldsymbol{\alpha}_1+k_2\boldsymbol{\alpha}_2+\cdots+k_s\boldsymbol{\alpha}_s=\mathbf{0}, \tag{4.2.1}$$

则称向量组$\boldsymbol{\alpha}_1,\boldsymbol{\alpha}_2,\cdots,\boldsymbol{\alpha}_s$线性相关(linearly dependent)，否则称$\boldsymbol{\alpha}_1,\boldsymbol{\alpha}_2,\cdots,\boldsymbol{\alpha}_s$线性无关(linearly independent). 也就是说，如果式(4.2.1)仅在$k_1=k_2=\cdots=k_s=0$时才成立，则称向量组$\boldsymbol{\alpha}_1,\boldsymbol{\alpha}_2,\cdots,\boldsymbol{\alpha}_s$线性无关.

线性相关与线性无关的定义

例 4.2.1　向量组$\boldsymbol{\alpha}_1=(1,2,1)^{\mathrm{T}},\boldsymbol{\alpha}_2=(2,4,2)^{\mathrm{T}},\boldsymbol{\alpha}_3=(1,3,5)^{\mathrm{T}}$线性相关，因为存在不全为零的一组数 2，−1，0，使得$2\boldsymbol{\alpha}_1+(-1)\boldsymbol{\alpha}_2+0\boldsymbol{\alpha}_3=\mathbf{0}$.

例 4.2.2　$\mathbf{R}^n$中的向量组$\boldsymbol{e}_1=(1,0,\cdots,0)^{\mathrm{T}}$，$\boldsymbol{e}_2=(0,1,\cdots,0)^{\mathrm{T}}$，…，$\boldsymbol{e}_n=(0,0,\cdots,1)^{\mathrm{T}}$线性无关.

证明　考虑$k_1\boldsymbol{e}_1+k_2\boldsymbol{e}_2+\cdots+k_n\boldsymbol{e}_n=\mathbf{0}$，即

$$k_1(1,0,\cdots,0)^{\mathrm{T}}+k_2(0,1,\cdots,0)^{\mathrm{T}}+\cdots+k_n(0,0,\cdots,1)^{\mathrm{T}}=\mathbf{0},$$

有

$$(k_1,k_2,\cdots,k_n)^{\mathrm{T}}=(0,0,\cdots,0)^{\mathrm{T}},$$

由向量相等的定义，得$k_1=k_2=\cdots=k_n=0$,故$\boldsymbol{e}_1,\boldsymbol{e}_2,\cdots,\boldsymbol{e}_n$线性无关.

例 4.2.3　包含零向量的向量组一定线性相关.

证明　考虑向量组$\boldsymbol{\alpha}_1,\boldsymbol{\alpha}_2,\cdots,\boldsymbol{\alpha}_s$，不妨设$\boldsymbol{\alpha}_1=\mathbf{0}$. 关系式

$$1\cdot\boldsymbol{\alpha}_1+0\cdot\boldsymbol{\alpha}_2+\cdots+0\cdot\boldsymbol{\alpha}_s=\mathbf{0}$$

表明$\boldsymbol{\alpha}_1,\boldsymbol{\alpha}_2,\cdots,\boldsymbol{\alpha}_s$线性相关.

按线性相关定义，讨论向量组$\boldsymbol{\alpha}_1,\boldsymbol{\alpha}_2,\cdots,\boldsymbol{\alpha}_s$的线性相关性等价于讨论向量方程

$$x_1\boldsymbol{\alpha}_1+x_2\boldsymbol{\alpha}_2+\cdots+x_s\boldsymbol{\alpha}_s=\mathbf{0}$$

是否有非零解.

令$\boldsymbol{A}=[\boldsymbol{\alpha}_1,\boldsymbol{\alpha}_2,\cdots,\boldsymbol{\alpha}_s],\boldsymbol{x}=(x_1,x_2,\cdots,x_s)^{\mathrm{T}}$，则上式可表示成

$$[\boldsymbol{\alpha}_1,\boldsymbol{\alpha}_2,\cdots,\boldsymbol{\alpha}_s]\begin{bmatrix}x_1\\x_2\\\vdots\\x_s\end{bmatrix}=\mathbf{0}.$$

即讨论齐次线性方程组 $\boldsymbol{Ax}=\mathbf{0}$ 是否有非零解，并且 $\boldsymbol{\alpha}_1,\boldsymbol{\alpha}_2,\cdots,\boldsymbol{\alpha}_s$ 之间的每个非零线性关系对应于 $\boldsymbol{Ax}=\mathbf{0}$ 的一个非零解.

定理 4.2.1 向量组 $\boldsymbol{\alpha}_1,\boldsymbol{\alpha}_2,\cdots,\boldsymbol{\alpha}_s$ 线性相关的充要条件是齐次线性方程组 $\boldsymbol{Ax}=\mathbf{0}$ 有非零解，其中 $\boldsymbol{A}=[\boldsymbol{\alpha}_1,\boldsymbol{\alpha}_2,\cdots,\boldsymbol{\alpha}_s]$，$\boldsymbol{x}=(x_1,x_2,\cdots,x_s)^{\mathrm{T}}$.

向量组 $\boldsymbol{\alpha}_1,\boldsymbol{\alpha}_2,\cdots,\boldsymbol{\alpha}_s$ 线性无关的充要条件是齐次线性方程组 $\boldsymbol{Ax}=\mathbf{0}$ 只有零解.

线性相关与线性无关的判别

推论 4.2.1 矩阵 $\boldsymbol{A}$ 的列向量组线性相关等价于齐次线性方程组 $\boldsymbol{Ax}=\mathbf{0}$ 有非零解.

由克莱姆法则的推论，有下面的结论.

推论 4.2.2 n 个 n 维向量 $\boldsymbol{\alpha}_1,\boldsymbol{\alpha}_2,\cdots,\boldsymbol{\alpha}_n$ 线性相关的充要条件是 n 阶行列式

$$\det(\boldsymbol{\alpha}_1,\boldsymbol{\alpha}_2,\cdots,\boldsymbol{\alpha}_n)=0.$$

当变量个数多于方程个数时，齐次线性方程组必有非零解，于是有下面的结论.

推论 4.2.3 如果 $m>n$，则 m 个 n 维向量 $\boldsymbol{\alpha}_1,\boldsymbol{\alpha}_2,\cdots,\boldsymbol{\alpha}_m$ 线性相关. 特别地，$\mathbf{R}^n$ 中任意 $n+1$ 个向量必定线性相关.

例 4.2.4 判断 $\boldsymbol{\alpha}_1=(1,2,3,4)^{\mathrm{T}}$，$\boldsymbol{\alpha}_2=(4,5,6,7)^{\mathrm{T}}$，$\boldsymbol{\alpha}_3=(2,1,0,-1)^{\mathrm{T}}$ 的线性相关性. 若向量组线性相关，求出不全为零的一组数 k_1,k_2,k_3，使得 $k_1\boldsymbol{\alpha}_1+k_2\boldsymbol{\alpha}_2+k_3\boldsymbol{\alpha}_3=\mathbf{0}$.

解 考虑齐次线性方程组 $x_1\boldsymbol{\alpha}_1+x_2\boldsymbol{\alpha}_2+x_3\boldsymbol{\alpha}_3=\mathbf{0}$. 对其系数矩阵 $\boldsymbol{A}$ 作初等行变换，

$$\boldsymbol{A}=[\boldsymbol{\alpha}_1,\boldsymbol{\alpha}_2,\boldsymbol{\alpha}_3]=\begin{bmatrix}1&4&2\\2&5&1\\3&6&0\\4&7&-1\end{bmatrix}\rightarrow\begin{bmatrix}1&4&2\\0&-3&-3\\0&-6&-6\\0&-9&-9\end{bmatrix}\rightarrow\begin{bmatrix}1&4&2\\0&1&1\\0&0&0\\0&0&0\end{bmatrix},$$

可取 x_3 为自由变量，x_3 的每个非零值确定方程组的一个非零解，因此 $\boldsymbol{\alpha}_1,\boldsymbol{\alpha}_2,\boldsymbol{\alpha}_3$ 线性相关.

为求解方程组，化阶梯形矩阵为行最简形矩阵

$$\boldsymbol{A}\rightarrow\begin{bmatrix}1&0&-2\\0&1&1\\0&0&0\\0&0&0\end{bmatrix},\qquad\begin{cases}x_1\qquad -2x_3=0,\\ \qquad x_2+x_3=0.\end{cases}$$

令 $x_3=1$，可得方程组的一个非零解 $x_1=2,x_2=-1,x_3=1$，即 $\boldsymbol{\alpha}_1,\boldsymbol{\alpha}_2,\boldsymbol{\alpha}_3$ 满足线性关系式 $2\boldsymbol{\alpha}_1-\boldsymbol{\alpha}_2+\boldsymbol{\alpha}_3=\mathbf{0}$.

例 4.2.5 λ 取何值时，向量组 $\boldsymbol{\alpha}_1=(\lambda+2,1,0)^{\mathrm{T}}$，$\boldsymbol{\alpha}_2=(0,\lambda-1,-1)^{\mathrm{T}}$，$\boldsymbol{\alpha}_3=(2,2,\lambda+1)^{\mathrm{T}}$ 线性相关?

解 由推论 4.2.2 知，$\boldsymbol{\alpha}_1,\boldsymbol{\alpha}_2,\boldsymbol{\alpha}_3$ 线性相关的充要条件是

$$\det(\boldsymbol{\alpha}_1,\boldsymbol{\alpha}_2,\boldsymbol{\alpha}_3)=\begin{vmatrix}\lambda+2&0&2\\1&\lambda-1&2\\0&-1&\lambda+1\end{vmatrix}=(\lambda+1)^2\lambda=0.$$

故当且仅当 $\lambda=-1$ 或 $\lambda=0$ 时，$\boldsymbol{\alpha}_1,\boldsymbol{\alpha}_2,\boldsymbol{\alpha}_3$ 线性相关.

例 4.2.6　行阶梯形矩阵的主元列线性无关.

考虑向量组 $\boldsymbol{\alpha}_1=\begin{bmatrix}a_{11}\\0\\0\\\vdots\\0\end{bmatrix},\boldsymbol{\alpha}_2=\begin{bmatrix}a_{12}\\a_{22}\\0\\\vdots\\0\end{bmatrix},\cdots,\boldsymbol{\alpha}_r=\begin{bmatrix}a_{1r}\\\vdots\\a_{rr}\\\vdots\\0\end{bmatrix}$，其中 $a_{ii}\neq0,i=1,2,\cdots,r.$

对向量组 $\boldsymbol{\alpha}_1,\boldsymbol{\alpha}_2,\cdots,\boldsymbol{\alpha}_r$，如果 $x_1\boldsymbol{\alpha}_1+x_2\boldsymbol{\alpha}_2+\cdots+x_r\boldsymbol{\alpha}_r=\mathbf{0}$，写出前 r 个分量，即

$$\begin{cases}a_{11}x_1+a_{12}x_2+\cdots+a_{1r}x_r=0,\\ \qquad\quad a_{22}x_2+\cdots+a_{2r}x_r=0,\\ \qquad\qquad\qquad\vdots\\ \qquad\qquad\qquad a_{rr}x_r=0.\end{cases}$$

其系数矩阵行列式

$$\begin{vmatrix}a_{11}&a_{12}&\cdots&a_{1r}\\ &a_{22}&\cdots&a_{2r}\\ &&\ddots&\vdots\\ &&&a_{rr}\end{vmatrix}=a_{11}a_{22}\cdots a_{rr}\neq0,$$

故必有 $x_1=x_2=\cdots=x_r=0$，所以 $\boldsymbol{\alpha}_1,\boldsymbol{\alpha}_2,\cdots,\boldsymbol{\alpha}_r$ 线性无关.

例 4.2.7　已知向量组 $\boldsymbol{\alpha}_1,\boldsymbol{\alpha}_2,\boldsymbol{\alpha}_3$ 线性无关，证明：$\boldsymbol{\alpha}_1+\boldsymbol{\alpha}_2,\boldsymbol{\alpha}_2+\boldsymbol{\alpha}_3,\boldsymbol{\alpha}_3+\boldsymbol{\alpha}_1$ 线性无关.

证明　设有一组数 k_1,k_2,k_3，使得

$$k_1(\boldsymbol{\alpha}_1+\boldsymbol{\alpha}_2)+k_2(\boldsymbol{\alpha}_2+\boldsymbol{\alpha}_3)+k_3(\boldsymbol{\alpha}_3+\boldsymbol{\alpha}_1)=\mathbf{0},$$

整理得

$$(k_1+k_3)\boldsymbol{\alpha}_1+(k_1+k_2)\boldsymbol{\alpha}_2+(k_2+k_3)\boldsymbol{\alpha}_3=\mathbf{0}.$$

因 $\boldsymbol{\alpha}_1,\boldsymbol{\alpha}_2,\boldsymbol{\alpha}_3$ 线性无关，得

$$\begin{cases}k_1+k_3=0,\\k_1+k_2=0,\\k_2+k_3=0.\end{cases}$$

解得 $k_1=k_2=k_3=0$，由定义知 $\boldsymbol{\alpha}_1+\boldsymbol{\alpha}_2,\boldsymbol{\alpha}_2+\boldsymbol{\alpha}_3,\boldsymbol{\alpha}_3+\boldsymbol{\alpha}_1$ 线性无关.

一般地，如果只用定义去判断向量组是线性相关还是线性无关，往往会涉及较复杂的计算. 下面我们介绍向量组线性相关和线性无关的一些基本结论，这些结论可以用于判断向量组的线性相关性.

性质 4.2.1　(1)由一个向量 $\boldsymbol{\alpha}$ 构成的向量组线性相关当且仅当 $\boldsymbol{\alpha}=\mathbf{0}$.

(2)两个向量 $\boldsymbol{\alpha},\boldsymbol{\beta}$ 线性相关当且仅当其中至少有一个向量是另一个的倍数. 对于三维实向量情形，即 $\boldsymbol{\alpha},\boldsymbol{\beta}$ 线性无关当且仅当 $\boldsymbol{\alpha},\boldsymbol{\beta}$ 不共线.

证明　(1)若 $\boldsymbol{\alpha}$ 线性相关，则存在数 $k\neq0$，使得 $k\boldsymbol{\alpha}=\mathbf{0}$，故 $\boldsymbol{\alpha}=\mathbf{0}$.

反之，若 $\boldsymbol{\alpha}=\mathbf{0}$，则 $1\cdot\boldsymbol{\alpha}=\mathbf{0}$. 数 $1\neq 0$，故 $\boldsymbol{\alpha}$ 线性相关.

(2)若 $\boldsymbol{\alpha},\boldsymbol{\beta}$ 线性相关，则存在实数 k_1,k_2 不全为零，使得 $k_1\boldsymbol{\alpha}+k_2\boldsymbol{\beta}=\mathbf{0}$. 若 $k_1\neq 0$，则 $\boldsymbol{\alpha}=-\dfrac{k_2}{k_1}\boldsymbol{\beta}$. 若 $k_2\neq 0$，则 $\boldsymbol{\beta}=-\dfrac{k_1}{k_2}\boldsymbol{\alpha}$.

反之，不妨设 $\boldsymbol{\alpha}=k\boldsymbol{\beta}$，则 $(-1)\boldsymbol{\alpha}+k\boldsymbol{\beta}=\mathbf{0}$. $-1,k$ 不全为零，因此 $\boldsymbol{\alpha},\boldsymbol{\beta}$ 线性相关.

线性相关性除了定义所给的利用线性组合来刻画，还可以利用线性表出来刻画.

定理 4.2.2 向量组 $\boldsymbol{\alpha}_1,\boldsymbol{\alpha}_2,\cdots,\boldsymbol{\alpha}_s(s\geqslant 2)$ 线性相关的充要条件是其中至少有一个向量可由其余 $s-1$ 个向量线性表出.

线性相关与线性无关的性质

证明 若 $\boldsymbol{\alpha}_1,\boldsymbol{\alpha}_2,\cdots,\boldsymbol{\alpha}_s(s\geqslant 2)$ 线性相关，由定义知存在不全为零的常数 $k_1,k_2,\cdots,k_s$，使得

$$k_1\boldsymbol{\alpha}_1+k_2\boldsymbol{\alpha}_2+\cdots+k_s\boldsymbol{\alpha}_s=\mathbf{0}.$$

不妨设 $k_i\neq 0$，于是

$$\boldsymbol{\alpha}_i=-\frac{k_1}{k_i}\boldsymbol{\alpha}_1-\cdots-\frac{k_{i-1}}{k_i}\boldsymbol{\alpha}_{i-1}-\frac{k_{i+1}}{k_i}\boldsymbol{\alpha}_{i+1}-\cdots-\frac{k_s}{k_i}\boldsymbol{\alpha}_s,$$

即 $\boldsymbol{\alpha}_i$ 可由其余向量 $\boldsymbol{\alpha}_1,\cdots,\boldsymbol{\alpha}_{i-1},\boldsymbol{\alpha}_{i+1},\cdots,\boldsymbol{\alpha}_s$ 线性表出.

反之，若有一个向量 $\boldsymbol{\alpha}_j$ 可由其余向量线性表出，即 $\boldsymbol{\alpha}_j=l_1\boldsymbol{\alpha}_1+\cdots+l_{j-1}\boldsymbol{\alpha}_{j-1}+l_{j+1}\boldsymbol{\alpha}_{j+1}+\cdots+l_s\boldsymbol{\alpha}_s$，那么

$$l_1\boldsymbol{\alpha}_1+\cdots+l_{j-1}\boldsymbol{\alpha}_{j-1}+(-1)\boldsymbol{\alpha}_j+l_{j+1}\boldsymbol{\alpha}_{j+1}+\cdots+l_s\boldsymbol{\alpha}_s=\mathbf{0},$$

系数 $l_1,\cdots,l_{j-1},-1,l_{j+1},\cdots,l_s$ 不全为零，故向量组 $\boldsymbol{\alpha}_1,\boldsymbol{\alpha}_2,\cdots,\boldsymbol{\alpha}_s$ 线性相关.

定理 4.2.3 设向量组 $\boldsymbol{\alpha}_1,\boldsymbol{\alpha}_2,\cdots,\boldsymbol{\alpha}_s$ 线性无关，而 $\boldsymbol{\alpha}_1,\boldsymbol{\alpha}_2,\cdots,\boldsymbol{\alpha}_s,\boldsymbol{\beta}$ 线性相关，则 $\boldsymbol{\beta}$ 可由 $\boldsymbol{\alpha}_1,\boldsymbol{\alpha}_2,\cdots,\boldsymbol{\alpha}_s$ 线性表出，且表出方式唯一.

证明 由 $\boldsymbol{\alpha}_1,\boldsymbol{\alpha}_2,\cdots,\boldsymbol{\alpha}_s,\boldsymbol{\beta}$ 线性相关，存在不全为零的数 $k_1,k_2,\cdots,k_s,l$，使得

$$k_1\boldsymbol{\alpha}_1+k_2\boldsymbol{\alpha}_2+\cdots+k_s\boldsymbol{\alpha}_s+l\boldsymbol{\beta}=\mathbf{0}.$$

若 $l=0$，则 $k_1,k_2,\cdots,k_s$ 不全为零，且

$$k_1\boldsymbol{\alpha}_1+k_2\boldsymbol{\alpha}_2+\cdots+k_s\boldsymbol{\alpha}_s=\mathbf{0},$$

这与 $\boldsymbol{\alpha}_1,\boldsymbol{\alpha}_2,\cdots,\boldsymbol{\alpha}_s$ 线性无关相矛盾，所以 $l\neq 0$. 于是

$$\boldsymbol{\beta}=-\frac{k_1}{l}\boldsymbol{\alpha}_1-\frac{k_2}{l}\boldsymbol{\alpha}_2-\cdots-\frac{k_s}{l}\boldsymbol{\alpha}_s,$$

即 $\boldsymbol{\beta}$ 可由 $\boldsymbol{\alpha}_1,\boldsymbol{\alpha}_2,\cdots,\boldsymbol{\alpha}_s$ 线性表出.

如果 $\boldsymbol{\beta}$ 能用两种方式表成 $\boldsymbol{\alpha}_1,\boldsymbol{\alpha}_2,\cdots,\boldsymbol{\alpha}_s$ 的线性组合，分别设为

$$\boldsymbol{\beta}=k_1\boldsymbol{\alpha}_1+k_2\boldsymbol{\alpha}_2+\cdots+k_s\boldsymbol{\alpha}_s,\quad \boldsymbol{\beta}=l_1\boldsymbol{\alpha}_1+l_2\boldsymbol{\alpha}_2+\cdots+l_s\boldsymbol{\alpha}_s,$$

两式相减，得

$$\mathbf{0}=(k_1-l_1)\boldsymbol{\alpha}_1+(k_2-l_2)\boldsymbol{\alpha}_2+\cdots+(k_s-l_s)\boldsymbol{\alpha}_s.$$

由 $\boldsymbol{\alpha}_1,\boldsymbol{\alpha}_2,\cdots,\boldsymbol{\alpha}_s$ 的线性无关性，有

$$0=k_1-l_1=k_2-l_2=k_s-l_s,$$

所以 $\boldsymbol{\beta}$ 的两种表出方式一致，即表出方式唯一.

一个向量组的部分组是由原向量组的若干个向量构成的向量组. 下面的结论把一个

向量组与该向量组的部分组联系起来.

性质 4.2.2　如果向量组 $\boldsymbol{\alpha}_1,\boldsymbol{\alpha}_2,\cdots,\boldsymbol{\alpha}_s$ 有一个线性相关的部分组，则向量组 $\boldsymbol{\alpha}_1,\boldsymbol{\alpha}_2,\cdots,\boldsymbol{\alpha}_s$ 必然线性相关.

证明　不妨设 $\boldsymbol{\alpha}_1,\boldsymbol{\alpha}_2,\cdots,\boldsymbol{\alpha}_t\ (t\leqslant s)$ 线性相关，则存在 t 个不全为零的实数 $k_1,k_2,\cdots,k_t$，使得

$$k_1\boldsymbol{\alpha}_1+k_2\boldsymbol{\alpha}_2+\cdots+k_t\boldsymbol{\alpha}_t=\mathbf{0}.$$

于是，存在不全为零的 s 个数 $k_1,k_2,\cdots,k_t,0,\cdots,0$，使得

$$k_1\boldsymbol{\alpha}_1+k_2\boldsymbol{\alpha}_2+\cdots+k_t\boldsymbol{\alpha}_t+0\cdot\boldsymbol{\alpha}_{t+1}+\cdots+0\cdot\boldsymbol{\alpha}_s=\mathbf{0},$$

所以向量组 $\boldsymbol{\alpha}_1,\boldsymbol{\alpha}_2,\cdots,\boldsymbol{\alpha}_s$ 线性相关.

下面的结论可用于构造线性无关的向量组.

性质 4.2.3　设 $\boldsymbol{\alpha}_1,\boldsymbol{\alpha}_2,\cdots,\boldsymbol{\alpha}_s\in\mathbf{R}^n$，$\boldsymbol{\beta}_1,\boldsymbol{\beta}_2,\cdots,\boldsymbol{\beta}_s\in\mathbf{R}^m$，构造 s 个 $n+m$ 维向量 $\boldsymbol{\gamma}_1=\begin{bmatrix}\boldsymbol{\alpha}_1\\ \boldsymbol{\beta}_1\end{bmatrix},\boldsymbol{\gamma}_2=\begin{bmatrix}\boldsymbol{\alpha}_2\\ \boldsymbol{\beta}_2\end{bmatrix},\cdots,\boldsymbol{\gamma}_s=\begin{bmatrix}\boldsymbol{\alpha}_s\\ \boldsymbol{\beta}_s\end{bmatrix}$. 如果 $\boldsymbol{\alpha}_1,\boldsymbol{\alpha}_2,\cdots,\boldsymbol{\alpha}_s$ 线性无关，则 $\boldsymbol{\gamma}_1,\boldsymbol{\gamma}_2,\cdots,\boldsymbol{\gamma}_s$ 线性无关.

证明　构造两个齐次线性方程组

$$(1)\ [\boldsymbol{\alpha}_1,\boldsymbol{\alpha}_2,\cdots,\boldsymbol{\alpha}_s]\begin{bmatrix}x_1\\ x_2\\ \vdots\\ x_s\end{bmatrix}=\mathbf{0};\quad (2)\ [\boldsymbol{\gamma}_1,\boldsymbol{\gamma}_2,\cdots,\boldsymbol{\gamma}_s]\begin{bmatrix}x_1\\ x_2\\ \vdots\\ x_s\end{bmatrix}=\mathbf{0}.$$

由于线性方程组(2)的前 m 个方程就是线性方程组(1)的所有方程，所以线性方程组(2)的解必是线性方程组(1)的解.

当 $\boldsymbol{\alpha}_1,\boldsymbol{\alpha}_2,\cdots,\boldsymbol{\alpha}_s$ 线性无关时，齐次线性方程组(1)只有零解，因此齐次线性方程组(2)也只有零解，可知 $\boldsymbol{\gamma}_1,\boldsymbol{\gamma}_2,\cdots,\boldsymbol{\gamma}_s$ 线性无关.

性质 4.2.3 中的 $\boldsymbol{\gamma}_1,\boldsymbol{\gamma}_2,\cdots,\boldsymbol{\gamma}_s$ 通常称为 $\boldsymbol{\alpha}_1,\boldsymbol{\alpha}_2,\cdots,\boldsymbol{\alpha}_s$ 的伸长组.

§4.3　向量组的极大线性无关组和秩

本节讨论两个向量组之间线性表出、线性相关性方面的一些问题，并介绍向量组的极大线性无关组的概念，进而引入向量组秩的概念，这是后面完整地讨论线性方程组解的理论基础.

定义 4.3.1　设有两个 n 维向量组

$$(\mathrm{I})\ \boldsymbol{\alpha}_1,\boldsymbol{\alpha}_2,\cdots,\boldsymbol{\alpha}_s;\quad (\mathrm{II})\ \boldsymbol{\beta}_1,\boldsymbol{\beta}_2,\cdots,\boldsymbol{\beta}_t.$$

如果向量组(Ⅰ)中每个向量都可由向量组(Ⅱ)线性表出，则称向量组(Ⅰ)可由向量组(Ⅱ)线性表出. 如果(Ⅰ)和(Ⅱ)可以互相线性表出，则称向量组

向量组的线性表出

(Ⅰ)与向量组(Ⅱ)等价.

例 4.3.1 考虑向量组 $\boldsymbol{\alpha}_1=\begin{bmatrix}1\\0\\0\end{bmatrix},\boldsymbol{\alpha}_2=\begin{bmatrix}0\\1\\0\end{bmatrix},\boldsymbol{\alpha}_3=\begin{bmatrix}0\\0\\1\end{bmatrix}$ 和向量组 $\boldsymbol{\beta}_1=\begin{bmatrix}1\\1\\1\end{bmatrix},\boldsymbol{\beta}_2=\begin{bmatrix}1\\1\\0\end{bmatrix}$,

$\boldsymbol{\beta}_3=\begin{bmatrix}1\\0\\0\end{bmatrix}$.

容易验证,

$$\boldsymbol{\beta}_1=\boldsymbol{\alpha}_1+\boldsymbol{\alpha}_2+\boldsymbol{\alpha}_3,\quad \boldsymbol{\beta}_2=\boldsymbol{\alpha}_1+\boldsymbol{\alpha}_2,\quad \boldsymbol{\beta}_3=\boldsymbol{\alpha}_1.$$

可以解出

$$\boldsymbol{\alpha}_1=\boldsymbol{\beta}_3,\quad \boldsymbol{\alpha}_2=\boldsymbol{\beta}_2-\boldsymbol{\beta}_3,\quad \boldsymbol{\alpha}_3=\boldsymbol{\beta}_1-\boldsymbol{\beta}_2.$$

可见这两个向量组可以互相线性表出，它们是等价向量组.

又如，$\boldsymbol{\alpha}_1=\begin{bmatrix}0\\0\end{bmatrix},\boldsymbol{\alpha}_2=\begin{bmatrix}0\\3\end{bmatrix}$ 与 $\boldsymbol{\beta}_1=\begin{bmatrix}1\\2\end{bmatrix},\boldsymbol{\beta}_2=\begin{bmatrix}1\\3\end{bmatrix}$. 由于

$$\boldsymbol{\alpha}_1=0\boldsymbol{\beta}_1+0\boldsymbol{\beta}_2,\quad \boldsymbol{\alpha}_2=3\boldsymbol{\beta}_2-3\boldsymbol{\beta}_1,$$

可知 $\boldsymbol{\alpha}_1,\boldsymbol{\alpha}_2$ 能由 $\boldsymbol{\beta}_1,\boldsymbol{\beta}_2$ 线性表出. 但 $\boldsymbol{\beta}_1$ 的第一个分量是 1，而 $\boldsymbol{\alpha}_1,\boldsymbol{\alpha}_2$ 的第一个分量全都是零，所以 $\boldsymbol{\beta}_1$ 不能由 $\boldsymbol{\alpha}_1,\boldsymbol{\alpha}_2$ 线性表出，因此向量组 $\boldsymbol{\beta}_1,\boldsymbol{\beta}_2$ 不能由向量组 $\boldsymbol{\alpha}_1,\boldsymbol{\alpha}_2$ 线性表出.

例 4.3.2 由定义易知：

(1)一个向量组的任意部分组都能由原向量组线性表出；

(2)$\boldsymbol{\alpha}_1,\boldsymbol{\alpha}_2,\cdots,\boldsymbol{\alpha}_s(s\geqslant 2)$线性相关当且仅当 $\boldsymbol{\alpha}_1,\boldsymbol{\alpha}_2,\cdots,\boldsymbol{\alpha}_s$ 可由某个部分组 $\boldsymbol{\alpha}_1,\cdots,\boldsymbol{\alpha}_{i-1},\boldsymbol{\alpha}_{i+1},\cdots,\boldsymbol{\alpha}_s$ 线性表出.

向量组的等价满足下面三条性质：

(1)自反性:每一向量组都与自身等价；

(2)对称性:若向量组(Ⅰ)与向量组(Ⅱ)等价，则向量组(Ⅱ)也与向量组(Ⅰ)等价；

(3)传递性:若向量组(Ⅰ)与向量组(Ⅱ)等价，向量组(Ⅱ)与向量组(Ⅲ)等价，则向量组(Ⅰ)与向量组(Ⅲ)等价.

事实上，若 $\boldsymbol{\alpha}_1,\boldsymbol{\alpha}_2,\cdots,\boldsymbol{\alpha}_s$ 可由 $\boldsymbol{\beta}_1,\boldsymbol{\beta}_2,\cdots,\boldsymbol{\beta}_t$ 线性表出，即

$$\boldsymbol{\alpha}_k=\sum_{i=1}^{t}b_{ki}\boldsymbol{\beta}_i\quad(k=1,2,\cdots,s).$$

而 $\boldsymbol{\beta}_1,\boldsymbol{\beta}_2,\cdots,\boldsymbol{\beta}_t$ 可由 $\boldsymbol{\gamma}_1,\boldsymbol{\gamma}_2,\cdots,\boldsymbol{\gamma}_u$ 线性表出，即

$$\boldsymbol{\beta}_i=\sum_{j=1}^{u}c_{ij}\boldsymbol{\gamma}_j\quad(i=1,2,\cdots,t).$$

则

$$\boldsymbol{\alpha}_k=\sum_{i=1}^{t}b_{ki}\left(\sum_{j=1}^{u}c_{ij}\boldsymbol{\gamma}_j\right)=\sum_{i=1}^{t}\sum_{j=1}^{u}b_{ki}c_{ij}\boldsymbol{\gamma}_j$$

$$= \sum_{j=1}^{u} \Big(\sum_{i=1}^{t} b_{ki} c_{ij} \Big) \boldsymbol{\gamma}_j \quad (k = 1,2,\cdots,s),$$

即 $\boldsymbol{\alpha}_1,\boldsymbol{\alpha}_2,\cdots,\boldsymbol{\alpha}_s$ 可由 $\boldsymbol{\gamma}_1,\boldsymbol{\gamma}_2,\cdots,\boldsymbol{\gamma}_u$ 线性表出. 这说明向量组的线性表出具有传递性，因此向量组的等价也具有传递性.

我们有下述关于向量组线性相关的重要定理.

定理 4.3.1　设向量组 $\boldsymbol{\alpha}_1,\boldsymbol{\alpha}_2,\cdots,\boldsymbol{\alpha}_s$ 可由向量组 $\boldsymbol{\beta}_1,\boldsymbol{\beta}_2,\cdots,\boldsymbol{\beta}_t$ 线性表出，如果 $s>t$，则 $\boldsymbol{\alpha}_1,\boldsymbol{\alpha}_2,\cdots,\boldsymbol{\alpha}_s$ 线性相关.

证明　因为 $\boldsymbol{\alpha}_1,\boldsymbol{\alpha}_2,\cdots,\boldsymbol{\alpha}_s$ 可由 $\boldsymbol{\beta}_1,\boldsymbol{\beta}_2,\cdots,\boldsymbol{\beta}_t$ 线性表出，故可设

$$\begin{cases} \boldsymbol{\alpha}_1 = c_{11}\boldsymbol{\beta}_1 + c_{21}\boldsymbol{\beta}_2 + \cdots + c_{t1}\boldsymbol{\beta}_t, \\ \boldsymbol{\alpha}_2 = c_{12}\boldsymbol{\beta}_1 + c_{22}\boldsymbol{\beta}_2 + \cdots + c_{t2}\boldsymbol{\beta}_t, \\ \qquad\qquad\vdots \\ \boldsymbol{\alpha}_s = c_{1s}\boldsymbol{\beta}_1 + c_{2s}\boldsymbol{\beta}_2 + \cdots + c_{ts}\boldsymbol{\beta}_t. \end{cases}$$

用分块矩阵表示此关系式，得

$$[\boldsymbol{\alpha}_1,\boldsymbol{\alpha}_2,\cdots,\boldsymbol{\alpha}_s] = [\boldsymbol{\beta}_1,\boldsymbol{\beta}_2,\cdots,\boldsymbol{\beta}_t] \begin{bmatrix} c_{11} & c_{12} & \cdots & c_{1s} \\ c_{21} & c_{22} & \cdots & c_{2s} \\ \vdots & \vdots & & \vdots \\ c_{t1} & c_{t2} & \cdots & c_{ts} \end{bmatrix}.$$

记 $\boldsymbol{C}=(c_{ij})_{t\times s}$，上式可写成

$$[\boldsymbol{\alpha}_1,\boldsymbol{\alpha}_2,\cdots,\boldsymbol{\alpha}_s] = [\boldsymbol{\beta}_1,\boldsymbol{\beta}_2,\cdots,\boldsymbol{\beta}_t]\boldsymbol{C}.$$

为证 $\boldsymbol{\alpha}_1,\boldsymbol{\alpha}_2,\cdots,\boldsymbol{\alpha}_s$ 线性相关，设 $\boldsymbol{x}=(x_1,x_2,\cdots,x_s)^{\mathrm{T}}$，考虑

$$[\boldsymbol{\alpha}_1,\boldsymbol{\alpha}_2,\cdots,\boldsymbol{\alpha}_s]\boldsymbol{x} = x_1\boldsymbol{\alpha}_1 + x_2\boldsymbol{\alpha}_2 + \cdots + x_s\boldsymbol{\alpha}_s = \boldsymbol{0}.$$

需证明 $x_1,x_2,\cdots,x_s$ 可以不全为零.

对于齐次线性方程组 $\boldsymbol{Cx}=\boldsymbol{0}$，其方程个数为 t，未知量个数为 s，已知 $t<s$，故此线性方程组有非零解，即存在 $\boldsymbol{x}^*=(x_1^*,x_2^*,\cdots,x_s^*)^{\mathrm{T}}\neq\boldsymbol{0}$，使 $\boldsymbol{Cx}^*=\boldsymbol{0}$. 这样，

$$[\boldsymbol{\alpha}_1,\boldsymbol{\alpha}_2,\cdots,\boldsymbol{\alpha}_s]\boldsymbol{x}^* = [\boldsymbol{\beta}_1,\boldsymbol{\beta}_2,\cdots,\boldsymbol{\beta}_t]\boldsymbol{Cx}^* = [\boldsymbol{\beta}_1,\boldsymbol{\beta}_2,\cdots,\boldsymbol{\beta}_t]\boldsymbol{0} = \boldsymbol{0}.$$

所以 $\boldsymbol{\alpha}_1,\boldsymbol{\alpha}_2,\cdots,\boldsymbol{\alpha}_s$ 线性相关.

定理 4.3.1 说明，如果个数多的向量组能用个数少的向量组线性表出，那么个数多的向量组必然是线性相关的. 它的一个有用的等价叙述是该定理的逆否命题.

推论 4.3.1　设 $\boldsymbol{\alpha}_1,\boldsymbol{\alpha}_2,\cdots,\boldsymbol{\alpha}_s$ 可由 $\boldsymbol{\beta}_1,\boldsymbol{\beta}_2,\cdots,\boldsymbol{\beta}_t$ 线性表出，如果 $\boldsymbol{\alpha}_1,\boldsymbol{\alpha}_2,\cdots,\boldsymbol{\alpha}_s$ 线性无关，则 $s\leqslant t$.

推论 4.3.2　两个等价的线性无关向量组含有相同个数的向量.

证明　设 $\boldsymbol{\alpha}_1,\boldsymbol{\alpha}_2,\cdots,\boldsymbol{\alpha}_s$（Ⅰ）与 $\boldsymbol{\beta}_1,\boldsymbol{\beta}_2,\cdots,\boldsymbol{\beta}_t$（Ⅱ）是等价的线性无关向量组. 向量组（Ⅰ）线性无关，且可由（Ⅱ）线性表出，由推论 4.3.1，$s\leqslant t$；同理 $t\leqslant s$，于是 $s=t$.

极大线性无关组的定义

定义 4.3.2　在向量组 $\boldsymbol{\alpha}_1,\boldsymbol{\alpha}_2,\cdots,\boldsymbol{\alpha}_s$ 中，若存在 r 个向量 $\boldsymbol{\alpha}_{i_1}$，$\boldsymbol{\alpha}_{i_2},\cdots,\boldsymbol{\alpha}_{i_r}$ 线性无关，而再加入任意一个向量 $\boldsymbol{\alpha}_j(j=1,2,\cdots,s)$ 就线性相

关，则称 $\boldsymbol{\alpha}_{i_1},\boldsymbol{\alpha}_{i_2},\cdots,\boldsymbol{\alpha}_{i_r}$ 是 $\boldsymbol{\alpha}_1,\boldsymbol{\alpha}_2,\cdots,\boldsymbol{\alpha}_s$ 的一个极大线性无关组，简称极大无关组. 只含零向量的向量组没有极大线性无关组.

例如，向量组 $\boldsymbol{\alpha}_1=\begin{bmatrix}1\\0\end{bmatrix},\boldsymbol{\alpha}_2=\begin{bmatrix}1\\1\end{bmatrix},\boldsymbol{\alpha}_3=\begin{bmatrix}2\\3\end{bmatrix}$ 中，$\boldsymbol{\alpha}_1,\boldsymbol{\alpha}_2$ 线性无关，而 $\boldsymbol{\alpha}_3=3\boldsymbol{\alpha}_2-\boldsymbol{\alpha}_1$，即添加 $\boldsymbol{\alpha}_3$ 后就线性相关，因此，$\boldsymbol{\alpha}_1,\boldsymbol{\alpha}_2$ 是 $\boldsymbol{\alpha}_1,\boldsymbol{\alpha}_2,\boldsymbol{\alpha}_3$ 的一个极大线性无关组. 类似地，$\boldsymbol{\alpha}_1,\boldsymbol{\alpha}_3$ 和 $\boldsymbol{\alpha}_2,\boldsymbol{\alpha}_3$ 也是 $\boldsymbol{\alpha}_1,\boldsymbol{\alpha}_2,\boldsymbol{\alpha}_3$ 的极大线性无关组.

定理 4.3.2 如果 $\boldsymbol{\alpha}_{i_1},\boldsymbol{\alpha}_{i_2},\cdots,\boldsymbol{\alpha}_{i_r}$ 是 $\boldsymbol{\alpha}_1,\boldsymbol{\alpha}_2,\cdots,\boldsymbol{\alpha}_s$ 的极大线性无关组，则

(1) $\boldsymbol{\alpha}_1,\boldsymbol{\alpha}_2,\cdots,\boldsymbol{\alpha}_s$ 中的任意向量都可由 $\boldsymbol{\alpha}_{i_1},\boldsymbol{\alpha}_{i_2},\cdots,\boldsymbol{\alpha}_{i_r}$ 线性表出；

(2) $\boldsymbol{\alpha}_{i_1},\boldsymbol{\alpha}_{i_2},\cdots,\boldsymbol{\alpha}_{i_r}$ 和 $\boldsymbol{\alpha}_1,\boldsymbol{\alpha}_2,\cdots,\boldsymbol{\alpha}_s$ 等价.

证明 (1)由极大线性无关组的定义，$\boldsymbol{\alpha}_{i_1},\boldsymbol{\alpha}_{i_2},\cdots,\boldsymbol{\alpha}_{i_r}$ 线性无关，而加入 $\boldsymbol{\alpha}_j(j=1,2,\cdots,s)$ 后，$\boldsymbol{\alpha}_{i_1},\boldsymbol{\alpha}_{i_2},\cdots,\boldsymbol{\alpha}_{i_r},\boldsymbol{\alpha}_j$ 线性相关，由定理 4.2.3，$\boldsymbol{\alpha}_j$ 可由 $\boldsymbol{\alpha}_{i_1},\boldsymbol{\alpha}_{i_2},\cdots,\alpha_{i_r}$ 线性表出.

(2)由(1)知 $\boldsymbol{\alpha}_1,\boldsymbol{\alpha}_2,\cdots,\boldsymbol{\alpha}_s$ 可由 $\boldsymbol{\alpha}_{i_1},\boldsymbol{\alpha}_{i_2},\cdots,\boldsymbol{\alpha}_{i_r}$ 线性表出，而 $\boldsymbol{\alpha}_{i_1},\boldsymbol{\alpha}_{i_2},\cdots,\boldsymbol{\alpha}_{i_r}$ 是 $\boldsymbol{\alpha}_1,\boldsymbol{\alpha}_2,\cdots,\boldsymbol{\alpha}_s$ 的部分组，显然可以由 $\boldsymbol{\alpha}_1,\boldsymbol{\alpha}_2,\cdots,\boldsymbol{\alpha}_s$ 线性表出，故极大线性无关组和原向量组等价.

一个向量组的极大线性无关组往往是不唯一的，那么它们之间有什么关系呢？

定理 4.3.3 向量组的任意两个极大线性无关组等价，且包含相同个数的向量.

证明 设 $\boldsymbol{\alpha}_{i_1},\boldsymbol{\alpha}_{i_2},\cdots,\boldsymbol{\alpha}_{i_r}$(Ⅰ)与 $\boldsymbol{\alpha}_{j_1},\boldsymbol{\alpha}_{j_2},\cdots,\boldsymbol{\alpha}_{j_t}$(Ⅱ)是 $\boldsymbol{\alpha}_1,\boldsymbol{\alpha}_2,\cdots,\boldsymbol{\alpha}_s$ 的两个极大线性无关组. 由定理 4.3.2，(Ⅰ)和(Ⅱ)可以相互线性表出，即(Ⅰ)与(Ⅱ)等价. 由推论 4.3.2，$r=t$.

下面介绍一种利用初等行变换求向量组的极大线性无关组的方法.

设 $\boldsymbol{\alpha}_1,\boldsymbol{\alpha}_2,\cdots,\boldsymbol{\alpha}_s$ 为 n 维列向量组. 令 $\boldsymbol{A}=[\boldsymbol{\alpha}_1,\boldsymbol{\alpha}_2,\cdots,\boldsymbol{\alpha}_s]$，用初等行变换将 $\boldsymbol{A}$ 化成阶梯形矩阵 $\boldsymbol{U}$，故有可逆矩阵 $\boldsymbol{P}$ 使得

$$\boldsymbol{PA}=\boldsymbol{U}.$$

设 $\boldsymbol{U}$ 中有 r 个非零行，则 r 个主元恰属于 $\boldsymbol{U}$ 中 r 个主元列.

极大线性无关组的求法

不妨设 $\boldsymbol{U}$ 中主元所在的列刚好为前 r 列，则 $\boldsymbol{U}$ 为如下的阶梯形矩阵：

$$\begin{bmatrix} u_{11} & u_{12} & \cdots & u_{1r} & \cdots & u_{1s} \\ & u_{22} & \cdots & u_{2r} & \cdots & u_{2s} \\ & & \ddots & \vdots & & \vdots \\ & & & u_{rr} & \cdots & u_{rs} \\ & & & & & 0 \\ & & & & & \vdots \\ & & & & & 0 \end{bmatrix},$$

其中主元 $u_{ii}\neq 0(i=1,2,\cdots,r)$. 显然 $\boldsymbol{U}$ 中其他的列都可由前 r 列线性表出，因此，$\boldsymbol{U}$ 的前 r 列为 $\boldsymbol{U}$ 的列向量组的极大线性无关组. 设 $\boldsymbol{U}=[\boldsymbol{\beta}_1,\boldsymbol{\beta}_2,\cdots,\boldsymbol{\beta}_s]$，则

$$\boldsymbol{P}[\boldsymbol{\alpha}_1,\boldsymbol{\alpha}_2,\cdots,\boldsymbol{\alpha}_r]=[\boldsymbol{\beta}_1,\boldsymbol{\beta}_2,\cdots,\boldsymbol{\beta}_r].$$

由于

$$[\boldsymbol{\alpha}_1,\boldsymbol{\alpha}_2,\cdots,\boldsymbol{\alpha}_r]\boldsymbol{x}=\boldsymbol{0}\Leftrightarrow \boldsymbol{P}[\boldsymbol{\alpha}_1,\boldsymbol{\alpha}_2,\cdots,\boldsymbol{\alpha}_r]\boldsymbol{x}=\boldsymbol{0}\Leftrightarrow[\boldsymbol{\beta}_1,\boldsymbol{\beta}_2,\cdots,\boldsymbol{\beta}_r]\boldsymbol{x}=\boldsymbol{0},$$

可见 $\boldsymbol{\alpha}_1,\boldsymbol{\alpha}_2,\cdots,\boldsymbol{\alpha}_r$线性无关.

因为 $\boldsymbol{\beta}_1,\boldsymbol{\beta}_2,\cdots,\boldsymbol{\beta}_r$ 为 $\boldsymbol{\beta}_1,\boldsymbol{\beta}_2,\cdots,\boldsymbol{\beta}_s$ 的极大线性无关组，所以 $\boldsymbol{\beta}_j\,(j=1,2,\cdots,s)$可由 $\boldsymbol{\beta}_1,\boldsymbol{\beta}_2,\cdots,\boldsymbol{\beta}_r$线性表出，即

$$\boldsymbol{\beta}_j=\sum_{i=1}^{r}k_i\boldsymbol{\beta}_i.$$

两边同时左乘$\boldsymbol{P}^{-1}$，得

$$\boldsymbol{\alpha}_j=\sum_{i=1}^{r}k_i\boldsymbol{\alpha}_i.$$

这说明 $\boldsymbol{\alpha}_1,\boldsymbol{\alpha}_2,\cdots,\boldsymbol{\alpha}_r$ 为 $\boldsymbol{\alpha}_1,\boldsymbol{\alpha}_2,\cdots,\boldsymbol{\alpha}_s$ 的极大线性无关组.

总结如下:将向量组 $\boldsymbol{\alpha}_1,\boldsymbol{\alpha}_2,\cdots,\boldsymbol{\alpha}_s$ 排成矩阵 $\boldsymbol{A}=[\boldsymbol{\alpha}_1,\boldsymbol{\alpha}_2,\cdots,\boldsymbol{\alpha}_s]$，用初等行变换将 $\boldsymbol{A}$ 化成阶梯形矩阵 $\boldsymbol{U}$. 设 $\boldsymbol{U}=[\boldsymbol{\beta}_1,\boldsymbol{\beta}_2,\cdots,\boldsymbol{\beta}_s]$中主元列为 $\boldsymbol{\beta}_{i_1},\boldsymbol{\beta}_{i_2},\cdots,\boldsymbol{\beta}_{i_r}$，则 $\boldsymbol{\alpha}_{i_1},\boldsymbol{\alpha}_{i_2},\cdots,\boldsymbol{\alpha}_{i_r}$ 为 $\boldsymbol{\alpha}_1,\boldsymbol{\alpha}_2,\cdots,\boldsymbol{\alpha}_s$ 的极大线性无关组. 若 $\boldsymbol{\beta}_j=k_1\boldsymbol{\beta}_{i_1}+k_2\boldsymbol{\beta}_{i_2}+\cdots+k_r\boldsymbol{\beta}_{i_r}$，则 $\boldsymbol{\alpha}_j=k_1\boldsymbol{\alpha}_{i_1}+k_2\boldsymbol{\alpha}_{i_2}+\cdots+k_r\boldsymbol{\alpha}_{i_r}$.

例 4.3.3　求向量组 $\boldsymbol{\alpha}_1=(-1,1,0,0)^{\mathrm{T}}$，$\boldsymbol{\alpha}_2=(-1,2,-1,1)^{\mathrm{T}}$，$\boldsymbol{\alpha}_3=(0,-1,1,-1)^{\mathrm{T}}$，$\boldsymbol{\alpha}_4=(1,-3,2,3)^{\mathrm{T}}$，$\boldsymbol{\alpha}_5=(2,-6,4,1)^{\mathrm{T}}$ 的一个极大线性无关组，并用该极大线性无关组线性表出向量组中的其余向量.

解　对矩阵 $\boldsymbol{A}=[\boldsymbol{\alpha}_1\quad\boldsymbol{\alpha}_2\quad\boldsymbol{\alpha}_3\quad\boldsymbol{\alpha}_4\quad\boldsymbol{\alpha}_5]$作初等行变换化为阶梯形矩阵

$$\boldsymbol{A}=\begin{bmatrix}-1&-1&0&1&2\\1&2&-1&-3&-6\\0&-1&1&2&4\\0&1&-1&3&1\end{bmatrix}\to\begin{bmatrix}-1&-1&0&1&2\\0&1&-1&-2&-4\\0&-1&1&2&4\\0&0&0&5&5\end{bmatrix}$$

$$\to\begin{bmatrix}-1&-1&0&1&2\\0&1&-1&-2&-4\\0&0&0&0&0\\0&0&0&1&1\end{bmatrix}\to\begin{bmatrix}-1&-1&0&1&2\\0&1&-1&-2&-4\\0&0&0&1&1\\0&0&0&0&0\end{bmatrix}=\boldsymbol{B}.$$

阶梯形矩阵 $\boldsymbol{B}$ 的主元列为第 1、2、4 列，故 $\boldsymbol{A}$ 相应的列 $\boldsymbol{\alpha}_1,\boldsymbol{\alpha}_2,\boldsymbol{\alpha}_4$ 是 $\boldsymbol{\alpha}_1,\boldsymbol{\alpha}_2,\boldsymbol{\alpha}_3,\boldsymbol{\alpha}_4,\boldsymbol{\alpha}_5$ 的一个极大线性无关组.

进一步将 $\boldsymbol{A}$ 化为行最简形矩阵

$$\boldsymbol{A}\to\boldsymbol{B}\to\begin{bmatrix}1&0&1&0&1\\0&1&-1&0&-2\\0&0&0&1&1\\0&0&0&0&0\end{bmatrix}=\boldsymbol{C}=[\boldsymbol{\gamma}_1\quad\boldsymbol{\gamma}_2\quad\boldsymbol{\gamma}_3\quad\boldsymbol{\gamma}_4\quad\boldsymbol{\gamma}_5].$$

易知$\boldsymbol{\gamma}_3=\boldsymbol{\gamma}_1-\boldsymbol{\gamma}_2,\boldsymbol{\gamma}_5=\boldsymbol{\gamma}_1-2\boldsymbol{\gamma}_2+\boldsymbol{\gamma}_4$. 故有 $\boldsymbol{\alpha}_3=\boldsymbol{\alpha}_1-\boldsymbol{\alpha}_2,\boldsymbol{\alpha}_5=\boldsymbol{\alpha}_1-2\boldsymbol{\alpha}_2+\boldsymbol{\alpha}_4$.

思考:该向量组是否还有其他的极大无关组?

定理 4.3.3 揭示了这样的性质：一个向量组的极大线性无关组的选取方法可以不是

唯一的，但选出的极大线性无关组中向量的个数是相同的，也就是说，极大线性无关组中向量的个数是一个反映给定向量组的线性相关性的本质的不变量. 由此引出向量组的秩的概念.

定义 4.3.3 向量组 $\boldsymbol{\alpha}_1,\boldsymbol{\alpha}_2,\cdots,\boldsymbol{\alpha}_s$ 的极大线性无关组所含向量的个数，称为这个向量组的秩(rank)，记为 $r(\boldsymbol{\alpha}_1,\boldsymbol{\alpha}_2,\cdots,\boldsymbol{\alpha}_s)$. 只含零向量的向量组的秩规定为 0.

例如，向量组 $\boldsymbol{\alpha}_1=\begin{bmatrix}1\\0\end{bmatrix},\boldsymbol{\alpha}_2=\begin{bmatrix}1\\1\end{bmatrix},\boldsymbol{\alpha}_3=\begin{bmatrix}2\\3\end{bmatrix}$的秩为 2.

向量组的秩的定义和性质

由定义易知向量组的秩与线性相关、线性无关之间的联系.

定理 4.3.4 考虑向量组 $\boldsymbol{\alpha}_1,\boldsymbol{\alpha}_2,\cdots,\boldsymbol{\alpha}_s$，则

$r(\boldsymbol{\alpha}_1,\boldsymbol{\alpha}_2,\cdots,\boldsymbol{\alpha}_s)<s$ 当且仅当向量组 $\boldsymbol{\alpha}_1,\boldsymbol{\alpha}_2,\cdots,\boldsymbol{\alpha}_s$ 线性相关；

$r(\boldsymbol{\alpha}_1,\boldsymbol{\alpha}_2,\cdots,\boldsymbol{\alpha}_s)=s$ 当且仅当向量组 $\boldsymbol{\alpha}_1,\boldsymbol{\alpha}_2,\cdots,\boldsymbol{\alpha}_s$ 线性无关.

下面的定理考虑了向量组之间的线性表出与秩的联系.

定理 4.3.5 设 $\boldsymbol{\alpha}_1,\boldsymbol{\alpha}_2,\cdots,\boldsymbol{\alpha}_s$ 可由 $\boldsymbol{\beta}_1,\boldsymbol{\beta}_2,\cdots,\boldsymbol{\beta}_t$ 线性表出，则

$$r(\boldsymbol{\alpha}_1,\boldsymbol{\alpha}_2,\cdots,\boldsymbol{\alpha}_s)\leqslant r(\boldsymbol{\beta}_1,\boldsymbol{\beta}_2,\cdots,\boldsymbol{\beta}_t).$$

证明 设 $r(\boldsymbol{\alpha}_1,\boldsymbol{\alpha}_2,\cdots,\boldsymbol{\alpha}_s)=r$，$r(\boldsymbol{\beta}_1,\boldsymbol{\beta}_2,\cdots,\boldsymbol{\beta}_t)=p$. 设 $\boldsymbol{\alpha}_{i_1},\boldsymbol{\alpha}_{i_2},\cdots,\boldsymbol{\alpha}_{i_r}$(Ⅲ)和 $\boldsymbol{\beta}_{j_1},\boldsymbol{\beta}_{j_2},\cdots,\boldsymbol{\beta}_{j_p}$(Ⅳ)分别是 $\boldsymbol{\alpha}_1,\boldsymbol{\alpha}_2,\cdots,\boldsymbol{\alpha}_s$(Ⅰ)和 $\boldsymbol{\beta}_1,\boldsymbol{\beta}_2,\cdots,\boldsymbol{\beta}_t$(Ⅱ)的极大线性无关组.

由定理 4.3.2，(Ⅲ)与(Ⅰ)等价，(Ⅳ)与(Ⅱ)等价，而已知(Ⅰ)可由(Ⅱ)线性表出，由线性表出的传递性，(Ⅲ)可由(Ⅳ)线性表出. 又因为(Ⅲ)线性无关，由推论 4.3.1，有 $r\leqslant p$.

推论 4.3.3 等价向量组的秩相等(反之，秩相等的向量组不一定等价).

例 4.3.4 已知 $\boldsymbol{\alpha}_1+\boldsymbol{\alpha}_2,\boldsymbol{\alpha}_2+\boldsymbol{\alpha}_3,\boldsymbol{\alpha}_3+\boldsymbol{\alpha}_1$ 线性无关，证明:$\boldsymbol{\alpha}_1,\boldsymbol{\alpha}_2,\boldsymbol{\alpha}_3$ 线性无关.

证明 记 $\boldsymbol{\beta}_1=\boldsymbol{\alpha}_1+\boldsymbol{\alpha}_2,\boldsymbol{\beta}_2=\boldsymbol{\alpha}_2+\boldsymbol{\alpha}_3,\boldsymbol{\beta}_3=\boldsymbol{\alpha}_3+\boldsymbol{\alpha}_1$，则 $\boldsymbol{\beta}_1,\boldsymbol{\beta}_2,\boldsymbol{\beta}_3$ 可由 $\boldsymbol{\alpha}_1,\boldsymbol{\alpha}_2,\boldsymbol{\alpha}_3$ 线性表出. 又因

$$\boldsymbol{\alpha}_1=\frac{1}{2}(\boldsymbol{\beta}_1+\boldsymbol{\beta}_3-\boldsymbol{\beta}_2),\quad \boldsymbol{\alpha}_2=\frac{1}{2}(\boldsymbol{\beta}_1+\boldsymbol{\beta}_2-\boldsymbol{\beta}_3),\quad \boldsymbol{\alpha}_3=\frac{1}{2}(\boldsymbol{\beta}_2+\boldsymbol{\beta}_3-\boldsymbol{\beta}_1),$$

$\boldsymbol{\alpha}_1,\boldsymbol{\alpha}_2,\boldsymbol{\alpha}_3$ 也可由 $\boldsymbol{\beta}_1,\boldsymbol{\beta}_2,\boldsymbol{\beta}_3$ 线性表出，它们是等价向量组，从而

$$r(\boldsymbol{\alpha}_1,\boldsymbol{\alpha}_2,\boldsymbol{\alpha}_3)=r(\boldsymbol{\alpha}_1+\boldsymbol{\alpha}_2,\boldsymbol{\alpha}_2+\boldsymbol{\alpha}_3,\boldsymbol{\alpha}_3+\boldsymbol{\alpha}_1)=3,$$

所以 $\boldsymbol{\alpha}_1,\boldsymbol{\alpha}_2,\boldsymbol{\alpha}_3$ 线性无关.

§4.4 子空间

在几何空间$\mathbf{R}^3$ 中，考虑一个通过坐标原点的平面. 不难看出，这个平面上的所有向量对于向量的加法和数量乘法具有类似于$\mathbf{R}^2$ 的性质. 也就是说，它一方面是$\mathbf{R}^3$ 的子集合，同时它对于$\mathbf{R}^3$ 中的线性运算也构成一个“空间”. 本节将研究向量空间$\mathbf{R}^n$ 中这样的子集合.

定义 4.4.1　设 H 是$\mathbf{R}^n$ 的非空子集，如果 H 对$\mathbf{R}^n$ 上定义的加法和数乘向量运算封闭，即 H 满足：

(1)$\boldsymbol{\alpha}+\boldsymbol{\beta}\in H,\forall \boldsymbol{\alpha},\boldsymbol{\beta}\in H$；

(2)$k\boldsymbol{\alpha}\in H,\forall \boldsymbol{\alpha}\in H,\forall k\in\mathbf{R}$；

则称 H 为$\mathbf{R}^n$ 的一个子空间(subspace).

向量空间和子空间

子空间必须包含 $\mathbf{0}$ 向量. 实际上，由 H 非空，存在 $\boldsymbol{\alpha}\in H$，由 H 对数乘运算封闭，有 $0\cdot\boldsymbol{\alpha}=\mathbf{0}\in H$.

仅由零向量构成的集合$\{\mathbf{0}\}$是$\mathbf{R}^n$ 的子空间，通常称为零子空间. 显然，$\mathbf{R}^n$ 自身也是$\mathbf{R}^n$ 的子空间. 通常称这两个子空间为$\mathbf{R}^n$ 的平凡子空间.

可以通过描述子空间的元素具有什么特征来刻画一个子空间，也经常通过讲清子空间是由哪些元素生成的来刻画它.

例 4.4.1　若 $\boldsymbol{\alpha}_1,\boldsymbol{\alpha}_2\in\mathbf{R}^n$，则 $H=\{k_1\boldsymbol{\alpha}_1+k_2\boldsymbol{\alpha}_2 \mid k_1,k_2\in\mathbf{R}\}$是$\mathbf{R}^n$ 的子空间.

证明　任取 H 中两个向量

$$\boldsymbol{\beta}=s_1\boldsymbol{\alpha}_1+s_2\boldsymbol{\alpha}_2,\ \boldsymbol{\gamma}=t_1\boldsymbol{\alpha}_1+t_2\boldsymbol{\alpha}_2,$$

有

$$\boldsymbol{\beta}+\boldsymbol{\gamma}=(s_1+t_1)\boldsymbol{\alpha}_1+(s_2+t_2)\boldsymbol{\alpha}_2\in H.$$

又对任意 $\boldsymbol{\beta}\in H,k\in\mathbf{R}$，有

$$k\boldsymbol{\beta}=(ks_1)\boldsymbol{\alpha}_1+(ks_2)\boldsymbol{\alpha}_2\in H.$$

因此 H 是$\mathbf{R}^n$ 的子空间.

一般地，若 $\boldsymbol{\alpha}_1,\boldsymbol{\alpha}_2,\cdots,\boldsymbol{\alpha}_m\in\mathbf{R}^n$，由 $\boldsymbol{\alpha}_1,\boldsymbol{\alpha}_2,\cdots,\boldsymbol{\alpha}_m$所有可能的线性组合构成的集合

$$\{k_1\boldsymbol{\alpha}_1+k_2\boldsymbol{\alpha}_2+\cdots+k_m\boldsymbol{\alpha}_m \mid k_1,k_2,\cdots,k_m\in\mathbf{R}\}$$

非空，且对加法和数乘向量运算封闭，因此是$\mathbf{R}^n$ 的子空间.

定义 4.4.2　给定$\mathbf{R}^n$ 中的一组向量$\boldsymbol{\alpha}_1,\boldsymbol{\alpha}_2,\cdots,\boldsymbol{\alpha}_m$，由 $\boldsymbol{\alpha}_1,\boldsymbol{\alpha}_2,\cdots,\boldsymbol{\alpha}_m$所有可能的线性组合构成的集合

$$span\{\boldsymbol{\alpha}_1,\boldsymbol{\alpha}_2,\cdots,\boldsymbol{\alpha}_m\}=\{k_1\boldsymbol{\alpha}_1+k_2\boldsymbol{\alpha}_2+\cdots+k_m\boldsymbol{\alpha}_m \mid k_1,k_2,\cdots,k_m\in\mathbf{R}\}$$

是$\mathbf{R}^n$ 的子空间，称为由 $\boldsymbol{\alpha}_1,\boldsymbol{\alpha}_2,\cdots,\boldsymbol{\alpha}_m$生成的子空间(spanning subspace)，而$\{\boldsymbol{\alpha}_1,\boldsymbol{\alpha}_2,\cdots,\boldsymbol{\alpha}_m\}$称为该子空间的生成集.

易知，$span\{\boldsymbol{\alpha}_1,\boldsymbol{\alpha}_2,\cdots,\boldsymbol{\alpha}_m\}$是包含$\{\boldsymbol{\alpha}_1,\boldsymbol{\alpha}_2,\cdots,\boldsymbol{\alpha}_m\}$的最小的子空间.

例 4.4.2　向量空间$\mathbf{R}^3$ 中，Oxy 平面$\{(x,y,0)^{\mathrm{T}} \mid x,y\in\mathbf{R}\}$是$\mathbf{R}^3$ 的子空间. 取向量 $\boldsymbol{\alpha}_1=(1,0,0)^{\mathrm{T}}$，$\boldsymbol{\alpha}_2=(0,1,0)^{\mathrm{T}}$，$\boldsymbol{\alpha}_3=(2,0,0)^{\mathrm{T}}$，则 $\boldsymbol{\alpha}_1$，$\boldsymbol{\alpha}_2$，$\boldsymbol{\alpha}_3$ 生成 Oxy 平面，$span\{\boldsymbol{\alpha}_1,\boldsymbol{\alpha}_2\}$也是 Oxy 平面. 而 $span\{\boldsymbol{\alpha}_1\}$或 $span\{\boldsymbol{\alpha}_1,\boldsymbol{\alpha}_3\}$表示 Ox 直线.

因此，若 $\boldsymbol{\alpha}$ 是非零向量，则 $span\{\boldsymbol{\alpha}\}$表示由向量$\boldsymbol{\alpha}$ 确定的过原点的直线. 若 $\boldsymbol{\alpha}$ 和 $\boldsymbol{\beta}$ 是不共线的非零向量，则 $span\{\boldsymbol{\alpha},\boldsymbol{\beta}\}$表示由向量$\boldsymbol{\alpha}$ 和$\boldsymbol{\beta}$ 确定的过原点的平面.

下面引入两个与矩阵 $\mathbf{A}$ 有关的重要的子空间.

定义 4.4.3　设 $\mathbf{A}$ 是$m\times n$ 矩阵，则 $\mathbf{A}$ 的n 个列向量生成$\mathbf{R}^m$的一个子空间，称为 $\mathbf{A}$ 的列空间，记为 $Col(\mathbf{A})$. 记 $\mathbf{A}=[\boldsymbol{\alpha}_1,\boldsymbol{\alpha}_2,\cdots,\boldsymbol{\alpha}_n]$，则

$$Col(\mathbf{A})=span\{\boldsymbol{\alpha}_1,\boldsymbol{\alpha}_2,\cdots,\boldsymbol{\alpha}_n\}\subset\mathbf{R}^m.$$

易知

$$Col(\mathbf{A})=\{\mathbf{A}\boldsymbol{x}\mid\boldsymbol{x}\in\mathbf{R}^n\}.$$

例 4.4.3 $\mathbf{A}=\begin{bmatrix}1&-3&-4\\-4&6&-2\\-3&7&6\end{bmatrix}$，$\boldsymbol{b}=\begin{bmatrix}3\\3\\-4\end{bmatrix}$，判断 $\boldsymbol{b}$ 是否在 $Col(\mathbf{A})$中.

解 由定义，$\boldsymbol{b}$ 在 $Col(\mathbf{A})$中当且仅当方程组 $\mathbf{A}\boldsymbol{x}=\boldsymbol{b}$ 有解.

$$[\mathbf{A}\quad\boldsymbol{b}]=\begin{bmatrix}1&-3&-4&3\\-4&6&-2&3\\-3&7&6&-4\end{bmatrix}\to\cdots\to\begin{bmatrix}1&-3&-4&3\\0&-6&-18&15\\0&0&0&0\end{bmatrix},$$

因此，方程组 $\mathbf{A}\boldsymbol{x}=\boldsymbol{b}$ 有解，即 $\boldsymbol{b}$ 在 $Col(\mathbf{A})$中.

定义 4.4.4 设 $\mathbf{A}$ 是 $m\times n$ 矩阵，由齐次线性方程组 $\mathbf{A}\boldsymbol{x}=\mathbf{0}$ 的所有解向量构成的集合称为 $\mathbf{A}$ 的零空间，记为 $Null(\mathbf{A})$. 即

$$Null(\mathbf{A})=\{\boldsymbol{x}\in\mathbf{R}^n\mid\mathbf{A}\boldsymbol{x}=\mathbf{0}\}.$$

定理 4.4.1 $m\times n$ 矩阵 $\mathbf{A}$ 的零空间 $Null(\mathbf{A})$是$\mathbf{R}^n$ 的子空间. 等价地，m 个方程 n 个未知量的齐次线性方程组 $\mathbf{A}\boldsymbol{x}=\mathbf{0}$ 的解集是$\mathbf{R}^n$ 的子空间，称为 $\mathbf{A}\boldsymbol{x}=\mathbf{0}$ 的解空间.

证明 显然，$\mathbf{0}$ 在 $Null(\mathbf{A})$中. 任取 $Null(\mathbf{A})$中两个向量 $\boldsymbol{\alpha},\boldsymbol{\beta}$，

$$\mathbf{A}(\boldsymbol{\alpha}+\boldsymbol{\beta})=\mathbf{A}\boldsymbol{\alpha}+\mathbf{A}\boldsymbol{\beta}=\mathbf{0}+\mathbf{0}=\mathbf{0},$$

因此 $\boldsymbol{\alpha}+\boldsymbol{\beta}\in Null(\mathbf{A})$. 对于任意实数 k，

$$\mathbf{A}(k\boldsymbol{\alpha})=k(\mathbf{A}\boldsymbol{\alpha})=k\cdot\mathbf{0}=\mathbf{0}.$$

因此 $k\boldsymbol{\alpha}\in Null(\mathbf{A})$. 所以 $Null(\mathbf{A})$是$\mathbf{R}^n$ 的子空间.

例 4.4.4 令 $\mathbf{A}=\begin{bmatrix}-3&6&-1&1&-7\\1&-2&2&3&-1\\2&-4&5&8&-4\end{bmatrix}$，求 $Null(\mathbf{A})$的一个生成集.

解 利用初等行变换化 $\mathbf{A}$ 为行最简形矩阵

$$\mathbf{A}\to\begin{bmatrix}1&-2&0&-1&3\\0&0&1&2&-2\\0&0&0&0&0\end{bmatrix},\quad\begin{cases}x_1-2x_2-x_4+3x_5=0,\\x_3+2x_4-2x_5=0.\end{cases}$$

取 x_2,x_4,x_5为自由变量，有

$$x_1=2x_2+x_4-3x_5,\ x_3=-2x_4+2x_5.$$

将一般解分解为以自由变量为系数的向量的线性组合(解的参数形式)：

$$\begin{bmatrix}x_1\\x_2\\x_3\\x_4\\x_5\end{bmatrix}=\begin{bmatrix}2x_2+x_4-3x_5\\x_2\\-2x_4+2x_5\\x_4\\x_5\end{bmatrix}=x_2\underset{\uparrow\atop\boldsymbol{\alpha}}{\begin{bmatrix}2\\1\\0\\0\\0\end{bmatrix}}+x_4\underset{\uparrow\atop\boldsymbol{\beta}}{\begin{bmatrix}1\\0\\-2\\1\\0\end{bmatrix}}+x_5\underset{\uparrow\atop\boldsymbol{\gamma}}{\begin{bmatrix}-3\\0\\2\\0\\1\end{bmatrix}}$$

$$=x_2\boldsymbol{\alpha}+x_4\boldsymbol{\beta}+x_5\boldsymbol{\gamma}$$

则$\{\boldsymbol{\alpha},\boldsymbol{\beta},\boldsymbol{\gamma}\}$是 $Null(\mathbf{A})$的生成集.

§4.5　基、维数和坐标

在§4.3中我们讨论了向量空间$\mathbf{R}^n$中由有限个向量组成的向量组的极大线性无关组，极大线性无关组可以不唯一，但其所含向量的个数是唯一确定的，即该向量组的秩. 现将这些概念放在整个向量空间上来考察，即考虑向量空间中全体向量组成的向量组(含有无穷多个向量)的极大线性无关组.

以下我们把向量空间$\mathbf{R}^n$及其子空间统称为向量空间,即向量空间是由向量构成的非空集合,且对向量的加法和数乘运算封闭.

基和维数

定义 4.5.1　设V是数域F上的向量空间，如果V中有n个线性无关的向量，而任意$n+1$个向量都线性相关，则称向量空间V是n维(dimension)的，记作$\dim V=n$，而这n个线性无关的向量称为向量空间V的一组基(basis).

定理 4.5.1　如果在向量空间V中有n个线性无关的向量$\boldsymbol{\alpha}_1,\boldsymbol{\alpha}_2,\cdots,\boldsymbol{\alpha}_n$，且$V$中任意向量都可由$\boldsymbol{\alpha}_1,\boldsymbol{\alpha}_2,\cdots,\boldsymbol{\alpha}_n$线性表出，那么$V$是$n$维的，而$\boldsymbol{\alpha}_1,\boldsymbol{\alpha}_2,\cdots,\boldsymbol{\alpha}_n$就是$V$的一组基.

证明　设$\boldsymbol{\beta}_1,\boldsymbol{\beta}_2,\cdots,\boldsymbol{\beta}_{n+1}$是$V$中任意$n+1$个向量，它们可以由$\boldsymbol{\alpha}_1,\boldsymbol{\alpha}_2,\cdots,\boldsymbol{\alpha}_n$线性表出，由定理4.3.1知$\boldsymbol{\beta}_1,\boldsymbol{\beta}_2,\cdots,\boldsymbol{\beta}_{n+1}$线性相关. 而$V$中确有$n$个向量$\boldsymbol{\alpha}_1,\boldsymbol{\alpha}_2,\cdots,\boldsymbol{\alpha}_n$线性无关，按定义4.5.1知$\dim V=n$，$\boldsymbol{\alpha}_1,\boldsymbol{\alpha}_2,\cdots,\boldsymbol{\alpha}_n$是$V$的一组基.

由定义4.5.1和定理4.2.3可知，若V中的向量$\boldsymbol{\alpha}_1,\boldsymbol{\alpha}_2,\cdots,\boldsymbol{\alpha}_n$是$V$的一组基，则有

(1)$\boldsymbol{\alpha}_1,\boldsymbol{\alpha}_2,\cdots,\boldsymbol{\alpha}_n$线性无关；

(2)V中任一向量都可由$\boldsymbol{\alpha}_1,\boldsymbol{\alpha}_2,\cdots,\boldsymbol{\alpha}_n$线性表出.

因此,V的一组基就是V的一个线性无关的生成集，而维数则是基中所含向量的个数.

因为$\mathbf{R}^n$中至多只有n个线性无关的向量，因此$\mathbf{R}^n$的非零子空间一定存在基. 零空间$\{\mathbf{0}\}$的维数规定为0.

例 4.5.1　可逆n阶方阵的n个列向量构成$\mathbf{R}^n$的基.

证明　设可逆方阵$\boldsymbol{A}=[\boldsymbol{\alpha}_1,\boldsymbol{\alpha}_2,\cdots,\boldsymbol{\alpha}_n]$，由推论4.2.2，列向量组$\boldsymbol{\alpha}_1,\boldsymbol{\alpha}_2,\cdots,\boldsymbol{\alpha}_n$线性无关. 而$\mathbf{R}^n$中任意$n+1$个向量线性相关，因此$\boldsymbol{\alpha}_1,\boldsymbol{\alpha}_2,\cdots,\boldsymbol{\alpha}_n$是$\mathbf{R}^n$的基.

特殊地，n阶单位阵$\boldsymbol{I}_n$的列向量组$\{\boldsymbol{e}_1,\boldsymbol{e}_2,\cdots,\boldsymbol{e}_n\}$称为$\mathbf{R}^n$的标准基.

$$\boldsymbol{e}_1=\begin{bmatrix}1\\0\\\vdots\\0\end{bmatrix},\quad \boldsymbol{e}_2=\begin{bmatrix}0\\1\\\vdots\\0\end{bmatrix},\cdots,\quad \boldsymbol{e}_n=\begin{bmatrix}0\\0\\\vdots\\1\end{bmatrix}.$$

维数是向量空间的内在属性，与基的选择无关.

易知，向量空间$\mathbf{R}^n$的维数是n.

例 4.5.2 $\mathbf{R}^3$ 的子空间可以按照维数进行分类：

0 维子空间：$\{\mathbf{0}\}$；

1 维子空间：由一个非零向量生成，几何上是过原点的直线；

2 维子空间：由两个线性无关向量生成，几何上是过原点的平面；

3 维子空间：$\mathbf{R}^3$.

定理 4.5.2 若 V 是 n 维向量空间，则

(1)V 中任意 n 个线性无关的向量构成 V 的一组基；

(2)如果 V 中的 n 个向量是 V 的生成集，则这 n 个向量也是 V 的一组基.

证明留作练习.

下面的定理说明了向量空间的基与维数和§4.3 讨论的向量组的极大线性无关组与秩之间的关系.

定理 4.5.3 设 $\boldsymbol{\alpha}_1,\cdots,\boldsymbol{\alpha}_s$ 与 $\boldsymbol{\beta}_1,\cdots,\boldsymbol{\beta}_t$ 是向量空间 V 中的两个向量组.

(1)$span\{\boldsymbol{\alpha}_1,\cdots,\boldsymbol{\alpha}_s\}=span\{\boldsymbol{\beta}_1,\cdots,\boldsymbol{\beta}_t\}$ 的充要条件是 $\boldsymbol{\alpha}_1,\cdots,\boldsymbol{\alpha}_s$ 与 $\boldsymbol{\beta}_1,\cdots,\boldsymbol{\beta}_t$ 等价.

(2) $\dim span\{\boldsymbol{\alpha}_1,\cdots,\boldsymbol{\alpha}_s\}=r\{\boldsymbol{\alpha}_1,\cdots,\boldsymbol{\alpha}_s\}$，且 $\boldsymbol{\alpha}_1,\cdots,\boldsymbol{\alpha}_s$ 的极大线性无关组可作为 $span\{\boldsymbol{\alpha}_1,\cdots,\boldsymbol{\alpha}_s\}$ 的一组基.

证明 (1)必要性. 因 $span\{\boldsymbol{\alpha}_1,\cdots,\boldsymbol{\alpha}_s\}=span\{\boldsymbol{\beta}_1,\cdots,\boldsymbol{\beta}_t\}$，故每一个 $\boldsymbol{\alpha}_i$ $(i=1,2,\cdots,s)$ 都是 $span\{\boldsymbol{\beta}_1,\cdots,\boldsymbol{\beta}_t\}$ 中的向量，从而可由 $\boldsymbol{\beta}_1,\cdots,\boldsymbol{\beta}_t$ 线性表出. 同样的，每一个向量 $\boldsymbol{\beta}_j$ $(j=1,2,\cdots,t)$ 都是 $span\{\boldsymbol{\alpha}_1,\cdots,\boldsymbol{\alpha}_s\}$ 中的向量，从而可由 $\boldsymbol{\alpha}_1,\cdots,\boldsymbol{\alpha}_s$ 线性表出. 因此两个向量组等价.

充分性. 此时两个向量组等价，故凡可被 $\boldsymbol{\alpha}_1,\cdots,\boldsymbol{\alpha}_s$ 线性表出的向量均可被 $\boldsymbol{\beta}_1,\cdots,\boldsymbol{\beta}_t$ 线性表出，即

$$span\{\boldsymbol{\alpha}_1,\cdots,\boldsymbol{\alpha}_s\}\subseteq span\{\boldsymbol{\beta}_1,\cdots,\boldsymbol{\beta}_t\}.$$

反之亦然，故

$$span\{\boldsymbol{\alpha}_1,\cdots,\boldsymbol{\alpha}_s\}=span\{\boldsymbol{\beta}_1,\cdots,\boldsymbol{\beta}_t\}.$$

(2)设 $\boldsymbol{\alpha}_1,\cdots,\boldsymbol{\alpha}_s$ 的极大线性无关组为 $\boldsymbol{\alpha}_{i_1},\cdots,\boldsymbol{\alpha}_{i_r}$，则两者等价，据(1)有

$$span\{\boldsymbol{\alpha}_1,\cdots,\boldsymbol{\alpha}_s\}=span\{\boldsymbol{\alpha}_{i_1},\cdots,\boldsymbol{\alpha}_{i_r}\}.$$

因 $\boldsymbol{\alpha}_{i_1},\cdots,\boldsymbol{\alpha}_{i_r}$ 线性无关，由定理 4.5.1 知，$\boldsymbol{\alpha}_{i_1},\cdots,\boldsymbol{\alpha}_{i_r}$ 是 $span\{\boldsymbol{\alpha}_{i_1},\cdots,\boldsymbol{\alpha}_{i_r}\}$ 的基，从而也是 $span\{\boldsymbol{\alpha}_1,\cdots,\boldsymbol{\alpha}_s\}$ 的基. 故

$$\dim span\{\boldsymbol{\alpha}_1,\cdots,\boldsymbol{\alpha}_s\}=\dim span\{\boldsymbol{\alpha}_{i_1},\cdots,\boldsymbol{\alpha}_{i_r}\}=r=r\{\boldsymbol{\alpha}_1,\cdots,\boldsymbol{\alpha}_s\}.$$

例 4.5.3 $\boldsymbol{A}=\begin{bmatrix}-3 & 6 & -1 & 1 & -7\\ 1 & -2 & 2 & 3 & -1\\ 2 & -4 & 5 & 8 & -4\end{bmatrix}$，求 $Null(\boldsymbol{A})$ 的一组基.

解 由例 4.4.4 知，线性方程组 $\boldsymbol{Ax}=\mathbf{0}$ 的解为

$$\begin{bmatrix}x_1\\x_2\\x_3\\x_4\\x_5\end{bmatrix}=\begin{bmatrix}2x_2+x_4-3x_5\\x_2\\-2x_4+2x_5\\x_4\\x_5\end{bmatrix}=x_2\underset{\substack{\uparrow\\\boldsymbol{\alpha}}}{\begin{bmatrix}2\\1\\0\\0\\0\end{bmatrix}}+x_4\underset{\substack{\uparrow\\\boldsymbol{\beta}}}{\begin{bmatrix}1\\0\\-2\\1\\0\end{bmatrix}}+x_5\underset{\substack{\uparrow\\\boldsymbol{\gamma}}}{\begin{bmatrix}-3\\0\\2\\0\\1\end{bmatrix}}$$

$$=x_2\boldsymbol{\alpha}+x_4\boldsymbol{\beta}+x_5\boldsymbol{\gamma}$$

即 $Null(\mathbf{A})=span\{\boldsymbol{\alpha},\boldsymbol{\beta},\boldsymbol{\gamma}\}$. 同时，$\boldsymbol{\alpha},\boldsymbol{\beta},\boldsymbol{\gamma}$ 的构造方式保证了它们的线性无关性(考虑 $\boldsymbol{\alpha},\boldsymbol{\beta},\boldsymbol{\gamma}$ 的第 2、4、5 个分量). 因此，$\{\boldsymbol{\alpha},\boldsymbol{\beta},\boldsymbol{\gamma}\}$是 $Null(\mathbf{A})$的一组基.

这说明，将 $\mathbf{A}\boldsymbol{x}=\mathbf{0}$ 的解写成参数形式的同时可确定 $Null(\mathbf{A})$的一组基，而 $Null(\mathbf{A})$的维数是方程组 $\mathbf{A}\boldsymbol{x}=\mathbf{0}$ 中自由变量的个数，即 $\mathbf{A}$ 的非主元列的数目.

由定理 4.5.3 及求极大线性无关组的方法可知，$\mathbf{A}$ 的主元列是 $\mathbf{A}$ 的列向量组的极大线性无关组，而 $\mathbf{A}$ 的列向量组是 $Col(\mathbf{A})$的生成集，故 $\mathbf{A}$ 的主元列是 $Col(\mathbf{A})$的一组基，而 $Col(\mathbf{A})$的维数是 $\mathbf{A}$ 的主元列的数目.

例 4.5.4　$\mathbf{A}=[\boldsymbol{\alpha}_1,\boldsymbol{\alpha}_2,\boldsymbol{\alpha}_3,\boldsymbol{\alpha}_4,\boldsymbol{\alpha}_5]=\begin{bmatrix}-1&-1&0&1&2\\1&2&-1&-3&-6\\0&-1&1&2&4\\0&1&-1&3&1\end{bmatrix}$，求 $Col(\mathbf{A})$的一组基.

解　由例 4.3.3，$\mathbf{A}$ 经初等行变换化为阶梯形矩阵

$$\mathbf{A}\to\begin{bmatrix}-1&-1&0&1&2\\0&1&-1&-2&-4\\0&0&0&1&1\\0&0&0&0&0\end{bmatrix},$$

$\mathbf{A}$ 的主元列是 $\boldsymbol{\alpha}_1,\boldsymbol{\alpha}_2,\boldsymbol{\alpha}_5$，因此$\{\boldsymbol{\alpha}_1,\boldsymbol{\alpha}_2,\boldsymbol{\alpha}_5\}$是 $Col(\mathbf{A})$的一组基.

如果 $\boldsymbol{\alpha}_1,\boldsymbol{\alpha}_2,\cdots,\boldsymbol{\alpha}_n$ 是向量空间 V 的一组基，那么 $\forall\boldsymbol{\beta}\in V$，$\boldsymbol{\alpha}_1,\boldsymbol{\alpha}_2,\cdots,\boldsymbol{\alpha}_n,\boldsymbol{\beta}$ 线性相关，据定理 4.2.3，$\boldsymbol{\beta}$ 可由 $\boldsymbol{\alpha}_1,\boldsymbol{\alpha}_2,\cdots,\boldsymbol{\alpha}_n$ 线性表出且表示法唯一，即 V 中的每个向量能且仅能用一种方式写成基向量的线性组合. 由此可引入坐标的概念.

定义 4.5.2　设 $\boldsymbol{\alpha}_1,\boldsymbol{\alpha}_2,\cdots,\boldsymbol{\alpha}_n$ 是 n 维向量空间 V 的基. 对 V 中任一向量 $\boldsymbol{\beta}$，存在唯一一组数 $x_1,x_2,\cdots,x_n$，使得 $\boldsymbol{\beta}=x_1\boldsymbol{\alpha}_1+x_2\boldsymbol{\alpha}_2+\cdots+x_n\boldsymbol{\alpha}_n$，称 $(x_1,x_2,\cdots,x_n)^{\mathrm{T}}$ 是 $\boldsymbol{\beta}$ 在基 $\boldsymbol{\alpha}_1,\boldsymbol{\alpha}_2,\cdots,\boldsymbol{\alpha}_n$ 下的坐标.

坐标、过渡矩阵
与坐标变换公式

例 4.5.5　在 $\mathbf{R}^2$ 中，$\boldsymbol{e}_1=\begin{bmatrix}1\\0\end{bmatrix},\boldsymbol{e}_2=\begin{bmatrix}0\\1\end{bmatrix}$是标准基. 向量 $\boldsymbol{\alpha}=\begin{bmatrix}1\\6\end{bmatrix}$可表示成

$$\begin{bmatrix}1\\6\end{bmatrix}=1\begin{bmatrix}1\\0\end{bmatrix}+6\begin{bmatrix}0\\1\end{bmatrix}=1\cdot\boldsymbol{e}_1+6\cdot\boldsymbol{e}_2,$$

因此 $\boldsymbol{\alpha}$ 在标准基下的坐标是$(1,6)^{\mathrm{T}}$.

$\boldsymbol{\varepsilon}_1=\begin{bmatrix}1\\0\end{bmatrix},\boldsymbol{\varepsilon}_2=\begin{bmatrix}1\\2\end{bmatrix}$也是$\mathbf{R}^2$ 的一组基，有

$$\begin{bmatrix}1\\6\end{bmatrix}=(-2)\begin{bmatrix}1\\0\end{bmatrix}+3\begin{bmatrix}1\\2\end{bmatrix}=(-2)\boldsymbol{\varepsilon}_1+3\boldsymbol{\varepsilon}_2,$$

因此 $\boldsymbol{\alpha}$ 在基 $\boldsymbol{\varepsilon}_1,\boldsymbol{\varepsilon}_2$ 下的坐标为$(-2,3)^{\mathrm{T}}$.

例 4.5.6　在 $\mathbf{R}^3$ 中，求向量 $\boldsymbol{\alpha}=(1,7,3)^{\mathrm{T}}$ 在基 $\boldsymbol{\beta}_1=(2,0,-1)^{\mathrm{T}}$，$\boldsymbol{\beta}_2=(1,3,2)^{\mathrm{T}}$，

$\boldsymbol{\beta}_3=(2,1,1)^{\mathrm{T}}$下的坐标.

解 设$\boldsymbol{\alpha}$在基$\boldsymbol{\beta}_1,\boldsymbol{\beta}_2,\boldsymbol{\beta}_3$下的坐标为$(x_1,x_2,x_3)^{\mathrm{T}}$，则

$$\boldsymbol{\alpha}=(\boldsymbol{\beta}_1\quad\boldsymbol{\beta}_2\quad\boldsymbol{\beta}_3)\begin{bmatrix}x_1\\x_2\\x_3\end{bmatrix},$$

或

$$\begin{bmatrix}2&1&2\\0&3&1\\-1&2&1\end{bmatrix}\begin{bmatrix}x_1\\x_2\\x_3\end{bmatrix}=\begin{bmatrix}1\\7\\3\end{bmatrix}.$$

解得$x_1=1,x_2=3,x_3=-2$，即所求坐标为$\begin{bmatrix}x_1\\x_2\\x_3\end{bmatrix}=\begin{bmatrix}1\\3\\-2\end{bmatrix}$.

在n维向量空间中，任意n个线性无关的向量都可以取做空间的基. 对不同的基，同一向量的坐标一般是不同的. 下面研究随着基的改变，向量的坐标是如何变化的.

定义 4.5.3 设$\boldsymbol{\varepsilon}_1,\boldsymbol{\varepsilon}_2,\cdots,\boldsymbol{\varepsilon}_n$与$\boldsymbol{\eta}_1,\boldsymbol{\eta}_2,\cdots,\boldsymbol{\eta}_n$是$n$维向量空间的两组基，它们可以互相线性表出. 若

$$\begin{cases}\boldsymbol{\eta}_1=a_{11}\boldsymbol{\varepsilon}_1+a_{21}\boldsymbol{\varepsilon}_2+\cdots+a_{n1}\boldsymbol{\varepsilon}_n,\\\boldsymbol{\eta}_2=a_{12}\boldsymbol{\varepsilon}_1+a_{22}\boldsymbol{\varepsilon}_2+\cdots+a_{n2}\boldsymbol{\varepsilon}_n,\\\qquad\vdots\\\boldsymbol{\eta}_n=a_{1n}\boldsymbol{\varepsilon}_1+a_{2n}\boldsymbol{\varepsilon}_2+\cdots+a_{nn}\boldsymbol{\varepsilon}_n,\end{cases}\tag{4.5.1}$$

写成矩阵形式

$$(\boldsymbol{\eta}_1,\boldsymbol{\eta}_2,\cdots,\boldsymbol{\eta}_n)=(\boldsymbol{\varepsilon}_1,\boldsymbol{\varepsilon}_2,\cdots,\boldsymbol{\varepsilon}_n)\begin{bmatrix}a_{11}&a_{12}&\cdots&a_{1n}\\a_{21}&a_{22}&\cdots&a_{2n}\\\vdots&\vdots&&\vdots\\a_{n1}&a_{n2}&\cdots&a_{nn}\end{bmatrix}.\tag{4.5.2}$$

矩阵

$$\boldsymbol{A}=\begin{bmatrix}a_{11}&a_{12}&\cdots&a_{1n}\\a_{21}&a_{22}&\cdots&a_{2n}\\\vdots&\vdots&&\vdots\\a_{n1}&a_{n2}&\cdots&a_{nn}\end{bmatrix}$$

称为由基$\boldsymbol{\varepsilon}_1,\boldsymbol{\varepsilon}_2,\cdots,\boldsymbol{\varepsilon}_n$到基$\boldsymbol{\eta}_1,\boldsymbol{\eta}_2,\cdots,\boldsymbol{\eta}_n$的过渡矩阵(transition matrix).

可以看到，$\boldsymbol{A}$的第$j\,(j=1,2,\cdots,n)$列就是$\boldsymbol{\eta}_j$在基$\boldsymbol{\varepsilon}_1,\boldsymbol{\varepsilon}_2,\cdots,\boldsymbol{\varepsilon}_n$下的坐标.

定理 4.5.4 设$\boldsymbol{\varepsilon}_1,\boldsymbol{\varepsilon}_2,\cdots,\boldsymbol{\varepsilon}_n$与$\boldsymbol{\eta}_1,\boldsymbol{\eta}_2,\cdots,\boldsymbol{\eta}_n$是$n$维向量空间的两组基，由$\boldsymbol{\varepsilon}_1,\boldsymbol{\varepsilon}_2,\cdots,\boldsymbol{\varepsilon}_n$到$\boldsymbol{\eta}_1,\boldsymbol{\eta}_2,\cdots,\boldsymbol{\eta}_n$的过渡矩阵是$\boldsymbol{A}$. 向量$\boldsymbol{\alpha}$在$\boldsymbol{\varepsilon}_1,\boldsymbol{\varepsilon}_2,\cdots,\boldsymbol{\varepsilon}_n$与$\boldsymbol{\eta}_1,\boldsymbol{\eta}_2,\cdots,\boldsymbol{\eta}_n$下的坐标分别为$\boldsymbol{x},\boldsymbol{y}$，则

(1)$\boldsymbol{A}$ 是可逆矩阵，且 $\boldsymbol{\eta}_1,\boldsymbol{\eta}_2,\cdots,\boldsymbol{\eta}_n$ 到 $\boldsymbol{\varepsilon}_1,\boldsymbol{\varepsilon}_2,\cdots,\boldsymbol{\varepsilon}_n$ 的过渡矩阵是 $\boldsymbol{A}^{-1}$，即

$$(\boldsymbol{\varepsilon}_1,\boldsymbol{\varepsilon}_2,\cdots,\boldsymbol{\varepsilon}_n)=(\boldsymbol{\eta}_1,\boldsymbol{\eta}_2,\cdots,\boldsymbol{\eta}_n)\boldsymbol{A}^{-1}. \tag{4.5.3}$$

(2)$\boldsymbol{x}=\boldsymbol{A}\boldsymbol{y},\boldsymbol{y}=\boldsymbol{A}^{-1}\boldsymbol{x}$. (4.5.4)

证明　由基的定义，$\boldsymbol{\eta}_1,\boldsymbol{\eta}_2,\cdots,\boldsymbol{\eta}_n$ 也可由 $\boldsymbol{\varepsilon}_1,\boldsymbol{\varepsilon}_2,\cdots,\boldsymbol{\varepsilon}_n$ 线性表出，设

$$(\boldsymbol{\varepsilon}_1,\boldsymbol{\varepsilon}_2,\cdots,\boldsymbol{\varepsilon}_n)=(\boldsymbol{\eta}_1,\boldsymbol{\eta}_2,\cdots,\boldsymbol{\eta}_n)\boldsymbol{B},$$

由条件有

$$(\boldsymbol{\varepsilon}_1,\boldsymbol{\varepsilon}_2,\cdots,\boldsymbol{\varepsilon}_n)=[(\boldsymbol{\varepsilon}_1,\boldsymbol{\varepsilon}_2,\cdots,\boldsymbol{\varepsilon}_n)\boldsymbol{A}]\boldsymbol{B}=(\boldsymbol{\varepsilon}_1,\boldsymbol{\varepsilon}_2,\cdots,\boldsymbol{\varepsilon}_n)(\boldsymbol{AB}),$$

而

$$(\boldsymbol{\varepsilon}_1,\boldsymbol{\varepsilon}_2,\cdots,\boldsymbol{\varepsilon}_n)=(\boldsymbol{\varepsilon}_1,\boldsymbol{\varepsilon}_2,\cdots,\boldsymbol{\varepsilon}_n)\boldsymbol{I},$$

由坐标的唯一性，有 $\boldsymbol{AB}=\boldsymbol{I}$，于是 $\boldsymbol{A}$ 可逆，且 $\boldsymbol{B}=\boldsymbol{A}^{-1}$.

又 $\boldsymbol{\alpha}=(\boldsymbol{\varepsilon}_1,\boldsymbol{\varepsilon}_2,\cdots,\boldsymbol{\varepsilon}_n)\boldsymbol{x}=(\boldsymbol{\eta}_1,\boldsymbol{\eta}_2,\cdots,\boldsymbol{\eta}_n)\boldsymbol{y}=(\boldsymbol{\varepsilon}_1,\boldsymbol{\varepsilon}_2,\cdots,\boldsymbol{\varepsilon}_n)\boldsymbol{A}\boldsymbol{x}$，由坐标的唯一性，有 $\boldsymbol{x}=\boldsymbol{A}\boldsymbol{y}$，进而 $\boldsymbol{y}=\boldsymbol{A}^{-1}\boldsymbol{x}$.

式(4.5.2)和式(4.5.3)称为基变换公式，式(4.5.4)称为坐标变换公式.

在例 4.5.5 中，两组基之间的关系是

$$(\boldsymbol{\varepsilon}_1,\boldsymbol{\varepsilon}_2)=(\boldsymbol{e}_1,\boldsymbol{e}_2)\begin{bmatrix}1&1\\0&2\end{bmatrix},$$

$\boldsymbol{\alpha}$ 在基 $\boldsymbol{e}_1,\boldsymbol{e}_2$ 下的坐标是 $(1,6)^{\mathrm{T}}$，则它在 $\boldsymbol{\varepsilon}_1,\boldsymbol{\varepsilon}_2$ 下的坐标是

$$\begin{bmatrix}1&1\\0&2\end{bmatrix}^{-1}\begin{bmatrix}1\\6\end{bmatrix}=\begin{bmatrix}1&-\dfrac{1}{2}\\0&\dfrac{1}{2}\end{bmatrix}\begin{bmatrix}1\\6\end{bmatrix}=\begin{bmatrix}-2\\3\end{bmatrix}.$$

例 4.5.7　考虑 $\mathbf{R}^2$ 中的两组基：

$$(\text{Ⅰ})\boldsymbol{\varepsilon}_1=\begin{bmatrix}1\\-4\end{bmatrix},\boldsymbol{\varepsilon}_2=\begin{bmatrix}3\\-5\end{bmatrix};\qquad(\text{Ⅱ})\boldsymbol{\eta}_1=\begin{bmatrix}-9\\1\end{bmatrix},\boldsymbol{\eta}_2=\begin{bmatrix}-5\\-1\end{bmatrix}.$$

求基(Ⅰ)到基(Ⅱ)的过渡矩阵.

解　设基(Ⅰ)到基(Ⅱ)的过渡矩阵为 $\boldsymbol{A}$，则有

$$(\boldsymbol{\eta}_1,\boldsymbol{\eta}_2)=(\boldsymbol{\varepsilon}_1,\boldsymbol{\varepsilon}_2)\boldsymbol{A}.$$

于是问题归结为解矩阵方程

$$\begin{bmatrix}1&3\\-4&-5\end{bmatrix}\boldsymbol{A}=\begin{bmatrix}-9&-5\\1&-1\end{bmatrix}.$$

易求得 $\boldsymbol{A}=\begin{bmatrix}6&4\\-5&-3\end{bmatrix}$.

例 4.5.8　在 $\mathbf{R}^3$ 中，由基 $\boldsymbol{\alpha}_1,\boldsymbol{\alpha}_2,\boldsymbol{\alpha}_3$ 到基 $\boldsymbol{\beta}_1=\begin{bmatrix}2\\0\\-1\end{bmatrix},\boldsymbol{\beta}_2=\begin{bmatrix}1\\3\\2\end{bmatrix},\boldsymbol{\beta}_3=\begin{bmatrix}2\\1\\1\end{bmatrix}$ 的过渡矩阵为 $\boldsymbol{A}=\begin{bmatrix}1&2&3\\0&1&4\\0&0&1\end{bmatrix}$，求基 $\boldsymbol{\alpha}_1,\boldsymbol{\alpha}_2,\boldsymbol{\alpha}_3$，并求向量 $\boldsymbol{\alpha}=\begin{bmatrix}1\\7\\3\end{bmatrix}$ 在 $\boldsymbol{\alpha}_1,\boldsymbol{\alpha}_2,\boldsymbol{\alpha}_3$ 下的坐标.

解 由基变换公式,

$$(\boldsymbol{\alpha}_1,\boldsymbol{\alpha}_2,\boldsymbol{\alpha}_3)=(\boldsymbol{\beta}_1,\boldsymbol{\beta}_2,\boldsymbol{\beta}_3)\boldsymbol{A}^{-1}=\begin{bmatrix}2&1&2\\0&3&1\\-1&2&1\end{bmatrix}\begin{bmatrix}1&-2&5\\0&1&-4\\0&0&1\end{bmatrix}=\begin{bmatrix}2&-3&8\\0&3&-11\\-1&4&-12\end{bmatrix},$$

所以 $\boldsymbol{\alpha}_1=\begin{bmatrix}2\\0\\-1\end{bmatrix},\boldsymbol{\alpha}_2=\begin{bmatrix}-3\\3\\4\end{bmatrix},\boldsymbol{\alpha}_3=\begin{bmatrix}8\\-11\\-12\end{bmatrix}$.

由例 4.5.6 知 $\boldsymbol{\alpha}$ 在基 $\boldsymbol{\beta}_1,\boldsymbol{\beta}_2,\boldsymbol{\beta}_3$ 下的坐标为 $\begin{bmatrix}1\\3\\-2\end{bmatrix}$,所以 $\boldsymbol{\alpha}$ 在基 $\boldsymbol{\alpha}_1,\boldsymbol{\alpha}_2,\boldsymbol{\alpha}_3$ 下的坐标为

$$\boldsymbol{x}=\boldsymbol{A}\begin{bmatrix}1\\3\\-2\end{bmatrix}=\begin{bmatrix}1\\-5\\-2\end{bmatrix}.$$

§4.6 矩阵的秩

对于向量组来说,向量组的秩是反映向量组的线性相关性质的不变量. 一个矩阵既可以看作由列向量组构成,也可以看作由行向量组构成. 那么,反映矩阵的这些向量组的线性相关性的不变量是什么呢?本节将引入矩阵的秩的概念,它是反映矩阵的本质的一个不变量.

定义 4.6.1 矩阵 $\boldsymbol{A}$ 的行向量组的秩称为 $\boldsymbol{A}$ 的行秩(row rank),$\boldsymbol{A}$ 的列向量组的秩称为 $\boldsymbol{A}$ 的列秩(column rank).

矩阵的秩的定义

例 4.6.1 求矩阵 $\boldsymbol{A}=\begin{bmatrix}1&7\\2&6\\-3&1\end{bmatrix}$ 的行秩与列秩.

$\boldsymbol{A}$ 的两个列向量线性无关,$\boldsymbol{A}$ 的列秩为 2.

$\boldsymbol{A}$ 的 1、2 行线性无关,三个二维行向量必线性相关,$\boldsymbol{A}$ 的行秩为 2.

例 4.6.2 设 $\boldsymbol{U}=\begin{bmatrix}a_{11}&\cdots&a_{1r}&\cdots&a_{1n}\\\vdots&&\vdots&&\vdots\\0&\cdots&a_{rr}&\cdots&a_{rn}\\0&\cdots&0&\cdots&0\\\vdots&&\vdots&&\vdots\\0&\cdots&0&\cdots&0\end{bmatrix}$, $a_{ii}\neq 0,i=1,2,\cdots,r$.

$\boldsymbol{U}$ 的行秩为 r,$\boldsymbol{U}$ 的列秩为 r.

定理 4.6.1 矩阵的初等行变换不改变矩阵的行秩和列秩.

证明　先证明初等行变换不改变矩阵的行秩.

设 $\boldsymbol{A}\in\mathbf{R}^{m\times n}$，$\boldsymbol{A}$ 的行分块形式为 $\boldsymbol{A}=\begin{bmatrix}\boldsymbol{\beta}_1\\ \vdots\\ \boldsymbol{\beta}_m\end{bmatrix}$，其中 $\boldsymbol{\beta}_1,\cdots,\boldsymbol{\beta}_m$ 是 $\boldsymbol{A}$ 的行向量组. 只需要证明对 $\boldsymbol{A}$ 作一次初等行变换，矩阵的行秩不变.

(1)若交换 $\boldsymbol{A}$ 的第 i 行和第 j 行的位置. 变换后矩阵的 m 个行向量还是 $\boldsymbol{A}$ 的 m 个行向量，故变换后矩阵的行秩等于 $\boldsymbol{A}$ 的行秩.

(2)若用一个非零的数 λ 去乘 $\boldsymbol{A}$ 的第 i 行. 变换后矩阵的 m 个行向量为 $\boldsymbol{\beta}_1,\cdots,\lambda\boldsymbol{\beta}_i,\cdots,\boldsymbol{\beta}_m$，这个向量组与 $\boldsymbol{A}$ 的行向量组 $\boldsymbol{\beta}_1,\cdots,\boldsymbol{\beta}_i,\cdots,\boldsymbol{\beta}_m$ 等价，故有相同的秩.

(3)若用一个数 k 去乘 $\boldsymbol{A}$ 的第 i 行加到第 j 行. 变换后矩阵的 m 个行向量为 $\boldsymbol{\beta}_1,\cdots,\boldsymbol{\beta}_i,\cdots,\boldsymbol{\beta}_j+k\boldsymbol{\beta}_i,\cdots,\boldsymbol{\beta}_m$，这个向量组与 $\boldsymbol{A}$ 的行向量组 $\boldsymbol{\beta}_1,\cdots,\boldsymbol{\beta}_i,\cdots,\boldsymbol{\beta}_m$ 等价，故有相同的秩.

再证明初等行变换不改变矩阵的列秩.

设 $\boldsymbol{A}$ 为 $m\times n$ 矩阵，$\boldsymbol{\alpha}_1,\boldsymbol{\alpha}_2,\cdots,\boldsymbol{\alpha}_n$ 是 $\boldsymbol{A}$ 的 n 个列向量. 对 $\boldsymbol{A}$ 作初等行变换化为矩阵 $\boldsymbol{B}$，有 m 阶可逆矩阵 $\boldsymbol{P}$ 使得 $\boldsymbol{PA}=\boldsymbol{B}$. 设 $\boldsymbol{B}$ 的 n 个列向量为 $\boldsymbol{\beta}_1,\boldsymbol{\beta}_2,\cdots,\boldsymbol{\beta}_n$，则 $\boldsymbol{\beta}_i=\boldsymbol{P\alpha}_i(i=1,2,\cdots,n)$. 要证明向量组 $\boldsymbol{\beta}_1,\boldsymbol{\beta}_2,\cdots,\boldsymbol{\beta}_n$ 和向量组 $\boldsymbol{\alpha}_1,\boldsymbol{\alpha}_2,\cdots,\boldsymbol{\alpha}_n$ 有相同的秩，只需要证明任意对应的部分向量组 $\boldsymbol{\beta}_{i_1},\cdots,\boldsymbol{\beta}_{i_r}$ 和 $\boldsymbol{\alpha}_{i_1},\cdots,\boldsymbol{\alpha}_{i_r}$ 有相同的线性关系. 记 $\boldsymbol{A}_1=[\boldsymbol{\alpha}_{i_1},\cdots,\boldsymbol{\alpha}_{i_r}]$，$\boldsymbol{B}_1=[\boldsymbol{\beta}_{i_1},\cdots,\boldsymbol{\beta}_{i_r}]$，则 $\boldsymbol{PA}_1=\boldsymbol{B}_1$. 显然齐次线性方程组 $\boldsymbol{A}_1\boldsymbol{x}=\boldsymbol{0}$ 与 $\boldsymbol{B}_1\boldsymbol{x}=\boldsymbol{0}$ 同解，由定理 4.2.1 知向量组 $\boldsymbol{\beta}_{i_1},\cdots,\boldsymbol{\beta}_{i_r}$ 和 $\boldsymbol{\alpha}_{i_1},\cdots,\boldsymbol{\alpha}_{i_r}$ 有相同的线性关系.

推论 4.6.1　矩阵的初等变换不改变矩阵的行秩和列秩.

证明　对 $\boldsymbol{A}$ 作初等列变换，就是对 $\boldsymbol{A}^{\mathrm{T}}$ 作初等行变换，且 $\boldsymbol{A}$ 的行(列)秩就是 $\boldsymbol{A}^{\mathrm{T}}$ 的列(行)秩. 由定理 4.6.1，矩阵的初等列变换也不改变矩阵的行秩和列秩.

定理 4.6.2　$\boldsymbol{A}$ 的行秩等于 $\boldsymbol{A}$ 的列秩.

证明　设 $\boldsymbol{A}$ 是 $m\times n$ 矩阵，用初等变换可以将 $\boldsymbol{A}$ 化成形如例 4.6.2 的阶梯形矩阵 $\boldsymbol{U}$，则 $\boldsymbol{A}$ 的行秩 $=\boldsymbol{U}$ 的行秩 $=\boldsymbol{U}$ 的列秩 $=\boldsymbol{A}$ 的列秩.

定义 4.6.2　矩阵 $\boldsymbol{A}$ 的行秩与列秩统称 $\boldsymbol{A}$ 的秩(rank)，记作 $r(\boldsymbol{A})$.

设 $\boldsymbol{A}$ 是 $m\times n$ 矩阵，易知 $r(\boldsymbol{A})=r(\boldsymbol{A}^{\mathrm{T}})\leqslant\min\{m,n\}$.

设 $\boldsymbol{A}$ 是 n 阶方阵，若 $r(\boldsymbol{A})=n$，称 $\boldsymbol{A}$ 为满秩矩阵.

我们把推论 4.6.1 重新叙述为矩阵的秩的结论.

推论 4.6.2　矩阵的初等变换不改变矩阵的秩.

由推论 4.6.2，求矩阵 $\boldsymbol{A}$ 的秩时，只需对 $\boldsymbol{A}$ 进行初等行变换化为行阶梯形矩阵，其中非零行的数目就是 $\boldsymbol{A}$ 的秩.

例 4.6.3　求矩阵 $\boldsymbol{A}$ 的秩，其中

$$\boldsymbol{A}=\begin{bmatrix}1&-1&0&1&1\\2&-2&0&2&2\\1&1&1&0&0\\2&0&1&1&1\end{bmatrix}.$$

解

$$A \to \begin{bmatrix} 1 & -1 & 0 & 1 & 1 \\ 0 & 0 & 0 & 0 & 0 \\ 0 & 2 & 1 & -1 & -1 \\ 0 & 2 & 1 & -1 & -1 \end{bmatrix} \to \begin{bmatrix} 1 & -1 & 0 & 0 & 1 \\ 0 & 2 & 1 & -1 & -1 \\ 0 & 0 & 0 & 0 & 0 \\ 0 & 0 & 0 & 0 & 0 \end{bmatrix},$$

故 $r(\boldsymbol{A})=2$.

例 4.6.4 已知 $r(\boldsymbol{A})=3$，求 a,b 的值，其中

$$\boldsymbol{A}=\begin{bmatrix} 1 & 1 & 1 & 1 \\ 0 & 1 & -1 & b \\ 2 & 3 & a & 4 \\ 3 & 5 & 1 & 7 \end{bmatrix}.$$

解 对 $\boldsymbol{A}$ 作初等行变换化为阶梯形矩阵，

$$\boldsymbol{A} \to \begin{bmatrix} 1 & 1 & 1 & 1 \\ 0 & 1 & -1 & b \\ 0 & 1 & a-2 & 2 \\ 0 & 2 & -2 & 4 \end{bmatrix} \to \begin{bmatrix} 1 & 1 & 1 & 1 \\ 0 & 1 & -1 & b \\ 0 & 0 & a-1 & 2-b \\ 0 & 0 & 0 & 4-2b \end{bmatrix}=\boldsymbol{B}.$$

因 $r(\boldsymbol{A})=r(\boldsymbol{B})=3$，故 $a\neq 1, b=2$ 或 $a=1, b\neq 2$.

矩阵的秩还可以通过其子式来刻画.

定义 4.6.3 在矩阵 $\boldsymbol{A}=(a_{ij})_{m\times n}$ 中，任取 k 行 k 列，位于这些行与列交点处的 k^2 个元素按其原次序构成一个 k 阶方阵

$$\begin{bmatrix} a_{i_1j_1} & a_{i_1j_2} & \cdots & a_{i_1j_k} \\ a_{i_2j_1} & a_{i_2j_2} & \cdots & a_{i_2j_k} \\ \vdots & \vdots & & \vdots \\ a_{i_kj_1} & a_{i_kj_2} & \cdots & a_{i_kj_k} \end{bmatrix}, \quad \begin{array}{l} 1\leqslant i_1<i_2<\cdots<i_k\leqslant m, \\ 1\leqslant j_1<j_2<\cdots<j_k\leqslant n. \end{array}$$

称其为 $\boldsymbol{A}$ 的一个 k 阶子块，这个子块的行列式称为矩阵 $\boldsymbol{A}$ 的一个 k 阶子式. 这里 $k\leqslant \min\{m,n\}$.

例如，在阶梯形矩阵

$$\boldsymbol{B}=\begin{bmatrix} 1 & 3 & -5 & 1 & 5 \\ 0 & 1 & -2 & 2 & -7 \\ 0 & 0 & 0 & -4 & 20 \\ 0 & 0 & 0 & 0 & 0 \end{bmatrix}$$

中，由第 1、2、3 行和第 1、2、4 列组成的 3 阶子式为

$$\begin{vmatrix} 1 & 3 & 1 \\ 0 & 1 & 2 \\ 0 & 0 & -4 \end{vmatrix}=-4\neq 0.$$

而矩阵 $\boldsymbol{B}$ 所有的 4 阶子式均为零.

定理 4.6.3　设 $\boldsymbol{A}$ 是 $m\times n$ 矩阵，则 $\boldsymbol{A}$ 的秩等于 $\boldsymbol{A}$ 的非零子式的最高阶数.

证明　若 $\boldsymbol{A}=\boldsymbol{O}$，则定理显然成立，故假设 $\boldsymbol{A}\neq\boldsymbol{O}$.

设 $\boldsymbol{A}$ 的非零子式的最高阶数为 r，$\boldsymbol{A}$ 的秩 $r(\boldsymbol{A})=s$. 不妨设 $\boldsymbol{A}$ 的左上角的 r 阶子块 $\boldsymbol{A}_r$ 对应的 r 阶子式非零，则 $\boldsymbol{A}_r$ 的 r 个列向量线性无关，从而 $\boldsymbol{A}$ 的前 r 个列向量也线性无关. 所以 $r\leqslant s$.

另一方面，若 $r(\boldsymbol{A})=s$，故 $\boldsymbol{A}$ 有 s 个列向量线性无关，不妨设 $\boldsymbol{A}$ 的前 s 列线性无关. 令 $\boldsymbol{B}$ 表示 $\boldsymbol{A}$ 的前 s 列组成的子矩阵，则 $r(\boldsymbol{B})=s$. 于是存在 $\boldsymbol{B}$ 的 s 个行向量线性无关，不妨设为 $\boldsymbol{B}$ 的前 s 行线性无关，则 $\boldsymbol{B}$ 的前 s 行构成的 s 阶矩阵可逆，该子矩阵是 $\boldsymbol{A}$ 的一个 s 阶子块. 故 $s\leqslant r$.

综上，$r=s$，即 $\boldsymbol{A}$ 的秩等于 $\boldsymbol{A}$ 的非零子式的最高阶数.

这样，若矩阵 $\boldsymbol{A}$ 有一个 r 阶子式不为零，则 $r(\boldsymbol{A})\geqslant r$；若 $\boldsymbol{A}$ 的所有 $r+1$ 阶子式(如果存在的话)全为零，可推出 $\boldsymbol{A}$ 的所有更高阶子式全为零，则 $r(\boldsymbol{A})\leqslant r$. 据此可得出矩阵 $\boldsymbol{A}$ 的秩为 r 的一个等价描述：$r(\boldsymbol{A})=r$ 的充要条件是 $\boldsymbol{A}$ 有一个 r 阶子式不为零，而所有的 $r+1$ 阶子式(如果有)全为零.

定义 4.6.4　若矩阵 $\boldsymbol{B}$ 可以由矩阵 $\boldsymbol{A}$ 经过一系列初等变换得到，则称 $\boldsymbol{A}$ 与 $\boldsymbol{B}$ 相抵(或等价，equivalent).

显然，任意矩阵和自己相抵. 由初等变换的可逆性易知，若 $\boldsymbol{A}$ 与 $\boldsymbol{B}$ 相抵，则 $\boldsymbol{B}$ 与 $\boldsymbol{A}$ 也相抵. 又若 $\boldsymbol{B}$ 是由 $\boldsymbol{A}$ 经过一系列初等变换得到的，$\boldsymbol{C}$ 是由 $\boldsymbol{B}$ 经过一系列初等变换得到的，那么把这两组初等变换连续施行，就能从 $\boldsymbol{A}$ 得到 $\boldsymbol{C}$，于是相抵作为矩阵之间的一种关系，具有传递性：若 $\boldsymbol{A}$ 与 $\boldsymbol{B}$ 相抵，$\boldsymbol{B}$ 与 $\boldsymbol{C}$ 相抵，则 $\boldsymbol{A}$ 与 $\boldsymbol{C}$ 相抵.

由推论 2.3.2 和推论 4.6.2，有下面的结论.

推论 4.6.2　设 $\boldsymbol{A}$ 是一个 $m\times n$ 矩阵，$\boldsymbol{P},\boldsymbol{Q}$ 分别是 m 阶和 n 阶可逆矩阵，则

$$r(\boldsymbol{PAQ})=r(\boldsymbol{A}).$$

对任意矩阵 $\boldsymbol{A}$，可先经过初等行变换化为行最简形矩阵，再利用初等列变换进一步化为 $\begin{bmatrix}\boldsymbol{I}_r & \boldsymbol{O}\\ \boldsymbol{O} & \boldsymbol{O}\end{bmatrix}$，其中 r 为矩阵 $\boldsymbol{A}$ 的秩. 称 $\begin{bmatrix}\boldsymbol{I}_r & \boldsymbol{O}\\ \boldsymbol{O} & \boldsymbol{O}\end{bmatrix}$ 为矩阵的相抵标准形(或等价标准形).

定理 4.6.4　设 $\boldsymbol{A}$ 与 $\boldsymbol{B}$ 都是 $m\times n$ 矩阵，则 $\boldsymbol{A}$ 与 $\boldsymbol{B}$ 相抵的充要条件是 $r(\boldsymbol{A})=r(\boldsymbol{B})$.

证明　必要性. 由推论 4.6.2 可得.

充分性. 设 $r(\boldsymbol{A})=r(\boldsymbol{B})=r$，则 $\boldsymbol{A},\boldsymbol{B}$ 都与 $\begin{bmatrix}\boldsymbol{I}_r & \boldsymbol{O}\\ \boldsymbol{O} & \boldsymbol{O}\end{bmatrix}$ 相抵，由相抵的传递性可知 $\boldsymbol{A}$ 与 $\boldsymbol{B}$ 相抵.

矩阵的秩还有许多很好的性质，可以用来解决一系列问题.

矩阵的秩的性质

定理 4.6.5　设 $\boldsymbol{A}$ 是 $m\times n$ 矩阵，则

(1) $r(\boldsymbol{A})=r(\boldsymbol{A}^{\mathrm{T}})$；

(2) 若 $k\neq 0$，则 $r(k\boldsymbol{A})=r(\boldsymbol{A})$.

定理 4.6.6 设 $\boldsymbol{A},\boldsymbol{B}$ 是 $m\times n$ 矩阵，则 $r(\boldsymbol{A}+\boldsymbol{B})\leqslant r(\boldsymbol{A})+r(\boldsymbol{B})$.

证明留作习题.

定理 4.6.7 矩阵乘积的秩 $r(\boldsymbol{AB})\leqslant\min\{r(\boldsymbol{A}),r(\boldsymbol{B})\}$.

证明 记 $\boldsymbol{A}=(\boldsymbol{\alpha}_1,\boldsymbol{\alpha}_2,\cdots,\boldsymbol{\alpha}_s)$，$\boldsymbol{B}=(b_{ij})_{s\times n}$，则

$$\boldsymbol{AB}=(\boldsymbol{\alpha}_1,\boldsymbol{\alpha}_2,\cdots,\boldsymbol{\alpha}_s)\begin{bmatrix}b_{11}&b_{12}&\cdots&b_{1n}\\b_{21}&b_{22}&\cdots&b_{2n}\\\vdots&\vdots&&\vdots\\b_{s1}&b_{s2}&\cdots&b_{sn}\end{bmatrix}$$

$$=(b_{11}\boldsymbol{\alpha}_1+b_{21}\boldsymbol{\alpha}_2+\cdots+b_{s1}\boldsymbol{\alpha}_s,\cdots,b_{1n}\boldsymbol{\alpha}_1+b_{2n}\boldsymbol{\alpha}_2+\cdots+b_{sn}\boldsymbol{\alpha}_s),$$

即 $\boldsymbol{AB}$ 的列向量组可由 $\boldsymbol{A}$ 的列向量组线性表出，故

$$r(\boldsymbol{AB})\leqslant r(\boldsymbol{A}).$$

又

$$r(\boldsymbol{AB})=r((\boldsymbol{AB})^{\mathrm{T}})=r(\boldsymbol{B}^{\mathrm{T}}\boldsymbol{A}^{\mathrm{T}})\leqslant r(\boldsymbol{B}^{\mathrm{T}})=r(\boldsymbol{B}),$$

因此有

$$r(\boldsymbol{AB})\leqslant\min\{r(\boldsymbol{A}),r(\boldsymbol{B})\}.$$

例 4.6.5 设 $\boldsymbol{A},\boldsymbol{B}$ 分别为 $s\times n$，$s\times m$ 矩阵，则

$$\max\{r(\boldsymbol{A}),r(\boldsymbol{B})\}\leqslant r([\boldsymbol{A},\boldsymbol{B}])\leqslant r(\boldsymbol{A})+r(\boldsymbol{B}).$$

证明 设 $r(\boldsymbol{A})=r$，$r(\boldsymbol{B})=t$，将 $\boldsymbol{A},\boldsymbol{B}$ 作列分块，$\boldsymbol{A}=[\boldsymbol{\alpha}_1,\boldsymbol{\alpha}_2,\cdots,\boldsymbol{\alpha}_n]$，$\boldsymbol{B}=[\boldsymbol{\beta}_1,\boldsymbol{\beta}_2,\cdots,\boldsymbol{\beta}_m]$，则

$$[\boldsymbol{A},\boldsymbol{B}]=[\boldsymbol{\alpha}_1,\boldsymbol{\alpha}_2,\cdots,\boldsymbol{\alpha}_n,\boldsymbol{\beta}_1,\boldsymbol{\beta}_2,\cdots,\boldsymbol{\beta}_m].$$

利用秩的定义可直接证明左侧不等式.

另一方面，由于 $\boldsymbol{\alpha}_1,\boldsymbol{\alpha}_2,\cdots,\boldsymbol{\alpha}_n$ 可由其极大无关组 $\boldsymbol{\alpha}_{i_1},\boldsymbol{\alpha}_{i_2},\cdots,\boldsymbol{\alpha}_{i_r}$ 线性表出，$\boldsymbol{\beta}_1,\boldsymbol{\beta}_2,\cdots,\boldsymbol{\beta}_m$ 可由其极大无关组 $\boldsymbol{\beta}_{j_1},\boldsymbol{\beta}_{j_2},\cdots,\boldsymbol{\beta}_{j_t}$ 线性表出，故 $\boldsymbol{\alpha}_1,\boldsymbol{\alpha}_2,\cdots,\boldsymbol{\alpha}_n,\boldsymbol{\beta}_1,\boldsymbol{\beta}_2,\cdots,\boldsymbol{\beta}_m$ 可由向量组 $\boldsymbol{\alpha}_{i_1},\boldsymbol{\alpha}_{i_2},\cdots,\boldsymbol{\alpha}_{i_r},\boldsymbol{\beta}_{j_1},\boldsymbol{\beta}_{j_2},\cdots,\boldsymbol{\beta}_{j_t}$ (Ⅰ)线性表出，所以

$$r([\boldsymbol{A},\boldsymbol{B}])\leqslant r(\text{Ⅰ})\leqslant r+t=r(\boldsymbol{A})+r(\boldsymbol{B}).$$

例 4.6.6 $r\left(\begin{bmatrix}\boldsymbol{A}&\boldsymbol{O}\\\boldsymbol{O}&\boldsymbol{B}\end{bmatrix}\right)=r(\boldsymbol{A})+r(\boldsymbol{B})$.

证明 设 $r(\boldsymbol{A})=r_1$，$r(\boldsymbol{B})=r_2$. 存在可逆矩阵 $\boldsymbol{P}_1,\boldsymbol{Q}_1,\boldsymbol{P}_2,\boldsymbol{Q}_2$，使得

$$\boldsymbol{P}_1\boldsymbol{A}\boldsymbol{Q}_1=\begin{bmatrix}\boldsymbol{I}_{r_1}&\boldsymbol{O}\\\boldsymbol{O}&\boldsymbol{O}\end{bmatrix},\quad \boldsymbol{P}_2\boldsymbol{A}\boldsymbol{Q}_2=\begin{bmatrix}\boldsymbol{I}_{r_2}&\boldsymbol{O}\\\boldsymbol{O}&\boldsymbol{O}\end{bmatrix}.$$

则

$$\begin{bmatrix}\boldsymbol{P}_1&\\&\boldsymbol{P}_2\end{bmatrix}\begin{bmatrix}\boldsymbol{A}&\\&\boldsymbol{B}\end{bmatrix}\begin{bmatrix}\boldsymbol{Q}_1&\\&\boldsymbol{Q}_2\end{bmatrix}=\begin{bmatrix}\boldsymbol{P}_1\boldsymbol{A}\boldsymbol{Q}_1&\\&\boldsymbol{P}_2\boldsymbol{A}\boldsymbol{Q}_2\end{bmatrix}=\begin{bmatrix}\boldsymbol{I}_{r_1}&&&\\&\boldsymbol{O}&&\\&&\boldsymbol{I}_{r_2}&\\&&&\boldsymbol{O}\end{bmatrix}.$$

因$\begin{bmatrix} \boldsymbol{P}_1 & \\ & \boldsymbol{P}_2 \end{bmatrix}$，$\begin{bmatrix} \boldsymbol{Q}_1 & \\ & \boldsymbol{Q}_2 \end{bmatrix}$也是可逆矩阵，故

$$r\left(\begin{bmatrix} \boldsymbol{A} & \\ & \boldsymbol{B} \end{bmatrix}\right)=r\left(\begin{bmatrix} \boldsymbol{I}_{r_1} & & & \\ & \boldsymbol{O} & & \\ & & \boldsymbol{I}_{r_2} & \\ & & & \boldsymbol{O} \end{bmatrix}\right)=r_1+r_2=r(\boldsymbol{A})+r(\boldsymbol{B}).$$

§4.7　线性方程组的有解条件及解的结构

在本节，我们应用向量的相关理论阐明线性方程组的有解条件及解的结构.

对未知量为 $x_1,x_2,\cdots,x_n$ 的齐次线性方程组

$$\begin{cases} a_{11}x_1+a_{12}x_2+\cdots+a_{1n}x_n=0, \\ a_{21}x_1+a_{22}x_2+\cdots+a_{2n}x_n=0, \\ \qquad\qquad\vdots \\ a_{m1}x_1+a_{m2}x_2+\cdots+a_{mn}x_n=0, \end{cases} \tag{4.7.1}$$

令 $\boldsymbol{A}=(a_{ij})_{m\times n}$，$\boldsymbol{x}=(x_1,x_2,\cdots,x_n)^{\mathrm{T}}$，则此齐次线性方程组可写成

$$\boldsymbol{Ax}=\boldsymbol{0}.$$

齐次线性方程组 $\boldsymbol{Ax}=\boldsymbol{0}$ 至少有零解 $\boldsymbol{x}=(0,0,\cdots,0)^{\mathrm{T}}$. 我们关心的问题是：齐次线性方程组有没有非零解？当方程组有非零解时，如何求出其所有的解？

定理 4.2.1 告诉我们，齐次线性方程组有非零解的充分必要条件是 $\boldsymbol{A}$ 的列向量组线性相关. 这个性质用秩来描述，就是下面的定理.

定理 4.7.1　设 $\boldsymbol{A}$ 是 $m\times n$ 矩阵，则齐次线性方程组 $\boldsymbol{Ax}=\boldsymbol{0}$ 有非零解的充分必要条件为 $r(\boldsymbol{A})<n$.

定理 4.4.1 中，我们证明了齐次线性方程组的解的任意线性组合仍是解，即 $\boldsymbol{Ax}=\boldsymbol{0}$ 的解空间是向量空间. 若 $\boldsymbol{Ax}=\boldsymbol{0}$ 有非零解，解空间中的无穷多个解可以由解空间的基线性表出，通常称解空间的基为齐次线性方程组的基础解系.

定义 4.7.1　齐次线性方程组 $\boldsymbol{Ax}=\boldsymbol{0}$ 的一组解 $\boldsymbol{\eta}_1,\boldsymbol{\eta}_2,\cdots,\boldsymbol{\eta}_t$ 称为该齐次线性方程组的基础解系，如果

(1) $\boldsymbol{\eta}_1,\boldsymbol{\eta}_2,\cdots,\boldsymbol{\eta}_t$ 线性无关；

(2) $\boldsymbol{Ax}=\boldsymbol{0}$ 的任一解都可由 $\boldsymbol{\eta}_1,\boldsymbol{\eta}_2,\cdots,\boldsymbol{\eta}_t$ 线性表出.

显然，齐次线性方程组 $\boldsymbol{Ax}=\boldsymbol{0}$ 的基础解系就是 $\boldsymbol{Ax}=\boldsymbol{0}$ 的解空间的一组基.

齐次线性方程组解的结构

如果 $\boldsymbol{\eta}_1,\boldsymbol{\eta}_2,\cdots,\boldsymbol{\eta}_t$ 是齐次线性方程组 $\boldsymbol{Ax}=\boldsymbol{0}$ 的基础解系，那么

$$k_1\boldsymbol{\eta}_1+k_2\boldsymbol{\eta}_2+\cdots+k_t\boldsymbol{\eta}_t,\quad k_1,k_2,\cdots,k_t\in\mathbf{R}$$

是 $\boldsymbol{Ax}=\boldsymbol{0}$ 全部的解，称这种形式为 $\boldsymbol{Ax}=\boldsymbol{0}$ 的一般解或通解.

解齐次线性方程组的关键就是要求其基础解系，并进而求出通解.

定理 4.7.2 设 $\boldsymbol{A}$ 是 $m\times n$ 矩阵，$r(\boldsymbol{A})=r<n$，则齐次线性方程组 $\boldsymbol{Ax}=\boldsymbol{0}$ 存在基础解系，且基础解系含 $n-r$ 个解向量.

证明 由 $\boldsymbol{Ax}=\boldsymbol{0}$ 的解空间的基的构造方式可知，基础解系中所含向量个数等于方程组 $\boldsymbol{Ax}=\boldsymbol{0}$ 中自由变量的个数，即 $\boldsymbol{A}$ 中非主元列的数目. 而 $r(\boldsymbol{A})$ 等于 $\boldsymbol{A}$ 的主元列的数目.

显然，主元列的数目+非主元列的数目 $=\boldsymbol{A}$ 的总列数 $=n$，因此结论成立.

例 4.7.1 求以下齐次线性方程组的通解.

$$\begin{cases}-2x_1-5x_2+8x_3-17x_5=0,\\x_1+3x_2-5x_3+x_4+5x_5=0,\\3x_1+11x_2-19x_3+7x_4+x_5=0,\\x_1+7x_2-13x_3+5x_4-3x_5=0.\end{cases}$$

解 方法 1 对系数矩阵进行初等行变换，化为行最简形矩阵

$$\begin{bmatrix}-2&-5&8&0&-17\\1&3&-5&1&5\\3&11&-19&7&1\\1&7&-13&5&-3\end{bmatrix}\to\cdots\to\begin{bmatrix}1&0&1&0&1\\0&1&-2&0&3\\0&0&0&1&-5\\0&0&0&0&0\end{bmatrix}.$$

相应的线性方程组为

$$\begin{cases}x_1+x_3+x_5=0,\\x_2-2x_3+3x_5=0,\\x_4-5x_5=0.\end{cases}$$

取 x_3 和 x_5 为自由变量，解得

$$\begin{cases}x_1=-x_3-x_5,\\x_2=2x_3-3x_5,\\x_4=5x_5.\end{cases}$$

令 $x_3=k_1,x_5=k_2$，则

$$\begin{bmatrix}x_1\\x_2\\x_3\\x_4\\x_5\end{bmatrix}=k_1\begin{bmatrix}-1\\2\\1\\0\\0\end{bmatrix}+k_2\begin{bmatrix}-1\\-3\\0\\5\\1\end{bmatrix},\quad k_1,k_2\text{ 为任意数}.$$

故基础解系为

$$\boldsymbol{\eta}_1=(-1,2,1,0,0)^{\mathrm{T}},\quad \boldsymbol{\eta}_2=(-1,-3,0,5,1)^{\mathrm{T}},$$

通解为 $k_1\boldsymbol{\eta}_1+k_2\boldsymbol{\eta}_2$，其中 k_1,k_2 为任意数.

方法 2 对系数矩阵进行初等行变换，化为行最简形矩阵，并还原为同解的线性方

程组

$$\begin{cases} x_1+x_3+x_5=0, \\ x_2-2x_3+3x_5=0, \\ x_4-5x_5=0. \end{cases}$$

取 x_3 和 x_5 为自由变量. 分别令 $x_3=1, x_5=0$ 和 $x_3=0, x_5=1$，代入以上方程组得

$$\boldsymbol{\eta}_1=\begin{bmatrix} -1 \\ 2 \\ 1 \\ 0 \\ 0 \end{bmatrix}, \quad \boldsymbol{\eta}_2=\begin{bmatrix} -1 \\ -2 \\ 0 \\ 5 \\ 1 \end{bmatrix}.$$

则 $\boldsymbol{\eta}_1, \boldsymbol{\eta}_2$ 为一个基础解系，此齐次线性方程组的通解是 $c_1\boldsymbol{\eta}_1+c_2\boldsymbol{\eta}_2$，其中 c_1, c_2 是任意数.

由于基础解系与矩阵的秩有密切的联系，因此一些与秩有关的证明可通过构造齐次线性方程组来处理.

例 4.7.2　设 $\boldsymbol{A}$ 为 $m\times n$ 矩阵，$\boldsymbol{B}$ 为 $n\times s$ 矩阵，如果 $\boldsymbol{AB}=\boldsymbol{O}$. 证明：

$$r(\boldsymbol{A})+r(\boldsymbol{B})\leqslant n.$$

证明　对矩阵 $\boldsymbol{B}$ 按列分块，$\boldsymbol{B}=[\boldsymbol{\beta}_1, \boldsymbol{\beta}_2, \cdots, \boldsymbol{\beta}_s]$，有

$$\boldsymbol{AB}=\boldsymbol{A}[\boldsymbol{\beta}_1, \boldsymbol{\beta}_2, \cdots, \boldsymbol{\beta}_s]=[\boldsymbol{A\beta}_1, \boldsymbol{A\beta}_2, \cdots, \boldsymbol{A\beta}_s]=[\boldsymbol{0}, \boldsymbol{0}, \cdots, \boldsymbol{0}],$$

得到

$$\boldsymbol{A\beta}_j=\boldsymbol{0}, \quad j=1,2,\cdots,s.$$

即 $\boldsymbol{B}$ 的列向量 $\boldsymbol{\beta}_1, \boldsymbol{\beta}_2, \cdots, \boldsymbol{\beta}_s$ 都是齐次线性方程组 $\boldsymbol{Ax}=\boldsymbol{0}$ 的解.

若 $r(\boldsymbol{A})=n$，则 $\boldsymbol{Ax}=\boldsymbol{0}$ 只有零解，此时 $\boldsymbol{B}=\boldsymbol{O}$，$r(\boldsymbol{B})=\boldsymbol{0}=n-r(\boldsymbol{A})$；

若 $r(\boldsymbol{A})=r<n$，向量组 $\boldsymbol{\beta}_1, \boldsymbol{\beta}_2, \cdots, \boldsymbol{\beta}_s$ 可由 $\boldsymbol{Ax}=\boldsymbol{0}$ 的基础解系线性表出，而基础解系中有 $n-r(\boldsymbol{A})$ 个向量. 所以

$$r(\boldsymbol{B})=r(\boldsymbol{\beta}_1, \boldsymbol{\beta}_2, \cdots, \boldsymbol{\beta}_s)\leqslant n-r(\boldsymbol{A}),$$

即

$$r(\boldsymbol{A})+r(\boldsymbol{B})\leqslant n.$$

例 4.7.3　设 $\boldsymbol{A}$ 为 $m\times n$ 实矩阵，证明 $r(\boldsymbol{A}^{\mathrm{T}}\boldsymbol{A})=r(\boldsymbol{A})$.

证明　考察下面的齐次线性方程组

$$(1)\boldsymbol{Ax}=\boldsymbol{0}, \quad (2)(\boldsymbol{A}^{\mathrm{T}}\boldsymbol{A})\boldsymbol{x}=\boldsymbol{0}.$$

显然齐次线性方程组(1)的解都是齐次线性方程组(2)的解. 反之，设 $\boldsymbol{x}_0$ 是齐次线性方程组(2)的一个解，则

$$(\boldsymbol{A}^{\mathrm{T}}\boldsymbol{A})\boldsymbol{x}_0=\boldsymbol{0}.$$

左乘 $\boldsymbol{x}_0^{\mathrm{T}}$ 得

$$\boldsymbol{x}_0^{\mathrm{T}}(\boldsymbol{A}^{\mathrm{T}}\boldsymbol{A})\boldsymbol{x}=(\boldsymbol{Ax}_0)^{\mathrm{T}}(\boldsymbol{Ax}_0)=\boldsymbol{0},$$

于是

$$\boldsymbol{Ax}_0=\boldsymbol{0}.$$

即齐次线性方程组(2)的解也是(1)的解. 这样齐次线性方程组(1)和(2)同解，从而它们的基础解系所含向量个数相同，即

$$n-r(\boldsymbol{A})=n-r(\boldsymbol{A}^{\mathrm{T}}\boldsymbol{A}),$$

从而 $r(\boldsymbol{A})=r(\boldsymbol{A}^{\mathrm{T}}\boldsymbol{A})$.

例 4.7.4 求齐次线性方程组(1)与(2)的公共解，其中

$$(1)\begin{cases}x_1+x_2=0,\\x_2-x_4=0,\end{cases}\qquad (2)\begin{cases}x_1-x_2+x_3=0,\\x_2-x_3+x_4=0.\end{cases}$$

解 方法 1 求齐次线性方程组(1)与(2)的公共解，就是求齐次线性方程组

$$\begin{cases}x_1+x_2=0,\\x_2-x_4=0,\\x_1-x_2+x_3=0,\\x_2-x_3+x_4=0\end{cases}$$

的解.

$$\begin{bmatrix}1&1&0&0\\0&1&0&-1\\1&-1&1&0\\0&1&-1&1\end{bmatrix}\to\cdots\to\begin{bmatrix}1&1&0&0\\0&1&0&-1\\0&0&1&-2\\0&0&0&0\end{bmatrix}\to\begin{bmatrix}1&0&0&1\\0&1&0&-1\\0&0&1&-2\\0&0&0&0\end{bmatrix},$$

基础解系为 $\boldsymbol{\eta}=(-1,1,2,1)^{\mathrm{T}}$. 所以，齐次线性方程组(1)与(2)的公共解为 $\boldsymbol{x}=c\boldsymbol{\eta}$，其中 c 为任意数.

方法 2 齐次线性方程组(1)的基础解系为

$$\boldsymbol{\xi}_1=(-1,1,0,1)^{\mathrm{T}},\quad \boldsymbol{\xi}_2=(0,0,1,0)^{\mathrm{T}}.$$

齐次线性方程组(2)的基础解系为

$$\boldsymbol{\eta}_1=(0,1,1,0)^{\mathrm{T}},\quad \boldsymbol{\eta}_2=(-1,-1,0,1)^{\mathrm{T}}.$$

那么公共解应满足

$$k_1\boldsymbol{\xi}_1+k_2\boldsymbol{\xi}_2=l_1\boldsymbol{\eta}_1+l_2\boldsymbol{\eta}_2,$$

即

$$(-k_1,k_1,k_2,k_1)^{\mathrm{T}}=(-l_2,l_1-l_2,l_2)^{\mathrm{T}},$$

容易求出 $l_1=k_2=2l_2=2k_1$. 令 $k_1=c$，得公共解 $\boldsymbol{x}=(-c,c,2c,c)^{\mathrm{T}}$，其中 c 为任意数.

对未知量为 $x_1,x_2,\cdots,x_n$ 的非齐次线性方程组

$$\begin{cases}a_{11}x_1+a_{12}x_2+\cdots+a_{1n}x_n=b_1,\\a_{21}x_1+a_{22}x_2+\cdots+a_{2n}x_n=b_2,\\\quad\vdots\\a_{m1}x_1+a_{m2}x_2+\cdots+a_{mn}x_n=b_m,\end{cases}\tag{4.7.2}$$

写成矩阵形式 $\boldsymbol{Ax}=\boldsymbol{b}$，其中 $\boldsymbol{A}=(a_{ij})_{m\times n}$ 为方程组的系数矩阵，$\boldsymbol{x}=(x_1,x_2,\cdots,x_n)^{\mathrm{T}}$，$\boldsymbol{b}=(b_1,b_2,\cdots,b_m)^{\mathrm{T}}$.

设 $\boldsymbol{A}$ 的列分块为 $\boldsymbol{A}=[\boldsymbol{\alpha}_1,\boldsymbol{\alpha}_2,\cdots,\boldsymbol{\alpha}_n]$，非齐次线性方程组可写成向量形式

$$x_1\boldsymbol{\alpha}_1+x_2\boldsymbol{\alpha}_2+\cdots+x_n\boldsymbol{\alpha}_n=\boldsymbol{b}.$$

利用定理 4.1.1 及秩的性质，有

线性方程组 $\boldsymbol{Ax}=\boldsymbol{b}$ 有解 $\Leftrightarrow \boldsymbol{b}$ 可由 $\boldsymbol{A}$ 的列向量组 $\boldsymbol{\alpha}_1,\boldsymbol{\alpha}_2,\cdots,\boldsymbol{\alpha}_n$ 线性表出

$\Leftrightarrow \boldsymbol{\alpha}_1,\boldsymbol{\alpha}_2,\cdots,\boldsymbol{\alpha}_n$ 与 $\boldsymbol{\alpha}_1,\boldsymbol{\alpha}_2,\cdots,\boldsymbol{\alpha}_n,\boldsymbol{b}$ 是等价向量组

$\Leftrightarrow r(\boldsymbol{\alpha}_1,\boldsymbol{\alpha}_2,\cdots,\boldsymbol{\alpha}_n)=r(\boldsymbol{\alpha}_1,\boldsymbol{\alpha}_2,\cdots,\boldsymbol{\alpha}_n,\boldsymbol{b})$

这样有下面的定理.

定理 4.7.3　设 $m\times n$ 矩阵 $\boldsymbol{A}$ 是线性方程组 $\boldsymbol{Ax}=\boldsymbol{b}$ 的系数矩阵，$\overline{\boldsymbol{A}}=[\boldsymbol{A},\boldsymbol{b}]$ 是相应的增广矩阵，则 $\boldsymbol{Ax}=\boldsymbol{b}$ 有解的充要条件是 $r(\boldsymbol{A})=r(\overline{\boldsymbol{A}})$.

如果把式(4.7.2)中的常数项全部换为 0，就得到齐次线性方程组(4.7.1). 齐次线性方程组(4.7.1)称为非齐次线性方程组(4.7.2)的导出组，或称为与非齐次线性方程组(4.7.2)相对应的齐次线性方程组. 非齐次线性方程组的解与它的导出组的解之间有着密切的联系.

非齐次线性方程组的有解条件及解的结构

(1)设 $\boldsymbol{\xi}_1,\boldsymbol{\xi}_2$ 是非齐次线性方程组 $\boldsymbol{Ax}=\boldsymbol{b}$ 的任意两个解，则 $\boldsymbol{\xi}=\boldsymbol{\xi}_1-\boldsymbol{\xi}_2$ 是导出组 $\boldsymbol{Ax}=\boldsymbol{0}$ 的解.

这是因为

$$\boldsymbol{A\xi}=\boldsymbol{A}(\boldsymbol{\xi}_1-\boldsymbol{\xi}_2)=\boldsymbol{A\xi}_1-\boldsymbol{A\xi}_2=\boldsymbol{b}-\boldsymbol{b}=\boldsymbol{0}.$$

(2)非齐次线性方程组 $\boldsymbol{Ax}=\boldsymbol{b}$ 的某个解 $\boldsymbol{\xi}_0$ 加上导出组 $\boldsymbol{Ax}=\boldsymbol{0}$ 的任一解 $\boldsymbol{\eta}$ 仍是非齐次线性方程组 $\boldsymbol{Ax}=\boldsymbol{b}$ 的解.

这是因为

$$\boldsymbol{A}(\boldsymbol{\xi}_0+\boldsymbol{\eta})=\boldsymbol{A\xi}_0+\boldsymbol{A\eta}=\boldsymbol{b}+\boldsymbol{0}=\boldsymbol{b}.$$

(3)如果 $\boldsymbol{\xi}_0$ 是非齐次线性方程组 $\boldsymbol{Ax}=\boldsymbol{b}$ 的某个解，那么非齐次线性方程组 $\boldsymbol{Ax}=\boldsymbol{b}$ 的任一解 $\boldsymbol{\gamma}$ 都可表示成

$$\boldsymbol{\gamma}=\boldsymbol{\xi}_0+\boldsymbol{\eta},$$

其中 $\boldsymbol{\eta}$ 是导出组 $\boldsymbol{Ax}=\boldsymbol{0}$ 的某个解.

这是因为

$$\boldsymbol{\gamma}=\boldsymbol{\xi}_0+(\boldsymbol{\gamma}-\boldsymbol{\xi}_0),$$

由(1)知 $\boldsymbol{\gamma}-\boldsymbol{\xi}_0$ 是导出组 $\boldsymbol{Ax}=\boldsymbol{0}$ 的解.

既然非齐次线性方程组 $\boldsymbol{Ax}=\boldsymbol{b}$ 的任一解都可表示成 $\boldsymbol{\xi}_0+\boldsymbol{\eta}$ 的形式，那么当 $\boldsymbol{\eta}$ 取遍导出组 $\boldsymbol{Ax}=\boldsymbol{0}$ 的所有解时，$\boldsymbol{\xi}_0+\boldsymbol{\eta}$ 就取遍了非齐次线性方程组 $\boldsymbol{Ax}=\boldsymbol{b}$ 的所有的解. 这就有下面的定理.

定理 4.7.4　设 $m\times n$ 矩阵 $\boldsymbol{A}$ 是非齐次线性方程组 $\boldsymbol{Ax}=\boldsymbol{b}$ 的系数矩阵，$\overline{\boldsymbol{A}}=[\boldsymbol{A},\boldsymbol{b}]$ 是相应的增广矩阵.

(1)$r(\boldsymbol{A})=r(\overline{\boldsymbol{A}})=n$ 时，$\boldsymbol{Ax}=\boldsymbol{b}$ 有唯一解；

(2)$r(\boldsymbol{A})=r(\overline{\boldsymbol{A}})=r<n$ 时，$\boldsymbol{Ax}=\boldsymbol{b}$ 有无穷多解，其通解为

$$\boldsymbol{x}=\boldsymbol{\xi}_0+k_1\boldsymbol{\eta}_1+k_2\boldsymbol{\eta}_2+\cdots+k_{n-r}\boldsymbol{\eta}_{n-r},$$

其中 $\boldsymbol{\xi}_0$ 是 $\boldsymbol{Ax}=\boldsymbol{b}$ 的某个解，称为该线性方程组的特解，$\boldsymbol{\eta}_1,\boldsymbol{\eta}_2,\cdots,\boldsymbol{\eta}_{n-r}$ 是导出组 $\boldsymbol{Ax}=\boldsymbol{0}$

的基础解系，$k_1,k_2,\cdots,k_{n-r}$是任意数.

例 4.7.5 已知 4 元线性方程组 $\boldsymbol{Ax}=\boldsymbol{b}$ 的三个解是$\boldsymbol{\xi}_1,\boldsymbol{\xi}_2,\boldsymbol{\xi}_3$，且$\boldsymbol{\xi}_1=(1,2,3,4)^{\mathrm{T}}$，$\boldsymbol{\xi}_2+\boldsymbol{\xi}_3=(3,5,7,9)^{\mathrm{T}}$，$r(\boldsymbol{A})=3$，求此线性方程组的通解.

解 根据非齐次线性方程组解的性质，可知

$$\boldsymbol{\eta}=\boldsymbol{\xi}_2+\boldsymbol{\xi}_3-2\boldsymbol{\xi}_1=(1,1,1,1)^{\mathrm{T}}$$

是导出组 $\boldsymbol{Ax}=\boldsymbol{0}$ 的解.

又 $n-r(\boldsymbol{A})=4-3=1$，即 $\boldsymbol{Ax}=\boldsymbol{0}$ 的基础解系由一个解向量构成. 因此，$\boldsymbol{\eta}$ 就是 $\boldsymbol{Ax}=\boldsymbol{0}$的基础解系. 由定理 4.7.4，线性方程组的通解为

$$\boldsymbol{x}=(1,2,3,4)^{\mathrm{T}}+k\ (1,1,1,1)^{\mathrm{T}},$$

其中 k 为任意数.

例 4.7.6 解线性方程组

$$\begin{cases}x_1-2x_2-x_3+2x_4=4,\\2x_1-2x_2-3x_3=2,\\4x_1-2x_2-7x_3-4x_4=-2.\end{cases}$$

非齐次线性方程组求解

解 方法 1 写出增广矩阵，并利用初等行变换进行化简

$$\overline{\boldsymbol{A}}=\left[\begin{array}{cccc|c}1&-2&-1&2&4\\2&-2&-3&0&2\\4&-2&-7&-4&-2\end{array}\right]\to\left[\begin{array}{cccc|c}1&-2&-1&2&4\\0&2&-1&-4&-6\\0&6&-3&-12&-18\end{array}\right]$$

$$\to\left[\begin{array}{cccc|c}1&-2&-1&2&4\\0&2&-1&-4&-6\\0&0&0&0&0\end{array}\right]\to\left[\begin{array}{cccc|c}1&0&-2&-2&-2\\0&1&-\frac{1}{2}&-2&-3\\0&0&0&0&0\end{array}\right].$$

由于$r(\boldsymbol{A})=r(\overline{\boldsymbol{A}})=2$，故线性方程组有解. 其同解方程组为

$$\begin{cases}x_1-2x_3-2x_4=-2,\\x_2-\frac{1}{2}x_3-2x_4=-3.\end{cases}$$

取 x_3,x_4 为自由变量，令 $x_3=k_1,x_4=k_2$，方程组的通解为

$$\begin{bmatrix}x_1\\x_2\\x_3\\x_4\end{bmatrix}=\begin{bmatrix}2k_1+2k_2-2\\\frac{1}{2}k_1+2k_2-3\\k_1\\k_2\end{bmatrix}=\begin{bmatrix}-2\\-3\\0\\0\end{bmatrix}+k_1\begin{bmatrix}2\\\frac{1}{2}\\1\\0\end{bmatrix}+k_2\begin{bmatrix}2\\2\\0\\1\end{bmatrix},$$

其中 k_1,k_2 是任意数.

方法 2 对增广矩阵作初等行变换

$$\overline{\boldsymbol{A}}=\left[\begin{array}{cccc|c}1&-2&-1&2&4\\2&-2&-3&0&2\\4&-2&-7&-4&-2\end{array}\right]\to\cdots\to\left[\begin{array}{cccc|c}1&0&-2&-2&-2\\0&1&-\frac{1}{2}&-2&-3\\0&0&0&0&0\end{array}\right].$$

由于 $r(\boldsymbol{A})=r(\bar{\boldsymbol{A}})=2$，故线性方程组有解，且导出组的基础解系由 2 个向量组成. 原线性方程组的同解方程组为

$$\begin{cases} x_1-2x_3-2x_4=-2, \\ x_2-\dfrac{1}{2}x_3-2x_4=-3. \end{cases}$$

取 x_3,x_4 为自由变量，令 $x_3=x_4=0$，求出一个特解

$$\boldsymbol{\xi}_0=\begin{bmatrix} -2 \\ -3 \\ 0 \\ 0 \end{bmatrix}.$$

导出组的同解方程组为

$$\begin{cases} x_1-2x_3-2x_4=0, \\ x_2-\dfrac{1}{2}x_3-2x_4=0. \end{cases}$$

分别令 $x_3=1,x_4=0$ 和 $x_3=0,x_4=1$，得导出组的基础解系

$$\boldsymbol{\eta}_1=\begin{bmatrix} 2 \\ \dfrac{1}{2} \\ 1 \\ 0 \end{bmatrix}, \qquad \boldsymbol{\eta}_2=\begin{bmatrix} 2 \\ 2 \\ 0 \\ 1 \end{bmatrix}.$$

所以此线性方程组的通解为

$$\boldsymbol{\xi}_0+k_1\boldsymbol{\eta}_1+k_2\boldsymbol{\eta}_2=\begin{bmatrix} -2 \\ -3 \\ 0 \\ 0 \end{bmatrix}+k_1\begin{bmatrix} 2 \\ \dfrac{1}{2} \\ 1 \\ 0 \end{bmatrix}+k_2\begin{bmatrix} 2 \\ 2 \\ 0 \\ 1 \end{bmatrix},$$

其中 k_1,k_2 为任意数.

例 4.7.7　考虑线性方程组

$$\begin{cases} x_1+ax_2+x_3=2, \\ x_1+x_2+2x_3=3, \\ x_1+x_2+bx_3=4. \end{cases}$$

含参线性方程组的求解

a,b 取何值时线性方程组有解？在有解时，求其通解.

解　对此线性方程组的增广矩阵作初等行变换化为阶梯形矩阵

$$\left[\begin{array}{ccc|c} 1 & a & 1 & 2 \\ 1 & 1 & 2 & 3 \\ 1 & 1 & b & 4 \end{array}\right]\rightarrow\left[\begin{array}{ccc|c} 1 & a & 1 & 2 \\ 0 & 1-a & 1 & 1 \\ 0 & 0 & b-2 & 1 \end{array}\right].$$

当 $b=2$ 或 $a=1$ 且 $b\neq3$ 时，有 $r(\boldsymbol{A})=2,r(\bar{\boldsymbol{A}})=3$，这两种情况线性方程组无解.

当 $a=1$ 且 $b=3$ 时，$r(\boldsymbol{A})=r(\bar{\boldsymbol{A}})=2$. 此时线性方程组化为

$$\begin{cases} x_1+x_2+x_3=2, \\ x_3=1. \end{cases}$$

取特解 $\boldsymbol{\xi}_0=\begin{bmatrix}1\\0\\1\end{bmatrix}$，导出组的基础解系 $\boldsymbol{\eta}=\begin{bmatrix}0\\1\\1\end{bmatrix}$，此时线性方程组的通解为 $\boldsymbol{x}=\boldsymbol{\xi}_0+k\boldsymbol{\eta}$，其中 k 是任意数.

当 $a\neq1,b\neq2,r(\boldsymbol{A})=r(\bar{\boldsymbol{A}})=3$,此线性方程组有唯一解,可解出

$$\begin{cases} x_1=\dfrac{8a+2b-3ab-5}{(1-a)(b-2)}, \\ x_2=\dfrac{b-3}{(1-a)(b-2)}, \\ x_3=\dfrac{1}{b-2}. \end{cases}$$

至此,我们已用向量空间的理论阐明了矩阵的秩和线性方程组解的结构，这一方面使我们把矩阵、线性方程组的问题放在向量空间理论中来看，得出一些原先未能意识到的结果，从而加深认识;另一方面,为我们解决矩阵、线性方程组的问题提供了新的思想、方法和技巧.

例如，在用消元法解线性方程组时，最后留下的是那些系数组成的行向量线性无关的方程，消失的是那些可表为留下方程的线性组合的方程，留下方程的个数即为极大线性无关组所含向量的个数，也就是行秩. 中学所说的方程“独立”“不独立”实质上就是向量组线性无关、线性相关.

习题 4

1. 设 $\boldsymbol{\alpha}_1=(2,-1,0)^{\mathrm{T}},\boldsymbol{\alpha}_2=(1,4,-3)^{\mathrm{T}},\boldsymbol{\alpha}_3=(1,-2,1)^{\mathrm{T}}$，计算 $2\boldsymbol{\alpha}_1-\boldsymbol{\alpha}_2+3\boldsymbol{\alpha}_3$，并将 $\boldsymbol{\alpha}_3$ 表示为向量 $\boldsymbol{\alpha}_1,\boldsymbol{\alpha}_2$ 的线性组合.

2. k 取何值时，向量 $\boldsymbol{\beta}$ 是 $\boldsymbol{\alpha}_1,\boldsymbol{\alpha}_2,\boldsymbol{\alpha}_3$ 的线性组合？当 $\boldsymbol{\beta}$ 是 $\boldsymbol{\alpha}_1,\boldsymbol{\alpha}_2,\boldsymbol{\alpha}_3$ 的线性组合时，将 $\boldsymbol{\beta}$ 用 $\boldsymbol{\alpha}_1,\boldsymbol{\alpha}_2,\boldsymbol{\alpha}_3$ 线性表示.

$$\boldsymbol{\alpha}_1=\begin{bmatrix}1\\-1\\-2\end{bmatrix},\quad \boldsymbol{\alpha}_2=\begin{bmatrix}5\\-3\\-7\end{bmatrix},\quad \boldsymbol{\alpha}_3=\begin{bmatrix}3\\1\\0\end{bmatrix},\quad \boldsymbol{\beta}=\begin{bmatrix}-4\\3\\k\end{bmatrix}.$$

3. 设 $\boldsymbol{\alpha}_1=(1,2,0)^{\mathrm{T}},\boldsymbol{\alpha}_2=(1,a+2,-3a)^{\mathrm{T}},\boldsymbol{\alpha}_3=(-1,-b-2,a+2b)^{\mathrm{T}}$，$\boldsymbol{\beta}=(1,3,-3)^{\mathrm{T}}$. 问当 a,b 为何值时，

(1)$\boldsymbol{\beta}$ 不能由 $\boldsymbol{\alpha}_1,\boldsymbol{\alpha}_2,\boldsymbol{\alpha}_3$ 线性表示；

(2)$\boldsymbol{\beta}$ 可由 $\boldsymbol{\alpha}_1,\boldsymbol{\alpha}_2,\boldsymbol{\alpha}_3$ 唯一线性表示，写出其表示式；

(3)$\boldsymbol{\beta}$ 可由 $\boldsymbol{\alpha}_1,\boldsymbol{\alpha}_2,\boldsymbol{\alpha}_3$ 线性表示，但表示式不唯一，写出其表示式.

4. 设向量 $\boldsymbol{\beta}=(1,1,b+3,5)^{\mathrm{T}}$，$\boldsymbol{\alpha}_1=(1,0,2,3)^{\mathrm{T}}$，$\boldsymbol{\alpha}_2=(1,1,3,5)^{\mathrm{T}}$，$\boldsymbol{\alpha}_3=(1,-1,a+2,1)^{\mathrm{T}}$，$\boldsymbol{\alpha}_4=(1,2,4,a+8)^{\mathrm{T}}$，试讨论当 a,b 为何值时，$\boldsymbol{\beta}$ 可由 $\boldsymbol{\alpha}_1,\boldsymbol{\alpha}_2,\boldsymbol{\alpha}_3,\boldsymbol{\alpha}_4$ 线性表出？并在可以线性表出时，求出其表示式.

5. 判断下列说法是否正确，并简要说明理由.

(1)因为 $\begin{bmatrix}0\\0\end{bmatrix},\begin{bmatrix}1\\2\\3\end{bmatrix}$ 含有零向量，所以线性相关.

(2)设 $\boldsymbol{\alpha}_1,\boldsymbol{\alpha}_2,\boldsymbol{\alpha}_3,\boldsymbol{\alpha}_4$ 线性相关，则 $\boldsymbol{\alpha}_4,\boldsymbol{\alpha}_1,\boldsymbol{\alpha}_3,\boldsymbol{\alpha}_2$ 也是线性相关的.

(3)如果 $k_1,k_2,\cdots,k_s$ 全为 0 时，$k_1\boldsymbol{\alpha}_1+k_2\boldsymbol{\alpha}_2+\cdots+k_s\boldsymbol{\alpha}_s=\mathbf{0}$，则 $\boldsymbol{\alpha}_1,\boldsymbol{\alpha}_2,\cdots,\boldsymbol{\alpha}_s$ 线性无关.

(4)如果存在不全为零的数 $k_1,k_2,\cdots,k_s$ 使得 $k_1\boldsymbol{\alpha}_1+k_2\boldsymbol{\alpha}_2+\cdots+k_s\boldsymbol{\alpha}_s\neq\mathbf{0}$，则 $\boldsymbol{\alpha}_1,\boldsymbol{\alpha}_2,\cdots,\boldsymbol{\alpha}_s$ 线性无关.

(5)若向量组 $\boldsymbol{\alpha}_1,\boldsymbol{\alpha}_2,\cdots,\boldsymbol{\alpha}_s$ 线性相关，则 $\boldsymbol{\alpha}_1$ 可由 $\boldsymbol{\alpha}_2,\cdots,\boldsymbol{\alpha}_s$ 线性表出.

(6)若向量组 $\boldsymbol{\alpha}_1,\boldsymbol{\alpha}_2,\cdots,\boldsymbol{\alpha}_s$ 中存在一个向量不能由该组中其余 $s-1$ 个向量线性表出，则该向量组线性无关.

(7)如果一个向量组去掉它的任意一个向量后得到的向量组都是线性无关的，则该向量组是线性无关的.

(8)向量组 $\begin{bmatrix}a_1\\a_2\\a_3\end{bmatrix},\begin{bmatrix}b_1\\b_2\\b_3\end{bmatrix},\begin{bmatrix}c_1\\c_2\\c_3\end{bmatrix},\begin{bmatrix}d_1\\d_2\\d_3\end{bmatrix}$ 有可能是线性无关的.

(9)设 $\boldsymbol{\alpha}_1,\boldsymbol{\alpha}_2$ 线性相关，$\boldsymbol{\beta}_1,\boldsymbol{\beta}_2$ 线性相关，则 $\boldsymbol{\alpha}_1+\boldsymbol{\beta}_1,\boldsymbol{\alpha}_2+\boldsymbol{\beta}_2$ 线性相关.

(10)把两个线性无关的 m 维列向量组放在一起，得到的向量组线性无关.

6. 判断下列向量组的线性相关性.

(1)$\boldsymbol{\alpha}_1=(6,2,4,-9)^{\mathrm{T}},\boldsymbol{\alpha}_2=(3,1,2,3)^{\mathrm{T}},\boldsymbol{\alpha}_3=(15,3,2,0)^{\mathrm{T}}$；

(2)$\boldsymbol{\alpha}_1=(2,-1,3,2)^{\mathrm{T}},\boldsymbol{\alpha}_2=(-1,-2,1,-1)^{\mathrm{T}},\boldsymbol{\alpha}_3=(0,-1,1,0)^{\mathrm{T}}$；

(3)$\boldsymbol{\alpha}_1=(1,1,0,0)^{\mathrm{T}},\boldsymbol{\alpha}_2=(1,0,1,0)^{\mathrm{T}},\boldsymbol{\alpha}_3=(0,0,1,1)^{\mathrm{T}},\boldsymbol{\alpha}_4=(0,1,0,1)^{\mathrm{T}}$.

7. k 取何值时，下面的向量组线性相关.

(1)$\boldsymbol{\alpha}_1=(1,-1,-3)^{\mathrm{T}},\boldsymbol{\alpha}_2=(-5,7,8)^{\mathrm{T}},\boldsymbol{\alpha}_3=(1,1,k)^{\mathrm{T}}$；

(2)$\boldsymbol{\alpha}_1=(1,2,-1,4)^{\mathrm{T}},\boldsymbol{\alpha}_2=(0,-1,k,3)^{\mathrm{T}},\boldsymbol{\alpha}_3=(2,5,3,5)^{\mathrm{T}}$；

(3)$\boldsymbol{\alpha}_1=(1,k,1,1)^{\mathrm{T}},\boldsymbol{\alpha}_2=(1,1,k,1)^{\mathrm{T}},\boldsymbol{\alpha}_3=(1,1,1,k)^{\mathrm{T}}$.

8. 如果 $\boldsymbol{\alpha}_1,\boldsymbol{\alpha}_2,\cdots,\boldsymbol{\alpha}_s$ 线性相关，但其中任意 $s-1$ 个向量都线性无关，证明必存在 s 个全不为零的数 $k_1,k_2,\cdots,k_s$，使得 $k_1\boldsymbol{\alpha}_1+k_2\boldsymbol{\alpha}_2+\cdots+k_s\boldsymbol{\alpha}_s=\mathbf{0}$.

9. 设向量组 $\boldsymbol{\alpha}_1,\boldsymbol{\alpha}_2,\boldsymbol{\alpha}_3,\boldsymbol{\alpha}_4$ 线性无关.

(1)证明向量组 $\boldsymbol{\alpha}_1+\boldsymbol{\alpha}_2,\boldsymbol{\alpha}_2+\boldsymbol{\alpha}_3,\boldsymbol{\alpha}_3+\boldsymbol{\alpha}_1$ 线性无关；

(2)判断向量组 $\boldsymbol{\alpha}_1+\boldsymbol{\alpha}_2,\boldsymbol{\alpha}_2+\boldsymbol{\alpha}_3,\boldsymbol{\alpha}_3+\boldsymbol{\alpha}_4,\boldsymbol{\alpha}_4+\boldsymbol{\alpha}_1$ 的线性相关性.

10. 设向量组 $\boldsymbol{\alpha}_1,\boldsymbol{\alpha}_2,\boldsymbol{\alpha}_3$ 线性相关，而向量组 $\boldsymbol{\alpha}_2,\boldsymbol{\alpha}_3,\boldsymbol{\alpha}_4$ 线性无关.

(1)$\boldsymbol{\alpha}_1$ 能否由 $\boldsymbol{\alpha}_2,\boldsymbol{\alpha}_3$ 线性表出？为什么？

(2)$\boldsymbol{\alpha}_4$ 能否由 $\boldsymbol{\alpha}_1,\boldsymbol{\alpha}_2,\boldsymbol{\alpha}_3$ 线性表出？为什么？

11. 设 $\boldsymbol{A}$ 为 n 阶方阵，$\boldsymbol{\alpha}$ 为 n 维向量，如果正整数 m 使得 $\boldsymbol{A}^{m-1}\boldsymbol{\alpha}\neq\boldsymbol{0},\boldsymbol{A}^m\boldsymbol{\alpha}=\boldsymbol{0}$. 证明 $\boldsymbol{\alpha},\boldsymbol{A}\boldsymbol{\alpha},\cdots,\boldsymbol{A}^{m-1}\boldsymbol{\alpha}$ 线性无关.

12. 设向量组 $\boldsymbol{\alpha}_1,\boldsymbol{\alpha}_2,\cdots,\boldsymbol{\alpha}_r(r\geqslant 2)$线性无关，任取 $k_1,k_2,\cdots,k_{r-1}\in\mathbf{R}$，构造向量组

$$\boldsymbol{\beta}_1=\boldsymbol{\alpha}_1+k_1\boldsymbol{\alpha}_r,\quad \boldsymbol{\beta}_2=\boldsymbol{\alpha}_2+k_2\boldsymbol{\alpha}_r,\cdots,\boldsymbol{\beta}_{r-1}=\boldsymbol{\alpha}_{r-1}+k_{r-1}\boldsymbol{\alpha}_r,\quad \boldsymbol{\beta}_r=\boldsymbol{\alpha}_r.$$

证明向量组 $\boldsymbol{\beta}_1,\boldsymbol{\beta}_2,\cdots,\boldsymbol{\beta}_r$线性无关.

13. 设 $\boldsymbol{\alpha}_1,\boldsymbol{\alpha}_2,\boldsymbol{\alpha}_3$ 为 3 维向量组，$\boldsymbol{A}$ 为 3 阶矩阵. 证明：向量组 $\boldsymbol{A}\boldsymbol{\alpha}_1,\boldsymbol{A}\boldsymbol{\alpha}_2,\boldsymbol{A}\boldsymbol{\alpha}_3$ 线性无关$\Leftrightarrow\boldsymbol{A}$ 可逆且 $\boldsymbol{\alpha}_1,\boldsymbol{\alpha}_2,\boldsymbol{\alpha}_3$ 线性无关.

14. 设 $\boldsymbol{\alpha}_1,\boldsymbol{\alpha}_2,\cdots,\boldsymbol{\alpha}_n$ 是一组 n 维列向量，证明：$\boldsymbol{\alpha}_1,\boldsymbol{\alpha}_2,\cdots,\boldsymbol{\alpha}_n$ 线性无关的充分必要条件是行列式

$$D=\begin{vmatrix}\boldsymbol{\alpha}_1^{\mathrm{T}}\boldsymbol{\alpha}_1 & \boldsymbol{\alpha}_1^{\mathrm{T}}\boldsymbol{\alpha}_2 & \cdots & \boldsymbol{\alpha}_1^{\mathrm{T}}\boldsymbol{\alpha}_n\\ \boldsymbol{\alpha}_2^{\mathrm{T}}\boldsymbol{\alpha}_1 & \boldsymbol{\alpha}_2^{\mathrm{T}}\boldsymbol{\alpha}_2 & \cdots & \boldsymbol{\alpha}_2^{\mathrm{T}}\boldsymbol{\alpha}_n\\ \vdots & \vdots & & \vdots\\ \boldsymbol{\alpha}_n^{\mathrm{T}}\boldsymbol{\alpha}_1 & \boldsymbol{\alpha}_n^{\mathrm{T}}\boldsymbol{\alpha}_2 & \cdots & \boldsymbol{\alpha}_n^{\mathrm{T}}\boldsymbol{\alpha}_n\end{vmatrix}\neq 0.$$

15. 判断下列说法是否正确，并简要说明理由.

(1)设向量组(Ⅰ)可以由向量组(Ⅱ)的一个部分组线性表出，则(Ⅰ)可以由(Ⅱ)线性表出.

(2)设向量组(Ⅰ)可以由向量组(Ⅱ)线性表出. 如果(Ⅰ)线性相关，则(Ⅰ)所包含的向量个数大于(Ⅱ)所包含的向量个数.

(3)如果两个向量组是等价的，则它们要么都是线性相关的，要么都是线性无关的.

(4)如果一个向量组线性无关，那么该向量组不可能与它的真部分组等价.(真部分组是除去若干个向量后得到的部分组)

(5)如果向量组 $\boldsymbol{\alpha}_1,\boldsymbol{\alpha}_2,\cdots,\boldsymbol{\alpha}_n$ 与向量组 $\boldsymbol{\beta}_1,\boldsymbol{\beta}_2,\cdots,\boldsymbol{\beta}_n$ 是等价的，则齐次线性方程组 $x_1\boldsymbol{\alpha}_1+x_2\boldsymbol{\alpha}_2+\cdots+x_n\boldsymbol{\alpha}_n=\boldsymbol{0}$ 与 $x_1\boldsymbol{\beta}_1+x_2\boldsymbol{\beta}_2+\cdots+x_n\boldsymbol{\beta}_n=\boldsymbol{0}$ 同解.

(6)如果一个向量组有且仅有一个极大线性无关组，则该向量组必然线性无关.

(7)在求向量组的秩时，如果该向量组含有一个可以由其余的向量线性表出的向量，则可以去掉这个向量.

(8)在求向量组的秩时，如果该向量组有线性相关的部分组，则可以去掉该线性相关的部分组.

(9)如果一个向量组含有 r 个线性无关的向量，则该向量组的秩至少是 r.

(10)如果一个向量组含有 $r+1$ 个线性相关的向量，则该向量组的秩不超过 r.

16. 设向量 $\boldsymbol{\beta}$ 可由 $\boldsymbol{\alpha}_1,\boldsymbol{\alpha}_2,\cdots,\boldsymbol{\alpha}_s$ 线性表出，但不能由 $\boldsymbol{\alpha}_1,\boldsymbol{\alpha}_2,\cdots,\boldsymbol{\alpha}_{s-1}$线性表出. 证明：向量组 $\boldsymbol{\alpha}_1,\boldsymbol{\alpha}_2,\cdots,\boldsymbol{\alpha}_{s-1},\boldsymbol{\alpha}_s$ 与向量组 $\boldsymbol{\alpha}_1,\boldsymbol{\alpha}_2,\cdots,\boldsymbol{\alpha}_{s-1},\boldsymbol{\beta}$ 等价.

17. 设向量组 $\boldsymbol{\alpha}_1,\boldsymbol{\alpha}_2,\cdots,\boldsymbol{\alpha}_r$线性无关，而向量组 $\boldsymbol{\alpha}_1,\boldsymbol{\alpha}_2,\cdots,\boldsymbol{\alpha}_r,\boldsymbol{\beta},\boldsymbol{\gamma}$ 线性相关. 证明：或者 $\boldsymbol{\beta}$ 与 $\boldsymbol{\gamma}$ 中至少有一个可由 $\boldsymbol{\alpha}_1,\boldsymbol{\alpha}_2,\cdots,\boldsymbol{\alpha}_r$线性表出，或者向量组 $\boldsymbol{\alpha}_1,\boldsymbol{\alpha}_2,\cdots,\boldsymbol{\alpha}_r,\boldsymbol{\beta}$ 与

$\boldsymbol{\alpha}_1,\boldsymbol{\alpha}_2,\cdots,\boldsymbol{\alpha}_r,\boldsymbol{\gamma}$ 等价.

18. 设向量组 $\boldsymbol{\alpha}_1=(1,0,1)^{\mathrm{T}},\boldsymbol{\alpha}_2=(0,1,1)^{\mathrm{T}},\boldsymbol{\alpha}_3=(1,3,5)^{\mathrm{T}}$ 不能由向量组 $\boldsymbol{\beta}_1=(1,1,1)^{\mathrm{T}}$，$\boldsymbol{\beta}_2=(1,2,3)^{\mathrm{T}}$，$\boldsymbol{\beta}_3=(3,4,k)^{\mathrm{T}}$ 线性表出.

(1)求 k 的值；

(2)将 $\boldsymbol{\beta}_1,\boldsymbol{\beta}_2,\boldsymbol{\beta}_3$ 用 $\boldsymbol{\alpha}_1,\boldsymbol{\alpha}_2,\boldsymbol{\alpha}_3$ 线性表出.

19. 求下列向量组的秩和一个极大线性无关组，并用该极大线性无关组线性表示向量组中其余向量.

(1)$\boldsymbol{\alpha}_1=(0,1,-1,2)^{\mathrm{T}},\boldsymbol{\alpha}_2=(0,3,-3,6)^{\mathrm{T}},\boldsymbol{\alpha}_3=(1,1,-2,1)^{\mathrm{T}},\boldsymbol{\alpha}_4=(-1,0,1,2)^{\mathrm{T}}$；

(2)$\boldsymbol{\alpha}_1=(1,-1,0,0)^{\mathrm{T}},\boldsymbol{\alpha}_2=(0,1,-1,0)^{\mathrm{T}},\boldsymbol{\alpha}_3=(0,1,0,-1)^{\mathrm{T}},\boldsymbol{\alpha}_4=(-1,0,1,0)^{\mathrm{T}}$；

(3)$\boldsymbol{\alpha}_1=(1,-1,2,4)^{\mathrm{T}},\boldsymbol{\alpha}_2=(0,3,1,2)^{\mathrm{T}},\boldsymbol{\alpha}_3=(3,0,7,14)^{\mathrm{T}},\boldsymbol{\alpha}_4=(1,-2,2,0)^{\mathrm{T}}$，$\boldsymbol{\alpha}_5=(2,1,5,0)^{\mathrm{T}}$；

(4)$\boldsymbol{\alpha}_1=(1,0,3)^{\mathrm{T}},\boldsymbol{\alpha}_2=(-1,2,-2)^{\mathrm{T}},\boldsymbol{\alpha}_3=(1,k,5)^{\mathrm{T}},\boldsymbol{\alpha}_4=(0,2,1)^{\mathrm{T}}$.

20. 设有向量组 $\boldsymbol{\alpha}_1=(1+k,1,1,1)^{\mathrm{T}},\boldsymbol{\alpha}_2=(2,2+k,2,2)^{\mathrm{T}},\boldsymbol{\alpha}_3=(3,3,3+k,3)^{\mathrm{T}}$，$\boldsymbol{\alpha}_4=(4,4,4,4+k)^{\mathrm{T}}$. 问 k 为何值时，向量组线性相关？在向量组线性相关时，求其一个极大无关组，并用该极大无关组线性表出向量组中的其余向量.

21. 已知向量组 $\boldsymbol{\alpha}_1=(a,3,1)^{\mathrm{T}},\boldsymbol{\alpha}_2=(2,b,3)^{\mathrm{T}},\boldsymbol{\alpha}_3=(1,2,1)^{\mathrm{T}},\boldsymbol{\alpha}_4=(2,3,1)^{\mathrm{T}}$ 的秩为 2，求 a,b 的值.

22. 已知 $r(\boldsymbol{\alpha}_1,\boldsymbol{\alpha}_2,\boldsymbol{\alpha}_3)=r(\boldsymbol{\alpha}_1,\boldsymbol{\alpha}_2,\boldsymbol{\alpha}_3,\boldsymbol{\alpha}_4)=3$，$r(\boldsymbol{\alpha}_1,\boldsymbol{\alpha}_2,\boldsymbol{\alpha}_3,\boldsymbol{\alpha}_5)=4$. 求 $r(\boldsymbol{\alpha}_1,\boldsymbol{\alpha}_2,\boldsymbol{\alpha}_3,\boldsymbol{\alpha}_5-\boldsymbol{\alpha}_4)$.

23. 设向量组 $\boldsymbol{\alpha}_1,\boldsymbol{\alpha}_2,\cdots,\boldsymbol{\alpha}_s$ 的秩是 r，证明其中任意选取 m 个向量构成向量组的秩 $\geqslant r+m-s$.

24. 证明 n 维向量组 $\boldsymbol{\alpha}_1,\boldsymbol{\alpha}_2,\cdots,\boldsymbol{\alpha}_n$ 线性无关的充要条件是它们可线性表示任一 n 维向量.

25. 已知两个向量组有相同的秩，且其中一个可被另一个线性表出，证明:这两个向量组等价.

26. 证明:向量组 $\boldsymbol{\alpha}_1,\boldsymbol{\alpha}_2,\cdots,\boldsymbol{\alpha}_s$ 和向量组 $\boldsymbol{\beta}_1,\boldsymbol{\beta}_2,\cdots,\boldsymbol{\beta}_t$ 等价的充要条件是 $r(\boldsymbol{\alpha}_1,\boldsymbol{\alpha}_2,\cdots,\boldsymbol{\alpha}_s)=r(\boldsymbol{\beta}_1,\boldsymbol{\beta}_2,\cdots,\boldsymbol{\beta}_t)=r(\boldsymbol{\alpha}_1,\boldsymbol{\alpha}_2,\cdots,\boldsymbol{\alpha}_s,\boldsymbol{\beta}_1,\boldsymbol{\beta}_2,\cdots,\boldsymbol{\beta}_t)$.

27. 设有两个向量组:

(Ⅰ)$\boldsymbol{\alpha}_1=(1,1,0,0)^{\mathrm{T}},\boldsymbol{\alpha}_2=(1,0,1,1)^{\mathrm{T}},\boldsymbol{\alpha}_3=(1,3,-2,-2)^{\mathrm{T}}$；

(Ⅱ)$\boldsymbol{\beta}_1=(2,-1,3,3)^{\mathrm{T}},\boldsymbol{\beta}_2=(0,1,-1,-1)^{\mathrm{T}}$.

证明:(Ⅰ)与(Ⅱ)等价.

28. 设有向量组 $\boldsymbol{\alpha}_1=(1,0,2)^{\mathrm{T}},\boldsymbol{\alpha}_2=(1,1,3)^{\mathrm{T}},\boldsymbol{\alpha}_3=(1,-1,k+2)^{\mathrm{T}}$ 和向量组 $\boldsymbol{\beta}_1=(1,2,k+3)^{\mathrm{T}},\boldsymbol{\beta}_2=(2,1,k+6)^{\mathrm{T}},\boldsymbol{\beta}_3=(2,1,k+4)^{\mathrm{T}}$.

(1)求 $r(\boldsymbol{\beta}_1,\boldsymbol{\beta}_2,\boldsymbol{\beta}_3)$；

(2)问 k 取何值时，$\boldsymbol{\alpha}_1,\boldsymbol{\alpha}_2,\boldsymbol{\alpha}_3$ 与 $\boldsymbol{\beta}_1,\boldsymbol{\beta}_2,\boldsymbol{\beta}_3$ 等价？

29. 判断下列$\mathbf{R}^3$的子集是否为$\mathbf{R}^3$的子空间.

(1)$V=\{(x,y,z)^{\mathrm{T}}\mid 2x+3y-4z=1\}$;

(2)$V=\{(a,b,c)^{\mathrm{T}}\mid a-2b+5c=0,c-a=b\}$;

(3)$V=\{(x,y,z)\mid x^2=-2y+3z\}$.

30. 判断下列$\mathbf{R}^n$的子集是否为$\mathbf{R}^n$的子空间.

(1)$H=\{(0,x_2,x_3,\cdots,x_n)^{\mathrm{T}}\mid x_2,x_3,\cdots,x_n\in\mathbf{R}\}$;

(2)$H=\{(1,x_2,x_3,\cdots,x_n)^{\mathrm{T}}\mid x_2,x_3,\cdots,x_n\in\mathbf{R}\}$.

31. 令H和K是$\mathbf{R}^n$的两个子空间.

(1)定义H与K的和为$H+K=\{\boldsymbol{w}\mid\boldsymbol{w}=\boldsymbol{\alpha}+\boldsymbol{\beta},\boldsymbol{\alpha}\in H,\boldsymbol{\beta}\in K\}$，证明$H+K$也是$\mathbf{R}^n$的子空间；

(2)证明H与K的交集$H\cap K$是子空间，而H与K的并集$H\cup K$可能不是子空间.

32. 确定$\boldsymbol{\alpha}_1,\boldsymbol{\alpha}_2,\boldsymbol{\alpha}_3$是否是$\mathbf{R}^3$的生成集.

(1)$\boldsymbol{\alpha}_1=\begin{bmatrix}1\\-1\\0\end{bmatrix},\boldsymbol{\alpha}_2=\begin{bmatrix}-2\\3\\1\end{bmatrix},\boldsymbol{\alpha}_3=\begin{bmatrix}1\\2\\4\end{bmatrix}$;

(2)$\boldsymbol{\alpha}_1=\begin{bmatrix}1\\2\\3\end{bmatrix},\boldsymbol{\alpha}_2=\begin{bmatrix}-1\\0\\-7\end{bmatrix},\boldsymbol{\alpha}_3=\begin{bmatrix}2\\7\\0\end{bmatrix}$.

33. 令$\mathbf{A}=\begin{bmatrix}1&-1&5\\2&0&7\\-3&-5&-3\end{bmatrix}$，$\boldsymbol{\alpha}=\begin{bmatrix}-7\\3\\2\end{bmatrix}$，判断$\boldsymbol{\alpha}$是否在$Col(\mathbf{A})$或$Null(\mathbf{A})$中.

34. 求下列子空间的维数和一组基.

(1)$span\{\boldsymbol{\alpha}_1,\boldsymbol{\alpha}_2,\boldsymbol{\alpha}_3\}\subset\mathbf{R}^3$，其中

$$\boldsymbol{\alpha}_1=(2,3,1)^{\mathrm{T}},\quad\boldsymbol{\alpha}_2=(1,0,-1)^{\mathrm{T}},\quad\boldsymbol{\alpha}_3=(2,0,1)^{\mathrm{T}}.$$

(2)$span\{\boldsymbol{\alpha}_1,\boldsymbol{\alpha}_2,\boldsymbol{\alpha}_3,\boldsymbol{\alpha}_4\}\subset\mathbf{R}^4$，其中

$$\boldsymbol{\alpha}_1=\begin{bmatrix}1\\-3\\2\\4\end{bmatrix},\quad\boldsymbol{\alpha}_2=\begin{bmatrix}-3\\9\\-6\\12\end{bmatrix},\quad\boldsymbol{\alpha}_3=\begin{bmatrix}2\\-1\\4\\2\end{bmatrix},\quad\boldsymbol{\alpha}_4=\begin{bmatrix}-4\\5\\-3\\7\end{bmatrix}.$$

35. 令$\mathbf{A}=\begin{bmatrix}4&5&9&-2\\6&5&1&12\\3&4&8&-3\end{bmatrix}$，求$Col(\mathbf{A})$和$Null(\mathbf{A})$的基.

36. 证明定理4.5.2:若V是n维向量空间，则

(1)V中任意n个线性无关的向量构成V的一组基；

(2)如果V中的n个向量是V的生成集，则这n个向量也是V的一组基.

37. 设 W 是向量空间 V 的子空间，证明：

(1) $dimW \leqslant dimV$；

(2)若 $dimW = dimV$，则 $W = V$.

38. 证明：向量组 $\boldsymbol{\alpha}_1 = (1,2,-1,-2)^T$，$\boldsymbol{\alpha}_2 = (2,3,0,1)^T$，$\boldsymbol{\alpha}_3 = (1,3,-1,1)^T$，$\boldsymbol{\alpha}_4 = (1,2,1,3)^T$ 是 $\mathbf{R}^4$ 的一组基，并求向量 $\boldsymbol{\alpha} = (7,14,-1,-2)^T$ 在该基下的坐标.

39. 设 $\boldsymbol{\varepsilon}_1,\boldsymbol{\varepsilon}_2,\cdots,\boldsymbol{\varepsilon}_n$ 是向量空间 $\mathbf{R}^n$ 的一组基，求这组基到基 $\boldsymbol{\varepsilon}_2,\cdots,\boldsymbol{\varepsilon}_n,\boldsymbol{\varepsilon}_1$ 的过渡矩阵.

40. 在 $\mathbf{R}^3$ 中，设有两组基：

(Ⅰ) $\boldsymbol{\varepsilon}_1 = (1,2,1)^T, \boldsymbol{\varepsilon}_2 = (2,3,3)^T, \boldsymbol{\varepsilon}_3 = (3,7,1)^T$；

(Ⅱ) $\boldsymbol{\eta}_1 = (9,24,-1)^T, \boldsymbol{\eta}_2 = (8,22,-2)^T, \boldsymbol{\eta}_3 = (12,28,4)^T$.

(1)求基(Ⅰ)到基(Ⅱ)的过渡矩阵；

(2)若向量 $\boldsymbol{\alpha}$ 在基(Ⅰ)下的坐标为 $\boldsymbol{x} = (0,1,-1)^T$，求 $\boldsymbol{\alpha}$ 在基(Ⅱ)下的坐标.

41. 设 $\mathbf{R}^3$ 中由基 $\boldsymbol{\varepsilon}_1,\boldsymbol{\varepsilon}_2,\boldsymbol{\varepsilon}_3$ 到基 $\boldsymbol{\eta}_1,\boldsymbol{\eta}_2,\boldsymbol{\eta}_3$ 的过渡矩阵为 $\boldsymbol{A} = \begin{bmatrix} 0 & 0 & 1 \\ 0 & 1 & 1 \\ 1 & 1 & 1 \end{bmatrix}$.

(1)已知向量 $\boldsymbol{\alpha}$ 在基 $\boldsymbol{\varepsilon}_1,\boldsymbol{\varepsilon}_2,\boldsymbol{\varepsilon}_3$ 下的坐标为 $(2,1,2)^T$，求 $\boldsymbol{\alpha}$ 在基 $\boldsymbol{\eta}_1,\boldsymbol{\eta}_2,\boldsymbol{\eta}_3$ 下的坐标；

(2)已知 $\boldsymbol{\varepsilon}_1 = (1,1,-1)^T, \boldsymbol{\varepsilon}_2 = (1,-1,-1)^T, \boldsymbol{\varepsilon}_3 = (1,-1,1)^T$，求 $\boldsymbol{\eta}_1,\boldsymbol{\eta}_2,\boldsymbol{\eta}_3$.

42. 设向量组 $\boldsymbol{\alpha}_1,\boldsymbol{\alpha}_2,\boldsymbol{\alpha}_3$ 是 3 维向量空间 $\mathbf{R}^3$ 的一个基，$\boldsymbol{\beta}_1 = 2\boldsymbol{\alpha}_1 + 2k\boldsymbol{\alpha}_3, \boldsymbol{\beta}_2 = 2\boldsymbol{\alpha}_2$，$\boldsymbol{\beta}_3 = \boldsymbol{\alpha}_1 + (k+1)\boldsymbol{\alpha}_3$.

(1)证明向量组 $\boldsymbol{\beta}_1,\boldsymbol{\beta}_2,\boldsymbol{\beta}_3$ 是 $\mathbf{R}^3$ 的一个基；

(2)当 k 为何值时，存在非零向量 $\boldsymbol{\xi}$ 在基 $\boldsymbol{\alpha}_1,\boldsymbol{\alpha}_2,\boldsymbol{\alpha}_3$ 与基 $\boldsymbol{\beta}_1,\boldsymbol{\beta}_2,\boldsymbol{\beta}_3$ 下的坐标相同，并求出所有的 $\boldsymbol{\xi}$.

43. 求下列矩阵的秩.

(1) $\begin{bmatrix} 1 & 2 & 4 & 1 \\ 1 & 3 & 1 & 5 \\ 2 & 0 & 2 & 2 \\ 1 & -1 & -2 & 1 \end{bmatrix}$；　(2) $\begin{bmatrix} 2 & 1 & -1 & 1 & 1 \\ 3 & -2 & 1 & -3 & 4 \\ 1 & 4 & -3 & 5 & -2 \end{bmatrix}$；

(3) $\begin{bmatrix} 1 & 2 & 4 \\ 2 & a & 1 \\ 1 & 1 & 0 \end{bmatrix}$；　(4) $\begin{bmatrix} 1 & 2 & 3 & -3 & 2 \\ 3 & 5 & a & -4 & 4 \\ 4 & 5 & 0 & 3 & 7-a \end{bmatrix}$.

44. 设 $\boldsymbol{A}$ 是 $m \times n$ 矩阵，$\boldsymbol{B}$ 是 $n \times m$ 矩阵，且 $m > n$，证明 $\det(\boldsymbol{AB}) = 0$.

45. 设 $\boldsymbol{A},\boldsymbol{B}$ 是 $m \times n$ 矩阵，证明：$r(\boldsymbol{A}+\boldsymbol{B}) \leqslant r(\boldsymbol{A}) + r(\boldsymbol{B})$.

46. 证明：$r\left(\begin{bmatrix} \boldsymbol{A} & \boldsymbol{O} \\ \boldsymbol{C} & \boldsymbol{B} \end{bmatrix}\right) \geqslant r(\boldsymbol{A}) + r(\boldsymbol{B})$.

47. (Sylvester 不等式)设 $\boldsymbol{A}$ 为 $m \times n$ 矩阵，$\boldsymbol{B}$ 为 $n \times s$ 矩阵，证明：

$$r(\boldsymbol{AB})\geqslant r(\boldsymbol{A})+r(\boldsymbol{B})-n.$$

48. 证明:任意一个秩为 r 的矩阵可以表示成 r 个秩为 1 的矩阵之和,但不能表示成少于 r 个秩为 1 的矩阵之和.

49. 证明:矩阵 $\boldsymbol{A}=(a_{ij})_{m\times n}$ 的秩为 1 的充要条件是存在 m 个不全为零的数 $a_1,a_2,\cdots,a_m$ 及 n 个不全为零的数 $b_1,b_2,\cdots,b_n$,使 $a_{ij}=a_ib_j(i=1,2,\cdots,m;j=1,2,\cdots,n)$.

50. 设向量组 $\boldsymbol{\alpha}_1,\boldsymbol{\alpha}_2,\cdots,\boldsymbol{\alpha}_r$ 线性无关,向量组 $\boldsymbol{\beta}_1,\boldsymbol{\beta}_2,\cdots,\boldsymbol{\beta}_s$ 可由向量组 $\boldsymbol{\alpha}_1,\boldsymbol{\alpha}_2,\cdots,\boldsymbol{\alpha}_r$ 线性表示:$\boldsymbol{\beta}_j=b_{1j}\boldsymbol{\alpha}_1+b_{2j}\boldsymbol{\alpha}_2+\cdots+b_{rj}\boldsymbol{\alpha}_r(j=1,2,\cdots,s)$,写成矩阵形式就是

$$[\boldsymbol{\beta}_1,\boldsymbol{\beta}_2,\cdots,\boldsymbol{\beta}_s]=[\boldsymbol{\alpha}_1,\boldsymbol{\alpha}_2,\cdots,\boldsymbol{\alpha}_r]\boldsymbol{B},$$

其中矩阵 $\boldsymbol{B}=(b_{ij})_{r\times s}$. 试证:向量组 $\boldsymbol{\beta}_1,\boldsymbol{\beta}_2,\cdots,\boldsymbol{\beta}_s$ 线性无关$\Leftrightarrow r(\boldsymbol{B})=s$.
特别当 $s=r$ 时,有:$\boldsymbol{\beta}_1,\boldsymbol{\beta}_2,\cdots,\boldsymbol{\beta}_s$ 线性无关$\Leftrightarrow \det(\boldsymbol{B})\neq 0$.

51. 判断下列说法是否正确,并简要说明理由.

(1)当一个线性方程组有无穷多个解时一定有基础解系.

(2)两个齐次线性方程组的解集相同的充分必要条件是它们的基础解系等价.

(3)设一个 5 元齐次线性方程组的系数矩阵的秩为 3,则该方程组可能有 3 个线性无关的解.

(4)设 $\boldsymbol{\xi}_1=\begin{bmatrix}1\\-1\\1\end{bmatrix}$,$\boldsymbol{\xi}_2=\begin{bmatrix}1\\1\\1\end{bmatrix}$ 是某个齐次线性方程组的一个基础解系,则 $\boldsymbol{\eta}_1=\begin{bmatrix}1\\0\\1\end{bmatrix}$,$\boldsymbol{\eta}_2=\begin{bmatrix}0\\1\\0\end{bmatrix}$ 也是该方程组的一个基础解系.

(5)向量组 $\boldsymbol{\eta}_1=\begin{bmatrix}1\\0\\1\end{bmatrix}$,$\boldsymbol{\eta}_2=\begin{bmatrix}0\\1\\1\end{bmatrix}$ 一定是某个齐次线性方程组的基础解系.

(6)如果一个非齐次线性方程组的导出组有基础解系,则该非齐次线性方程组一定有无穷多个解.

(7)如果一个非齐次线性方程组有无穷多个解,则它的导出组一定有基础解系.

(8)一个非齐次线性方程组的任意解都不可能由它的导出组的任意基础解系线性表出.

(9)设一个 5 元非齐次线性方程组的系数矩阵和增广矩阵的秩都是 3,则该方程组一定有 3 个线性无关的解.

(10)设一个 5 元非齐次线性方程组的系数矩阵和增广矩阵的秩都是 3,则它的通解的任意表达式中一定含有 2 个任意常数.

52. 求下列齐次线性方程组的基础解系及通解.

(1)$\begin{cases}x_1+3x_2-2x_3-5x_4=0,\\2x_1+5x_2+2x_3-3x_4=0,\\4x_1+9x_2+10x_3+x_4=0;\end{cases}$

(2)$\begin{cases}x_1-x_3+x_5=0,\\x_2-x_4+x_6=0,\\x_1-x_2+x_5+x_6=0,\\x_2-x_3+x_6=0.\end{cases}$

53. 设 n 个未知量的齐次线性方程组的系数矩阵的秩为 r. 证明:该齐次线性方程组的任意 $n-r$ 个线性无关的解向量都可作为该方程组的一个基础解系.

54. 设 $\boldsymbol{\alpha}_1,\boldsymbol{\alpha}_2,\cdots,\boldsymbol{\alpha}_s$ 为齐次线性方程组 $\boldsymbol{Ax}=\boldsymbol{0}$ 的一个基础解系，又 $\boldsymbol{\beta}_1=t_1\boldsymbol{\alpha}_1+t_2\boldsymbol{\alpha}_2,\boldsymbol{\beta}_2=t_1\boldsymbol{\alpha}_2+t_2\boldsymbol{\alpha}_3,\cdots,\boldsymbol{\beta}_s=t_1\boldsymbol{\alpha}_s+t_2\boldsymbol{\alpha}_1$，其中$t_1,t_2$ 为常数. 当t_1,t_2 满足什么条件时，$\boldsymbol{\beta}_1,\boldsymbol{\beta}_2,\cdots,\boldsymbol{\beta}_s$ 也可以作为$\boldsymbol{Ax}=\boldsymbol{0}$ 的基础解系?

55. 设 $\boldsymbol{A},\boldsymbol{B}$ 分别为 $m\times n$，$t\times n$ 矩阵，证明:

(1)若 $\boldsymbol{Ax}=\boldsymbol{0}$ 的解均为 $\boldsymbol{Bx}=\boldsymbol{0}$ 的解，则 $r(\boldsymbol{A})\geqslant r(\boldsymbol{B})$;

(2)若 $\boldsymbol{Ax}=\boldsymbol{0}$ 与 $\boldsymbol{Bx}=\boldsymbol{0}$ 同解，则 $r(\boldsymbol{A})=r(\boldsymbol{B})$;

(3)若 $\boldsymbol{Ax}=\boldsymbol{0}$ 的解均为 $\boldsymbol{Bx}=\boldsymbol{0}$ 的解，且 $r(\boldsymbol{A})=r(\boldsymbol{B})$，则 $\boldsymbol{Ax}=\boldsymbol{0}$ 与 $\boldsymbol{Bx}=\boldsymbol{0}$ 同解;

(4)若 $r(\boldsymbol{A})=r(\boldsymbol{B})$，是否能导出 $\boldsymbol{Ax}=\boldsymbol{0}$ 与 $\boldsymbol{Bx}=\boldsymbol{0}$ 同解?

56. 求一个齐次线性方程组 $\boldsymbol{Ax}=\boldsymbol{0}$，使它的基础解系为 $\boldsymbol{\xi}_1=(0,1,2,3)^{\mathrm{T}}$，$\boldsymbol{\xi}_2=(3,2,1,0)^{\mathrm{T}}$.

57. 若任意一个 n 维向量都是 n 元齐次线性方程组 $\boldsymbol{Ax}=\boldsymbol{0}$ 的解，证明:$\boldsymbol{A}=\boldsymbol{O}$.

58. 设 $\boldsymbol{A}$ 为 $n(n>1)$阶矩阵，$\boldsymbol{A}^*$ 是 $\boldsymbol{A}$ 的伴随矩阵，试证:

$$r(\boldsymbol{A}^*)=\begin{cases}n, & 若\ r(\boldsymbol{A})=n,\\1, & 若\ r(\boldsymbol{A})=n-1,\\0, & 若\ r(\boldsymbol{A})\leqslant n-2.\end{cases}$$

59. 设 n 阶矩阵 $\boldsymbol{A}$ 满足:$\boldsymbol{A}^2-3\boldsymbol{A}-10\boldsymbol{I}=\boldsymbol{O}$，证明:

$$r(\boldsymbol{A}-5\boldsymbol{I})+r(\boldsymbol{A}+2\boldsymbol{I})=n.$$

60. 设 $\boldsymbol{A}$ 是 n 阶幂等矩阵，即 $\boldsymbol{A}^2=\boldsymbol{A}$. 证明:$r(\boldsymbol{A})+r(\boldsymbol{A}-\boldsymbol{I})=n$.

61. 设 $\boldsymbol{A}$ 是秩为 n 的 $m\times n$ 矩阵，则 $r(\boldsymbol{AB})=r(\boldsymbol{B})$.

62. 设 $\boldsymbol{A}$ 是秩为 n 的 $m\times n$ 矩阵，$\boldsymbol{AB}=\boldsymbol{AC}$，证明:$\boldsymbol{B}=\boldsymbol{C}$.

63. 设 $\boldsymbol{A}=\boldsymbol{\alpha\alpha}^{\mathrm{T}}+\boldsymbol{\beta\beta}^{\mathrm{T}}$，其中 $\boldsymbol{\alpha},\boldsymbol{\beta}$ 是 n 维列向量. 证明:

(1)$r(\boldsymbol{A})\leqslant 2$;

(2)若 $\boldsymbol{\alpha},\boldsymbol{\beta}$ 线性相关，则 $r(\boldsymbol{A})<2$.

64. 若矩阵 $\boldsymbol{A}=(a_{ij})_{m\times n}$的行列式 $\det(\boldsymbol{A})=0$，且其(2,1)元素的代数余子式$A_{21}\neq 0$(元素 a_{ij}的代数余子式记为$A_{ij},i,j=1,2,\cdots,n$)，证明:齐次线性方程组 $\boldsymbol{Ax}=\boldsymbol{0}$ 的通解为

$$\boldsymbol{x}=k(A_{21},A_{22},\cdots,A_{2n})^{\mathrm{T}},\ k\ 为任意常数.$$

65. 设 n 阶方阵 $\boldsymbol{A}=(a_{ij})$的秩为 n，以 $\boldsymbol{A}$ 的前 $r(r<n)$行为系数的齐次线性方程组为

$$\begin{cases} a_{11}x_1+a_{12}x_2+\cdots+a_{1n}x_n=0, \\ \vdots \\ a_{r1}x_1+a_{r2}x_2+\cdots+a_{rn}x_n=0. \end{cases}$$

证明：

$$\boldsymbol{\eta}_{r+1}=(A_{r+1,1},A_{r+1,2},\cdots,A_{r+1,n})^{\mathrm{T}},$$
$$\vdots$$
$$\boldsymbol{\eta}_n=(A_{n,1},A_{n,2},\cdots,A_{n,n})^{\mathrm{T}},$$

为方程组的一个基础解系，其中A_{ij}为行列式$|\boldsymbol{A}|$中元素a_{ij}的代数余子式.

66. 设$\boldsymbol{A}$是$m\times n$矩阵，$r(\boldsymbol{A})=r$，证明:存在秩为$n-r$的n阶矩阵$\boldsymbol{B}$，使得$\boldsymbol{AB}=\boldsymbol{O}$.

67. 设$\boldsymbol{x}_i$为n维实向量($i=1,2,\cdots,r;r<n$)，且$\boldsymbol{x}_1,\boldsymbol{x}_2,\cdots,\boldsymbol{x}_r$线性无关. 令矩阵$\boldsymbol{A}=[\boldsymbol{x}_1,\boldsymbol{x}_2,\cdots,\boldsymbol{x}_r]^{\mathrm{T}}$，则$\boldsymbol{A}$是秩为$r$的$r\times n$阶矩阵. 设齐次线性方程组$\boldsymbol{Ax}=\boldsymbol{0}$的基础解系为实向量组$\boldsymbol{x}_{r+1},\cdots,\boldsymbol{x}_n$，证明向量组$\boldsymbol{x}_1,\boldsymbol{x}_2,\cdots,\boldsymbol{x}_n$线性无关.

68. (1)证明:若$\boldsymbol{\alpha}_1,\boldsymbol{\alpha}_2,\cdots,\boldsymbol{\alpha}_r$是$n$维向量空间$\mathbf{R}^n$中$r$个线性无关向量，则$\boldsymbol{\alpha}_1,\boldsymbol{\alpha}_2,\cdots,\boldsymbol{\alpha}_r$可扩充成为$\mathbf{R}^n$的一组基. 即存在$\mathbf{R}^n$中$n-r$个向量$\boldsymbol{\alpha}_{r+1},\cdots,\boldsymbol{\alpha}_n$，使$\boldsymbol{\alpha}_1,\boldsymbol{\alpha}_2,\cdots,\boldsymbol{\alpha}_r,\boldsymbol{\alpha}_{r+1},\cdots,\boldsymbol{\alpha}_n$是$\mathbf{R}^n$的一组基;

(2)在向量空间$\mathbf{R}^4$中，将$\boldsymbol{\alpha}_1=(1,-1,2,-1)^{\mathrm{T}},\boldsymbol{\alpha}_2=(-2,2,2,-1)^{\mathrm{T}}$扩充成$\mathbf{R}^4$的一组基.

69. 解下列线性方程组.

(1)$\begin{cases} 2x_1-3x_2+3x_3=1, \\ 4x_1-x_2+5x_3=-2, \\ 3x_1-4x_2+3x_3=2; \end{cases}$

(2)$\boldsymbol{Ax}=\boldsymbol{b}$，其中增广矩阵$\overline{\boldsymbol{A}}=(\boldsymbol{A},\boldsymbol{b})$经初等行变换可化为

$$\overline{\boldsymbol{B}}=\left[\begin{array}{cccc|c} 1 & 2 & -1 & 2 & 5 \\ 0 & 1 & 0 & 3 & 6 \\ 0 & 0 & 0 & 0 & 0 \end{array}\right].$$

70. 讨论λ为何值时，下列方程组有唯一解、无穷多解、无解？有解时求出通解.

(1)$\begin{cases} x_1-2x_2-10x_3=1, \\ x_1+3x_2+7x_3=-3, \\ 2x_1+x_2-3x_3=\lambda^2+1; \end{cases}$

(2)$\begin{cases} \lambda x_1+x_2+x_3=1, \\ x_1+\lambda x_2+x_3=\lambda, \\ x_1+x_2+\lambda x_3=\lambda^2; \end{cases}$

(3)$\begin{cases} x_1+3x_2+2x_3+x_4=1, \\ x_2+\lambda x_3-\lambda x_4=-1, \\ x_1+2x_2+3x_4=3. \end{cases}$

71. a,b 为何值时，下列方程组有解？有解时求出通解.

$$\begin{cases} ax_1+x_2+x_3=4, \\ x_1+bx_2+x_3=3, \\ x_1+2bx_2+x_3=4. \end{cases}$$

72. 设 $\boldsymbol{\eta}_0$是非齐次线性方程组 $\boldsymbol{Ax}=\boldsymbol{b}$ 的一个解，$\boldsymbol{\xi}_1,\boldsymbol{\xi}_2,\cdots,\boldsymbol{\xi}_{n-r}$是其导出组 $\boldsymbol{Ax}=\boldsymbol{0}$ 的基础解系，令 $\boldsymbol{\eta}_j=\boldsymbol{\eta}_0+\boldsymbol{\xi}_j,j=1,2,\cdots,n-r$. 证明：

(1)$\boldsymbol{\eta}_0,\boldsymbol{\eta}_1,\cdots,\boldsymbol{\eta}_{n-r}$线性无关，且都是 $\boldsymbol{Ax}=\boldsymbol{b}$ 的解；

(2)方程组 $\boldsymbol{Ax}=\boldsymbol{b}$ 的任一解可表示为

$$\boldsymbol{x}=\lambda_0\boldsymbol{\eta}_0+\lambda_1\boldsymbol{\eta}_1+\cdots+\lambda_{n-r}\boldsymbol{\eta}_{n-r}$$

的形式，其中常数 $\lambda_0,\lambda_1,\cdots,\lambda_{n-r}$满足$\lambda_0+\lambda_1+\cdots+\lambda_{n-r}=1$.

73. 设 $\boldsymbol{\eta}_1,\boldsymbol{\eta}_2,\boldsymbol{\eta}_3$ 是 n 元线性方程组 $\boldsymbol{Ax}=\boldsymbol{b}(\boldsymbol{b}\neq\boldsymbol{0})$的线性无关的解，且 $r(\boldsymbol{A})=n-2$，证明 $\boldsymbol{\eta}_1-\boldsymbol{\eta}_2,2\boldsymbol{\eta}_1-\boldsymbol{\eta}_2-\boldsymbol{\eta}_3$ 是 $\boldsymbol{Ax}=\boldsymbol{0}$ 的一个基础解系.

74. 已知四元非齐次线性方程组系数矩阵秩为 3，$\boldsymbol{\alpha}_1,\boldsymbol{\alpha}_2,\boldsymbol{\alpha}_3$ 是它的三个解向量，且 $\boldsymbol{\alpha}_1+\boldsymbol{\alpha}_2=(1,1,0,2)^{\mathrm{T}}$，$\boldsymbol{\alpha}_2+\boldsymbol{\alpha}_3=(1,0,1,3)^{\mathrm{T}}$，求方程组的通解.

75. 已知四阶方阵 $\boldsymbol{A}=(\boldsymbol{\alpha}_1,\boldsymbol{\alpha}_2,\boldsymbol{\alpha}_3,\boldsymbol{\alpha}_4)$，$\boldsymbol{\alpha}_1,\boldsymbol{\alpha}_2,\boldsymbol{\alpha}_3,\boldsymbol{\alpha}_4$ 均为 4 维列向量，其中 $\boldsymbol{\alpha}_2,\boldsymbol{\alpha}_3,\boldsymbol{\alpha}_4$ 线性无关，$\boldsymbol{\alpha}_1=2\boldsymbol{\alpha}_2-\boldsymbol{\alpha}_3$. 如果 $\boldsymbol{\beta}=\boldsymbol{\alpha}_1+\boldsymbol{\alpha}_2+\boldsymbol{\alpha}_3+\boldsymbol{\alpha}_4$，求 $\boldsymbol{Ax}=\boldsymbol{\beta}$ 的通解.

76. 设 3 阶矩阵 $\boldsymbol{A}$ 按列分块为$\boldsymbol{A}=[\boldsymbol{\alpha}_1,\boldsymbol{\alpha}_2,\boldsymbol{\alpha}_3]$. 已知 $\boldsymbol{\alpha}_1=-2\boldsymbol{\alpha}_2+3\boldsymbol{\alpha}_3$，且 $\boldsymbol{A}$ 的伴随矩阵$\boldsymbol{A}^*\neq\boldsymbol{O}$.

(1)证明 $r(\boldsymbol{A})=2$；

(2)若 $\boldsymbol{b}=\boldsymbol{\alpha}_1+2\boldsymbol{\alpha}_2+3\boldsymbol{\alpha}_3$，求方程组 $\boldsymbol{Ax}=\boldsymbol{b}$ 的通解.

77. 设 $\boldsymbol{A}$ 是 $m\times n$ 矩阵，如对任意的 $\boldsymbol{b}\in\mathbf{R}^m$，非齐次线性方程组 $\boldsymbol{Ax}=\boldsymbol{b}$ 总有解，证明 $\boldsymbol{A}$ 的行向量组线性无关.

78. 写出方程组 $x_1-x_2=a_1$，$x_2-x_3=a_2$，$x_3-x_4=a_3$，$x_4-x_1=a_4$ 有解的充要条件，并求解.

79. 设矩阵 $\boldsymbol{A}=\begin{bmatrix} 2a & 1 & & \\ a^2 & 2a & \ddots & \\ & \ddots & \ddots & 1 \\ & & a^2 & 2a \end{bmatrix}$. 若矩阵 $\boldsymbol{A}$ 满足方程 $\boldsymbol{Ax}=\boldsymbol{b}$，其中 $\boldsymbol{x}=(x_1,x_2,\cdots,x_n)^{\mathrm{T}}$，$\boldsymbol{b}=(1,0,\cdots,0)^{\mathrm{T}}$.

(1)证明$|\boldsymbol{A}|=(n+1)a^n$；

(2)a 为何值时方程组有唯一解？求 x_1；

(3)a 为何值时方程组有无穷多解？求通解.

80. 设 $\boldsymbol{A}=\begin{bmatrix} \lambda & 1 & 1 \\ 0 & \lambda-1 & 0 \\ 1 & 1 & \lambda \end{bmatrix}$，$\boldsymbol{b}=\begin{bmatrix} a \\ 1 \\ 1 \end{bmatrix}$，已知线性方程组 $\boldsymbol{Ax}=\boldsymbol{b}$ 存在 2 个不同的解.

(1)求 λ,a；

(2)求方程组 $\boldsymbol{Ax}=\boldsymbol{b}$ 的通解.

81. 已知方程组$\begin{cases}x_1+x_2+x_3+x_4=-1,\\4x_1+3x_2+5x_3-x_4=-1,\\ax_1+x_2+3x_3+bx_4=1\end{cases}$有 3 个线性无关的解.

(1)证明该方程组的系数矩阵的秩为 2;

(2)求 a,b 的值及该方程组的通解.

82. 设线性方程组

$$\begin{cases}x_1+\lambda x_2+\mu x_3+x_4=0,\\2x_1+x_2+x_3+2x_4=0,\\3x_1+(2+\lambda)x_2+(4+\mu)x_3+4x_4=1.\end{cases}$$

已知$(1,-1,1,-1)^{\mathrm{T}}$ 是该方程组的一个解，试求：

(1)方程组的全部解；

(2)该方程组满足 $x_2=x_3$ 的全部解.

83. 已知以下两个齐次线性方程组同解，求 a,b,c 的值.

(1)$\begin{cases}x_1+2x_2+3x_3=0,\\2x_1+3x_2+5x_3=0,\\x_1+x_2+ax_3=0;\end{cases}$ (2)$\begin{cases}x_1+bx_2+cx_3=0,\\2x_1+b^2x_2+(c+1)x_3=0.\end{cases}$

84. 设线性方程组$\begin{cases}x_1+x_2+x_3=0,\\x_1+2x_2+ax_3=0,\\x_1+4x_2+a^2x_3=0\end{cases}$与方程 $x_1+2x_2+x_3=a-1$ 有公共解，求 a 的值和所有公共解.

85. 证明:矩阵方程 $\boldsymbol{AX}=\boldsymbol{B}$ 有解$\Leftrightarrow r(\boldsymbol{A})=r(\boldsymbol{A}|\boldsymbol{B})$，其中 $\boldsymbol{A}$ 为 $m\times n$ 矩阵，$\boldsymbol{B}$ 为 $m\times p$ 矩阵.

86. 设 $\boldsymbol{A}=\begin{bmatrix}1&-1&-1\\2&a&1\\-1&1&a\end{bmatrix}$,$\boldsymbol{B}=\begin{bmatrix}2&2\\1&a\\-a-1&-2\end{bmatrix}$. 当 a 为何值时，矩阵方程 $\boldsymbol{AX}=\boldsymbol{B}$ 无解、有唯一解、有无穷多解？有解时，求出所有解.

在线练习 4

第 5 章　线性空间与线性变换

在第 4 章，我们对 n 维向量定义了线性运算，建立了向量空间 $\mathbf{R}^n$. 其实，除了 n 元数组，数学中还有许多研究对象也有类似于 $\mathbf{R}^n$ 的两种运算及性质，这就启发我们舍弃具体对象，只根据运算的基本性质，采用公理化的方法引入线性空间的概念. 线性空间是对一类非常广泛的客观事物的数学抽象.

要揭示同一数域上两个线性空间的内在联系，就要借助于线性空间的映射. 一个集合到它自身的映射称为该集合的一个变换. 我们将讨论线性空间的最简单，也是最基本的一种变换——线性变换.

本章将向量的概念一般化，同时对向量定义线性运算，进而建立线性空间的概念，并研究线性空间的基本性质与结构. 在线性空间基础上，我们进一步讨论线性变换，包括线性变换的概念及其运算、线性变换的矩阵表示等. 线性空间与线性变换是线性代数的核心内容和主要研究对象，同时也是比较抽象的内容.

§5.1　线性空间

在第 4 章我们看到，对 n 维向量引入加法及数乘向量运算后，向量运算有 8 条基本性质. 细心的读者不难发现，n 阶矩阵对矩阵的加法与数乘矩阵运算；在微积分中，函数对于函数的加法及数与函数相乘运算等，也都具有 F^n 的这 8 条性质. 因此，可以把这些不同的对象抽象成一般的集合，同时规定具有这 8 条性质的两种运算，这样一个抽象的代数系统就是我们要学习的线性空间.

线性空间的定义

定义 5.1.1　设 V 是一个非空集合，F 是一个数域，定义两种代数运算：

(1)加法：对于 V 中任意两个元素 $\boldsymbol{\alpha},\boldsymbol{\beta}$，都有 V 中的唯一元素与之对应，称为 $\boldsymbol{\alpha}$ 与 $\boldsymbol{\beta}$ 的和，记为 $\boldsymbol{\alpha}+\boldsymbol{\beta}$(也称 V 对加法运算封闭).

(2)数量乘法(简称数乘)：对于 F 中每个数 k 和 V 中每个元素 $\boldsymbol{\alpha}$，都有 V 中的唯一元素与之对应，称为 k 与 $\boldsymbol{\alpha}$ 的数量乘积，记为 $k\boldsymbol{\alpha}$(也称 V 对数乘运算封闭).

如果加法与数乘运算(统称线性运算)满足以下 8 条运算规律(其中 $\boldsymbol{\alpha},\boldsymbol{\beta},\boldsymbol{\gamma}$ 是 V 中任意元素，k,l 是 F 中任意数)：

(1)$\boldsymbol{\alpha}+\boldsymbol{\beta}=\boldsymbol{\beta}+\boldsymbol{\alpha}$；　　(加法交换律)

(2)$(\boldsymbol{\alpha}+\boldsymbol{\beta})+\boldsymbol{\gamma}=\boldsymbol{\alpha}+(\boldsymbol{\beta}+\boldsymbol{\gamma})$；　　(加法结合律)

(3)V 中有一个零元素 $\mathbf{0}$,使得 $\forall \boldsymbol{\alpha}\in V$,都有 $\boldsymbol{\alpha}+\mathbf{0}=\boldsymbol{\alpha}$；

(4)对每个 $\boldsymbol{\alpha}\in V$,都有一个负元素 $-\boldsymbol{\alpha}\in V$,使 $\boldsymbol{\alpha}+(-\boldsymbol{\alpha})=\mathbf{0}$；

(5)数域 F 中有单位元 1,使得 $1\boldsymbol{\alpha}=\boldsymbol{\alpha}$；

(6)$k(l\boldsymbol{\alpha})=(kl)\boldsymbol{\alpha}$；　　(关于数乘的结合律)

(7)$k(\boldsymbol{\alpha}+\boldsymbol{\beta})=k\boldsymbol{\alpha}+k\boldsymbol{\beta}$；　　(分配律)

(8)$(k+l)\boldsymbol{\alpha}=k\boldsymbol{\alpha}+l\boldsymbol{\alpha}$.　　(分配律)

则称 V 是数域 F 上的线性空间(linear space),简称线性空间.

如果 F 是实数域 $\mathbf{R}$,称 V 为实线性空间;如果 F 是复数域 $\mathbf{C}$,称 V 为复线性空间. 线性空间的元素也称为向量,但这里所谓的向量比 F^n 中向量的含义要广泛得多. 线性空间有时也称为向量空间.

下面列举一些线性空间的例子.

例 5.1.1　F^n,$\mathbf{R}^n$,$\mathbf{C}^n$ 分别是 F,$\mathbf{R}$,$\mathbf{C}$ 上的线性空间. $\mathbf{R}^n$ 是实 n 维向量空间.

例 5.1.2　齐次线性方程组 $\boldsymbol{Ax}=\mathbf{0}$ 的全体解向量,在向量加法及数乘运算下构成一个线性空间,称为解空间.

但非齐次线性方程组的解集合在向量的线性运算下就不是线性空间,因为其解集合对向量的线性运算不封闭(可自行验证).

例 5.1.3　全体 $m\times n$ 实矩阵,按照矩阵的加法及数乘矩阵两种运算,构成实线性空间,记为 $\mathbf{R}^{m\times n}$.

例 5.1.4　系数取自数域 F 的次数小于 n 的一元多项式全体(包括零多项式)所构成的集合 $F_n[x]$,即

$$F_n[x]=\left\{f(x)\mid f(x)=\sum_{i=0}^{n-1}a_ix^i,a_i\in F,i=0,1,\cdots,n-1\right\}.$$

定义多项式的加法及数乘多项式两种运算如下:

$$f(x)+g(x)=\sum_{i=0}^{n-1}a_ix^i+\sum_{i=0}^{n-1}b_ix^i=\sum_{i=0}^{n-1}(a_i+b_i)x^i,$$

$$kf(x)=k\sum_{i=0}^{n-1}a_ix^i=\sum_{i=0}^{n-1}(ka_i)x^i,$$

则 $F_n[x]$是数域 F 上的线性空间.

同理,次数小于 n 的全体实系数多项式(包括零多项式)所构成的集合 $\mathbf{R}_n[x]$,按通常多项式的加法及数与多项式的乘法构成实数域上的线性空间.

例 5.1.5　次数等于 n 的全体实系数多项式,在多项式加法及数乘多项式的运算下不是线性空间. 因为加法运算不封闭,例如 $f(x)=x+x^n$,$g(x)=x-x^n$,而 $f(x)+g(x)=2x$ 不是 n 次多项式.

例 5.1.6　闭区间$[a,b]$上具有 n 阶连续导数的一元函数全体,对于函数的加法及实数与函数的乘法,构成一个实线性空间,记为$\mathbf{C}^n[a,b]$.

例 5.1.7　设 $V=\mathbf{R}^+$(正实数集),$F=\mathbf{R}$. $\forall a,b\in V,k\in F$,定义加法($\oplus$)为 $a\oplus b=ab$,数乘($\circ$)为 $k\circ a=a^k$,则 V 是实线性空间.

证明　$V=\mathbf{R}^+$ 为非空集合,V 中任意两元素的和 $a\oplus b=ab$ 唯一且属于 V,数乘 $k\circ a=a^k$ 唯一且属于 V.

加法的实质是数的乘法运算,显然满足交换律与结合律;

有 V 中的零元素 1,使得 $a\oplus 1=a$;

$\forall a\in V$,有 $a^{-1}\in V$,使得 $a\oplus a^{-1}=aa^{-1}=1$,即 a^{-1}为 a 的负元素.

对于数乘,$1\circ a=a^1=a$;

结合律:　$k\circ(l\circ a)=k\circ a^l=(a^l)^k=a^{kl}=(kl)\circ a$;

分配律:

$$k\circ(a\oplus b)=k\circ(ab)=(ab)^k=a^k b^k=a^k\oplus b^k=(k\circ a)\oplus(k\circ b),$$

$$(k+l)\circ a=a^{k+l}=a^k\oplus a^l=(k\circ a)\oplus(l\circ a).$$

由定义,$V=\mathbf{R}^+$ 是实数域 $\mathbf{R}$ 上的线性空间,即实线性空间.

线性空间不仅仅是一个集合,还包括定义在该集合上的满足 8 条运算规律的加法和数乘两种运算. 因此,除了要验证加法和数乘运算的封闭性是否成立,还要验证 8 条运算规律是否成立,只要有一个条件不满足,那么该集合对于加法和数乘运算就不构成线性空间.

例 5.1.8　全体二阶可逆实矩阵的集合,对于矩阵的加法及数乘矩阵运算不构成线性空间. 因为集合对加法不封闭,即两个可逆矩阵的和可能不再是可逆矩阵,例如 $\begin{bmatrix}1&0\\0&1\end{bmatrix}$与$\begin{bmatrix}0&1\\1&0\end{bmatrix}$.

例 5.1.9　全体二维实向量所组成的集合 $V=\{(x,y)\mid x,y\in\mathbf{R}\}$,关于如下定义的两个运算:

$$(x_1,y_1)+(x_2,y_2)=(x_1+x_2,0),\quad k(x,y)=(kx,0),$$

不构成线性空间. 这是因为虽然集合 V 对两个运算是封闭的,但 V 中不存在零元素,即对 $(x,y),y\neq 0$,不存在一个元素 $\mathbf{0}=(?,?)$使

$$(x,y)+(?,?)=(x,y)$$

成立. 实际上,数乘运算也不满足运算规律(5).

从以上例子可以看出,线性空间是一个相当普遍的研究对象. 因此,有必要暂时撇开这些研究对象的具体含义,从数学上对线性空间的性质、结构等基本理论进行统一的研究.

从线性空间的定义可以推出线性空间的下列基本性质:

(1)线性空间中的零向量是唯一的.

如果$\mathbf{0}_1,\mathbf{0}_2$ 都是线性空间 V 的零向量,由定义,

$$\mathbf{0}_1=\mathbf{0}_1+\mathbf{0}_2=\mathbf{0}_2+\mathbf{0}_1=\mathbf{0}_2.$$

(2)线性空间中任一向量的负向量是唯一的.

如果 $\boldsymbol{\beta},\boldsymbol{\gamma}$ 都是 $\boldsymbol{\alpha}$ 的负向量,则

$$\boldsymbol{\beta}=\boldsymbol{\beta}+\mathbf{0}=\boldsymbol{\beta}+(\boldsymbol{\alpha}+\boldsymbol{\gamma})=(\boldsymbol{\beta}+\boldsymbol{\alpha})+\boldsymbol{\gamma}=\mathbf{0}+\boldsymbol{\gamma}=\boldsymbol{\gamma}.$$

(3)$0\boldsymbol{\alpha}=\mathbf{0},(-1)\boldsymbol{\alpha}=-\boldsymbol{\alpha},k\mathbf{0}=\mathbf{0}.$

$\boldsymbol{\alpha}+0\boldsymbol{\alpha}=1\boldsymbol{\alpha}+0\boldsymbol{\alpha}=(1+0)\boldsymbol{\alpha}=1\boldsymbol{\alpha}=\boldsymbol{\alpha}$,故有 $0\boldsymbol{\alpha}=\mathbf{0}$.

$\boldsymbol{\alpha}+(-1)\boldsymbol{\alpha}=(1-1)\boldsymbol{\alpha}=0\boldsymbol{\alpha}=\mathbf{0}$,故有 $(-1)\boldsymbol{\alpha}=-\boldsymbol{\alpha}$.

$k\mathbf{0}=k[\boldsymbol{\alpha}+(-1)\boldsymbol{\alpha}]=k\boldsymbol{\alpha}+(-k)\boldsymbol{\alpha}=[k+(-k)]\boldsymbol{\alpha}=0\boldsymbol{\alpha}=\mathbf{0}.$

(4)若 $k\boldsymbol{\alpha}=\mathbf{0}$,则 $k=0$ 或 $\boldsymbol{\alpha}=\mathbf{0}$.

若 $k=0$,则 $k\boldsymbol{\alpha}=\mathbf{0}$. 若 $k\neq 0$,有

$$\boldsymbol{\alpha}=1\boldsymbol{\alpha}=(k^{-1}k)\boldsymbol{\alpha}=k^{-1}(k\boldsymbol{\alpha})=k^{-1}\mathbf{0}=\mathbf{0}.$$

线性空间作为向量空间的推广,向量空间中的线性表示、线性相关与线性无关等概念可以完全平行地推广到线性空间.

定义 5.1.2 设 V 是数域 F 上的线性空间,对向量 $\boldsymbol{\alpha}_1,\boldsymbol{\alpha}_2,\cdots,\boldsymbol{\alpha}_n\in V$,数 $k_1,k_2,\cdots,k_n\in F$,称 $\sum\limits_{i=1}^{n}k_i\boldsymbol{\alpha}_i$ 是 $\boldsymbol{\alpha}_1,\boldsymbol{\alpha}_2,\cdots,\boldsymbol{\alpha}_n$ 的一个线性组合. 如果向量 $\boldsymbol{\beta}$ 能够写成 $\sum\limits_{i=1}^{n}k_i\boldsymbol{\alpha}_i$,则称 $\boldsymbol{\beta}$ 可以由 $\boldsymbol{\alpha}_1,\boldsymbol{\alpha}_2,\cdots,\boldsymbol{\alpha}_n$ 线性表出,或者说 $\boldsymbol{\beta}$ 是 $\boldsymbol{\alpha}_1,\boldsymbol{\alpha}_2,\cdots,\boldsymbol{\alpha}_n$ 的线性组合.

定义 5.1.3 设 V 是数域 F 上的线性空间,$\boldsymbol{\alpha}_1,\boldsymbol{\alpha}_2,\cdots,\boldsymbol{\alpha}_n\in V$,如果 F 中存在 n 个不全为零的数 $k_1,k_2,\cdots,k_n$ 使得

$$\sum_{i=1}^{n}k_i\boldsymbol{\alpha}_i=\mathbf{0},$$

则称 $\boldsymbol{\alpha}_1,\boldsymbol{\alpha}_2,\cdots,\boldsymbol{\alpha}_n$ 线性相关,否则称 $\boldsymbol{\alpha}_1,\boldsymbol{\alpha}_2,\cdots,\boldsymbol{\alpha}_n$ 线性无关.

线性无关亦可等价叙述为:如果对 F 中 n 个数 $k_1,k_2,\cdots,k_n$,当 $\sum\limits_{i=1}^{n}k_i\boldsymbol{\alpha}_i=\mathbf{0}$ 时,必可推出 $k_i=0(i=1,2,\cdots,n)$. 或者说,只要 $k_1,k_2,\cdots,k_n$ 不全为零,则 $\sum\limits_{i=1}^{n}k_i\boldsymbol{\alpha}_i$ 必不为 $\mathbf{0}$.

定义 5.1.4 设 $\boldsymbol{\alpha}_1,\boldsymbol{\alpha}_2,\cdots,\boldsymbol{\alpha}_n$ 与 $\boldsymbol{\beta}_1,\boldsymbol{\beta}_2,\cdots,\boldsymbol{\beta}_m$ 是线性空间 V 中两组向量,如果每个 $\boldsymbol{\alpha}_i(i=1,2,\cdots,n)$ 都可以由向量组 $\boldsymbol{\beta}_1,\boldsymbol{\beta}_2,\cdots,\boldsymbol{\beta}_m$ 线性表出,我们就称向量组 $\boldsymbol{\alpha}_1,\boldsymbol{\alpha}_2,\cdots,\boldsymbol{\alpha}_n$ 可由向量组 $\boldsymbol{\beta}_1,\boldsymbol{\beta}_2,\cdots,\boldsymbol{\beta}_m$ 线性表出. 若两个向量组可以互相线性表出,称这两个向量组等价.

例如,在线性空间 $F_3[x]$ 中,$1,x,x^2$ 与 $1,1+x,1+x^2$ 等价.

向量组的等价是线性空间 V 上的一个二元关系,容易验证这个二元关系具有反身性、对称性、传递性.

以上这些定义的叙述完全是在“复述”向量空间中相应概念的定义,因此,向量空间的理论亦可平行拓广到线性空间,其证明方法本质上是一样的. 下面列出几个常用的定理,其证明留给读者.

定理 5.1.1 设 V 是一个线性空间,$\boldsymbol{\alpha}_1,\boldsymbol{\alpha}_2,\cdots,\boldsymbol{\alpha}_n(n\geqslant 2)$ 是 V 中向量,则 $\boldsymbol{\alpha}_1,\boldsymbol{\alpha}_2,\cdots,\boldsymbol{\alpha}_n$ 线性相关的充分必要条件是 $\boldsymbol{\alpha}_1,\boldsymbol{\alpha}_2,\cdots,\boldsymbol{\alpha}_n$ 中必有一个向量 $\boldsymbol{\alpha}_i$ 可由其余向量 $\boldsymbol{\alpha}_1,\cdots,\boldsymbol{\alpha}_{i-1},\boldsymbol{\alpha}_{i+1},\cdots,\boldsymbol{\alpha}_n$ 线性表出.

定理 5.1.2　设 V 是一个线性空间，$\boldsymbol{\alpha}_1,\boldsymbol{\alpha}_2,\cdots,\boldsymbol{\alpha}_n,\boldsymbol{\beta}$ 是 V 中向量. 若 $\boldsymbol{\alpha}_1,\boldsymbol{\alpha}_2,\cdots,\boldsymbol{\alpha}_n$ 线性无关，而 $\boldsymbol{\alpha}_1,\boldsymbol{\alpha}_2,\cdots,\boldsymbol{\alpha}_n,\boldsymbol{\beta}$ 线性相关，则 $\boldsymbol{\beta}$ 可由 $\boldsymbol{\alpha}_1,\boldsymbol{\alpha}_2,\cdots,\boldsymbol{\alpha}_n$ 线性表出，且表示法唯一.

定理 5.1.3　设 $\boldsymbol{\alpha}_1,\boldsymbol{\alpha}_2,\cdots,\boldsymbol{\alpha}_n$ 与 $\boldsymbol{\beta}_1,\boldsymbol{\beta}_2,\cdots,\boldsymbol{\beta}_m$ 是线性空间 V 中的两组向量，若 $\boldsymbol{\alpha}_1,\boldsymbol{\alpha}_2,\cdots,\boldsymbol{\alpha}_n$ 可由 $\boldsymbol{\beta}_1,\boldsymbol{\beta}_2,\cdots,\boldsymbol{\beta}_m$ 线性表出，且 $n>m$，则 $\boldsymbol{\alpha}_1,\boldsymbol{\alpha}_2,\cdots,\boldsymbol{\alpha}_n$ 线性相关.

推论　如果 $\boldsymbol{\alpha}_1,\boldsymbol{\alpha}_2,\cdots,\boldsymbol{\alpha}_n$ 可由 $\boldsymbol{\beta}_1,\boldsymbol{\beta}_2,\cdots,\boldsymbol{\beta}_m$ 线性表出，且 $\boldsymbol{\alpha}_1,\boldsymbol{\alpha}_2,\cdots,\boldsymbol{\alpha}_n$ 线性无关，则 $m\geqslant n$.

例 5.1.10　在 $F_3[x]$ 中，$1,x,x^2$ 是线性无关的. 因为若

$$k_1 1+k_2x+k_3x^2=0$$

对任何 x 均成立，必有 $k_1=k_2=k_3=0$.

通过第 4 章的讨论，我们知道 $\mathbf{R}^n$ 中存在 n 个线性无关的向量，而且 $\mathbf{R}^n$ 中任意 n 个线性无关的向量 $\boldsymbol{\alpha}_1,\boldsymbol{\alpha}_2,\cdots,\boldsymbol{\alpha}_n$ 可作为 $\mathbf{R}^n$ 的一组基，使得 $\mathbf{R}^n$ 中任一向量 $\boldsymbol{\alpha}$ 都可由 $\boldsymbol{\alpha}_1,\boldsymbol{\alpha}_2,\cdots,\boldsymbol{\alpha}_n$ 唯一地线性表示. 这就显示了向量空间 $\mathbf{R}^n$ 的基本结构和主要特征. 将这些概念推广到一般的线性空间，我们引入线性空间的基、维数及向量的坐标等基本概念.

定义 5.1.5　设 V 是线性空间，如果 V 中有 n 个线性无关的向量，而任意 $n+1$ 个向量都线性相关，则称线性空间是 n 维(dimension)的，记作 $\dim V=n$，而这 n 个线性无关的向量称为线性空间 V 的一组基(basis).

如果在线性空间 V 中可以找到无穷多个线性无关的向量，则称 V 为无限维线性空间；否则，称 V 为有限维线性空间. 本书仅讨论有限维线性空间.

例 5.1.11　数域 F 上所有多项式的集合 $F[x]$，按通常的多项式加法及数与多项式的乘法，构成一个线性空间. $1,x,x^2,\cdots,x^n,\cdots$线性无关，它是 $F[x]$的一组基，$F[x]$是无限维线性空间.

例 5.1.12　线性空间 $F_n[x]$的维数是 n，$1,x,x^2,\cdots,x^{n-1}$是它的一组基.

定理 5.1.4　如果在线性空间 V 中有 n 个线性无关的向量 $\boldsymbol{\alpha}_1,\boldsymbol{\alpha}_2,\cdots,\boldsymbol{\alpha}_n$，且 V 中任意向量都可用 $\boldsymbol{\alpha}_1,\boldsymbol{\alpha}_2,\cdots,\boldsymbol{\alpha}_n$ 线性表出，那么 V 是 n 维的，而 $\boldsymbol{\alpha}_1,\boldsymbol{\alpha}_2,\cdots,\boldsymbol{\alpha}_n$ 就是 V 的一组基.

如果 $\boldsymbol{\alpha}_1,\boldsymbol{\alpha}_2,\cdots,\boldsymbol{\alpha}_n$ 是线性空间 V 的一组基，则可将 V 表示为

$$V=\{x_1\boldsymbol{\alpha}_1+x_2\boldsymbol{\alpha}_2+\cdots+x_n\boldsymbol{\alpha}_n\mid x_i\in F,i=1,2,\cdots,n\}.$$

因此可将 V 看成是由基向量生成的线性空间，而基向量就是线性无关的生成元，这就清楚地显示出线性空间 V 的构造.

如果 $\boldsymbol{\alpha}_1,\boldsymbol{\alpha}_2,\cdots,\boldsymbol{\alpha}_n$ 是线性空间 V 的一组基，那么 V 中任一向量 $\boldsymbol{\beta}$ 可由 $\boldsymbol{\alpha}_1,\boldsymbol{\alpha}_2,\cdots,\boldsymbol{\alpha}_n$ 线性表出，且表示法唯一. 由此可引入坐标的概念.

定义 5.1.6　设 V 是 n 维线性空间，$\boldsymbol{\alpha}_1,\boldsymbol{\alpha}_2,\cdots,\boldsymbol{\alpha}_n$ 是其一组基，对 V 中任一向量 $\boldsymbol{\beta}$，存在着唯一一组数 $x_1,x_2,\cdots,x_n$ 使得

$$\boldsymbol{\beta}=\sum_{i=1}^{n}x_i\boldsymbol{\alpha}_i,$$

称$(x_1,x_2,\cdots,x_n)^{\mathrm{T}}$是$\boldsymbol{\beta}$在基$\boldsymbol{\alpha}_1,\boldsymbol{\alpha}_2,\cdots,\boldsymbol{\alpha}_n$下的坐标(coordinate).

例 5.1.13 在$\mathbf{R}^3$中,$\boldsymbol{e}_1=\begin{bmatrix}1\\0\\0\end{bmatrix}$,$\boldsymbol{e}_2=\begin{bmatrix}0\\1\\0\end{bmatrix}$,$\boldsymbol{e}_3=\begin{bmatrix}0\\0\\1\end{bmatrix}$为标准基. 向量$\boldsymbol{\alpha}=\begin{bmatrix}a_1\\a_2\\a_3\end{bmatrix}$可表示成

$$\boldsymbol{\alpha}=a_1\boldsymbol{e}_1+a_2\boldsymbol{e}_2+a_3\boldsymbol{e}_3,$$

因此,$\boldsymbol{\alpha}$在标准基下的坐标是$(a_1,a_2,a_3)^{\mathrm{T}}$.

又如,$\boldsymbol{\varepsilon}_1=\begin{bmatrix}1\\0\\0\end{bmatrix}$,$\boldsymbol{\varepsilon}_2=\begin{bmatrix}1\\1\\0\end{bmatrix}$,$\boldsymbol{\varepsilon}_3=\begin{bmatrix}1\\1\\1\end{bmatrix}$也是$\mathbf{R}^3$的一组基,易见

$$\boldsymbol{\alpha}=(a_1-a_2)\boldsymbol{\varepsilon}_1+(a_2-a_3)\boldsymbol{\varepsilon}_2+a_3\boldsymbol{\varepsilon}_3.$$

故$\boldsymbol{\alpha}$在基$\boldsymbol{\varepsilon}_1,\boldsymbol{\varepsilon}_2,\boldsymbol{\varepsilon}_3$下的坐标是$(a_1-a_2,a_2-a_3,a_3)^{\mathrm{T}}$.

例 5.1.14 所有二阶矩阵构成的集合$\mathbf{R}^{2\times 2}$,在矩阵的加法及数乘矩阵的运算下构成一个线性空间. 对于

$$\boldsymbol{E}_{11}=\begin{bmatrix}1&0\\0&0\end{bmatrix},\quad \boldsymbol{E}_{12}=\begin{bmatrix}0&1\\0&0\end{bmatrix},\quad \boldsymbol{E}_{21}=\begin{bmatrix}0&0\\1&0\end{bmatrix},\quad \boldsymbol{E}_{22}=\begin{bmatrix}0&0\\0&1\end{bmatrix},$$

我们有

$$k_1\boldsymbol{E}_{11}+k_2\boldsymbol{E}_{12}+k_3\boldsymbol{E}_{21}+k_4\boldsymbol{E}_{22}=\begin{bmatrix}k_1&k_2\\k_3&k_4\end{bmatrix}.$$

因此,$k_1\boldsymbol{E}_{11}+k_2\boldsymbol{E}_{12}+k_3\boldsymbol{E}_{21}+k_4\boldsymbol{E}_{22}=\boldsymbol{O}\Leftrightarrow k_1=k_2=k_3=k_4=0$,即$\boldsymbol{E}_{11},\boldsymbol{E}_{12},\boldsymbol{E}_{21},\boldsymbol{E}_{22}$线性无关. 而任一矩阵$\boldsymbol{A}=\begin{bmatrix}x&y\\z&w\end{bmatrix}$可由$\boldsymbol{E}_{11},\boldsymbol{E}_{12},\boldsymbol{E}_{21},\boldsymbol{E}_{22}$线性表示为

$$\boldsymbol{A}=x\boldsymbol{E}_{11}+y\boldsymbol{E}_{12}+z\boldsymbol{E}_{21}+w\boldsymbol{E}_{22}.$$

这说明$\mathbf{R}^{2\times 2}$是 4 维线性空间,$\boldsymbol{E}_{11},\boldsymbol{E}_{12},\boldsymbol{E}_{21},\boldsymbol{E}_{22}$是它的一组基,$\boldsymbol{A}$在这组基下的坐标是$(x,y,z,w)^{\mathrm{T}}$.

一般地,实线性空间$\mathbf{R}^{m\times n}$的维数是$m\times n$,它的一组基为

$$\{\boldsymbol{E}_{ij}\mid i=1,2,\cdots,m,j=1,2,\cdots,n,\boldsymbol{E}_{ij}\text{的}(i,j)\text{元素是 }1,\text{其余元素都是零}\}.$$

例 5.1.15 在次数小于 3 的实系数多项式所构成的线性空间$\mathbf{R}_3[x]$中,令$f_0=1$,$f_1=x$,$f_2=x^2$,则

$$k_1f_0+k_2f_1+k_3f_2=k_1+k_2x+k_3x^2=0\Leftrightarrow k_1=k_2=k_3=0,$$

即$1,x,x^2$线性无关. 而对于$f=ax^2+bx+c\in\mathbf{R}_3[x]$,有$f=cf_0+bf_1+af_2$,所以,$\mathbf{R}_3[x]$是 3 维线性空间,$1,x,x^2$是一组基,$f(x)=ax^2+bx+c$在这组基下的坐标是$(c,b,a)^{\mathrm{T}}$.

一个线性空间可以有不同的基,同一向量在不同基下的坐标一般是不同的. 下面讨论随着基的改变,向量的坐标是如何变化的.

定义 5.1.7 设$\boldsymbol{\varepsilon}_1,\boldsymbol{\varepsilon}_2,\cdots,\boldsymbol{\varepsilon}_n$和$\boldsymbol{\eta}_1,\boldsymbol{\eta}_2,\cdots,\boldsymbol{\eta}_n$是线性空间$V$的两组基,它们可以互相线性表出,若

$$\begin{cases}\boldsymbol{\eta}_1=a_{11}\boldsymbol{\varepsilon}_1+a_{21}\boldsymbol{\varepsilon}_2+\cdots+a_{n1}\boldsymbol{\varepsilon}_n,\\ \boldsymbol{\eta}_2=a_{12}\boldsymbol{\varepsilon}_1+a_{22}\boldsymbol{\varepsilon}_2+\cdots+a_{n2}\boldsymbol{\varepsilon}_n,\\ \qquad\vdots\\ \boldsymbol{\eta}_n=a_{1n}\boldsymbol{\varepsilon}_1+a_{2n}\boldsymbol{\varepsilon}_2+\cdots+a_{nn}\boldsymbol{\varepsilon}_n,\end{cases}$$

利用矩阵乘法，可将上式形式地写成

$$(\boldsymbol{\eta}_1,\boldsymbol{\eta}_2,\cdots,\boldsymbol{\eta}_n)=(\boldsymbol{\varepsilon}_1,\boldsymbol{\varepsilon}_2,\cdots,\boldsymbol{\varepsilon}_n)\begin{bmatrix}a_{11}&a_{12}&\cdots&a_{1n}\\a_{21}&a_{22}&\cdots&a_{2n}\\\vdots&\vdots&&\vdots\\a_{n1}&a_{n2}&\cdots&a_{nn}\end{bmatrix}.$$

矩阵

$$\boldsymbol{A}=\begin{bmatrix}a_{11}&a_{12}&\cdots&a_{1n}\\a_{21}&a_{22}&\cdots&a_{2n}\\\vdots&\vdots&&\vdots\\a_{n1}&a_{n2}&\cdots&a_{nn}\end{bmatrix}$$

称为由基 $\boldsymbol{\varepsilon}_1,\boldsymbol{\varepsilon}_2,\cdots,\boldsymbol{\varepsilon}_n$ 到基 $\boldsymbol{\eta}_1,\boldsymbol{\eta}_2,\cdots,\boldsymbol{\eta}_n$ 的过渡矩阵(transiton matrix).

定理 5.1.5　设线性空间 V 的两组基是 $\boldsymbol{\varepsilon}_1,\boldsymbol{\varepsilon}_2,\cdots,\boldsymbol{\varepsilon}_n$ 和 $\boldsymbol{\eta}_1,\boldsymbol{\eta}_2,\cdots,\boldsymbol{\eta}_n$，由 $\boldsymbol{\varepsilon}_1,\boldsymbol{\varepsilon}_2,\cdots,\boldsymbol{\varepsilon}_n$ 到 $\boldsymbol{\eta}_1,\boldsymbol{\eta}_2,\cdots,\boldsymbol{\eta}_n$ 的过渡矩阵是 $\boldsymbol{A}$，则 $\boldsymbol{A}$ 是可逆矩阵. 如果向量 $\boldsymbol{\alpha}$ 在这两组基下的坐标分别是 $\boldsymbol{x}=(x_1,x_2,\cdots,x_n)^{\mathrm{T}}$ 和 $\boldsymbol{y}=(y_1,y_2,\cdots,y_n)^{\mathrm{T}}$，则

$$\boldsymbol{x}=\boldsymbol{A}\boldsymbol{y}.$$

证明　由基的定义，$\boldsymbol{\eta}_1,\boldsymbol{\eta}_2,\cdots,\boldsymbol{\eta}_n$ 也可由 $\boldsymbol{\varepsilon}_1,\boldsymbol{\varepsilon}_2,\cdots,\boldsymbol{\varepsilon}_n$ 线性表出，设

$$(\boldsymbol{\varepsilon}_1,\boldsymbol{\varepsilon}_2,\cdots,\boldsymbol{\varepsilon}_n)=(\boldsymbol{\eta}_1,\boldsymbol{\eta}_2,\cdots,\boldsymbol{\eta}_n)\boldsymbol{B},$$

由条件有

$$(\boldsymbol{\varepsilon}_1,\boldsymbol{\varepsilon}_2,\cdots,\boldsymbol{\varepsilon}_n)=[(\boldsymbol{\varepsilon}_1,\boldsymbol{\varepsilon}_2,\cdots,\boldsymbol{\varepsilon}_n)\boldsymbol{A}]\boldsymbol{B}=(\boldsymbol{\varepsilon}_1,\boldsymbol{\varepsilon}_2,\cdots,\boldsymbol{\varepsilon}_n)(\boldsymbol{A}\boldsymbol{B}),$$

而

$$(\boldsymbol{\varepsilon}_1,\boldsymbol{\varepsilon}_2,\cdots,\boldsymbol{\varepsilon}_n)=(\boldsymbol{\varepsilon}_1,\boldsymbol{\varepsilon}_2,\cdots,\boldsymbol{\varepsilon}_n)\boldsymbol{I},$$

由坐标的唯一性，有 $\boldsymbol{AB}=\boldsymbol{I}$，于是 $\boldsymbol{A}$ 可逆，且 $\boldsymbol{B}=\boldsymbol{A}^{-1}$.

又 $\boldsymbol{\alpha}=(\boldsymbol{\varepsilon}_1,\boldsymbol{\varepsilon}_2,\cdots,\boldsymbol{\varepsilon}_n)\boldsymbol{x}=(\boldsymbol{\eta}_1,\boldsymbol{\eta}_2,\cdots,\boldsymbol{\eta}_n)\boldsymbol{y}=(\boldsymbol{\varepsilon}_1,\boldsymbol{\varepsilon}_2,\cdots,\boldsymbol{\varepsilon}_n)\boldsymbol{A}\boldsymbol{x}$，由坐标的唯一性，有 $\boldsymbol{x}=\boldsymbol{A}\boldsymbol{y}$，进而 $\boldsymbol{y}=\boldsymbol{A}^{-1}\boldsymbol{x}$.

例 5.1.16　在例 5.1.13 中，两组基之间的关系是

$$(\boldsymbol{\varepsilon}_1,\boldsymbol{\varepsilon}_2,\boldsymbol{\varepsilon}_3)=(\boldsymbol{e}_1,\boldsymbol{e}_2,\boldsymbol{e}_3)\begin{bmatrix}1&1&1\\0&1&1\\0&0&1\end{bmatrix}.$$

又 $\boldsymbol{\alpha}$ 在基 $\boldsymbol{e}_1,\boldsymbol{e}_2,\boldsymbol{e}_3$ 下的坐标是 $(a_1,a_2,a_3)^{\mathrm{T}}$，设 $\boldsymbol{\alpha}$ 在基 $\boldsymbol{\varepsilon}_1,\boldsymbol{\varepsilon}_2,\boldsymbol{\varepsilon}_3$ 下的坐标是 $(y_1,y_2,y_3)^{\mathrm{T}}$，则有

$$\begin{bmatrix}y_1\\y_2\\y_3\end{bmatrix}=\begin{bmatrix}1&1&1\\0&1&1\\0&0&1\end{bmatrix}^{-1}\begin{bmatrix}a_1\\a_2\\a_3\end{bmatrix}=\begin{bmatrix}1&-1&0\\0&1&-1\\0&0&1\end{bmatrix}\begin{bmatrix}a_1\\a_2\\a_3\end{bmatrix}=\begin{bmatrix}a_1-a_2\\a_2-a_3\\a_3\end{bmatrix}.$$

例 5.1.17 线性空间 $\mathbf{R}_3[x]$的两组基为 $1,x,x^2$ 和 $1,1+x,1+x^2$,且

$$[1,1+x,1+x^2]=[1,x,x^2]\begin{bmatrix}1&1&1\\0&1&0\\0&0&1\end{bmatrix},$$

$$\boldsymbol{A}=\begin{bmatrix}1&1&1\\0&1&0\\0&0&1\end{bmatrix},\quad \boldsymbol{A}^{-1}=\begin{bmatrix}1&-1&-1\\0&1&0\\0&0&1\end{bmatrix}.$$

$f(x)=a_0+a_1x+a_2x^2$ 在基 $1,x,x^2$ 下的坐标为$(a_0,a_1,a_2)^{\mathrm{T}}$,故其在基 $1,1+x,1+x^2$ 下的坐标为 $\boldsymbol{y}=\boldsymbol{A}^{-1}\boldsymbol{x}=(a_0-a_1-a_2,a_1,a_2)^{\mathrm{T}}$.

定义 5.1.8 设 V 是数域 F 上的线性空间,W 是 V 的一个非空子集,如果 W 关于 V 中的加法与数乘运算也构成 F 上的线性空间,则称 W 是 V 的一个子空间(subspace).

定理 5.1.6 设 W 是线性空间 V 的非空子集,如果 W 关于 V 的加法与数乘运算封闭,即$\forall \boldsymbol{\alpha},\boldsymbol{\beta}\in W$,$\forall k\in F$,有 $\boldsymbol{\alpha}+\boldsymbol{\beta}\in W$,$k\boldsymbol{\alpha}\in W$,则 W 是 V 的子空间.

证明 因为 W 是 V 的非空子集,且关于线性运算是封闭的,故有 $0\boldsymbol{\alpha}=\boldsymbol{0}\in W$,$\boldsymbol{0}+\boldsymbol{\alpha}=\boldsymbol{\alpha}$,即 V 中零向量也是 W 的零向量;又$(-1)\boldsymbol{\alpha}=-\boldsymbol{\alpha}\in W$,即$-\boldsymbol{\alpha}$ 是$\boldsymbol{\alpha}$ 在 V 中的负向量.

因为 W 是 V 的子集合,关于线性空间的其余 6 条公理在 V 中也是成立的,故 W 是 V 的子空间.

例 5.1.18 证明:全体二阶实对称矩阵的集合 $SM_2(\mathbf{R})$是 $\mathbf{R}^{2\times 2}$ 的子空间,并求 $SM_2(\mathbf{R})$的维数及一组基.

证明 显然 $SM_2(\mathbf{R})$非空且 $SM_2(\mathbf{R})\subset\mathbf{R}^{2\times 2}$. 设 $\boldsymbol{A},\boldsymbol{B}\in SM_2(\mathbf{R})$,$k\in\mathbf{R}$,则

$$(\boldsymbol{A}+\boldsymbol{B})^{\mathrm{T}}=\boldsymbol{A}^{\mathrm{T}}+\boldsymbol{B}^{\mathrm{T}}=\boldsymbol{A}+\boldsymbol{B},$$

$$(k\boldsymbol{A})^{\mathrm{T}}=k\boldsymbol{A}^{\mathrm{T}}=k\boldsymbol{A}.$$

即 $\boldsymbol{A}+\boldsymbol{B}\in SM_2(\mathbf{R})$,$k\boldsymbol{A}\in SM_2(\mathbf{R})$. 因此,$SM_2(\mathbf{R})$对加法及数乘运算都封闭,所以 $SM_2(\mathbf{R})$是 $\mathbf{R}^{2\times 2}$ 的子空间. 取

$$\boldsymbol{E}_{11}=\begin{bmatrix}1&0\\0&0\end{bmatrix},\quad \boldsymbol{E}_{12}=\begin{bmatrix}0&1\\1&0\end{bmatrix},\quad \boldsymbol{E}_{22}=\begin{bmatrix}0&0\\0&1\end{bmatrix},$$

则 $\boldsymbol{E}_{11},\boldsymbol{E}_{12},\boldsymbol{E}_{22}$ 是 $SM_2(\mathbf{R})$中线性无关的向量,且对任一 $\boldsymbol{A}\in SM_2(\mathbf{R})$,有

$$\boldsymbol{A}=\begin{bmatrix}a_{11}&a_{12}\\a_{12}&a_{22}\end{bmatrix}=a_{11}\boldsymbol{E}_{11}+a_{12}\boldsymbol{E}_{12}+a_{22}\boldsymbol{E}_{22}.$$

由定理 5.1.4 知,$\boldsymbol{E}_{11},\boldsymbol{E}_{12},\boldsymbol{E}_{22}$ 是 $SM_2(\mathbf{R})$的一组基,故 $\dim SM_2(\mathbf{R})=3$.

除了通过描述子空间的元素具有什么特征来刻画子空间,还经常通过讲清子空间是由哪些元素生成的来刻画它.

给定线性空间 V 中的一组元素(向量)$\boldsymbol{\alpha}_1,\boldsymbol{\alpha}_2,\cdots,\boldsymbol{\alpha}_m$,子集

$$W=\{k_1\boldsymbol{\alpha}_1+k_2\boldsymbol{\alpha}_2+\cdots+k_m\boldsymbol{\alpha}_m\mid k_1,k_2,\ldots,k_m\in F\}$$

非空,且对 V 的两个运算封闭,因此是 V 的子空间,称为由 $\boldsymbol{\alpha}_1,\boldsymbol{\alpha}_2,\cdots,\boldsymbol{\alpha}_m$ 生成的子空间,记为 $L(\boldsymbol{\alpha}_1,\boldsymbol{\alpha}_2,\cdots,\boldsymbol{\alpha}_m)$.

$\boldsymbol{\alpha}_1,\boldsymbol{\alpha}_2,\cdots,\boldsymbol{\alpha}_m$ 的一个极大线性无关组就是 $L(\boldsymbol{\alpha}_1,\boldsymbol{\alpha}_2,\cdots,\boldsymbol{\alpha}_m)$ 的一组基.

例 5.1.19　设 $\boldsymbol{A}$ 是 $m\times n$ 矩阵，$r(\boldsymbol{A})=r$. $\boldsymbol{A}$ 的列空间是 $\mathbf{R}^m$ 的子空间，维数为 r，$\boldsymbol{A}$ 的列向量组的极大线性无关组是列空间的一组基. 而 $\boldsymbol{A}$ 的零空间是 $\mathbf{R}^n$ 的子空间，维数是 $n-r$，齐次线性方程组 $\boldsymbol{Ax}=\mathbf{0}$ 的基础解系构成零空间的一组基.

在线性空间 V 中取定一组基 $\boldsymbol{\alpha}_1,\boldsymbol{\alpha}_2,\cdots,\boldsymbol{\alpha}_n$ 之后，V 中每个向量在这个基下都有唯一确定的坐标，向量的坐标是 F^n 中的向量. 反过来，任给 F^n 中一个向量 $\boldsymbol{x}=(x_1,x_2,\cdots,x_n)^{\mathrm{T}}$，可唯一确定 V 中一个向量 $\boldsymbol{\alpha}=x_1\boldsymbol{\alpha}_1+x_2\boldsymbol{\alpha}_2+\cdots+x_n\boldsymbol{\alpha}_n$，其中 $\boldsymbol{\alpha}$ 以 $\boldsymbol{x}$ 为其坐标. 这样，就在 V 的向量与它的坐标之间建立了一一对应的关系. V 的向量与它的坐标之间的对应，实际上就是 V 到 F^n 的一个映射，根据前面的说明，这个映射是 V 到 F^n 的一个双射. 不仅如此，这个对应关系的重要性还表现在线性运算上. 具体地说，设 V 中向量 $\boldsymbol{\alpha},\boldsymbol{\beta}$ 在基 $\boldsymbol{\alpha}_1,\boldsymbol{\alpha}_2,\cdots,\boldsymbol{\alpha}_n$ 下的坐标分别为

$$\boldsymbol{x}=(x_1,x_2,\cdots,x_n)^{\mathrm{T}},\qquad \boldsymbol{y}=(y_1,y_2,\cdots,y_n)^{\mathrm{T}},$$

即

$$\boldsymbol{\alpha}=\sum_{i=1}^{n}x_i\boldsymbol{\alpha}_i,\qquad \boldsymbol{\beta}=\sum_{i=1}^{n}y_i\boldsymbol{\alpha}_i,$$

于是有

$$\boldsymbol{\alpha}+\boldsymbol{\beta}=\sum_{i=1}^{n}(x_i+y_i)\boldsymbol{\alpha}_i,\qquad k\boldsymbol{\alpha}=\sum_{i=1}^{n}(kx_i)\boldsymbol{\alpha}_i.$$

所以，$\boldsymbol{\alpha}+\boldsymbol{\beta}$ 在基 $\boldsymbol{\alpha}_1,\boldsymbol{\alpha}_2,\cdots,\boldsymbol{\alpha}_n$ 下的坐标为

$$(x_1+y_1,x_2+y_2,\cdots,x_n+y_n)^{\mathrm{T}}=(x_1,x_2,\cdots,x_n)^{\mathrm{T}}+(y_1,y_2,\cdots,y_n)^{\mathrm{T}}=\boldsymbol{x}+\boldsymbol{y},$$

$k\boldsymbol{\alpha}$ 在基 $\boldsymbol{\alpha}_1,\boldsymbol{\alpha}_2,\cdots,\boldsymbol{\alpha}_n$ 下的坐标为

$$(kx_1,kx_2,\cdots,kx_n)^{\mathrm{T}}=k(x_1,x_2,\cdots,x_n)^{\mathrm{T}}=k\boldsymbol{x}.$$

这就是说，和向量 $\boldsymbol{\alpha}+\boldsymbol{\beta}$ 的坐标等于 $\boldsymbol{\alpha}$ 的坐标与 $\boldsymbol{\beta}$ 的坐标之和，数量乘积 $k\boldsymbol{\alpha}$ 的坐标等于数 k 与 $\boldsymbol{\alpha}$ 的坐标的数量乘积. 这表明，在向量用坐标表示之后，它们的线性运算可以归结为它们的坐标（F^n 中的向量）的线性运算，因而对抽象的线性空间 V 的讨论就可以归结为对 F^n 的讨论. 为了确切说明这一点，我们引入下面的概念.

定义 5.1.9　设 V_1 和 V_2 是数域 F 上的两个线性空间，如果存在从 V_1 到 V_2 的双射 φ，满足：

(1) $\varphi(\boldsymbol{\alpha}+\boldsymbol{\beta})=\varphi(\boldsymbol{\alpha})+\varphi(\boldsymbol{\beta})$, $\forall\,\boldsymbol{\alpha},\boldsymbol{\beta}\in V_1$；

(2) $\varphi(k\boldsymbol{\alpha})=k\varphi(\boldsymbol{\alpha})$, $\forall\,\boldsymbol{\alpha}\in V_1, k\in F$，

则称 φ 是同构映射，称线性空间 V_1 和 V_2 同构.

线性空间的同构

由定义，容易得到同构映射的下列基本性质：

(1) $\varphi(\mathbf{0})=\mathbf{0}$, $\varphi(-\boldsymbol{\alpha})=-\varphi(\boldsymbol{\alpha})$.

这是因为

$$\varphi(\mathbf{0})=\varphi(0\boldsymbol{\alpha})=0\varphi(\boldsymbol{\alpha})=\mathbf{0},$$
$$\varphi(-\boldsymbol{\alpha})=\varphi((-1)\boldsymbol{\alpha})=(-1)\varphi(\boldsymbol{\alpha})=-\varphi(\boldsymbol{\alpha}).$$

(2) $\varphi(\sum_{i=1}^{n}k_i\boldsymbol{\alpha}_i)=\sum_{i=1}^{n}k_i\varphi(\boldsymbol{\alpha}_i)$.

(3) $\boldsymbol{\alpha}_1,\boldsymbol{\alpha}_2,\cdots,\boldsymbol{\alpha}_n$ 是V_1 中向量,它们在V_2 中的像 $\varphi(\boldsymbol{\alpha}_1),\varphi(\boldsymbol{\alpha}_2),\cdots,\varphi(\boldsymbol{\alpha}_n)$线性相关(无关)的充要条件是 $\boldsymbol{\alpha}_1,\boldsymbol{\alpha}_2,\cdots,\boldsymbol{\alpha}_n$ 线性相关(无关).

由性质(1)及 φ 是双射,当且仅当 $\boldsymbol{\gamma}=\mathbf{0}$ 时,$\varphi(\boldsymbol{\gamma})=\mathbf{0}$. 因此,

$$k_1\boldsymbol{\alpha}_1+k_2\boldsymbol{\alpha}_2+\cdots+k_n\boldsymbol{\alpha}_n=\mathbf{0}$$

的充要条件是

$$\varphi(k_1\boldsymbol{\alpha}_1+k_2\boldsymbol{\alpha}_2+\cdots+k_n\boldsymbol{\alpha}_n)=\mathbf{0}.$$

根据性质(2),将上式展开,得

$$k_1\varphi(\boldsymbol{\alpha}_1)+k_2\varphi(\boldsymbol{\alpha}_2)+\cdots+k_n\varphi(\boldsymbol{\alpha}_n)=\mathbf{0}.$$

所以 $\boldsymbol{\alpha}_1,\boldsymbol{\alpha}_2,\cdots,\boldsymbol{\alpha}_n$ 线性相关的充要条件是 $\varphi(\boldsymbol{\alpha}_1),\varphi(\boldsymbol{\alpha}_2),\cdots,\varphi(\boldsymbol{\alpha}_n)$线性相关.

(4)如果 $\boldsymbol{\alpha}_1,\boldsymbol{\alpha}_2,\cdots,\boldsymbol{\alpha}_n$ 是V_1 的一组基,则 $\varphi(\boldsymbol{\alpha}_1),\varphi(\boldsymbol{\alpha}_2),\cdots,\varphi(\boldsymbol{\alpha}_n)$是$V_2$ 的一组基.

根据性质(3),$\varphi(\boldsymbol{\alpha}_1),\varphi(\boldsymbol{\alpha}_2),\cdots,\varphi(\boldsymbol{\alpha}_n)$线性无关. 任取 $\boldsymbol{\beta}\in V_2$,因为 φ 是满射,故存在 $\boldsymbol{\alpha}\in V_1$,使得 $\varphi(\boldsymbol{\alpha})=\boldsymbol{\beta}$. 而在$V_1$ 中 $\boldsymbol{\alpha}_1,\boldsymbol{\alpha}_2,\cdots,\boldsymbol{\alpha}_n$ 是一组基,可设 $\boldsymbol{\alpha}=x_1\boldsymbol{\alpha}_1+x_2\boldsymbol{\alpha}_2+\cdots+x_n\boldsymbol{\alpha}_n$,那么

$$\boldsymbol{\beta}=\varphi(\boldsymbol{\alpha})=x_1\varphi(\boldsymbol{\alpha}_1)+x_2\varphi(\boldsymbol{\alpha}_2)+\cdots+x_n\varphi(\boldsymbol{\alpha}_n),$$

因此 $\varphi(\boldsymbol{\alpha}_1),\varphi(\boldsymbol{\alpha}_2),\cdots,\varphi(\boldsymbol{\alpha}_n)$可表示$V_2$ 中任一向量 $\boldsymbol{\beta}$,它是V_2 的一组基.

性质(3)告诉我们同构保持向量的线性相关性不变,而性质(4)说明同构的线性空间在基向量间有对应关系,这启示我们同构的线性空间在维数上有密切的关系.

同构作为线性空间之间的关系,还具有下列简单性质:

(1)自反性:V_1 与V_1 同构;

(2)对称性:若V_1 与V_2 同构,则V_2 与V_1 同构;

(3)传递性:若V_1 与V_2 同构,V_2 与V_3 同构,则V_1 与V_3 同构.

前面的讨论表明,在 n 维线性空间 V 中取定一个基后,向量和它的坐标之间的对应 $\varphi(\boldsymbol{\alpha})=(x_1,x_2,\cdots,x_n)^{\mathrm{T}}$ 就是 V 到 F^n 的一个同构映射.

定理 5.1.7 设 V 是 n 维线性空间,则其必同构于数域 F 上的 n 维向量空间 F^n.

推论 1 任一 n 维实线性空间都与 $\mathbf{R}^n$ 同构.

推论 2 数域 F 上两个有限维线性空间同构的充分必要条件是它们的维数相等.

一个线性空间就是定义了加法和数量乘法的集合,各类线性空间的元素可以互不相同,加法和数量乘法这两个运算也可有多种形式,我们现在的着眼点主要在于线性运算. 而同构的概念除元素一一对应外,主要是保持线性运算的对应关系. 因此,在同构的意义下,相同维数的线性空间是可以不加区别的. 只有维数才是有限维线性空间唯一的本质特征.

§5.2 线性变换

我们研究了有限维线性空间的结构,得到数域 F 上任何一个 n 维线性空间都和 F^n

同构. 要想进一步揭示线性空间中向量之间的内在联系，就要借助于线性空间的映射. 一个集合到它自身的映射，称为该集合的一个变换. 下面讨论线性空间的最简单也是最重要的一种变换——线性变换.

定义 5.2.1　设 V 是数域 F 上的线性空间，T 是 V 的一个变换. 如果满足条件：

(1) $\forall \boldsymbol{\alpha},\boldsymbol{\beta}\in V, T(\boldsymbol{\alpha}+\boldsymbol{\beta})=T(\boldsymbol{\alpha})+T(\boldsymbol{\beta})$；

(2) $\forall k\in F,\boldsymbol{\alpha}\in V, T(k\boldsymbol{\alpha})=kT(\boldsymbol{\alpha})$，

线性变换的定义

则称 T 是 V 上的线性变换(linear transformation).

由定义知，线性变换是从 V 到 V 的保持向量线性运算(加法和数乘运算)的一个映射，即 $\forall k,l\in F,\boldsymbol{\alpha},\boldsymbol{\beta}\in V$，有 $T(k\boldsymbol{\alpha}+l\boldsymbol{\beta})=kT(\boldsymbol{\alpha})+lT(\boldsymbol{\beta})$.

用 $L(V)$ 表示线性空间 V 上全体线性变换的集合.

下面来看一些线性变换的例子.

例 5.2.1　定义 $T:\mathbf{R}^3\to\mathbf{R}^3$ 为 $T(\boldsymbol{\alpha})=\lambda\boldsymbol{\alpha}$，其中 λ 为常数，则

$$T(\boldsymbol{\alpha}+\boldsymbol{\beta})=\lambda(\boldsymbol{\alpha}+\boldsymbol{\beta})=\lambda\boldsymbol{\alpha}+\lambda\boldsymbol{\beta}=\lambda T(\boldsymbol{\alpha})+\lambda T(\boldsymbol{\beta}),$$
$$T(k\boldsymbol{\alpha})=\lambda(k\boldsymbol{\alpha})=k(\lambda\boldsymbol{\alpha})=kT(\boldsymbol{\alpha}).$$

所以 T 是 $\mathbf{R}^3$ 的一个线性变换，称为数乘变换. 当 $\lambda>1$ 时，其几何意义是把向量放大 λ 倍，当 $0<\lambda<1$ 时，就是缩小 λ 倍.

一般地，设 T 是 V 上的线性变换，若 $\forall \boldsymbol{\alpha}\in V$，有 $T(\boldsymbol{\alpha})=\lambda\boldsymbol{\alpha}$，其中 λ 是常数，称 T 是 V 上的数乘变换. 特别地，若 $\lambda=0$，线性变换把每个向量 $\boldsymbol{\alpha}$ 映射成零向量，这样的变换称为零变换，记作 O，即 $O(\boldsymbol{\alpha})=\mathbf{0}$；若 $\lambda=1$，线性变换把每个向量 $\boldsymbol{\alpha}$ 变成它自身，这样的变换称为恒等变换，记作 I，即 $I(\boldsymbol{\alpha})=\boldsymbol{\alpha}$.

例 5.2.2　在 $\mathbf{R}^2$ 中，设 T 是将向量 $\boldsymbol{\alpha}$ 绕坐标原点逆时针方向旋转 θ 角的变换. 设 $\boldsymbol{\alpha}=(x,y)^{\mathrm{T}}$，$T(\boldsymbol{\alpha})=(x',y')^{\mathrm{T}}$，则

$$\begin{cases}x'=x\cos\theta-y\sin\theta,\\ y'=x\sin\theta+y\cos\theta.\end{cases}$$

记 $\boldsymbol{A}=\begin{bmatrix}\cos\theta & -\sin\theta\\ \sin\theta & \cos\theta\end{bmatrix}$，有 $T(\boldsymbol{\alpha})=\boldsymbol{A}\boldsymbol{\alpha}$. 易证 T 是线性变换，称为旋转变换.

例 5.2.3　在 $\mathbf{R}^3$ 中，$\forall \boldsymbol{\alpha}=(x,y,z)^{\mathrm{T}}$，定义 $T(\boldsymbol{\alpha})=(x,y,0)^{\mathrm{T}}$，即把向量 $\boldsymbol{\alpha}$ 投影到 Oxy 平面. 易证 T 是线性变换，称为投影变换.

例 5.2.4　设 $T:\mathbf{R}^2\to\mathbf{R}^2$ 定义为

$$T\left(\begin{bmatrix}x\\ y\end{bmatrix}\right)=\begin{bmatrix}x\\ -y\end{bmatrix},$$

即 $T(\boldsymbol{\alpha})$ 是 $\boldsymbol{\alpha}$ 关于 Ox 轴这面镜子所成的像. 易证 T 是线性变换，称为镜面反射变换.

例 5.2.5　在次数小于 n 的多项式所构成的线性空间 $\mathbf{R}_n[x]$ 中，对 $f(x)\in\mathbf{R}_n[x]$，令

$$D(f(x))=\frac{\mathrm{d}}{\mathrm{d}x}f(x),$$

由导数的性质易知 D 是线性变换,称为求导变换.

例 5.2.6 区间$[a,b]$上的连续函数在函数加法与数乘函数运算下构成线性空间,记为 $C[a,b]$. 对 $f(x)\in C[a,b]$,令

$$T(f(x))=\int_a^x f(t)\mathrm{d}t,$$

由积分的性质知 T 是线性变换,它把连续函数 $f(x)$变换成可导函数.

例 5.2.7 设 $\boldsymbol{A}$ 是一个 n 阶实矩阵,在 $\mathbf{R}^n$ 中定义

$$T(\boldsymbol{\alpha})=\boldsymbol{A\alpha}.$$

由矩阵运算知 T 是 $\mathbf{R}^n$ 上的线性变换.

例 5.2.8 在 $\mathbf{R}^3$ 中,令

$$T\left(\begin{bmatrix}x\\y\\z\end{bmatrix}\right)=\begin{bmatrix}x-1\\y^2\\2z\end{bmatrix}.$$

对 $\boldsymbol{\alpha}=(a_1,a_2,a_3)^{\mathrm{T}},\boldsymbol{\beta}=(b_1,b_2,b_3)^{\mathrm{T}}$,有

$$T(\boldsymbol{\alpha}+\boldsymbol{\beta})=T\left(\begin{bmatrix}a_1+b_1\\a_2+b_2\\a_3+b_3\end{bmatrix}\right)=\begin{bmatrix}a_1+b_1-1\\(a_2+b_2)^2\\2a_3+2b_3\end{bmatrix},$$

$$T(\boldsymbol{\alpha})+T(\boldsymbol{\beta})=\begin{bmatrix}a_1-1\\a_2^2\\2a_3\end{bmatrix}+\begin{bmatrix}b_1-1\\b_2^2\\2b_3\end{bmatrix}=\begin{bmatrix}a_1+b_1-2\\a_2^2+b_2^2\\2a_3+2b_3\end{bmatrix}.$$

因 $T(\boldsymbol{\alpha}+\boldsymbol{\beta})\neq T(\boldsymbol{\alpha})+T(\boldsymbol{\beta})$,所以 T 不是线性变换.

线性变换有下面的基本性质:

(1)$T(\mathbf{0})=\mathbf{0},T(-\boldsymbol{\alpha})=-T(\boldsymbol{\alpha})$. 即线性变换总是把零向量映到零向量,把原像的负向量映到像的负向量.

证明 $T(\mathbf{0})=T(0\boldsymbol{\alpha})=0T(\boldsymbol{\alpha})=\mathbf{0}$.

$T(-\boldsymbol{\alpha})=T((-1)\boldsymbol{\alpha})=(-1)T(\boldsymbol{\alpha})=-T(\boldsymbol{\alpha})$.

(2)$T(k_1\boldsymbol{\alpha}_1+k_2\boldsymbol{\alpha}_2+\cdots+k_n\boldsymbol{\alpha}_n)=k_1T(\boldsymbol{\alpha}_1)+k_2T(\boldsymbol{\alpha}_2)+\cdots+k_nT(\boldsymbol{\alpha}_n)$,即线性变换保持向量的线性组合关系.

证明 用归纳法. 当 $n=1$ 时,$T(k_1\boldsymbol{\alpha}_1)=k_1T(\boldsymbol{\alpha}_1)$.

设 $n-1$ 时命题成立,对 n 有

$$T\left(\sum_{i=1}^{n}k_i\boldsymbol{\alpha}_i\right)=T\left(\sum_{j=1}^{n-1}k_j\boldsymbol{\alpha}_j+k_n\boldsymbol{\alpha}_n\right)=T\left(\sum_{j=1}^{n-1}k_j\boldsymbol{\alpha}_j\right)+T(k_n\boldsymbol{\alpha}_n).$$

(3)线性变换将线性相关的向量组映成线性相关的向量组.

证明 若 $\boldsymbol{\alpha}_1,\boldsymbol{\alpha}_2,\cdots,\boldsymbol{\alpha}_n$ 线性相关,则存在不全为零的数 $k_1,k_2,\cdots,k_n$,使得 $k_1\boldsymbol{\alpha}_1+k_2\boldsymbol{\alpha}_2+\cdots+k_n\boldsymbol{\alpha}_n=\mathbf{0}$,由性质(2)得

$$k_1T(\boldsymbol{\alpha}_1)+k_2T(\boldsymbol{\alpha}_2)+\cdots+k_nT(\boldsymbol{\alpha}_n)=T(k_1\boldsymbol{\alpha}_1+k_2\boldsymbol{\alpha}_2+\cdots+k_n\boldsymbol{\alpha}_n)=T(\mathbf{0})=\mathbf{0}.$$

即 $T(\boldsymbol{\alpha}_1),T(\boldsymbol{\alpha}_2),\cdots,T(\boldsymbol{\alpha}_n)$线性相关.

但线性变换可能把线性无关的向量组映成线性相关的向量组,比如零变换、投影变换、求导变换等.

核和值域是与线性变换密切相关的两个重要概念.

若 $T(\boldsymbol{\alpha})=\boldsymbol{\eta}$,称 $\boldsymbol{\eta}$ 为 $\boldsymbol{\alpha}$ 在 T 下的像,并称 $\boldsymbol{\alpha}$ 为 $\boldsymbol{\eta}$ 在 T 下的一个原像. 像是唯一的,但原像不一定唯一.

定义 5.2.2　设 $T\in L(V)$,称 V 为 T 的定义域;T 的全体像的集合$\{T(\boldsymbol{\alpha})\mid\boldsymbol{\alpha}\in V\}$称为 T 的值域(image)或像空间,记作 $Im(T)$或 $T(V)$;零向量关于 T 的原像的全体$\{\boldsymbol{\alpha}\in V\mid T(\boldsymbol{\alpha})=\mathbf{0}\}$称为 T 的核(kernel)或零空间,记作 $\ker(T)$.

例 5.2.9　考虑线性空间 $F_n[x]$上的求导变换 $D=\dfrac{\mathrm{d}}{\mathrm{d}x}$,易知

$$Im(D)=F_{n-1}[x],\quad \ker(D)=F.$$

例 5.2.10　考虑 $\mathbf{R}^3$ 上的投影变换 T:

$$T(x,y,z)^{\mathrm{T}}=(x,y,0)^{\mathrm{T}},$$

易知,T 的核是 z 轴,而 T 的值域是 Oxy 平面,它们都是 $\mathbf{R}^3$ 的子空间.

定理 5.2.1　设 $T\in L(V)$,则 $\ker(T)$和 $Im(T)$都是 V 的子空间.

证明　因为 $T(\mathbf{0})=\mathbf{0}$,故 $\mathbf{0}\in\ker(T)$,$\ker(T)$非空. $\forall\boldsymbol{\alpha},\boldsymbol{\beta}\in\ker(T)$,

$$T(\boldsymbol{\alpha}+\boldsymbol{\beta})=T(\boldsymbol{\alpha})+T(\boldsymbol{\beta})=\mathbf{0}\ \Rightarrow\ \boldsymbol{\alpha}+\boldsymbol{\beta}\in\ker(T);$$

$\forall k\in F,\boldsymbol{\alpha}\in\ker(T)$,

$$T(k\boldsymbol{\alpha})=kT(\boldsymbol{\alpha})=k\mathbf{0}=\mathbf{0}\ \Rightarrow\ k\boldsymbol{\alpha}\in\ker(T).$$

因此,$\ker(T)$是 V 的子空间. 同理可证 $Im(T)$也是 V 的子空间.

定义 5.2.3　$\dim Im(T)$称为线性变换 T 的秩(rank),$\dim\ker(T)$称为线性变换 T 的零度(nullity).

关于线性变换的零度与秩有下述重要结论.

定理 5.2.2　设 $T\in L(V)$,则

$$\dim V=\dim\ker(T)+\dim Im(T).$$

证明　设 $\dim V=n$,$\dim\ker(T)=r$,且 $1\leqslant r<n$($r=0$ 及 $r=n$ 时的证明留给读者).

取 $\ker(T)$的一组基 $\boldsymbol{\varepsilon}_1,\boldsymbol{\varepsilon}_2,\cdots,\boldsymbol{\varepsilon}_r$,扩充为 V 的基 $\boldsymbol{\varepsilon}_1,\boldsymbol{\varepsilon}_2,\cdots,\boldsymbol{\varepsilon}_r,\boldsymbol{\varepsilon}_{r+1},\cdots,\boldsymbol{\varepsilon}_n$. 如果能证明 $T(\boldsymbol{\varepsilon}_{r+1}),\cdots,T(\boldsymbol{\varepsilon}_n)$是 $Im(T)$的基,则有 $\dim Im(T)=n-r$,从而有

$$\dim\ker(T)+\dim Im(T)=r+(n-r)=n,$$

就可证明定理.

首先,任取 $\boldsymbol{\beta}\in Im(T)$,有 $\boldsymbol{\alpha}\in V$,使 $\boldsymbol{\beta}=T(\boldsymbol{\alpha})$. 设

$$\boldsymbol{\alpha}=k_1\boldsymbol{\varepsilon}_1+\cdots+k_r\boldsymbol{\varepsilon}_r+k_{r+1}\boldsymbol{\varepsilon}_{r+1}+\cdots+k_n\boldsymbol{\varepsilon}_n,$$

注意到 $T(\boldsymbol{\varepsilon}_i)=\mathbf{0}(i=1,\cdots,r)$,有

$$\boldsymbol{\beta}=T(\boldsymbol{\alpha})=k_{r+1}T(\boldsymbol{\varepsilon}_{r+1})+\cdots+k_nT(\boldsymbol{\varepsilon}_n).$$

由 $\boldsymbol{\beta}$ 的任意性知 $Im(T)$ 可由 $T(\boldsymbol{\varepsilon}_{r+1}),\cdots,T(\boldsymbol{\varepsilon}_n)$ 生成.

再证明 $T(\boldsymbol{\varepsilon}_{r+1}),\cdots,T(\boldsymbol{\varepsilon}_n)$ 线性无关. 考虑

$$\lambda_{r+1}T(\boldsymbol{\varepsilon}_{r+1})+\cdots+\lambda_n T(\boldsymbol{\varepsilon}_n)=\mathbf{0},$$

有

$$T(\lambda_{r+1}\boldsymbol{\varepsilon}_{r+1}+\cdots+\lambda_n\boldsymbol{\varepsilon}_n)=\mathbf{0},$$

即

$$\lambda_{r+1}\boldsymbol{\varepsilon}_{r+1}+\cdots+\lambda_n\boldsymbol{\varepsilon}_n\in\ker(T).$$

从而存在一组数 $\lambda_1,\cdots,\lambda_r$,使得

$$\lambda_{r+1}\boldsymbol{\varepsilon}_{r+1}+\cdots+\lambda_n\boldsymbol{\varepsilon}_n=\lambda_1\boldsymbol{\varepsilon}_1+\cdots+\lambda_r\boldsymbol{\varepsilon}_r,$$

或

$$-\lambda_1\boldsymbol{\varepsilon}_1-\cdots-\lambda_r\boldsymbol{\varepsilon}_r+\lambda_{r+1}\boldsymbol{\varepsilon}_{r+1}+\cdots+\lambda_n\boldsymbol{\varepsilon}_n=\mathbf{0}.$$

由 $\boldsymbol{\varepsilon}_1,\boldsymbol{\varepsilon}_2,\cdots,\boldsymbol{\varepsilon}_n$ 线性无关,得到 $\lambda_1=\cdots=\lambda_r=\lambda_{r+1}=\cdots=\lambda_n=0$,所以 $T(\boldsymbol{\varepsilon}_{r+1}),\cdots,T(\boldsymbol{\varepsilon}_n)$ 线性无关,因而可作为 $Im(T)$ 的基.

在例 5.2.9 中,$\dim V=\dim(F_n[x])=n$,$\dim\ \ker(D)=\dim F_{n-1}[x]=n-1$,$\dim\ Im(D)=\dim F=1$,于是有

$$\dim\ \ker(D)+\dim\ Im(D)=n=\dim V.$$

例 5.2.11 考虑例 5.2.7 中定义的线性变换 $T(\boldsymbol{x})=\boldsymbol{Ax}$,其中 $\boldsymbol{A}$ 为 n 阶矩阵. 易知 $\ker(T)$ 为齐次线性方程组 $\boldsymbol{Ax}=\mathbf{0}$ 的解空间,而 $Im(T)$ 为 $\boldsymbol{A}$ 的列空间,因而有

$$\dim Null(\boldsymbol{A})+r(\boldsymbol{A})=n-r(\boldsymbol{A})+r(\boldsymbol{A})=n.$$

推论 对于有限维线性空间的线性变换 T,T 是单射$\Leftrightarrow T$ 是满射.

证明 T 是单射$\Leftrightarrow\ker(T)=\{\mathbf{0}\}\Leftrightarrow\dim\ \ker(T)=0\Leftrightarrow\dim\ Im(T)=\dim V\Leftrightarrow Im(T)=V\Leftrightarrow T$是满射.

我们还可以定义线性变换的加法、数量乘法和乘法等运算.

定义 5.2.4 设 $T_1,T_2\in L(V)$,它们的和 T_1+T_2 定义为

$$(T_1+T_2)(\boldsymbol{\alpha})=T_1(\boldsymbol{\alpha})+T_2(\boldsymbol{\alpha}),\quad\forall\boldsymbol{\alpha}\in V.$$

易证 $T_1+T_2\in L(V)$,即线性变换的和仍是线性变换. 事实上,$\forall\boldsymbol{\alpha},\boldsymbol{\beta}\in V,k,l\in F$,有

$$\begin{aligned}(T_1+T_2)(k\boldsymbol{\alpha}+l\boldsymbol{\beta})&=T_1(k\boldsymbol{\alpha}+l\boldsymbol{\beta})+T_2(k\boldsymbol{\alpha}+l\boldsymbol{\beta})\\&=kT_1\boldsymbol{\alpha}+lT_1\boldsymbol{\beta}+kT_2\boldsymbol{\alpha}+lT_2\boldsymbol{\beta}\\&=k(T_1+T_2)\boldsymbol{\alpha}+l(T_1+T_2)\boldsymbol{\beta}.\end{aligned}$$

定义 5.2.5 设 $T\in L(V)$,$k\in F$,k 与 T 的数量乘法 kT 定义为

$$(kT)(\boldsymbol{\alpha})=kT(\boldsymbol{\alpha}),\quad\forall\boldsymbol{\alpha}\in V.$$

同样,$kT\in L(V)$. 请读者自行验证.

还可以直接验证,$\forall T,T_1,T_2,T_3\in L(V),k,l\in F$,下列性质成立:

(1)$T_1+(T_2+T_3)=(T_1+T_2)+T_3$;

(2)$T_1+T_2=T_2+T_1$;

(3)$T+O=T$；

(4)$T+(-T)=O$；

(5)$1T=T$；

(6)$k(lT)=(kl)T$；

(7)$(k+l)T=kT+lT$；

(8)$k(T_1+T_2)=kT_1+kT_2$.

因此有如下的定理.

定理 5.2.3　$L(V)$对于上述定义的加法和数量乘法构成数域 F 上的线性空间.

定义 5.2.6　设 $T_1,T_2\in L(V)$，定义线性变换的乘积(或复合)T_1T_2 为

$$(T_1T_2)(\boldsymbol{\alpha})=T_1(T_2(\boldsymbol{\alpha})),\quad \forall\boldsymbol{\alpha}\in V.$$

直接验证可知 $T_1T_2\in L(V)$，且$\forall T,T_1,T_2,T_3\in L(V),k\in F$，线性变换的乘积还有如下性质：

(1)$T_1(T_2T_3)=(T_1T_2)T_3$；

(2)$T_1(T_2+T_3)=T_1T_2+T_1T_3$；

(3)$(T_1+T_2)T_3=T_1T_3+T_2T_3$；

(4)$k(T_1T_2)=(kT_1)T_2=T_1(kT_2)$；

(5)$TI=IT=T$；

(6)$TO=OT=O$.

一般来说，线性变换的乘法交换律不成立，即 $T_1T_2\neq T_2T_1$；消去律也不成立，即若 $T_1T_2=T_1T_3$，并不能推出 $T_2=T_3$. 这一点与矩阵乘法性质很相似，5.3 节将看到，这并非偶然. 与矩阵类似，可以定义线性变换的逆变换.

定义 5.2.7　设 $T\in L(V)$，如果存在 $S\in L(V)$，使得

$$TS=ST=I,$$

则称 T 是可逆的，S 称为 T 的逆变换，记为 T^{-1}.

与矩阵一样，容易证明如果 T 的逆变换存在，则 T 的逆变换是唯一的，且 $T^{-1}\in L(V)$.

定理 5.2.4　设 $T\in L(V)$，则 T 是可逆的$\Leftrightarrow\ker(T)=\{\mathbf{0}\}$.

证明　必要性. 若 T 可逆，任取 $\boldsymbol{\alpha}\in\ker(T)$，有 $T(\boldsymbol{\alpha})=\mathbf{0}$，故 $T^{-1}T(\boldsymbol{\alpha})=\mathbf{0}$，得 $\boldsymbol{\alpha}=\mathbf{0}$，所以 $\ker(T)=\{\mathbf{0}\}$.

充分性. 设 $\ker(T)=\{\mathbf{0}\}$，则 T 是单射(若 $\boldsymbol{\alpha},\boldsymbol{\beta}\in V$，使得 $T(\boldsymbol{\alpha})=T(\boldsymbol{\beta})$，则由 $T(\boldsymbol{\alpha}-\boldsymbol{\beta})=T(\boldsymbol{\alpha})-T(\boldsymbol{\beta})=\mathbf{0}$，有 $\boldsymbol{\alpha}-\boldsymbol{\beta}=\mathbf{0}$，即 $\boldsymbol{\alpha}=\boldsymbol{\beta}$). 由定理 5.2.2 的推论知 T 也是满射，故$\forall\boldsymbol{\beta}\in V$，有唯一的 $\boldsymbol{\alpha}\in V$，使得 $T(\boldsymbol{\alpha})=\boldsymbol{\beta}$. 定义线性变换 $S:V\to V$ 为

$$S(\boldsymbol{\beta})=\boldsymbol{\alpha},\quad\forall\boldsymbol{\beta}\in V,$$

其中的 $\boldsymbol{\alpha}\in V$ 满足 $T(\boldsymbol{\alpha})=\boldsymbol{\beta}$. 因此，$\forall\boldsymbol{\alpha}\in V$，设 $T(\boldsymbol{\alpha})=\boldsymbol{\beta}$，则

$$ST(\boldsymbol{\alpha})=S(T(\boldsymbol{\alpha}))=S(\boldsymbol{\beta})=\boldsymbol{\alpha},$$

故 $ST=I$. 类似可证 $TS=I$，因此 T 可逆，且 $S=T^{-1}$.

§5.3 线性变换的矩阵

设 T 是线性空间 V 上的一个线性变换,由于线性空间中每个向量都可以用基线性表示,而线性变换的基本特征是保持线性运算,自然就会想到,每个向量的像是不是也可以用基向量的像来线性表示呢?用基向量的像以及用矩阵来描述线性变换就是本节要解决的核心问题.

设 $\boldsymbol{\alpha}_1,\boldsymbol{\alpha}_2,\cdots,\boldsymbol{\alpha}_n$ 是 n 维线性空间 V 的一组基,T 是 V 的一个线性变换.对 V 中任一向量 $\boldsymbol{\alpha}$,若

$$\boldsymbol{\alpha}=x_1\boldsymbol{\alpha}_1+x_2\boldsymbol{\alpha}_2+\cdots+x_n\boldsymbol{\alpha}_n,$$

那么

$$T(\boldsymbol{\alpha})=T(x_1\boldsymbol{\alpha}_1+x_2\boldsymbol{\alpha}_2+\cdots+x_n\boldsymbol{\alpha}_n)=x_1T(\boldsymbol{\alpha}_1)+x_2T(\boldsymbol{\alpha}_2)+\cdots+x_nT(\boldsymbol{\alpha}_n).$$

可见,只要知道线性变换在一组基下的像

$$T(\boldsymbol{\alpha}_1),T(\boldsymbol{\alpha}_2),\cdots,T(\boldsymbol{\alpha}_n),$$

就可以确定 V 中任一向量 $\boldsymbol{\alpha}$ 的像 $T(\boldsymbol{\alpha})$.因此,T 由基向量的像 $T(\boldsymbol{\alpha}_1),T(\boldsymbol{\alpha}_2),\cdots,T(\boldsymbol{\alpha}_n)$所确定,即线性变换完全由它在空间的基上的作用所确定.

设 $T_1,T_2\in L(V)$,如果 $\forall\boldsymbol{\alpha}\in V$,都有 $T_1(\boldsymbol{\alpha})=T_2(\boldsymbol{\alpha})$,则称线性变换 T_1 与 T_2 相等,记为 $T_1=T_2$.由上面的说明可知,$T_1=T_2\Leftrightarrow T_1(\boldsymbol{\alpha}_i)=T_2(\boldsymbol{\alpha}_i),i=1,\cdots,n$.

于是有下述定理.

定理 5.3.1 设 T 是 n 维线性空间 V 的一个线性变换,$\boldsymbol{\alpha}_1,\boldsymbol{\alpha}_2,\cdots,\boldsymbol{\alpha}_n$ 是 V 的一组基,则 V 中任一向量 $\boldsymbol{\alpha}$ 的像 $T(\boldsymbol{\alpha})$由基的像 $T(\boldsymbol{\alpha}_1),T(\boldsymbol{\alpha}_2),\cdots,T(\boldsymbol{\alpha}_n)$所完全确定.

例 5.3.1 设有 $\mathbf{R}^3$ 中的向量 $\boldsymbol{\alpha}_1=(1,1,1)^{\mathrm{T}},\boldsymbol{\alpha}_2=(1,1,0)^{\mathrm{T}},\boldsymbol{\alpha}_3=(1,0,0)^{\mathrm{T}}$. $T\in L(\mathbf{R}^3)$满足 $T(\boldsymbol{\alpha}_1)=(1,2,3)^{\mathrm{T}}$,$T(\boldsymbol{\alpha}_2)=(0,1,2)^{\mathrm{T}}$,$T(\boldsymbol{\alpha}_3)=(0,0,1)^{\mathrm{T}}$.对于 $\boldsymbol{\alpha}=(a_1,a_2,a_3)^{\mathrm{T}}$,求 $T(\boldsymbol{\alpha})$.

解 显然 $\boldsymbol{\alpha}_1,\boldsymbol{\alpha}_2,\boldsymbol{\alpha}_3$ 是 $\mathbf{R}^3$ 的一组基,计算可得

$$\boldsymbol{\alpha}=a_3\boldsymbol{\alpha}_1+(a_2-a_3)\boldsymbol{\alpha}_2+(a_1-a_2)\boldsymbol{\alpha}_3,$$

故

$$\begin{aligned}T(\boldsymbol{\alpha})&=a_3T(\boldsymbol{\alpha}_1)+(a_2-a_3)T(\boldsymbol{\alpha}_2)+(a_1-a_2)T(\boldsymbol{\alpha}_3)\\&=a_3(1,2,3)^{\mathrm{T}}+(a_2-a_3)(0,1,2)^{\mathrm{T}}+(a_1-a_2)(0,0,1)^{\mathrm{T}}\\&=(a_3,a_3+a_2,a_3+a_2+a_1)^{\mathrm{T}}.\end{aligned}$$

定义 5.3.1 设线性变换 T 在基 $\boldsymbol{\alpha}_1,\boldsymbol{\alpha}_2,\cdots,\boldsymbol{\alpha}_n$ 下的像 $T(\boldsymbol{\alpha}_1),T(\boldsymbol{\alpha}_2),\cdots,T(\boldsymbol{\alpha}_n)$用这组基线性表示为

$$\begin{cases}T(\boldsymbol{\alpha}_1)=a_{11}\boldsymbol{\alpha}_1+a_{21}\boldsymbol{\alpha}_2+\cdots+a_{n1}\boldsymbol{\alpha}_n,\\T(\boldsymbol{\alpha}_2)=a_{12}\boldsymbol{\alpha}_1+a_{22}\boldsymbol{\alpha}_2+\cdots+a_{n2}\boldsymbol{\alpha}_n,\\\qquad\vdots\\T(\boldsymbol{\alpha}_n)=a_{1n}\boldsymbol{\alpha}_1+a_{2n}\boldsymbol{\alpha}_2+\cdots+a_{nn}\boldsymbol{\alpha}_n.\end{cases}$$

线性变换在基下的矩阵

令 $A=\begin{bmatrix} a_{11} & a_{12} & \cdots & a_{1n} \\ a_{21} & a_{22} & \cdots & a_{2n} \\ \vdots & \vdots & & \vdots \\ a_{n1} & a_{n2} & \cdots & a_{nn} \end{bmatrix}$，记 $T(\boldsymbol{\alpha}_1,\boldsymbol{\alpha}_2,\cdots,\boldsymbol{\alpha}_n)=(T(\boldsymbol{\alpha}_1),T(\boldsymbol{\alpha}_2),\cdots,T(\boldsymbol{\alpha}_n))$，利用矩阵乘法，有形式表达式

$$T(\boldsymbol{\alpha}_1,\boldsymbol{\alpha}_2,\cdots,\boldsymbol{\alpha}_n)=(\boldsymbol{\alpha}_1,\boldsymbol{\alpha}_2,\cdots,\boldsymbol{\alpha}_n)\boldsymbol{A}.$$

称 n 阶矩阵 $\boldsymbol{A}$ 为线性变换 T 在基 $\boldsymbol{\alpha}_1,\boldsymbol{\alpha}_2,\cdots,\boldsymbol{\alpha}_n$ 下的矩阵，其中 $\boldsymbol{A}$ 的第 j 列为基向量 $\boldsymbol{\alpha}_j$ 的像 $T(\boldsymbol{\alpha}_j)$ 在这组基下的坐标.

例 5.3.2　T 为 $\mathbf{R}^2$ 中将向量绕坐标原点逆时针方向旋转角度 θ 的旋转变换，$\boldsymbol{i}=(1,0)^{\mathrm{T}}$，$\boldsymbol{j}=(0,1)^{\mathrm{T}}$ 作为 $\mathbf{R}^2$ 的一组基，有

$$T(\boldsymbol{i})=\boldsymbol{i}\cos\theta+\boldsymbol{j}\sin\theta,$$
$$T(\boldsymbol{j})=\boldsymbol{i}(-\sin\theta)+\boldsymbol{j}\cos\theta.$$

因此，旋转变换 T 在基 $\boldsymbol{i},\boldsymbol{j}$ 下的矩阵为 $\begin{bmatrix} \cos\theta & -\sin\theta \\ \sin\theta & \cos\theta \end{bmatrix}$.

例 5.3.3　在 $\mathbf{R}^3$ 中，取自然基 $\boldsymbol{e}_1,\boldsymbol{e}_2,\boldsymbol{e}_3$. 对例 5.2.3 的投影变换，有

$$T(\boldsymbol{e}_1)=\begin{bmatrix}1\\0\\0\end{bmatrix},\quad T(\boldsymbol{e}_2)=\begin{bmatrix}0\\1\\0\end{bmatrix},\quad T(\boldsymbol{e}_3)=\begin{bmatrix}0\\0\\0\end{bmatrix}=\boldsymbol{0},$$

因此投影变换 T 在自然基 $\boldsymbol{e}_1,\boldsymbol{e}_2,\boldsymbol{e}_3$ 下的矩阵为

$$\boldsymbol{A}=\begin{bmatrix}1&0&0\\0&1&0\\0&0&0\end{bmatrix}.$$

例 5.3.4　对例 5.2.5 的求导变换，取基 $1,x,x^2,\cdots,x^{n-1}$，有

$$T(1)=0,T(x)=1,T(x^2)=2x,\cdots,T(x^{n-1})=(n-1)x^{n-2},$$

因此 $F_n[x]$ 的求导变换在基 $1,x,x^2,\cdots,x^{n-1}$ 下的矩阵为

$$\boldsymbol{A}=\begin{bmatrix}0&1&&&\\&0&2&&\\&&\ddots&\ddots&\\&&&\ddots&n-1\\&&&&0\end{bmatrix}.$$

例 5.3.5　设线性变换 T 在基 $\boldsymbol{\alpha}_1,\boldsymbol{\alpha}_2,\boldsymbol{\alpha}_3$ 下的矩阵是 $\boldsymbol{A}=\begin{bmatrix}1&2&3\\4&5&6\\7&8&9\end{bmatrix}$，求 T 在基 $\boldsymbol{\alpha}_3,\boldsymbol{\alpha}_2,\boldsymbol{\alpha}_1$ 下的矩阵.

解　由线性变换矩阵的定义，知

$$T(\boldsymbol{\alpha}_1,\boldsymbol{\alpha}_2,\boldsymbol{\alpha}_3)=(\boldsymbol{\alpha}_1,\boldsymbol{\alpha}_2,\boldsymbol{\alpha}_3)\begin{bmatrix}1&2&3\\4&5&6\\7&8&9\end{bmatrix},$$

故有

$$T(\boldsymbol{\alpha}_1)=\boldsymbol{\alpha}_1+4\boldsymbol{\alpha}_2+7\boldsymbol{\alpha}_3=7\boldsymbol{\alpha}_3+4\boldsymbol{\alpha}_2+\boldsymbol{\alpha}_1,$$
$$T(\boldsymbol{\alpha}_2)=2\boldsymbol{\alpha}_1+5\boldsymbol{\alpha}_2+8\boldsymbol{\alpha}_3=8\boldsymbol{\alpha}_3+5\boldsymbol{\alpha}_2+2\boldsymbol{\alpha}_1,$$
$$T(\boldsymbol{\alpha}_3)=3\boldsymbol{\alpha}_1+6\boldsymbol{\alpha}_2+9\boldsymbol{\alpha}_3=9\boldsymbol{\alpha}_3+6\boldsymbol{\alpha}_2+3\boldsymbol{\alpha}_1,$$

因此 T 在基 $\boldsymbol{\alpha}_3,\boldsymbol{\alpha}_2,\boldsymbol{\alpha}_1$ 下的矩阵为

$$\boldsymbol{B}=\begin{bmatrix}9&8&7\\6&5&4\\3&2&1\end{bmatrix}.$$

下面用线性变换在一组基下的矩阵 $\boldsymbol{A}$ 来描述向量 $\boldsymbol{\alpha}$ 与它的像 $T(\boldsymbol{\alpha})$ 在这组基下的坐标之间的联系.

设 $\boldsymbol{\alpha}$ 与 $T(\boldsymbol{\alpha})$ 在基 $\boldsymbol{\alpha}_1,\boldsymbol{\alpha}_2,\cdots,\boldsymbol{\alpha}_n$ 下的坐标分别是 $\boldsymbol{x}=(x_1,x_2,\cdots,x_n)^{\mathrm{T}}$ 与 $\boldsymbol{y}=(y_1,y_2,\cdots,y_n)^{\mathrm{T}}$,即

$$\boldsymbol{\alpha}=x_1\boldsymbol{\alpha}_1+x_2\boldsymbol{\alpha}_2+\cdots+x_n\boldsymbol{\alpha}_n=(\boldsymbol{\alpha}_1,\boldsymbol{\alpha}_2,\cdots,\boldsymbol{\alpha}_n)\boldsymbol{x},$$
$$T(\boldsymbol{\alpha})=y_1\boldsymbol{\alpha}_1+y_2\boldsymbol{\alpha}_2+\cdots+y_n\boldsymbol{\alpha}_n=(\boldsymbol{\alpha}_1,\boldsymbol{\alpha}_2,\cdots,\boldsymbol{\alpha}_n)\boldsymbol{y},$$

那么,由线性变换的性质及线性变换矩阵的定义,有

$$T(\boldsymbol{\alpha})=T[(\boldsymbol{\alpha}_1,\boldsymbol{\alpha}_2,\cdots,\boldsymbol{\alpha}_n)\boldsymbol{x}]=[T(\boldsymbol{\alpha}_1,\boldsymbol{\alpha}_2,\cdots,\boldsymbol{\alpha}_n)]\boldsymbol{x}=(\boldsymbol{\alpha}_1,\boldsymbol{\alpha}_2,\cdots,\boldsymbol{\alpha}_n)\boldsymbol{A}\boldsymbol{x},$$

因为向量在一组基下的坐标是唯一的,故

$$\boldsymbol{y}=\boldsymbol{A}\boldsymbol{x}.$$

因此有下述定理.

定理 5.3.2 设线性变换 T 在基 $\boldsymbol{\alpha}_1,\boldsymbol{\alpha}_2,\cdots,\boldsymbol{\alpha}_n$ 下的矩阵是 $\boldsymbol{A}$,向量 $\boldsymbol{\alpha}$,$T(\boldsymbol{\alpha})$ 在这组基下的坐标分别是 $\boldsymbol{x}=(x_1,x_2,\cdots,x_n)^{\mathrm{T}}$ 和 $\boldsymbol{y}=(y_1,y_2,\cdots,y_n)^{\mathrm{T}}$,则

$$\boldsymbol{y}=\boldsymbol{A}\boldsymbol{x}.$$

例 5.3.6 设 $\boldsymbol{\alpha}_1,\boldsymbol{\alpha}_2,\boldsymbol{\alpha}_3$ 是 $\mathbf{R}^3$ 的一组基,T 是 $\mathbf{R}^3$ 的线性变换,且 $T(\boldsymbol{\alpha}_1)=\boldsymbol{\alpha}_3$,$T(\boldsymbol{\alpha}_2)=\boldsymbol{\alpha}_2$,$T(\boldsymbol{\alpha}_3)=\boldsymbol{\alpha}_1$. 若 $\boldsymbol{\alpha}$ 的坐标是 $\boldsymbol{x}=(2,-1,1)^{\mathrm{T}}$,求 $T(\boldsymbol{\alpha})$ 的坐标.

解 由线性变换矩阵的定义,知 T 在基 $\boldsymbol{\alpha}_1,\boldsymbol{\alpha}_2,\boldsymbol{\alpha}_3$ 下的矩阵为

$$\boldsymbol{A}=\begin{bmatrix}0&0&1\\0&1&0\\1&0&0\end{bmatrix}.$$

由定理 5.3.2,$T(\boldsymbol{\alpha})$ 的坐标 $\boldsymbol{y}$ 为

$$\boldsymbol{y}=\boldsymbol{A}\boldsymbol{x}=\begin{bmatrix}0&0&1\\0&1&0\\1&0&0\end{bmatrix}\begin{bmatrix}2\\-1\\1\end{bmatrix}=\begin{bmatrix}1\\-1\\2\end{bmatrix}.$$

定义 5.3.1 告诉我们,在 n 维线性空间中取定一组基,那么任何一个线性变换可唯一

确定一个 n 阶矩阵. 反之,任给一个 n 阶矩阵是否也有唯一的线性变换以它为这组基下的矩阵呢?

定理 5.3.3　设 $\boldsymbol{\alpha}_1,\boldsymbol{\alpha}_2,\cdots,\boldsymbol{\alpha}_n$ 是 n 维线性空间 V 的一组基,对 V 中任意给定的 n 个向量 $\boldsymbol{\beta}_1,\boldsymbol{\beta}_2,\cdots,\boldsymbol{\beta}_n$,存在线性变换 T 使得 $T(\boldsymbol{\alpha}_i)=\boldsymbol{\beta}_i(i=1,2,\cdots,n)$.

证明　$\forall \boldsymbol{\alpha}\in V$,有 $\boldsymbol{\alpha}=c_1\boldsymbol{\alpha}_1+c_2\boldsymbol{\alpha}_2+\cdots+c_n\boldsymbol{\alpha}_n$,定义线性变换 T:

$$T(\boldsymbol{\alpha})=c_1\boldsymbol{\beta}_1+c_2\boldsymbol{\beta}_2+\cdots+c_n\boldsymbol{\beta}_n=\sum_{i=1}^{n}c_i\boldsymbol{\beta}_i.$$

显然这个变换满足条件 $T(\boldsymbol{\alpha}_i)=\boldsymbol{\beta}_i(i=1,2,\cdots,n)$.

下面证明如此定义的 T 是线性变换.

设 $\boldsymbol{\alpha}=\sum\limits_{i=1}^{n}x_i\boldsymbol{\alpha}_i,\boldsymbol{\beta}=\sum\limits_{i=1}^{n}y_i\boldsymbol{\alpha}_i$,则

$$\begin{aligned}T(\boldsymbol{\alpha}+\boldsymbol{\beta})&=T\left(\sum_{i=1}^{n}(x_i+y_i)\boldsymbol{\alpha}_i\right)=\sum_{i=1}^{n}(x_i+y_i)\boldsymbol{\beta}_i\\&=\sum_{i=1}^{n}x_i\boldsymbol{\beta}_i+\sum_{i=1}^{n}y_i\boldsymbol{\beta}_i=T(\boldsymbol{\alpha})+T(\boldsymbol{\beta}),\end{aligned}$$

$$T(k\boldsymbol{\alpha})=T\left(\sum_{i=1}^{n}kx_i\boldsymbol{\alpha}_i\right)=\sum_{i=1}^{n}kx_i\boldsymbol{\beta}_i=k\sum_{i=1}^{n}x_i\boldsymbol{\beta}_i=kT(\boldsymbol{\alpha}),$$

即 T 为线性变换.

定理 5.3.3 不只是定性地证明了满足条件的线性变换是存在的,而且还给出了求这个线性变换的方法.

定理 5.3.4　设 $\boldsymbol{\alpha}_1,\boldsymbol{\alpha}_2,\cdots,\boldsymbol{\alpha}_n$ 是 n 维线性空间 V 的一组基,$\boldsymbol{A}=(a_{ij})$是任一 n 阶矩阵,则有唯一的线性变换 T 满足

$$T(\boldsymbol{\alpha}_1,\boldsymbol{\alpha}_2,\cdots,\boldsymbol{\alpha}_n)=(\boldsymbol{\alpha}_1,\boldsymbol{\alpha}_2,\cdots,\boldsymbol{\alpha}_n)\boldsymbol{A}.$$

证明　以矩阵 $\boldsymbol{A}$ 的第 j 列元素 $a_{ij}(i=1,2,\cdots,n)$为坐标构造向量 $\boldsymbol{\beta}_j$:

$$\boldsymbol{\beta}_j=a_{1j}\boldsymbol{\alpha}_1+a_{2j}\boldsymbol{\alpha}_2+\cdots+a_{nj}\boldsymbol{\alpha}_n,\quad j=1,2,\cdots,n.$$

由定理 5.3.3,存在线性变换 T 使

$$T(\boldsymbol{\alpha}_j)=\boldsymbol{\beta}_j.$$

于是

$$T(\boldsymbol{\alpha}_1,\boldsymbol{\alpha}_2,\cdots,\boldsymbol{\alpha}_n)=(\boldsymbol{\beta}_1,\boldsymbol{\beta}_2,\cdots,\boldsymbol{\beta}_n)=(\boldsymbol{\alpha}_1,\boldsymbol{\alpha}_2,\cdots,\boldsymbol{\alpha}_n)\boldsymbol{A}.$$

即线性变换 T 在基 $\boldsymbol{\alpha}_1,\boldsymbol{\alpha}_2,\cdots,\boldsymbol{\alpha}_n$ 下的矩阵为 $\boldsymbol{A}$.

如果 T_1,T_2 这两个线性变换都以 $\boldsymbol{A}$ 为基 $\boldsymbol{\alpha}_1,\boldsymbol{\alpha}_2,\cdots,\boldsymbol{\alpha}_n$ 下的矩阵,那么

$$T_1(\boldsymbol{\alpha}_1,\boldsymbol{\alpha}_2,\cdots,\boldsymbol{\alpha}_n)=(\boldsymbol{\alpha}_1,\boldsymbol{\alpha}_2,\cdots,\boldsymbol{\alpha}_n)\boldsymbol{A}=T_2(\boldsymbol{\alpha}_1,\boldsymbol{\alpha}_2,\cdots,\boldsymbol{\alpha}_n),$$

这就有 $T_1(\boldsymbol{\alpha}_1)=T_2(\boldsymbol{\alpha}_1),T_1(\boldsymbol{\alpha}_2)=T_2(\boldsymbol{\alpha}_2),\cdots,T_1(\boldsymbol{\alpha}_n)=T_2(\boldsymbol{\alpha}_n)$,由定理 5.3.1 知 $T_1=T_2$,因此满足要求的线性变换是唯一的.

例 5.3.7　已知 $\boldsymbol{\alpha}_1=\begin{bmatrix}1\\-2\end{bmatrix},\boldsymbol{\alpha}_2=\begin{bmatrix}1\\3\end{bmatrix}$是 $\mathbf{R}^2$ 的一组基,求线性变换 T,使它在这组基下的矩阵是$\begin{bmatrix}1&2\\3&4\end{bmatrix}$.

解 令 $\boldsymbol{\beta}_1=\boldsymbol{\alpha}_1+3\boldsymbol{\alpha}_2=\begin{bmatrix}4\\7\end{bmatrix}$,$\boldsymbol{\beta}_2=2\boldsymbol{\alpha}_1+4\boldsymbol{\alpha}_2=\begin{bmatrix}6\\8\end{bmatrix}$,问题化作求一个线性变换 T,使得 $T(\boldsymbol{\alpha}_i)=\boldsymbol{\beta}_i,i=1,2$.

设 $\boldsymbol{\gamma}$ 是任一向量,$\boldsymbol{\gamma}=c_1\boldsymbol{\alpha}_1+c_2\boldsymbol{\alpha}_2$,构造 T 如下:

$$T(\boldsymbol{\gamma})=c_1\begin{bmatrix}4\\7\end{bmatrix}+c_2\begin{bmatrix}6\\8\end{bmatrix}.$$

则 T 是一个线性变换,且

$$T(\boldsymbol{\alpha}_1,\boldsymbol{\alpha}_2)=\begin{bmatrix}4&6\\7&8\end{bmatrix}=(\boldsymbol{\alpha}_1,\boldsymbol{\alpha}_2)\begin{bmatrix}1&2\\3&4\end{bmatrix}.$$

通过前面的讨论,我们知道在线性空间 V 中取定一组基之后,任一线性变换对应一个 n 阶矩阵. 反之,任给一个 n 阶矩阵,可构造唯一的线性变换以此矩阵为这组基下的矩阵. 这样,线性变换的集合与 n 阶矩阵的集合之间有着一一对应的关系. 可以证明这个对应是同构,它把线性变换的和以及数量乘积对应到矩阵的和与数量乘积.

定理 5.3.5 设 V 是 F 上 n 维线性空间,则 $L(V)$ 与 $F^{n\times n}$ 同构.

还可以证明,$L(V)$ 与 $F^{n\times n}$ 之间的一一对应关系不仅保持了线性运算,还保持了乘法运算. 若 $T_1(\boldsymbol{\alpha}_1,\boldsymbol{\alpha}_2,\cdots,\boldsymbol{\alpha}_n)=(\boldsymbol{\alpha}_1,\boldsymbol{\alpha}_2,\cdots,\boldsymbol{\alpha}_n)\boldsymbol{A}$,$T_2(\boldsymbol{\alpha}_1,\boldsymbol{\alpha}_2,\cdots,\boldsymbol{\alpha}_n)=(\boldsymbol{\alpha}_1,\boldsymbol{\alpha}_2,\cdots,\boldsymbol{\alpha}_n)\boldsymbol{B}$,则

$$(T_1T_2)(\boldsymbol{\alpha}_1,\boldsymbol{\alpha}_2,\cdots,\boldsymbol{\alpha}_n)=(\boldsymbol{\alpha}_1,\boldsymbol{\alpha}_2,\cdots,\boldsymbol{\alpha}_n)(\boldsymbol{AB}).$$

利用线性变换和矩阵之间的一一对应关系,可以通过线性变换的矩阵求线性变换的秩和零度.

定理 5.3.6 设 $T\in L(V)$,$\boldsymbol{\alpha}_1,\boldsymbol{\alpha}_2,\cdots,\boldsymbol{\alpha}_n$ 是 V 的一组基,$\boldsymbol{A}$ 是 T 在这组基下的矩阵,则:

(1)$Im(T)=L(T(\boldsymbol{\alpha}_1),T(\boldsymbol{\alpha}_2),\cdots,T(\boldsymbol{\alpha}_n))$;

(2)T 的秩$=\boldsymbol{A}$ 的秩.

证明 (1)设 $\boldsymbol{\alpha}\in V$,$\boldsymbol{\alpha}=\sum\limits_{i=1}^{n}k_i\boldsymbol{\alpha}_i$,则 $T(\boldsymbol{\alpha})=\sum\limits_{i=1}^{n}k_iT(\boldsymbol{\alpha}_i)\Rightarrow T(\boldsymbol{\alpha})\in L(T(\boldsymbol{\alpha}_1),T(\boldsymbol{\alpha}_2),\cdots,T(\boldsymbol{\alpha}_n))\Rightarrow Im(T)\subseteq L(T(\boldsymbol{\alpha}_1),T(\boldsymbol{\alpha}_2),\cdots,T(\boldsymbol{\alpha}_n))$.

显然有 $L(T(\boldsymbol{\alpha}_1),T(\boldsymbol{\alpha}_2),\cdots,T(\boldsymbol{\alpha}_n))\subseteq Im(T)$,所以

$$Im(T)=L(T(\boldsymbol{\alpha}_1),T(\boldsymbol{\alpha}_2),\cdots,T(\boldsymbol{\alpha}_n)).$$

(2)由(1)知,$rank(T)=rank(\{T(\boldsymbol{\alpha}_1),T(\boldsymbol{\alpha}_2),\cdots,T(\boldsymbol{\alpha}_n)\})$. 因 $\boldsymbol{A}$ 的列向量是 $T(\boldsymbol{\alpha}_i)$在基 $\boldsymbol{\alpha}_1,\boldsymbol{\alpha}_2,\cdots,\boldsymbol{\alpha}_n$ 下的坐标,建立 $V\to F^n$ 的同构映射,把 V 中每个向量与它的坐标对应起来. 由于同构映射保持向量组的线性关系,因此向量组$\{T(\boldsymbol{\alpha}_1),T(\boldsymbol{\alpha}_2),\cdots,T(\boldsymbol{\alpha}_n)\}$的秩等于 $\boldsymbol{A}$ 的列向量组的秩,即 $\boldsymbol{A}$ 的秩,于是有

$$rank(T)=rank(\boldsymbol{A}).$$

现在考虑 T 的核:设 $\boldsymbol{\alpha}\in\ker(T)$,则 $T(\boldsymbol{\alpha})=\boldsymbol{0}$. 令 $\boldsymbol{\alpha}$ 在基 $\boldsymbol{\alpha}_1,\boldsymbol{\alpha}_2,\cdots,\boldsymbol{\alpha}_n$ 下的坐标是 $\boldsymbol{x}$,即 $\boldsymbol{\alpha}=(\boldsymbol{\alpha}_1,\boldsymbol{\alpha}_2,\cdots,\boldsymbol{\alpha}_n)\boldsymbol{x}$,$T$ 在基 $\boldsymbol{\alpha}_1,\boldsymbol{\alpha}_2,\cdots,\boldsymbol{\alpha}_n$ 下的矩阵是 $\boldsymbol{A}$,则

$$T(\boldsymbol{\alpha})=\mathbf{0} \Rightarrow T(\boldsymbol{\alpha}_1,\boldsymbol{\alpha}_2,\cdots,\boldsymbol{\alpha}_n)\boldsymbol{x}=\mathbf{0} \Rightarrow (\boldsymbol{\alpha}_1,\boldsymbol{\alpha}_2,\cdots,\boldsymbol{\alpha}_n)\boldsymbol{A}\boldsymbol{x}=\mathbf{0},$$

因此有

$$\boldsymbol{A}\boldsymbol{x}=\mathbf{0}.$$

反之,若 $\boldsymbol{\alpha}$ 是以满足 $\boldsymbol{A}\boldsymbol{x}=\mathbf{0}$ 的 $\boldsymbol{x}$ 为坐标的向量,即 $\boldsymbol{\alpha}=(\boldsymbol{\alpha}_1,\boldsymbol{\alpha}_2,\cdots,\boldsymbol{\alpha}_n)\boldsymbol{x}$,则

$$T(\boldsymbol{\alpha})=T(\boldsymbol{\alpha}_1,\boldsymbol{\alpha}_2,\cdots,\boldsymbol{\alpha}_n)\boldsymbol{x}=(\boldsymbol{\alpha}_1,\boldsymbol{\alpha}_2,\cdots,\boldsymbol{\alpha}_n)\boldsymbol{A}\boldsymbol{x}=\mathbf{0},$$

所以 $\boldsymbol{\alpha}\in\ker(T)$. 因此有 $\dim\ker(T)=n-rank(\boldsymbol{A})$.

线性空间上的线性变换可以通过矩阵来表示,而这个矩阵和线性空间中所取的基有关. 那么,当线性空间中取不同的基时,同一个线性变换在不同的基下的矩阵有什么关系呢?

线性变换在不同基下的矩阵的关系

定理 5.3.7　设 T 是 n 维线性空间 V 上的一个线性变换,$\boldsymbol{\varepsilon}_1,\boldsymbol{\varepsilon}_2,\cdots,\boldsymbol{\varepsilon}_n$ 与 $\boldsymbol{\eta}_1,\boldsymbol{\eta}_2,\cdots,\boldsymbol{\eta}_n$ 是 V 的两组基,且有

$$(\boldsymbol{\eta}_1,\boldsymbol{\eta}_2,\cdots,\boldsymbol{\eta}_n)=(\boldsymbol{\varepsilon}_1,\boldsymbol{\varepsilon}_2,\cdots,\boldsymbol{\varepsilon}_n)\boldsymbol{P},$$
$$T(\boldsymbol{\varepsilon}_1,\boldsymbol{\varepsilon}_2,\cdots,\boldsymbol{\varepsilon}_n)=(\boldsymbol{\varepsilon}_1,\boldsymbol{\varepsilon}_2,\cdots,\boldsymbol{\varepsilon}_n)\boldsymbol{A},$$
$$T(\boldsymbol{\eta}_1,\boldsymbol{\eta}_2,\cdots,\boldsymbol{\eta}_n)=(\boldsymbol{\eta}_1,\boldsymbol{\eta}_2,\cdots,\boldsymbol{\eta}_n)\boldsymbol{B}.$$

则 $\boldsymbol{B}=\boldsymbol{P}^{-1}\boldsymbol{A}\boldsymbol{P}$.

证明　由已知,有

$$T(\boldsymbol{\eta}_1,\boldsymbol{\eta}_2,\cdots,\boldsymbol{\eta}_n)=T((\boldsymbol{\varepsilon}_1,\boldsymbol{\varepsilon}_2,\cdots,\boldsymbol{\varepsilon}_n)\boldsymbol{P})=T(\boldsymbol{\varepsilon}_1,\boldsymbol{\varepsilon}_2,\cdots,\boldsymbol{\varepsilon}_n)\boldsymbol{P}=(\boldsymbol{\varepsilon}_1,\boldsymbol{\varepsilon}_2,\cdots,\boldsymbol{\varepsilon}_n)\boldsymbol{A}\boldsymbol{P},$$
$$T(\boldsymbol{\eta}_1,\boldsymbol{\eta}_2,\cdots,\boldsymbol{\eta}_n)=(\boldsymbol{\eta}_1,\boldsymbol{\eta}_2,\cdots,\boldsymbol{\eta}_n)\boldsymbol{B}=(\boldsymbol{\varepsilon}_1,\boldsymbol{\varepsilon}_2,\cdots,\boldsymbol{\varepsilon}_n)\boldsymbol{P}\boldsymbol{B}.$$

于是

$$(\boldsymbol{\varepsilon}_1,\boldsymbol{\varepsilon}_2,\cdots,\boldsymbol{\varepsilon}_n)\boldsymbol{A}\boldsymbol{P}=(\boldsymbol{\varepsilon}_1,\boldsymbol{\varepsilon}_2,\cdots,\boldsymbol{\varepsilon}_n)\boldsymbol{P}\boldsymbol{B},$$

所以

$$\boldsymbol{A}\boldsymbol{P}=\boldsymbol{P}\boldsymbol{B},$$

即

$$\boldsymbol{P}^{-1}\boldsymbol{A}\boldsymbol{P}=\boldsymbol{B}.$$

由此可见,同一个线性变换在不同基下的矩阵是由这两组基的过渡矩阵联系在一起的,我们把矩阵间的这种关系称为相似关系.

如何选取一组基,使线性变换的矩阵尽量简单呢? 最简单的矩阵有什么特征? 解决这一系列重要问题的一个重要工具就是特征值与特征向量.

设 T 是线性空间 V 上的线性变换,它把 V 中的向量映到 V 中,我们感兴趣的是 V 中那些在 T 的作用下像与原像共线的向量.

定义 5.3.2　设 $T\in L(V)$,如果对于 $\lambda\in F$,存在 V 中的非零向量 $\boldsymbol{\alpha}$,使

$$T(\boldsymbol{\alpha})=\lambda\boldsymbol{\alpha},$$

则称 λ 为线性变换 T 的一个特征值(eigenvalue),称 $\boldsymbol{\alpha}$ 为 T 的属于特征值 λ 的特征向量(eigenvector).

例 5.3.8　若 T 是 $\mathbf{R}^3$ 上的数乘变换:$T(\boldsymbol{\alpha})=c\boldsymbol{\alpha}$,$\boldsymbol{\alpha}\in\mathbf{R}^3$,$c$ 是常数,则 $\mathbf{R}^3$ 中的任意非零向量都是属于特征值 c 的特征向量.

若 T 是 $\mathbf{R}^2$ 上的镜面反射,$T\left(\begin{bmatrix}x\\y\end{bmatrix}\right)=\begin{bmatrix}x\\-y\end{bmatrix}$,则所有向量$(x,0)^{\mathrm{T}}$(其中 $x\neq0$)都是属于特征值 1 的特征向量,所有向量$(0,y)^{\mathrm{T}}$(其中 $y\neq0$)都是属于特征值 -1 的特征向量.

在线性空间 V 中取定一组基$\boldsymbol{\alpha}_1,\boldsymbol{\alpha}_2,\cdots,\boldsymbol{\alpha}_n$,设 V 上的线性变换 T 在这组基下的矩阵为 $\boldsymbol{A}$,即

$$T(\boldsymbol{\alpha}_1,\boldsymbol{\alpha}_2,\cdots,\boldsymbol{\alpha}_n)=(\boldsymbol{\alpha}_1,\boldsymbol{\alpha}_2,\cdots,\boldsymbol{\alpha}_n)\boldsymbol{A}.$$

若 $\boldsymbol{\alpha}$ 是线性变换 T 的属于特征值λ 的特征向量,即

$$T\boldsymbol{\alpha}=\lambda\boldsymbol{\alpha},$$

设 $\boldsymbol{\alpha}$ 在这组基下的坐标是 $\boldsymbol{x}$,即

$$\boldsymbol{\alpha}=(\boldsymbol{\alpha}_1,\boldsymbol{\alpha}_2,\cdots,\boldsymbol{\alpha}_n)\boldsymbol{x},$$

则

$$T(\boldsymbol{\alpha}_1,\boldsymbol{\alpha}_2,\cdots,\boldsymbol{\alpha}_n)\boldsymbol{x}=\lambda(\boldsymbol{\alpha}_1,\boldsymbol{\alpha}_2,\cdots,\boldsymbol{\alpha}_n)\boldsymbol{x},$$

或

$$(\boldsymbol{\alpha}_1,\boldsymbol{\alpha}_2,\cdots,\boldsymbol{\alpha}_n)\boldsymbol{A}\boldsymbol{x}=(\boldsymbol{\alpha}_1,\boldsymbol{\alpha}_2,\cdots,\boldsymbol{\alpha}_n)\lambda\boldsymbol{x}.$$

由于 $\boldsymbol{\alpha}_1,\boldsymbol{\alpha}_2,\cdots,\boldsymbol{\alpha}_n$ 线性无关,故有

$$\boldsymbol{A}\boldsymbol{x}=\lambda\boldsymbol{x}.$$

从而可以引入矩阵的特征值和特征向量的概念,我们将在第 6 章中进行讨论.

习题 5

1. 检验下列集合对于指定的加法和数乘运算是否构成线性空间. 若是线性空间,求其基与维数.

(1)有理数集 $\mathbf{Q}$ 在 $\mathbf{Q}$ 上关于数的加法与数乘.

(2)闭区间$[0,1]$上全体连续函数的集合 $C[0,1]$在 $\mathbf{R}$ 上关于函数的加法及数与函数的乘法.

(3)$F=\mathbf{R}$,全体 n 阶实对称矩阵(上三角阵、对角矩阵、主对角线和为 0 的矩阵),关于矩阵的加法与数乘.

(4)$F=\mathbf{R}$,平面上全体向量关于通常的加法与如下定义的数乘:$k\boldsymbol{\alpha}=\boldsymbol{\alpha}$.

(5)$F=\mathbf{R}$,$V=\mathbf{R}^2$,V 上的加法和数乘运算如下定义:

$$(a_1,b_1)^{\mathrm{T}}\oplus(a_2,b_2)^{\mathrm{T}}=(a_1+a_2+1,b_1+b_2+1)^{\mathrm{T}},$$
$$k\circ(a,b)^{\mathrm{T}}=(ka,kb)^{\mathrm{T}}.$$

(6)$F=\mathbf{R}$,$V=\mathbf{R}^2$,V 上的加法和数乘运算定义如下:

$$(a_1,b_1)^{\mathrm{T}}\oplus(a_2,b_2)^{\mathrm{T}}=(a_1+a_2,b_1+b_2+a_1a_2)^{\mathrm{T}},$$
$$k\circ(a,b)^{\mathrm{T}}=\left(ka,kb+\frac{k(k-1)}{2}a^2\right)^{\mathrm{T}}.$$

(7)$F=\mathbf{R}$,$V=\mathbf{R}^+$(全体正实数的集合),加法及数乘运算定义如下:

$$a \oplus b = ab, \quad k \circ a = a^k.$$

2. 证明 $f_1(x)=x^2+x, f_2(x)=x^2-x, f_3(x)=x+1$ 是 $F_3[x]$ 的一个基，并求 $f(x)=a_0+a_1x+a_2x^2$ 在此基下的坐标.

3. 在所有 2×2 实矩阵构成的线性空间中，证明

$$\begin{bmatrix}1 & 1\\1 & 1\end{bmatrix},\begin{bmatrix}1 & -1\\1 & -1\end{bmatrix},\begin{bmatrix}1 & 1\\-1 & -1\end{bmatrix},\begin{bmatrix}-1 & 1\\1 & -1\end{bmatrix}$$

构成一组基，并求矩阵 $\begin{bmatrix}1 & 2\\3 & 4\end{bmatrix}$ 在这组基下的坐标.

4. 在次数小于或等于 n 的实多项式空间 $\mathbf{R}_{n+1}[x]$ 中，有两组基

$$1, x, x^2, \cdots, x^n; \quad 1, x-a, (x-a)^2, \cdots, (x-a)^n.$$

求由基 $1, x, x^2, \cdots, x^n$ 到基 $1, x-a, (x-a)^2, \cdots, (x-a)^n$ 的过渡矩阵，并求 $f(x)=a_0+a_1x+a_2x^2+\cdots+a_nx^n$ 在这两组基下的坐标.

5. 设 $\boldsymbol{\alpha}_1,\boldsymbol{\alpha}_2,\boldsymbol{\alpha}_3$ 和 $\boldsymbol{\beta}_1,\boldsymbol{\beta}_2,\boldsymbol{\beta}_3$ 是 3 维线性空间 V 的两组基，由基 $\boldsymbol{\alpha}_1,\boldsymbol{\alpha}_2,\boldsymbol{\alpha}_3$ 到基 $\boldsymbol{\beta}_1,\boldsymbol{\beta}_2,\boldsymbol{\beta}_3$ 的过渡矩阵为

$$\boldsymbol{A}=\begin{bmatrix}1 & 2 & 1\\-1 & 3 & 3\\0 & 2 & 2\end{bmatrix}.$$

(1)求向量 $\boldsymbol{\alpha}=2\boldsymbol{\beta}_1-\boldsymbol{\beta}_2+3\boldsymbol{\beta}_3$ 在基 $\boldsymbol{\alpha}_1,\boldsymbol{\alpha}_2,\boldsymbol{\alpha}_3$ 下的坐标；

(2)求向量 $\boldsymbol{\beta}=2\boldsymbol{\alpha}_1-\boldsymbol{\alpha}_2+3\boldsymbol{\alpha}_3$ 在基 $\boldsymbol{\beta}_1,\boldsymbol{\beta}_2,\boldsymbol{\beta}_3$ 下的坐标；

(3)若向量 $\boldsymbol{\gamma}$ 在基 $\boldsymbol{\alpha}_1,\boldsymbol{\alpha}_2,\boldsymbol{\alpha}_3$ 下的坐标为 $(4,2,-3)^{\mathrm{T}}$，试选择 V 的一个新基，使 $\boldsymbol{\gamma}$ 在这个新基下的坐标是 $(1,0,0)^{\mathrm{T}}$.

6. 设 $\boldsymbol{A}$ 是 n 阶实矩阵.

(1)证明：全体与 $\boldsymbol{A}$ 可交换的矩阵构成 $\mathbf{R}^{n\times n}$ 的一个子空间，记为 $Z(\boldsymbol{A})$；

(2)当 $\boldsymbol{A}=\boldsymbol{I}, \boldsymbol{A}=diag(1,2,\cdots,n), \boldsymbol{A}=\begin{bmatrix}1 & & & & \\1 & 1 & & & \\1 & 1 & 1 & & \\\vdots & \vdots & \vdots & \ddots & \\1 & 1 & 1 & \cdots & 1\end{bmatrix}$ 时，分别求 $Z(\boldsymbol{A})$ 的维数和一组基.

7. 设 W_1 与 W_2 是线性空间 V 的两个子空间，规定：

$$W_1\cap W_2=\{\boldsymbol{\alpha}\mid\boldsymbol{\alpha}\in W_1,\boldsymbol{\alpha}\in W_2\},$$

称为子空间 W_1 与 W_2 的交集(intersection).

$$W_1+W_2=\{\boldsymbol{\alpha}=\boldsymbol{\alpha}_1+\boldsymbol{\alpha}_2\mid\boldsymbol{\alpha}_1\in W_1,\boldsymbol{\alpha}_2\in W_2\},$$

称为子空间 W_1 与 W_2 的和(sum).

证明：$W_1\cap W_2$ 与 W_1+W_2 都是 V 的子空间.

8. 设 $W_1=L(\boldsymbol{\alpha}_1,\boldsymbol{\alpha}_2,\boldsymbol{\alpha}_3), W_2=L(\boldsymbol{\beta}_1,\boldsymbol{\beta}_2,\boldsymbol{\beta}_3)$，其中

$$\boldsymbol{\alpha}_1=(1,1,1,0)^{\mathrm{T}},\quad\boldsymbol{\alpha}_2=(1,2,3,4)^{\mathrm{T}},\quad\boldsymbol{\alpha}_3=(2,1,3,1)^{\mathrm{T}};$$

$$\boldsymbol{\beta}_1=(5,6,7,8)^{\mathrm{T}},\quad \boldsymbol{\beta}_2=(3,4,5,6)^{\mathrm{T}},\quad \boldsymbol{\beta}_3=(2,3,4,5)^{\mathrm{T}};$$

试求$W_1\cap W_2$与W_1+W_2的基与维数.

9. 判断下列变换哪些是线性变换,并说明理由.

(1)$\mathbf{R}^3$中,$T((x,y,z)^{\mathrm{T}})=(y,x,z)^{\mathrm{T}}$.

(2)$\mathbf{R}^3$中,$T((x_1,x_2,x_3)^{\mathrm{T}})=(x_2+x_3,2x_1-x_3,0)^{\mathrm{T}}$.

(3)$\mathbf{R}^3$中,$T((x_1,x_2,x_3)^{\mathrm{T}})=(2x_1,x_2^2,1)^{\mathrm{T}}$.

(4)$\boldsymbol{\alpha}_0=(a_0,b_0,c_0)^{\mathrm{T}}$为$\mathbf{R}^3$中一固定向量,令$T:\mathbf{R}^3\to\mathbf{R}^3$为

$$T(\boldsymbol{\alpha})=\boldsymbol{\alpha}_0\times\boldsymbol{\alpha},\ \forall\boldsymbol{\alpha}=(a,b,c)^{\mathrm{T}}\in\mathbf{R}^3.$$

(5)$\mathbf{R}^2$中的平移变换$T:(x,y)\to(x+x_0,y+y_0)$,其中$(x_0,y_0)\neq(0,0)$.

(6)线性空间V中,$\boldsymbol{\beta}$为一固定非零向量,$\forall\boldsymbol{\alpha}\in V$,$T(\boldsymbol{\alpha})=\boldsymbol{\beta}$.

(7)$\mathbf{R}^{m\times n}$上,$T(\boldsymbol{A})=\boldsymbol{PAQ}$,其中$\boldsymbol{P}$,$\boldsymbol{Q}$分别为给定的$m$阶和$n$阶矩阵.

(8)对$[0,1]$上的全体连续函数,$T(f(x))=\int_0^x f(t)\mathrm{d}t,x\in[0,1]$.

10. 给定实数r,定义变换$T:\mathbf{R}^2\to\mathbf{R}^2$为$T(\boldsymbol{x})=r\boldsymbol{x}$. 当$0\leqslant r\leqslant 1$时,$T$称为收缩变换;当$r>1$时,$T$称为拉伸变换. 证明:$T$是线性变换.

11. (1)证明:$\mathbf{R}^2$中过向量$\boldsymbol{p}$和$\boldsymbol{q}$的直线可用参数形式$\boldsymbol{x}=(1-t)\boldsymbol{p}+t\boldsymbol{q},t\in\mathbf{R}$表示.

(2)从$\boldsymbol{p}$到$\boldsymbol{q}$的线段可表示为参数形式$\boldsymbol{x}=(1-t)\boldsymbol{p}+t\boldsymbol{q}$,其中$0\leqslant t\leqslant 1$. 证明:这条线段在线性变换$T$下的像是一条线段或一个点.

(3)$\boldsymbol{A}=\begin{bmatrix}1&3\\0&1\end{bmatrix}$,由$T(\boldsymbol{x})=\boldsymbol{Ax}$定义的$\mathbf{R}^2$到$\mathbf{R}^2$的变换$T$称为剪切变换(shear transformation). 证明T将顶点为$(0,0)^{\mathrm{T}}$,$(2,0)^{\mathrm{T}}$,$(2,2)^{\mathrm{T}}$,$(0,2)^{\mathrm{T}}$的正方形变换为平行四边形.

12. 设V是数域F上的一个一维线性空间,证明:V到自身的映射T是线性变换的充分必要条件是存在常数$\lambda\in F$,使对任何$\boldsymbol{\alpha}\in V$,都有$T(\boldsymbol{\alpha})=\lambda\boldsymbol{\alpha}$.

13. 证明线性变换的加法与数量乘法满足8条运算性质,从而$L(V)$关于这两种运算构成线性空间(定理5.2.3).

14. 对正整数k,按如下方式定义线性变换的幂:$T^0=I$,$T^k=T^{k-1}T$. 设T是线性空间V上的线性变换,如果$T^{k-1}\boldsymbol{x}\neq\boldsymbol{0}$,$T^k\boldsymbol{x}=\boldsymbol{0}$,证明:$\boldsymbol{x},T\boldsymbol{x},\cdots,T^{k-1}\boldsymbol{x}(k>0)$线性无关.

15. 设$\mathbf{R}^3$上的线性变换T,S定义为:$T((x_1,x_2,x_3)^{\mathrm{T}})=(x_1,x_2,x_1+x_3)^{\mathrm{T}}$;$S((x_1,x_2,x_3)^{\mathrm{T}})=(x_1+x_2-x_3,0,x_3-x_1-x_2)^{\mathrm{T}}$. 求$TS$,$ST$,$T^2$,$T+S$,$2T$,$T^{-1}$.

16. 设$\boldsymbol{\varepsilon}_1,\boldsymbol{\varepsilon}_2,\cdots,\boldsymbol{\varepsilon}_n$是线性空间$V$的一组基,$T$是$V$上的线性变换,证明$T$可逆当且仅当$T\boldsymbol{\varepsilon}_1,T\boldsymbol{\varepsilon}_2,\cdots,T\boldsymbol{\varepsilon}_n$线性无关.

17. 设$\boldsymbol{e}_1=(1,0)^{\mathrm{T}}$,$\boldsymbol{e}_2=(0,1)^{\mathrm{T}}$,$\boldsymbol{\alpha}_1=(2,5)^{\mathrm{T}}$,$\boldsymbol{\alpha}_2=(-1,6)^{\mathrm{T}}$,线性变换$T:\mathbf{R}^2\to\mathbf{R}^2$将$\boldsymbol{e}_1$变换成$\boldsymbol{\alpha}_1$,$\boldsymbol{e}_2$变换成$\boldsymbol{\alpha}_2$,求$(5,-3)^{\mathrm{T}}$和$(x_1,x_2)^{\mathrm{T}}$在$T$下的像.

18. 在$\mathbf{R}_3[x]$中,定义变换$T(ax^2+bx+c)=(a+b)x^2+(c-b)x+(a+c)$. 证明$T$是线性变换,并求$\ker(T)$.

19. 设$T:\mathbf{R}^3\to\mathbf{R}^3$,$T((a_1,a_2,a_3)^{\mathrm{T}})=(a_1+a_2,a_1-a_2,a_3)^{\mathrm{T}}$.

(1)求T在标准基下的矩阵;

(2)求 T 在基 $\boldsymbol{\varepsilon}_1=(1,0,0)^{\mathrm{T}}$，$\boldsymbol{\varepsilon}_2=(1,1,0)^{\mathrm{T}}$，$\boldsymbol{\varepsilon}_3=(1,1,1)^{\mathrm{T}}$ 下的矩阵.

20. 在 $\mathbf{R}_n[x]$中，D 为求导变换，令D^i 为求 i 阶导数的线性变换($i=2,\cdots,n-1$). 对基 $1,x,\dfrac{x^2}{2!},\cdots,\dfrac{x^{n-1}}{(n-1)!}$，求 $D,D^2,D^3,\cdots,D^{n-1}$的矩阵.

21. 设 T 为 $\mathbf{R}_3[x]$上的线性变换，定义为 $T(f(x))=f(x+1)-f(x)$，求 T 在基 $1,x,x^2,x^3$ 下的矩阵.

22. 在 $\mathbf{R}^{2\times2}$中，定义三个线性变换 T_1,T_2,T_3 分别为

$$T_1(\boldsymbol{X})=\begin{bmatrix}a&b\\c&d\end{bmatrix}\boldsymbol{X},\quad T_2(\boldsymbol{X})=\boldsymbol{X}\begin{bmatrix}a&b\\c&d\end{bmatrix},\quad T_3(\boldsymbol{X})=\begin{bmatrix}a&b\\c&d\end{bmatrix}\boldsymbol{X}\begin{bmatrix}a&b\\c&d\end{bmatrix},$$

其中 $\boldsymbol{X}\in\mathbf{R}^{2\times2}$. 分别求 T_1,T_2,T_3 在基$\begin{bmatrix}1&0\\0&0\end{bmatrix},\begin{bmatrix}0&1\\0&0\end{bmatrix},\begin{bmatrix}0&0\\1&0\end{bmatrix},\begin{bmatrix}0&0\\0&1\end{bmatrix}$下的矩阵.

23. 设 T 把 $\boldsymbol{\varepsilon}_1=(1,0,0)^{\mathrm{T}}$，$\boldsymbol{\varepsilon}_2=(1,1,0)^{\mathrm{T}}$，$\boldsymbol{\varepsilon}_3=(1,1,1)^{\mathrm{T}}$ 变换到 $T(\boldsymbol{\varepsilon}_1)=(2,3,5)^{\mathrm{T}}$，$T(\boldsymbol{\varepsilon}_2)=(1,0,0)^{\mathrm{T}}$，$T(\boldsymbol{\varepsilon}_3)=(0,1,-1)^{\mathrm{T}}$，求 T 在标准基及基 $\boldsymbol{\varepsilon}_1,\boldsymbol{\varepsilon}_2,\boldsymbol{\varepsilon}_3$ 下的矩阵.

24. 设 $T\in L(V)$，T 在 V 的基 $\boldsymbol{e}_1,\boldsymbol{e}_2,\boldsymbol{e}_3$ 下的矩阵为 $\boldsymbol{A}=\begin{bmatrix}15&-11&5\\20&-15&8\\8&-7&6\end{bmatrix}$，求 T 在基 $\boldsymbol{\beta}_1=2\boldsymbol{e}_1+3\boldsymbol{e}_2+\boldsymbol{e}_3$，$\boldsymbol{\beta}_2=3\boldsymbol{e}_1+4\boldsymbol{e}_2+\boldsymbol{e}_3$，$\boldsymbol{\beta}_3=\boldsymbol{e}_1+2\boldsymbol{e}_2+2\boldsymbol{e}_3$ 下的矩阵.

25. 设 $\boldsymbol{\varepsilon}_1,\boldsymbol{\varepsilon}_2,\boldsymbol{\varepsilon}_3,\boldsymbol{\varepsilon}_4$是 4 维线性空间 V 的一组基，已知线性变换 T 在这组基下的矩阵为

$$\boldsymbol{A}=\begin{bmatrix}1&0&2&1\\-1&2&1&3\\1&2&5&5\\2&-2&1&-2\end{bmatrix}.$$

(1)求 T 在基 $\boldsymbol{\eta}_1=\boldsymbol{\varepsilon}_1-2\boldsymbol{\varepsilon}_2+\boldsymbol{\varepsilon}_4$，$\boldsymbol{\eta}_2=3\boldsymbol{\varepsilon}_2-\boldsymbol{\varepsilon}_3-\boldsymbol{\varepsilon}_4$，$\boldsymbol{\eta}_3=\boldsymbol{\varepsilon}_3+\boldsymbol{\varepsilon}_4$，$\boldsymbol{\eta}_4=2\boldsymbol{\varepsilon}_4$下的矩阵；

(2)求 T 的核与值域；

(3)在 T 的核中，选一组基，把它扩充成 V 的一组基，并求 T 在这组基下的矩阵；

(4)在 T 的值域中，选一组基，把它扩充成 V 的一组基，并求 T 在这组基下的矩阵.

在线练习 5

第 6 章　特征值与特征向量

矩阵的特征值和特征向量是矩阵的重要属性，它们不仅反映了矩阵的部分本质特征，而且在几何、力学、控制论等方面有着重要的应用. 特别地，工程技术中的振动和稳定性问题常常归结为求矩阵的特征值和特征向量.

§6.1　矩阵的特征值与特征向量

例 6.1.1　求椭圆 $x_1^2+x_1x_2+x_2^2=1$ 的长半轴与短半轴的长度.

特征值与特征向量的基本概念

解　记 $\boldsymbol{\alpha}=\begin{bmatrix}x_1\\x_2\end{bmatrix}$, $\boldsymbol{\gamma}=\begin{bmatrix}y_1\\y_2\end{bmatrix}$, $\boldsymbol{A}=\begin{bmatrix}1&\frac{1}{2}\\\frac{1}{2}&1\end{bmatrix}$, 则椭圆可表示为 $\boldsymbol{\alpha}^{\mathrm{T}}\boldsymbol{A}\boldsymbol{\alpha}=1$.

令

$$\boldsymbol{P}=\begin{bmatrix}\frac{\sqrt{2}}{2}&-\frac{\sqrt{2}}{2}\\\frac{\sqrt{2}}{2}&\frac{\sqrt{2}}{2}\end{bmatrix},$$

则 $\boldsymbol{P}$ 恰好使得

$$\boldsymbol{P}^{\mathrm{T}}\boldsymbol{A}\boldsymbol{P}=\begin{bmatrix}\frac{3}{2}&0\\0&\frac{1}{2}\end{bmatrix}$$

为对角阵. 故作变换

$$\boldsymbol{\alpha}=\boldsymbol{P}\boldsymbol{\gamma},$$

那么有

$$\boldsymbol{\alpha}^{\mathrm{T}}\boldsymbol{A}\boldsymbol{\alpha}=(\boldsymbol{P}\boldsymbol{\gamma})^{\mathrm{T}}\boldsymbol{A}(\boldsymbol{P}\boldsymbol{\gamma})=\boldsymbol{\gamma}^{\mathrm{T}}(\boldsymbol{P}^{\mathrm{T}}\boldsymbol{A}\boldsymbol{P})\boldsymbol{\gamma}=\boldsymbol{\gamma}^{\mathrm{T}}\begin{bmatrix}\frac{3}{2}&0\\0&\frac{1}{2}\end{bmatrix}\boldsymbol{\gamma},$$

所以

$$\frac{3}{2}y_1^2+\frac{1}{2}y_2^2=1.$$

即在变换

$$\begin{cases} x_1=\dfrac{\sqrt{2}}{2}y_1+\dfrac{\sqrt{2}}{2}y_2 \\ x_2=\dfrac{\sqrt{2}}{2}y_1-\dfrac{\sqrt{2}}{2}y_2 \end{cases}$$

下，原方程 $x_1^2+x_1x_2+x_2^2=1$ 化为了新方程

$$\frac{y_1^2}{\left(\sqrt{\dfrac{2}{3}}\right)^2}+\frac{y_2^2}{(\sqrt{2})^2}=1.$$

显然，新方程表示一椭圆，长半轴长为$\sqrt{2}$，短半轴长为$\sqrt{\dfrac{2}{3}}$. 而我们所作的变换 $\boldsymbol{\alpha}=\boldsymbol{P\gamma}$ 相当于将 x_1Ox_2 坐标系逆时针旋转了$\dfrac{\pi}{4}$角度得到了坐标系 y_1Oy_2，且这样的旋转变换并不会改变坐标系内曲线的形状(即不会改变椭圆的长、短半轴长度). 但问题是我们在什么情况下一定能找出以及怎么找出这个恰当的旋转变换矩阵 $\boldsymbol{P}$ 呢？这就跟我们接下来要研究的矩阵的特征值与特征向量有紧密的关系.

定义 6.1.1　设 $\boldsymbol{A}$ 为 n 阶复矩阵，如果存在复数 λ 和非零向量 $\boldsymbol{\alpha}$，使得

$$\boldsymbol{A\alpha}=\lambda\boldsymbol{\alpha},$$

则称 λ 是 $\boldsymbol{A}$ 的一个特征值(eigenvalue)，$\boldsymbol{\alpha}$ 是 $\boldsymbol{A}$ 的属于特征值 λ 的特征向量(eigenvector).

显然，$\boldsymbol{A}$ 的特征向量 $\boldsymbol{\alpha}$ 被 $\boldsymbol{A}$ 作用以后得到的向量 $\lambda\boldsymbol{\alpha}$ 与 $\boldsymbol{\alpha}$ 是共线的向量，当 $|\lambda|\neq 1$ 时，仅仅是长度不一样.

容易验证，n 阶单位矩阵 $\boldsymbol{I}_n$ 的特征值是 1，任何 n 维非零向量 $\boldsymbol{\alpha}$ 均是 $\boldsymbol{I}_n$ 的属于 1 的特征向量. n 阶零矩阵的特征值是零，任何 n 维非零向量均是其属于零的特征向量.

关于矩阵的特征值与特征向量有以下一些常用性质.

性质 6.1.1　$\boldsymbol{\alpha}_1$，$\boldsymbol{\alpha}_2$ 是 $\boldsymbol{A}$ 的属于同一个特征值 λ 的特征向量，且 $\boldsymbol{\alpha}_1+\boldsymbol{\alpha}_2\neq\boldsymbol{0}$，则 $\boldsymbol{\alpha}_1+\boldsymbol{\alpha}_2$ 也是 $\boldsymbol{A}$ 的属于 λ 的特征向量.

特征值与特征向量的基本性质

性质 6.1.2　$\boldsymbol{\alpha}$ 是 $\boldsymbol{A}$ 的属于特征值 λ 的特征向量且 $k\neq 0$，则 $k\boldsymbol{\alpha}$ 是 $\boldsymbol{A}$ 的属于 λ 的特征向量.

性质 6.1.3　$\boldsymbol{\alpha}_1$，$\boldsymbol{\alpha}_2$，…，$\boldsymbol{\alpha}_m$ 是 $\boldsymbol{A}$ 的属于特征值 λ 的特征向量，其非零线性组合 $\sum\limits_{i=1}^{m}k_i\boldsymbol{\alpha}_i\neq\boldsymbol{0}$ 仍是 $\boldsymbol{A}$ 的属于 λ 的特征向量.

以上 3 条性质的证明留给读者，需要说明的是，由性质 6.1.1 和 6.1.2 可知，矩阵 $\boldsymbol{A}$ 的属于同一特征值的所有特征向量添上一个零向量恰好构成一个向量空间.

性质 6.1.4　λ 是 $\boldsymbol{A}$ 的特征值，则

(1)无论 $\boldsymbol{A}$ 可逆与否，当 m 为正整数时，λ^m 是 $\boldsymbol{A}^m$ 的特征值.

(2)当 $\boldsymbol{A}$ 可逆时，λ^{-1}是 $\boldsymbol{A}^{-1}$的特征值.

(3)当 $\boldsymbol{A}$ 可逆，m 为任意整数时，λ^m 是 $\boldsymbol{A}^m$ 的特征值(其中 $m<0$ 时，$\boldsymbol{A}^m$ 表示 $(\boldsymbol{A}^{-1})^{-m}$).

证明 (1)λ 是 $\boldsymbol{A}$ 的特征值，则存在 $\boldsymbol{\alpha}\neq\boldsymbol{0}$，使得 $\boldsymbol{A\alpha}=\lambda\boldsymbol{\alpha}$，故

$$\boldsymbol{A}^m\boldsymbol{\alpha}=\boldsymbol{A}^{m-1}(\boldsymbol{A\alpha})=\boldsymbol{A}^{m-1}(\lambda\boldsymbol{\alpha})=\lambda\boldsymbol{A}^{m-1}\boldsymbol{\alpha}=\cdots=\lambda^m\boldsymbol{\alpha}.$$

由定义，结论(1)得证.

(2)首先证明 $\boldsymbol{A}$ 可逆必有 $\lambda\neq 0$.

采取反证法，设 $\lambda=0$，由 $\boldsymbol{A\alpha}=\lambda\boldsymbol{\alpha}=\boldsymbol{0}$ 且 $\boldsymbol{A}$ 可逆得 $\boldsymbol{\alpha}=\boldsymbol{0}$，与特征向量非零矛盾，故 $\lambda\neq 0$.

于是，由 $\boldsymbol{A\alpha}=\lambda\boldsymbol{\alpha}$，得 $\boldsymbol{A}^{-1}\boldsymbol{\alpha}=\lambda^{-1}\boldsymbol{\alpha}$.

因此,λ^{-1}是 $\boldsymbol{A}^{-1}$的特征值.

(3)m 为正整数时，由(1)知结论成立；

$m=0$ 时，$\boldsymbol{A}^m=\boldsymbol{I}$，$\lambda^m=1$ 显然是 $\boldsymbol{I}$ 的特征值，结论成立；

m 为负整数时，$-m$ 为正整数，由(1)、(2)知$(\lambda^{-1})^{-m}$是$(\boldsymbol{A}^{-1})^{-m}$的特征值.

因此，λ^m 是 $\boldsymbol{A}^m$ 的特征值.

性质 6.1.5 λ 是 $\boldsymbol{A}$ 的特征值，$\varphi(x)=\sum\limits_{i=0}^{m}k_ix^i$ 是 m 次多项式，则 $\varphi(\lambda)$ 是 $\varphi(\boldsymbol{A})$ 的特征值.

证明 令 $\boldsymbol{\alpha}$ 是 $\boldsymbol{A}$ 的属于 λ 的特征向量，则

$$\boldsymbol{A\alpha}=\lambda\boldsymbol{\alpha}.$$

由性质 6.1.4 知

$$\boldsymbol{A}^i\boldsymbol{\alpha}=\lambda^i\boldsymbol{\alpha}\quad(i=1,\cdots,m)\quad 且\ \boldsymbol{I\alpha}=\boldsymbol{\alpha},$$

所以

$$\begin{aligned}\varphi(\boldsymbol{A})\boldsymbol{\alpha}&=(\sum_{i=0}^{m}k_i\boldsymbol{A}^i)\boldsymbol{\alpha}=\sum_{i=1}^{m}(k_i\boldsymbol{A}^i\boldsymbol{\alpha})+k_0\cdot\boldsymbol{I\alpha}\\&=\sum_{i=1}^{m}(k_i\lambda^i\boldsymbol{\alpha})+k_0\boldsymbol{\alpha}\\&=(k_0+\sum_{i=1}^{m}k_i\lambda^i)\boldsymbol{\alpha}\\&=\varphi(\lambda)\boldsymbol{\alpha}.\end{aligned}$$

由定义，性质得证.

性质 6.1.6 $\boldsymbol{\alpha}_0$ 是 $\boldsymbol{A}$ 的属于 λ_0 的特征向量$\Leftrightarrow\boldsymbol{\alpha}_0$ 是齐次方程组$(\lambda_0\boldsymbol{I}-\boldsymbol{A})\boldsymbol{\alpha}=\boldsymbol{0}$ 的非零解.

证明
$$\begin{aligned}\boldsymbol{\alpha}_0\neq\boldsymbol{0},\ \boldsymbol{A\alpha}_0=\lambda_0\boldsymbol{\alpha}_0&\Leftrightarrow\lambda_0\boldsymbol{\alpha}_0-\boldsymbol{A\alpha}_0=\boldsymbol{0},\ \boldsymbol{\alpha}_0\neq\boldsymbol{0}\\&\Leftrightarrow\boldsymbol{\alpha}_0\neq\boldsymbol{0},\ (\lambda_0\boldsymbol{I}-\boldsymbol{A})\boldsymbol{\alpha}_0=\boldsymbol{0}\\&\Leftrightarrow\boldsymbol{\alpha}_0\text{ 是}(\lambda_0\boldsymbol{I}-\boldsymbol{A})\boldsymbol{\alpha}=\boldsymbol{0}\text{ 的非零解}.\end{aligned}$$

性质 6.1.7 λ_0 是 $\boldsymbol{A}$ 的特征值$\Leftrightarrow|\lambda_0\boldsymbol{I}-\boldsymbol{A}|=0$.

证明 必要性：设 $\boldsymbol{\alpha}_0$ 是 $\boldsymbol{A}$ 属于 λ_0 的特征向量，则 $\boldsymbol{\alpha}_0$ 是$(\lambda_0\boldsymbol{I}-\boldsymbol{A})\boldsymbol{\alpha}=\boldsymbol{0}$ 的非零解，

故 $|\lambda_0 \boldsymbol{I}-\boldsymbol{A}|=0$.

充分性：$|\lambda_0 \boldsymbol{I}-\boldsymbol{A}|=0$，则 $(\lambda_0 \boldsymbol{I}-\boldsymbol{A})\boldsymbol{\alpha}=\boldsymbol{0}$ 有非零解，不妨设其为 $\boldsymbol{\alpha}_0 \neq \boldsymbol{0}$，故 $(\lambda_0 \boldsymbol{I}-\boldsymbol{A})\boldsymbol{\alpha}_0=\boldsymbol{0}$，即 $\boldsymbol{A}\boldsymbol{\alpha}_0=\lambda_0\boldsymbol{\alpha}_0$. 所以 λ_0 是 $\boldsymbol{A}$ 的特征值.

性质 6.1.8　设 $\varphi(x)$ 是 m 次多项式 $(m \geqslant 1)$，$\boldsymbol{A}$ 是 n 阶方阵，t 是 $\varphi(\boldsymbol{A})$ 的任一特征值，则存在 $\boldsymbol{A}$ 的特征值 λ，使得 $t=\varphi(\lambda)$.

证明　设 t 是 $\varphi(\boldsymbol{A})$ 的任意一个特征值，则

$$|\varphi(\boldsymbol{A})-t\boldsymbol{I}|=0.$$

对于 m 次多项式 $\varphi(x)-t$，必存在常数 $c \neq 0$ 及 $x_i(i=1,2,\cdots,m)$，使得

$$\varphi(x)-t=c\prod_{i=1}^{m}(x-x_i).$$

则有

$$\varphi(\boldsymbol{A})-t\boldsymbol{I}=c\prod_{i=1}^{n}(\boldsymbol{A}-x_i\boldsymbol{I}),$$

$$c\prod_{i=1}^{n}|\boldsymbol{A}-x_i\boldsymbol{I}|=|\varphi(\boldsymbol{A})-t\boldsymbol{I}|=0.$$

所以至少存在一项 $|\boldsymbol{A}-x_i\boldsymbol{I}|=0$，即至少存在一个 x_i 是 $\boldsymbol{A}$ 的特征值.

由于 x_i 是 $\varphi(x)-t$ 的零点，所以 $t=\varphi(x_i)$，即：存在 $\boldsymbol{A}$ 的特征值 $\lambda=x_i$，使得 $\varphi(\boldsymbol{A})$ 的特征值 $t=\varphi(\lambda)$.

利用性质 6.1.7 我们可求得一个矩阵的特征值，然后利用性质 6.1.6 可求得相应的特征向量，为此先引入如下概念.

定义 6.1.2　设 $\boldsymbol{A}=(a_{ij})_n$ 为 n 阶方阵，称含有参数 λ 的方阵

$$\lambda\boldsymbol{I}-\boldsymbol{A}=\begin{bmatrix} \lambda-a_{11} & -a_{12} & \cdots & -a_{1n} \\ -a_{21} & \lambda-a_{22} & \cdots & -a_{2n} \\ \vdots & \vdots & & \vdots \\ -a_{n1} & -a_{n2} & \cdots & \lambda-a_{nn} \end{bmatrix}$$

为 $\boldsymbol{A}$ 的特征矩阵(characteristic matrix).

特征多项式

定义 6.1.3　称 $\boldsymbol{A}$ 的特征矩阵 $\lambda\boldsymbol{I}-\boldsymbol{A}$ 的行列式

$$f(\lambda)=|\lambda\boldsymbol{I}-\boldsymbol{A}|=\lambda^n+b_1\lambda^{n-1}+\cdots+b_{n-1}\lambda+b_n$$

为 $\boldsymbol{A}$ 的特征多项式 (characteristic polynomial).

由性质 6.1.7 知，$\boldsymbol{A}$ 的特征值必是 $\boldsymbol{A}$ 的特征多项式的零点，且 $\boldsymbol{A}$ 的特征多项式的零点必是 $\boldsymbol{A}$ 的特征值；n 阶矩阵 $\boldsymbol{A}$ 的特征多项式是 n 次多项式，由代数基本定理知，n 次多项式方程有且仅有 n 个复数根(重根按重数计算)，故 n 阶矩阵恰有 n 个复数特征值.

例 6.1.2　求 $\boldsymbol{A}=\begin{bmatrix} -1 & 4 & 0 \\ 1 & 2 & 0 \\ 1 & 0 & 3 \end{bmatrix}$ 的特征值与特征向量.

解　令 $f(\lambda)=|\lambda\boldsymbol{I}-\boldsymbol{A}|=0$，即

$$\begin{vmatrix} \lambda+1 & -4 & 0 \\ -1 & \lambda-2 & 0 \\ -1 & 0 & \lambda-3 \end{vmatrix}=(\lambda-3)^2(\lambda+2)=0,$$

得 $\boldsymbol{A}$ 的特征值为 $\lambda_1=\lambda_2=3$，$\lambda_3=-2$.

当 $\lambda_1=\lambda_2=3$ 时，解方程组 $(3\boldsymbol{I}-\boldsymbol{A})\boldsymbol{\alpha}=\boldsymbol{0}$.

对其系数矩阵作初等行变换

$$3\boldsymbol{I}-\boldsymbol{A}=\begin{bmatrix} 4 & -4 & 0 \\ -1 & 1 & 0 \\ -1 & 0 & 0 \end{bmatrix}\rightarrow\begin{bmatrix} 1 & -1 & 0 \\ -1 & 1 & 0 \\ -1 & 0 & 0 \end{bmatrix}\rightarrow\begin{bmatrix} 1 & -1 & 0 \\ 0 & 0 & 0 \\ 0 & -1 & 0 \end{bmatrix}\rightarrow\begin{bmatrix} 1 & -1 & 0 \\ 0 & -1 & 0 \\ 0 & 0 & 0 \end{bmatrix}.$$

$3\boldsymbol{I}-\boldsymbol{A}$ 的秩为 2，$(3\boldsymbol{I}-\boldsymbol{A})\boldsymbol{\alpha}=\boldsymbol{0}$ 的基础解系含 1 个解向量. 令 $\boldsymbol{\alpha}_3=1$，得 $\boldsymbol{\xi}_1=\begin{bmatrix} 0 \\ 0 \\ 1 \end{bmatrix}$，

$k_1\boldsymbol{\xi}_1(k_1\neq0)$是 $\boldsymbol{A}$ 的属于特征值 3 的全部特征向量.

当 $\lambda_3=-2$ 时，解方程组$(-2\boldsymbol{I}-\boldsymbol{A})\boldsymbol{\alpha}=\boldsymbol{0}$.

对其系数矩阵作初等行变换

$$-2\boldsymbol{I}-\boldsymbol{A}=\begin{bmatrix} -1 & -4 & 0 \\ -1 & -4 & 0 \\ -1 & 0 & -5 \end{bmatrix}\rightarrow\begin{bmatrix} -1 & -4 & 0 \\ 0 & 0 & 0 \\ 0 & 4 & -5 \end{bmatrix}\rightarrow\begin{bmatrix} -1 & -4 & 0 \\ 0 & 4 & -5 \\ 0 & 0 & 0 \end{bmatrix}.$$

$-2\boldsymbol{I}-\boldsymbol{A}$ 的秩为 2，$(-2\boldsymbol{I}-\boldsymbol{A})\boldsymbol{\alpha}=\boldsymbol{0}$ 的基础解系含 1 个解向量，令 $\boldsymbol{\alpha}_2=5$，得

$\boldsymbol{\xi}_2=\begin{bmatrix} -20 \\ 5 \\ 4 \end{bmatrix}$，$k_2\boldsymbol{\xi}_2(k_2\neq0)$是 $\boldsymbol{A}$ 的属于特征值 -2 的全部特征向量.

例 6.1.3 求 $\boldsymbol{A}=\begin{bmatrix} 0 & 1 \\ -1 & 0 \end{bmatrix}$的特征值与特征向量.

解 令 $f(\lambda)=|\lambda\boldsymbol{I}-\boldsymbol{A}|=0$，即

$$\begin{vmatrix} \lambda & -1 \\ 1 & \lambda \end{vmatrix}=\lambda^2+1=(\lambda+i)(\lambda-i)=0,$$

可得 $\boldsymbol{A}$ 的特征值 $\lambda_1=i$，$\lambda_2=-i$.

当 $\lambda_1=i$ 时，解方程组$(i\boldsymbol{I}-\boldsymbol{A})\boldsymbol{\alpha}=\boldsymbol{0}$ 得基础解系 $\boldsymbol{\xi}_1=[i,\ -1]^{\mathrm{T}}$，$k_1\boldsymbol{\xi}_1(k_1\neq0)$是 $\boldsymbol{A}$ 的属于特征值 i 的全部特征向量.

当 $\lambda_2=-i$ 时，解方程组$(-i\boldsymbol{I}-\boldsymbol{A})\boldsymbol{\alpha}=\boldsymbol{0}$ 得基础解系 $\boldsymbol{\xi}_2=[i,\ 1]^{\mathrm{T}}$，$k_2\boldsymbol{\xi}_2(k_2\neq0)$是 $\boldsymbol{A}$ 的属于特征值 $-i$ 的全部特征向量.

例 6.1.4 求 $\boldsymbol{A}=\begin{bmatrix} -1 & 1 & 1 \\ 1 & -1 & 1 \\ 1 & 1 & -1 \end{bmatrix}$的特征值与特征向量.

解 令 $f(\lambda)=|\lambda\boldsymbol{I}-\boldsymbol{A}|=0$，即

$$\begin{vmatrix}\lambda+1 & -1 & -1\\ -1 & \lambda+1 & -1\\ -1 & -1 & \lambda+1\end{vmatrix} \xlongequal{r_3+r_2+r_1} \begin{vmatrix}\lambda-1 & \lambda-1 & \lambda-1\\ -1 & \lambda+1 & -1\\ -1 & -1 & \lambda+1\end{vmatrix}$$

$$=(\lambda-1)\begin{vmatrix}1 & 1 & 1\\ -1 & \lambda+1 & -1\\ -1 & -1 & \lambda+1\end{vmatrix}$$

$$=(\lambda-1)\begin{vmatrix}1 & 1 & 1\\ 0 & \lambda+2 & 0\\ 0 & 0 & \lambda+2\end{vmatrix}$$

$$=(\lambda-1)(\lambda+2)^2=0,$$

得 $\boldsymbol{A}$ 的特征值为 $\lambda_1=1$，$\lambda_2=\lambda_3=-2$.

当 $\lambda_1=1$ 时，解方程组 $(\boldsymbol{I}-\boldsymbol{A})\boldsymbol{\alpha}=\boldsymbol{0}$.

对其系数矩阵作初等行变换

$$\boldsymbol{I}-\boldsymbol{A}=\begin{bmatrix}2 & -1 & -1\\ -1 & 2 & -1\\ -1 & -1 & 2\end{bmatrix}\to\begin{bmatrix}2 & -1 & -1\\ 0 & \frac{3}{2} & -\frac{3}{2}\\ 0 & -\frac{3}{2} & \frac{3}{2}\end{bmatrix}\to\begin{bmatrix}2 & -1 & -1\\ 0 & \frac{3}{2} & -\frac{3}{2}\\ 0 & 0 & 0\end{bmatrix}.$$

$\boldsymbol{I}-\boldsymbol{A}$ 的秩为 2，$(\boldsymbol{I}-\boldsymbol{A})\boldsymbol{\alpha}=\boldsymbol{0}$ 的基础解系含 1 个解向量. 令 $\boldsymbol{\alpha}_3=1$，得 $\boldsymbol{\xi}_1=\begin{bmatrix}1\\1\\1\end{bmatrix}$，$k_1\boldsymbol{\xi}_1$ $(k_1\neq0)$ 是 $\boldsymbol{A}$ 的属于特征值 1 的全部特征向量.

当 $\lambda_2=\lambda_3=-2$ 时，解方程组 $(-2\boldsymbol{I}-\boldsymbol{A})\boldsymbol{\alpha}=\boldsymbol{0}$.

对其系数矩阵作初等行变换

$$-2\boldsymbol{I}-\boldsymbol{A}=\begin{bmatrix}-1 & -1 & -1\\ -1 & -1 & -1\\ -1 & -1 & -1\end{bmatrix}\to\begin{bmatrix}-1 & -1 & -1\\ 0 & 0 & 0\\ 0 & 0 & 0\end{bmatrix}.$$

$-2\boldsymbol{I}-\boldsymbol{A}$ 的秩为 1，$(-2\boldsymbol{I}-\boldsymbol{A})\boldsymbol{\alpha}=\boldsymbol{0}$ 的基础解系含 2 个解向量. 令 $\boldsymbol{\alpha}_2=0$，$\boldsymbol{\alpha}_3=1$ 和 $\boldsymbol{\alpha}_2=1$，$\boldsymbol{\alpha}_3=0$，得

$$\boldsymbol{\xi}_2=\begin{bmatrix}-1\\0\\1\end{bmatrix},\quad \boldsymbol{\xi}_3=\begin{bmatrix}-1\\1\\0\end{bmatrix}.$$

故 $k_2\boldsymbol{\xi}_2+k_3\boldsymbol{\xi}_3$（$k_2$，$k_3$ 不全为零）是 $\boldsymbol{A}$ 的属于特征值 -2 的全部特征向量.

从上例可知，矩阵 $\boldsymbol{A}$ 的一个特征值可对应若干线性无关的特征向量；反之，一个特征向量只能属于一个特征值.

我们得到求矩阵特征值与特征向量的一般步骤：

(1)计算 $f(\lambda)=|\lambda \boldsymbol{I}-\boldsymbol{A}|=0$ 的根，得 $\boldsymbol{A}$ 的全部特征值 $\lambda_1, \cdots, \lambda_n$.

(2)对每个不同的 $\lambda_j(j\leqslant n)$，求 $(\lambda_j\boldsymbol{I}-\boldsymbol{A})\boldsymbol{\alpha}=\boldsymbol{0}$ 的基础解系 $\boldsymbol{\xi}_1, \boldsymbol{\xi}_2, \cdots, \boldsymbol{\xi}_{n-r_j}$，则 $\boldsymbol{A}$ 的属于 λ_j 的全部特征向量为 $\sum\limits_{i=1}^{n-r_j} k_i\boldsymbol{\xi}_i$ ($k_1, \cdots, k_{n-r_j}$ 不全为零).

关于 $\boldsymbol{A}$ 的特征值，还有如下重要定理.

定理 6.1.1 n 阶方阵 $\boldsymbol{A}=(a_{ij})_n$ 在复数域内的 n 个特征值 $\lambda_1, \lambda_2, \cdots, \lambda_n$ 满足：

(1) $\boldsymbol{A}$ 的 n 个特征值之和等于 $\boldsymbol{A}$ 的 n 个对角元素之和. 即

$$\sum_{i=1}^{n}\lambda_i=\sum_{i=1}^{n}a_{ii}=\mathrm{tr}\boldsymbol{A},$$

称 $\mathrm{tr}\boldsymbol{A}=\sum\limits_{i=1}^{n}a_{ii}$ 为 $\boldsymbol{A}$ 的迹(trace).

迹定理

(2) $\boldsymbol{A}$ 的 n 个特征值的乘积等于 $\boldsymbol{A}$ 的行列式. 即

$$\prod_{i=1}^{n}\lambda_i=|\boldsymbol{A}|.$$

证明 利用行列式的性质将 $|\lambda\boldsymbol{I}-\boldsymbol{A}|$ 展开.

记 $\boldsymbol{I}=(\boldsymbol{e}_1, \boldsymbol{e}_2, \cdots, \boldsymbol{e}_n)$，$\boldsymbol{A}=(\boldsymbol{\alpha}_1, \boldsymbol{\alpha}_2, \cdots, \boldsymbol{\alpha}_n)$，则

$$\begin{aligned}
f(\lambda)&=|\lambda\boldsymbol{I}-\boldsymbol{A}|=|(\lambda\boldsymbol{e}_1-\boldsymbol{\alpha}_1, \lambda\boldsymbol{e}_2-\boldsymbol{\alpha}_2, \cdots, \lambda\boldsymbol{e}_n-\boldsymbol{\alpha}_n)|\\
&=|(\lambda\boldsymbol{e}_1, \lambda\boldsymbol{e}_2-\boldsymbol{\alpha}_2, \cdots, \lambda\boldsymbol{e}_n-\boldsymbol{\alpha}_n)|+|(-\boldsymbol{\alpha}_1, \lambda\boldsymbol{e}_2-\boldsymbol{\alpha}_2, \cdots, \lambda\boldsymbol{e}_n-\boldsymbol{\alpha}_n)|\\
&=\cdots\\
&=|(\lambda\boldsymbol{e}_1, \lambda\boldsymbol{e}_2, \cdots, \lambda\boldsymbol{e}_n)|+\sum_{i=1}^{n}|(\lambda\boldsymbol{e}_1, \lambda\boldsymbol{e}_2, \cdots, \lambda\boldsymbol{e}_{i-1}, -\boldsymbol{\alpha}_i, \lambda\boldsymbol{e}_{i+1}, \cdots, \lambda\boldsymbol{e}_n|\\
&\quad+\cdots+|(-\boldsymbol{\alpha}_1, -\boldsymbol{\alpha}_2, \cdots, -\boldsymbol{\alpha}_n)|\\
&=\lambda^n|(\boldsymbol{e}_1, \boldsymbol{e}_2, \cdots, \boldsymbol{e}_n)|-\lambda^{n-1}\sum_{i=1}^{n}|(\boldsymbol{e}_1, \boldsymbol{e}_2, \cdots, \boldsymbol{e}_{i-1}, \boldsymbol{\alpha}_i, \boldsymbol{e}_{i+1}, \cdots, \boldsymbol{e}_n)|\\
&\quad+\cdots+(-1)^n|(\boldsymbol{\alpha}_1, \boldsymbol{\alpha}_2, \cdots, \boldsymbol{\alpha}_n)|\\
&=\lambda^n-\lambda^{n-1}\sum_{i=1}^{n}a_{ii}+\cdots+(-1)^n|\boldsymbol{A}|.
\end{aligned}$$

又 n 次多项式 $f(\lambda)$ 在复数域上有 n 个根 λ_i，因此有

$$\begin{aligned}
f(\lambda)&=(\lambda-\lambda_1)(\lambda-\lambda_2)\cdots(\lambda-\lambda_n)\\
&=\lambda^n-(\lambda_1+\lambda_2+\cdots+\lambda_n)\lambda^{n-1}+\cdots+(-1)^n\lambda_1\lambda_2\cdots\lambda_n
\end{aligned}$$

故比较系数可得

$$\lambda_1+\lambda_2+\cdots+\lambda_n=\sum_{i=1}^{n}a_{ii},$$

$$\prod_{i=1}^{n}\lambda_i=\lambda_1\lambda_2\cdots\lambda_n=|\boldsymbol{A}|.$$

推论 6.1.1 n 阶方阵 $\boldsymbol{A}$ 可逆等价于 $\boldsymbol{A}$ 没有零特征值.

关于矩阵的特征值，在计算数学与应用数学中还有如下常用的性质.

* **定义 6.1.4** 设 $\boldsymbol{A}=(a_{ij})_{n\times n}$ 为任一 n 阶复数矩阵，复平面上的圆盘 $G_i(\boldsymbol{A})$：$|z-$

$a_{ii}|\leqslant R_i$，$i=1,2,\cdots,n$，此处 $R_i=\sum\limits_{\substack{j=1\\j\neq i}}^{n}|a_{ij}|$，称为矩阵 $\boldsymbol{A}$ 的盖尔(Gerschgorin)圆盘，简称盖尔圆.

综合例题

***定理 6.1.2(圆盘定理)**　设 $\boldsymbol{A}=(a_{ij})\in C^{n\times n}$，则有：

(1) $\boldsymbol{A}$ 的特征值均在 n 个圆盘 $G_i(\boldsymbol{A})$ 的并集内，即

$$\lambda_j(\boldsymbol{A})\in\bigcup_{i=1}^{n}G_i(\boldsymbol{A}),\quad j=1,\cdots,n.$$

(2)矩阵 $\boldsymbol{A}$ 的任一个由 m 个圆盘构成的连通区域中，有且仅有 $\boldsymbol{A}$ 的 m 个特征值($\boldsymbol{A}$ 的主对角有相同元素或 $\boldsymbol{A}$ 有相同特征值时按重复次计算).

***定义 6.1.5**　设 $\boldsymbol{A}=(a_{ij})\in C^{n\times n}$，有

$$|a_{ii}|>\sum_{\substack{j=1\\j\neq i}}^{n}|a_{ij}|,\qquad i=1,\cdots,n,$$

则称 $\boldsymbol{A}$ 是按行严格对角占优矩阵.

***定理 6.1.3**　$\boldsymbol{A}$ 是按行严格对角占优矩阵，则 $\boldsymbol{A}$ 可逆.

证明　令 G 表示 $\boldsymbol{A}$ 的 n 个盖尔圆盘之并，由于 $\boldsymbol{A}$ 严格对角占优，故 G 不包含原点，而 $\boldsymbol{A}$ 的任一特征值属于 G，必有 $|\lambda_i(\boldsymbol{A})|\neq 0$，$i=1,\cdots,n$，$|\boldsymbol{A}|=\prod\limits_{i=1}^{n}\lambda_i(\boldsymbol{A})\neq 0$，所以 $\boldsymbol{A}$ 可逆.

例 6.1.5　设三阶矩阵 $\boldsymbol{A}$ 的特征值为 $-1,1,2$，求 $|\boldsymbol{A}^2+2\boldsymbol{A}-\boldsymbol{I}|$，$|\boldsymbol{A}^*|$.

解　(1) 令 $\boldsymbol{B}=\boldsymbol{A}^2+2\boldsymbol{A}-\boldsymbol{I}$，则 $\boldsymbol{B}$ 的特征值为

$$\lambda_1=(-1)^2+2\times(-1)-1=-2,$$

$$\lambda_2=1^2+2\times1-1=2,$$

$$\lambda_3=2^2+2\times2-1=7.$$

所以

$$|\boldsymbol{B}|=\lambda_1\cdot\lambda_2\cdot\lambda_3=-28.$$

(2) $|\boldsymbol{A}|=(-1)\times1\times2\neq0$，故 $\boldsymbol{A}$ 可逆.

由 $\boldsymbol{A}^*\cdot\boldsymbol{A}=|\boldsymbol{A}|\cdot\boldsymbol{I}$，得

$$\boldsymbol{A}^*=|\boldsymbol{A}|\boldsymbol{A}^{-1}=-2\boldsymbol{A}^{-1},$$

$$|\boldsymbol{A}^*|=|-2\boldsymbol{A}^{-1}|=(-2)^3\cdot|\boldsymbol{A}^{-1}|=(-2)^3\cdot\frac{1}{|\boldsymbol{A}|}=\frac{-8}{-2}=4.$$

***例 6.1.6**　设

$$A=\begin{bmatrix} 1 & \frac{1}{2\times3} & \frac{1}{3\times4} & \frac{1}{4\times5} & \cdots & \frac{1}{n(n+1)} \\ \frac{1}{2\times3} & 1 & \frac{1}{2\times3} & \frac{1}{3\times4} & \cdots & \frac{1}{(n-1)n} \\ \frac{1}{3\times4} & \frac{1}{2\times3} & 1 & \frac{1}{2\times3} & \cdots & \frac{1}{(n-2)(n-1)} \\ \frac{1}{4\times5} & \frac{1}{3\times4} & \frac{1}{2\times3} & 1 & \cdots & \frac{1}{(n-3)(n-2)} \\ \vdots & \vdots & \vdots & \vdots & & \vdots \\ \frac{1}{n(n+1)} & \frac{1}{(n-1)n} & \frac{1}{(n-2)(n-1)} & \frac{1}{(n-3)(n-2)} & \cdots & 1 \end{bmatrix},$$

则 $\boldsymbol{A}$ 可逆.

证明 对任意正整数 $k>2$ 有

$$\frac{1}{2\times3}+\frac{1}{3\times4}+\cdots+\frac{1}{k(k+1)}=\left(\frac{1}{2}-\frac{1}{3}\right)+\left(\frac{1}{3}-\frac{1}{4}\right)+\cdots\left(\frac{1}{k}-\frac{1}{k+1}\right)=\frac{1}{2}-\frac{1}{k+1},$$

故 $\boldsymbol{A}$ 的第 $i(i=2,\cdots,n-1)$ 行非对角元之和为

$$S_i=\left[\frac{1}{2\times3}+\frac{1}{3\times4}+\cdots+\frac{1}{i(i+1)}\right]+\left[\frac{1}{2\times3}+\frac{1}{3\times4}+\cdots+\frac{1}{(n-i)(n-i+1)}\right]$$
$$=\frac{1}{2}-\frac{1}{i+1}+\frac{1}{2}-\frac{1}{n-i+1}<1.$$

而对于第一行与第 n 行非对角元之和为

$$S_i=\frac{1}{2\times3}+\frac{1}{3\times4}+\cdots+\frac{1}{n(n+1)}=\frac{1}{2}-\frac{1}{n+1}<1 \quad (i=1,n).$$

综上,$\boldsymbol{A}$ 是一个按行严格对角占优矩阵,故 $\boldsymbol{A}$ 可逆.

§6.2 矩阵的相似对角化

定义 6.2.1 对 n 阶矩阵 $\boldsymbol{A}$,$\boldsymbol{B}$,若存在可逆矩阵 $\boldsymbol{P}$,使得 $\boldsymbol{P}^{-1}\boldsymbol{A}\boldsymbol{P}=\boldsymbol{B}$,则称 $\boldsymbol{A}$ 与 $\boldsymbol{B}$ 相似或 $\boldsymbol{A}$ 相似于 $\boldsymbol{B}$,记为 $\boldsymbol{A}\sim\boldsymbol{B}$. 可逆矩阵 $\boldsymbol{P}$ 称为将 $\boldsymbol{A}$ 化为 $\boldsymbol{B}$ 的相似变换矩阵.

由定义很容易推得相似矩阵满足如下性质:

(1) 反身性:对每个方阵 $\boldsymbol{A}$,有 $\boldsymbol{A}\sim\boldsymbol{A}$.

(2) 对称性:若 $\boldsymbol{A}\sim\boldsymbol{B}$,则 $\boldsymbol{B}\sim\boldsymbol{A}$.

(3) 传递性:若 $\boldsymbol{A}\sim\boldsymbol{B}$ 且 $\boldsymbol{B}\sim\boldsymbol{C}$,则 $\boldsymbol{A}\sim\boldsymbol{C}$.

(4) 若 $\boldsymbol{A}\sim\boldsymbol{B}$,则 $\boldsymbol{A}^m\sim\boldsymbol{B}^m$($m$ 为正整数).

相似矩阵的性质

证明 由于 $\boldsymbol{A}\sim\boldsymbol{B}$,则存在可逆阵 $\boldsymbol{P}$,使得 $\boldsymbol{P}^{-1}\boldsymbol{A}\boldsymbol{P}=\boldsymbol{B}$,故

$$\begin{aligned}\boldsymbol{B}^m&=(\boldsymbol{P}^{-1}\boldsymbol{A}\boldsymbol{P})^m=(\boldsymbol{P}^{-1}\boldsymbol{A}\boldsymbol{P})(\boldsymbol{P}^{-1}\boldsymbol{A}\boldsymbol{P})\cdots(\boldsymbol{P}^{-1}\boldsymbol{A}\boldsymbol{P})\\&=\boldsymbol{P}^{-1}\boldsymbol{A}(\boldsymbol{P}\boldsymbol{P}^{-1})\boldsymbol{A}(\boldsymbol{P}\boldsymbol{P}^{-1})\boldsymbol{A}\cdots(\boldsymbol{P}\boldsymbol{P}^{-1})\boldsymbol{A}\boldsymbol{P}\\&=\boldsymbol{P}^{-1}\boldsymbol{A}^m\boldsymbol{P}.\end{aligned}$$

因此

$$A^m \sim B^m.$$

(5)相似矩阵有相同的特征多项式，从而有相同的特征值.

证明　设 $A \sim B$，则存在可逆阵 P，使得 $P^{-1}AP = B$，故

$$\begin{aligned}|\lambda I - B| &= |\lambda I - P^{-1}AP| = |P^{-1}(\lambda I - A)P| \\ &= |P^{-1}| \cdot |\lambda I - A| \cdot |P| = |\lambda I - A|.\end{aligned}$$

故 A，B 的特征多项式相同，从而有相同的特征值.

(6)若方阵 A 与对角阵 $\Lambda = \begin{bmatrix} \lambda_1 & & & \\ & \lambda_2 & & \\ & & \ddots & \\ & & & \lambda_n \end{bmatrix}$ 相似，则 $\lambda_1, \lambda_2, \cdots, \lambda_n$ 必为 A 的特征值.

我们关心的是一个矩阵 A 是否相似于一个对角阵. 一般地，若方阵 A 与对角阵 Λ 相似，则称 A 可(**相似**)**对角化**(diagonatization).

例 6.2.1　设 $P = \begin{bmatrix} 3 & 1 \\ 0 & 2 \end{bmatrix}$，$\Lambda = \begin{bmatrix} 1 & 0 \\ 0 & -1 \end{bmatrix}$，$P^{-1}AP = \Lambda$，求 A^{100}.

解　显然有 $A = P\Lambda P^{-1}$，则

$$\begin{aligned}A^{100} &= (P\Lambda P^{-1})^{100} \\ &= (P\Lambda P^{-1})(P\Lambda P^{-1})\cdots(P\Lambda P^{-1}) \\ &= P\Lambda(P^{-1}P)\Lambda(P^{-1}P)\Lambda\cdots(P^{-1}P)\Lambda P^{-1} \\ &= P\Lambda^{100}P^{-1} \\ &= P\begin{bmatrix} 1^{100} & 0 \\ 0 & (-1)^{100} \end{bmatrix}P^{-1} \\ &= PIP^{-1} \\ &= PP^{-1} \\ &= I.\end{aligned}$$

定理 6.2.1　n 阶方阵 A 可对角化的充要条件是 A 有 n 个线性无关的特征向量.

证明　必要性.

设 n 阶分块阵 $P = (P_1, P_2, \cdots, P_n)$ 可逆，$\Lambda = \begin{bmatrix} \lambda_1 & & & \\ & \lambda_2 & & \\ & & \ddots & \\ & & & \lambda_n \end{bmatrix}$ 为对角阵，满足 $P^{-1}AP = \Lambda$，则

矩阵相似对角化
定理 1

$$AP = P\Lambda = (P_1, P_2, \cdots, P_n)\begin{bmatrix} \lambda_1 & & & \\ & \lambda_2 & & \\ & & \ddots & \\ & & & \lambda_n \end{bmatrix}$$

$$=(\lambda_1\boldsymbol{P}_1, \lambda_2\boldsymbol{P}_2, \cdots, \lambda_n\boldsymbol{P}_n).$$

即

$$\begin{aligned}(\boldsymbol{AP}_1, \boldsymbol{AP}_2, \cdots, \boldsymbol{AP}_n)&=\boldsymbol{A}(\boldsymbol{P}_1, \boldsymbol{P}_2, \cdots, \boldsymbol{P}_n)\\&=\boldsymbol{AP}=(\lambda_1\boldsymbol{P}_1, \lambda_2\boldsymbol{P}_2, \cdots, \lambda_n\boldsymbol{P}_n),\end{aligned}$$

所以

$$\boldsymbol{AP}_i=\lambda_i\boldsymbol{P}_i \quad (i=1, \cdots, n).$$

因此,$\boldsymbol{P}_i$ 是 $\boldsymbol{A}$ 的特征向量. 另外,由 $\boldsymbol{P}$ 可逆,知 $\boldsymbol{P}_1$,$\boldsymbol{P}_2$,…,$\boldsymbol{P}_n$ 线性无关. 必要性得证.

充分性.

设 $\boldsymbol{P}_1$,$\boldsymbol{P}_2$,…,$\boldsymbol{P}_n$ 是 $\boldsymbol{A}$ 的分别属于特征值 λ_1,λ_2,…,λ_n 的线性无关的特征向量,则有

$$\boldsymbol{AP}_i=\lambda_i\boldsymbol{P}_i \quad (i=1, \cdots, n).$$

即

$$(\boldsymbol{AP}_1, \boldsymbol{AP}_2, \cdots, \boldsymbol{AP}_n)=(\lambda_1\boldsymbol{P}_1,\lambda_2\boldsymbol{P}_2, \cdots, \lambda_n\boldsymbol{P}_n),$$

$$\boldsymbol{A}(\boldsymbol{P}_1, \boldsymbol{P}_2, \cdots, \boldsymbol{P}_n)=(\boldsymbol{P}_1, \boldsymbol{P}_2, \cdots, \boldsymbol{P}_n)\begin{bmatrix}\lambda_1 & & & \\ & \lambda_2 & & \\ & & \ddots & \\ & & & \lambda_n\end{bmatrix},$$

所以

$$\boldsymbol{AP}=\boldsymbol{P\Lambda}.$$

由于 $\boldsymbol{P}_1$,$\boldsymbol{P}_2$,…,$\boldsymbol{P}_n$ 线性无关,故 $\boldsymbol{P}$ 可逆. 所以

$$\boldsymbol{P}^{-1}\boldsymbol{AP}=\boldsymbol{\Lambda}.$$

故 $\boldsymbol{A}$ 相似于对角阵.

定理 6.2.2 矩阵 $\boldsymbol{A}$ 的属于不同特征值的特征向量线性无关.

矩阵相似对角化定理 2

证明 设 λ_1,λ_2,…,λ_m 是 $\boldsymbol{A}$ 的 m 个互异的特征值,$\boldsymbol{\alpha}_1$,$\boldsymbol{\alpha}_2$,…,$\boldsymbol{\alpha}_m$ 是相应的特征向量. 现有常数 k_1,k_2,…,k_m,使得

$$k_1\boldsymbol{\alpha}_1+k_2\boldsymbol{\alpha}_2+\cdots+k_m\boldsymbol{\alpha}_m=\mathbf{0}.$$

将 $\boldsymbol{A}$ 作用于上式两端有

$$\boldsymbol{A}(k_1\boldsymbol{\alpha}_1+k_2\boldsymbol{\alpha}_2+\cdots+k_m\boldsymbol{\alpha}_m)=\boldsymbol{A}\cdot\mathbf{0}=\mathbf{0},$$

即

$$\lambda_1k_1\boldsymbol{\alpha}_1+\lambda_2k_2\boldsymbol{\alpha}_2+\cdots+\lambda_mk_m\boldsymbol{\alpha}_m=\mathbf{0}.$$

同理,继续将 $\boldsymbol{A}$ 作用于所得式两端有

$$\lambda_1^sk_1\boldsymbol{\alpha}_1+\lambda_2^sk_2\boldsymbol{\alpha}_2+\cdots+\lambda_m^sk_m\boldsymbol{\alpha}_m=\mathbf{0}, \quad s=1, 2, \cdots, m-1.$$

把上面 m 个式子合并写成矩阵形式为

$$[k_1\boldsymbol{\alpha}_1 \quad k_2\boldsymbol{\alpha}_2 \quad \cdots \quad k_m\boldsymbol{\alpha}_m]\begin{bmatrix}1 & \lambda_1 & \cdots & \lambda_1^{m-1}\\ 1 & \lambda_2 & \cdots & \lambda_2^{m-1}\\ \vdots & \vdots & & \vdots\\ 1 & \lambda_m & \cdots & \lambda_m^{m-1}\end{bmatrix}=\boldsymbol{O}.$$

上式左端第二个矩阵的行列式是范德蒙行列式,且特征值互异,故该行列式不等于零,

从而该矩阵可逆. 等式两端同时右乘其逆矩阵得

$$[k_1\boldsymbol{\alpha}_1 \quad k_2\boldsymbol{\alpha}_2 \quad \cdots \quad k_m\boldsymbol{\alpha}_m]=\boldsymbol{O},$$

所以

$$k_i\boldsymbol{\alpha}_i=\boldsymbol{0}, \quad i=1, 2, \cdots, m.$$

又特征向量

$$\boldsymbol{\alpha}_i\neq\boldsymbol{0}, \quad i=1, 2, \cdots, m.$$

必有

$$k_i=0, \quad i=1, 2, \cdots, m.$$

所以 $\boldsymbol{\alpha}_1, \boldsymbol{\alpha}_2, \cdots, \boldsymbol{\alpha}_m$ 线性无关.

推论 6.2.1　若 n 阶矩阵 $\boldsymbol{A}$ 有 n 个不同的特征值，则 $\boldsymbol{A}$ 可对角化.

推论 6.2.2　设 $\lambda_1, \lambda_2, \cdots, \lambda_m$ 是 $\boldsymbol{A}$ 的 m 个互异的特征值.

矩阵相似对角化定理 3

$$\begin{aligned}&\boldsymbol{z}_{11}, \boldsymbol{z}_{12}, \cdots, \boldsymbol{z}_{1i_1};\\&\boldsymbol{z}_{21}, \boldsymbol{z}_{22}, \cdots, \boldsymbol{z}_{2i_2};\\&\vdots\\&\boldsymbol{z}_{m1}, \boldsymbol{z}_{m2}, \cdots, \boldsymbol{z}_{mi_m}.\end{aligned}$$

是 $\boldsymbol{A}$ 的分别属于 $\lambda_1, \lambda_2, \cdots, \lambda_m$ 的线性无关的特征向量，则 $\boldsymbol{z}_{11}, \boldsymbol{z}_{12}, \cdots, \boldsymbol{z}_{1i_1}; \boldsymbol{z}_{21}, \boldsymbol{z}_{22}, \cdots, \boldsymbol{z}_{2i_2}; \cdots; \boldsymbol{z}_{m1}, \boldsymbol{z}_{m2}, \cdots, \boldsymbol{z}_{mi_m}$ 亦线性无关.

证明　设存在常数 $k_{11}, k_{12}, \cdots, k_{1i_1}; k_{21}, k_{22}, \cdots, k_{2i_2}; \cdots; k_{m1}, k_{m2}, \cdots, k_{mi_m}$，使得 $k_{11}\boldsymbol{z}_{11}+k_{12}\boldsymbol{z}_{12}+\cdots+k_{1i_1}\boldsymbol{z}_{1i_1}+k_{21}\boldsymbol{z}_{21}+k_{22}\boldsymbol{z}_{22}+\cdots+k_{2i_2}\boldsymbol{z}_{2i_2}+\cdots+k_{m1}\boldsymbol{z}_{m1}+k_{m2}\boldsymbol{z}_{m2}+\cdots+k_{mi_m}\boldsymbol{z}_{mi_m}=0$，现在只需证明上述系数全为零即可.

令

$$\begin{aligned}&k_{11}\boldsymbol{z}_{11}+k_{12}\boldsymbol{z}_{12}+\cdots+k_{1i_1}\boldsymbol{z}_{1i_1}=\boldsymbol{\beta}_1,\\&k_{21}\boldsymbol{z}_{21}+k_{22}\boldsymbol{z}_{22}+\cdots+k_{2i_2}\boldsymbol{z}_{2i_2}=\boldsymbol{\beta}_2,\\&\vdots\\&k_{m1}\boldsymbol{z}_{m1}+k_{m2}\boldsymbol{z}_{m2}+\cdots+k_{mi_m}\boldsymbol{z}_{mi_m}=\boldsymbol{\beta}_m,\end{aligned}$$

则

$$\boldsymbol{\beta}_1+\boldsymbol{\beta}_2+\cdots+\boldsymbol{\beta}_m=\boldsymbol{0}.$$

因此，$\boldsymbol{\beta}_1, \boldsymbol{\beta}_2, \cdots, \boldsymbol{\beta}_m$ 线性相关.

若 $\boldsymbol{\beta}_j\neq 0$，易得 $\boldsymbol{A}\boldsymbol{\beta}_j=\lambda_j\boldsymbol{\beta}_j\,(j=1, \cdots, m)$，即：$\boldsymbol{\beta}_1, \boldsymbol{\beta}_2, \cdots, \boldsymbol{\beta}_m$ 是 $\boldsymbol{A}$ 的不同特征值所属的特征向量，应该线性无关，矛盾.

所以，$\boldsymbol{\beta}_j=0\,(j=1, \cdots, m)$，即

$$k_{j1}\boldsymbol{z}_{j1}+k_{j2}\boldsymbol{z}_{j2}+\cdots+k_{ji_j}\boldsymbol{z}_{ji_j}=\boldsymbol{\beta}_j=0.$$

而 $\boldsymbol{z}_{j1}, \boldsymbol{z}_{j2}, \cdots, \boldsymbol{z}_{ji_j}$ 线性无关，故

$$k_{j1}=k_{j2}=\cdots=k_{ji_j}=0, \; j=1, \cdots, m.$$

推论得证.

关于矩阵的对角化，我们还有如下定理. 证明过程可参见文献[1].

定理 6.2.3 n 阶矩阵 $\boldsymbol{A}$ 可对角化的充要条件是：对于 $\boldsymbol{A}$ 的每个 k_i 重特征值 λ_i，$\boldsymbol{A}$ 恰有 k_i 个线性无关的特征向量.

矩阵相似对角化补充结论

推论 6.2.3 n 阶矩阵 $\boldsymbol{A}$ 可对角化的充要条件是：对于 $\boldsymbol{A}$ 的每个 k_i 重特征值 λ_i，其特征矩阵 $\lambda_i\boldsymbol{I}-\boldsymbol{A}$ 的秩恰为 $n-k_i$.

例 6.2.2 设 $\boldsymbol{A}=\begin{bmatrix}4 & 6 & 0\\ -3 & -5 & 0\\ -3 & -6 & 1\end{bmatrix}$，问 $\boldsymbol{A}$ 可否对角化？若能，则求出可逆阵 $\boldsymbol{P}$，使得 $\boldsymbol{P}^{-1}\boldsymbol{A}\boldsymbol{P}$ 为对角阵.

矩阵相似对角化例题

解 $|\lambda\boldsymbol{I}-\boldsymbol{A}|=\begin{vmatrix}\lambda-4 & -6 & 0\\ 3 & \lambda+5 & 0\\ 3 & 6 & \lambda-1\end{vmatrix}=(\lambda+2)(\lambda-1)^2$，

故 $\boldsymbol{A}$ 的特征值为 $\lambda_1=-2$，$\lambda_2=\lambda_3=1$.

当 $\lambda_2=\lambda_3=1$ 时，可求得齐次方程组

$$(\boldsymbol{I}-\boldsymbol{A})\boldsymbol{\alpha}=\begin{bmatrix}-3 & -6 & 0\\ 3 & 6 & 0\\ 3 & 6 & 0\end{bmatrix}\begin{bmatrix}x_1\\ x_2\\ x_3\end{bmatrix}=\begin{bmatrix}0\\ 0\\ 0\end{bmatrix}$$

的基础解系 $\boldsymbol{\xi}_2=[2,\ -1,\ 0]^{\mathrm{T}}$，$\boldsymbol{\xi}_3=[0,\ 0,\ 1]^{\mathrm{T}}$.

当 $\lambda_1=-2$ 时，可求得齐次方程组

$$(-2\boldsymbol{I}-\boldsymbol{A})\boldsymbol{\alpha}=\begin{bmatrix}-6 & -6 & 0\\ 3 & 3 & 0\\ 3 & 6 & -3\end{bmatrix}\begin{bmatrix}x_1\\ x_2\\ x_3\end{bmatrix}=\begin{bmatrix}0\\ 0\\ 0\end{bmatrix}$$

的基础解系 $\boldsymbol{\xi}_1=[1,\ -1,\ 1]^{\mathrm{T}}$.

由定理 6.2.1 知 $\boldsymbol{A}$ 可对角化.

令 $\boldsymbol{P}=(\boldsymbol{\xi}_1,\boldsymbol{\xi}_2,\boldsymbol{\xi}_3)=\begin{bmatrix}1 & 2 & 0\\ -1 & -1 & 0\\ -1 & 0 & 1\end{bmatrix}$，必有 $\boldsymbol{P}^{-1}\boldsymbol{A}\boldsymbol{P}=\begin{bmatrix}-2 & 0 & 0\\ 0 & 1 & 0\\ 0 & 0 & 1\end{bmatrix}$.

例 6.2.3 已知 $\boldsymbol{A}=\begin{bmatrix}3 & 0 & 1\\ 4 & -2 & -8\\ -4 & 0 & -1\end{bmatrix}$，问 $\boldsymbol{A}$ 可否对角化？

解 $|\lambda\boldsymbol{I}-\boldsymbol{A}|=\begin{vmatrix}\lambda-3 & 0 & -1\\ -4 & \lambda+2 & 8\\ 4 & 0 & \lambda+1\end{vmatrix}=(\lambda+2)(\lambda-1)^2$，

故 $\boldsymbol{A}$ 的特征值为 $\lambda_1=-2$，$\lambda_2=\lambda_3=1$.

当 $\lambda_2=\lambda_3=1$ 时，可求得齐次方程组

$$(\boldsymbol{I}-\boldsymbol{A})\boldsymbol{\alpha}=\begin{bmatrix}-2 & 0 & -1\\ -4 & 3 & 8\\ 4 & 0 & 2\end{bmatrix}\begin{bmatrix}x_1\\ x_2\\ x_3\end{bmatrix}=\begin{bmatrix}0\\ 0\\ 0\end{bmatrix}$$

的基础解系只含一个解向量 $\boldsymbol{\xi}=[3,20,-6]^{\mathrm{T}}$.

所以由定理 6.2.3 知 $\boldsymbol{A}$ 不可对角化.

例 6.2.4　已知 $\boldsymbol{A}=\begin{bmatrix}0 & 1 & 1\\ 1 & 0 & 1\\ 1 & 1 & 0\end{bmatrix}$，求 $\boldsymbol{A}^n$.

解　$|\lambda\boldsymbol{I}-\boldsymbol{A}|=\begin{vmatrix}\lambda & -1 & -1\\ -1 & \lambda & -1\\ -1 & -1 & \lambda\end{vmatrix}=(\lambda-2)(\lambda+1)^2$，

故 $\boldsymbol{A}$ 的特征值为 $\lambda_1=2$，$\lambda_2=\lambda_3=-1$.

当 $\lambda_1=2$ 时，可求得齐次方程组

$$(2\boldsymbol{I}-\boldsymbol{A})\boldsymbol{\alpha}=\begin{bmatrix}2 & -1 & -1\\ -1 & 2 & -1\\ -1 & -1 & 2\end{bmatrix}\begin{bmatrix}x_1\\ x_2\\ x_3\end{bmatrix}=\begin{bmatrix}0\\ 0\\ 0\end{bmatrix}$$

的基础解系 $\boldsymbol{\xi}_1=[1,1,1]^{\mathrm{T}}$.

当 $\lambda_2=\lambda_3=-1$ 时，可求得齐次方程组

$$(-\boldsymbol{I}-\boldsymbol{A})\boldsymbol{\alpha}=\begin{bmatrix}-1 & -1 & -1\\ -1 & -1 & -1\\ -1 & -1 & -1\end{bmatrix}\begin{bmatrix}x_1\\ x_2\\ x_3\end{bmatrix}=\begin{bmatrix}0\\ 0\\ 0\end{bmatrix}$$

的基础解系 $\boldsymbol{\xi}_2=[1,-1,0]^{\mathrm{T}}$，$\boldsymbol{\xi}_3=[0,1,-1]^{\mathrm{T}}$.

令 $\boldsymbol{P}=(\boldsymbol{\xi}_1,\boldsymbol{\xi}_2,\boldsymbol{\xi}_3)=\begin{bmatrix}1 & 1 & 0\\ 1 & -1 & 1\\ 1 & 0 & -1\end{bmatrix}$，则 $\boldsymbol{P}^{-1}=\begin{bmatrix}\frac{1}{3} & \frac{1}{3} & \frac{1}{3}\\ \frac{2}{3} & -\frac{1}{3} & -\frac{1}{3}\\ \frac{1}{3} & \frac{1}{3} & -\frac{2}{3}\end{bmatrix}$.

由定理 6.2.1，有 $\boldsymbol{P}^{-1}\boldsymbol{A}\boldsymbol{P}=\boldsymbol{\Lambda}=\begin{bmatrix}2 & 0 & 0\\ 0 & -1 & 0\\ 0 & 0 & -1\end{bmatrix}$，所以

$$\boldsymbol{A}=\boldsymbol{P}\boldsymbol{\Lambda}\boldsymbol{P}^{-1},$$

$$\boldsymbol{A}^n=(\boldsymbol{P}\boldsymbol{\Lambda}\boldsymbol{P}^{-1})^n=\boldsymbol{P}\boldsymbol{\Lambda}^n\boldsymbol{P}^{-1}$$

$$=\begin{bmatrix}1 & 1 & 0\\ 1 & -1 & 1\\ 1 & 0 & -1\end{bmatrix}\begin{bmatrix}2^n & 0 & 0\\ 0 & (-1)^n & 0\\ 0 & 0 & (-1)^n\end{bmatrix}\begin{bmatrix}\frac{1}{3} & \frac{1}{3} & \frac{1}{3}\\ \frac{2}{3} & -\frac{1}{3} & -\frac{1}{3}\\ \frac{1}{3} & \frac{1}{3} & -\frac{2}{3}\end{bmatrix}$$

$$=\frac{1}{3}\begin{bmatrix}2^n+2\cdot(-1)^n & 2^n-(-1)^n & 2^n-(-1)^n\\ 2^n-(-1)^n & 2^n+2\cdot(-1)^n & 2^n-(-1)^n\\ 2^n-(-1)^n & 2^n-(-1)^n & 2^n+2\cdot(-1)^n\end{bmatrix}.$$

由以上几个例子,我们得到了把一个可以对角化的矩阵 $\boldsymbol{A}$ 对角化的一般步骤:

(1) 求出 $\boldsymbol{A}$ 的全部特征值 λ_1, λ_2, …, λ_s, 其重数分别为 k_1,k_2, …,k_s, 且 $\sum\limits_{i=1}^{s}k_i=n$.

(2) 对每个 k_i 重特征值 λ_i, 求 $(\lambda_i\boldsymbol{I}-\boldsymbol{A})\boldsymbol{\alpha}=\boldsymbol{0}$ 的基础解系, 得到 k_i 个线性无关的特征向量.

(3) 把共 n 个特征向量作为列向量构造 n 阶可逆矩阵 $\boldsymbol{P}$, 必有

$$\boldsymbol{P}^{-1}\boldsymbol{A}\boldsymbol{P}=\boldsymbol{\Lambda}=\begin{bmatrix}\lambda_1 & & & \\ & \lambda_2 & & \\ & & \ddots & \\ & & & \lambda_n\end{bmatrix}.$$

注意:λ_j 需与 $\boldsymbol{P}$ 中的列向量的排列顺序相对应.

§6.3 实对称矩阵的正交相似对角化

由定理 6.2.1 知, 一个 n 阶矩阵能否对角化取决于它是否有 n 个线性无关的特征向量. 那么什么样的矩阵一定有 n 个线性无关的特征向量呢? 下面我们就来证明任一 n 阶实对称矩阵一定存在 n 个线性无关的特征向量,从而可以对角化. 也就是说,存在可逆阵 $\boldsymbol{P}$, 使得 $\boldsymbol{P}^{-1}\boldsymbol{A}\boldsymbol{P}=\boldsymbol{\Lambda}$ 为对角阵. 进一步, 我们还可证明存在正交矩阵 $\boldsymbol{Q}$, 使得 $\boldsymbol{Q}^{-1}\boldsymbol{A}\boldsymbol{Q}=\boldsymbol{Q}^{\mathrm{T}}\boldsymbol{A}\boldsymbol{Q}=\boldsymbol{\Lambda}$ 为对角阵. 为此, 我们先引入如下概念.

定义 6.3.1 设 $\boldsymbol{\alpha}=[a_1, a_2, \cdots, a_n]^{\mathrm{T}}$, $\boldsymbol{\beta}=[b_1, b_2, \cdots, b_n]^{\mathrm{T}}$,称

$$(\boldsymbol{\alpha}, \boldsymbol{\beta})=\boldsymbol{\alpha}^{\mathrm{T}}\cdot\boldsymbol{\beta}=\sum_{i=1}^{n}a_ib_i$$

为向量 $\boldsymbol{\alpha}$, $\boldsymbol{\beta}$ 的内积. 显然, $(\boldsymbol{\alpha}, \boldsymbol{\alpha})\geqslant 0$, 仅当 $\boldsymbol{\alpha}=0$ 时等号成立. 关于向量内积, 还有如下性质:

向量的内积与长度

(1) $(\boldsymbol{\alpha}, \boldsymbol{\beta})=(\boldsymbol{\beta}, \boldsymbol{\alpha})$.

(2) $(\boldsymbol{\alpha}+\boldsymbol{\beta}, \boldsymbol{\gamma})=(\boldsymbol{\alpha}, \boldsymbol{\gamma})+(\boldsymbol{\beta}, \boldsymbol{\gamma})$.

(3) $(k\boldsymbol{\alpha}, \boldsymbol{\beta})=k(\boldsymbol{\alpha}, \boldsymbol{\beta})$, $k\in\mathbf{R}$.

(4) $(\boldsymbol{0}, \boldsymbol{\alpha})=(\boldsymbol{\alpha}, \boldsymbol{0})=0$.

(5) $(\sum\limits_{i=1}^{n}k_i\boldsymbol{\alpha}_i, \boldsymbol{\alpha})=\sum\limits_{i=1}^{n}k_i(\boldsymbol{\alpha}_i, \boldsymbol{\alpha})$, $k_i\in\mathbf{R}$, $i=1, \cdots, n$.

定义 6.3.2 称 $\|\boldsymbol{\alpha}\|=\sqrt{(\boldsymbol{\alpha}, \boldsymbol{\alpha})}$ 为向量 $\boldsymbol{\alpha}$ 的长度(或范数), 长度为 1 的向量称为

单位向量(unit vector).

一个向量 $\boldsymbol{\alpha}$ 的长度代表了 n 维空间中与 $\boldsymbol{\alpha}$ 所对应的点到原点(零向量所对应的点)的“距离”. 因此，对于任意两个 n 维向量 $\boldsymbol{\alpha}$，$\boldsymbol{\beta}$ 所对应的 n 维空间中的两个点之间的“距离”可以表示为 $\|\boldsymbol{\alpha}-\boldsymbol{\beta}\|$.

关于向量长度，有如下性质：

设 $\boldsymbol{\alpha}\in\mathbf{R}^n$，$\boldsymbol{\beta}\in\mathbf{R}^n$，$k\in\mathbf{R}$.

(1)非负性：$\|\boldsymbol{\alpha}\|\geqslant 0$，仅当 $\boldsymbol{\alpha}=\mathbf{0}$ 时，等号成立.

(2)正齐性：$\|k\boldsymbol{\alpha}\|=|k|\cdot\|\boldsymbol{\alpha}\|$.

(3)柯西-施瓦茨不等式：$|(\boldsymbol{\alpha},\boldsymbol{\beta})|\leqslant\|\boldsymbol{\alpha}\|\cdot\|\boldsymbol{\beta}\|$.

(4)三角不等式：$\|\boldsymbol{\alpha}\|+\|\boldsymbol{\beta}\|\geqslant\|\boldsymbol{\alpha}-\boldsymbol{\beta}\|\geqslant\big|\|\boldsymbol{\alpha}\|-\|\boldsymbol{\beta}\|\big|$.

我们仅就性质(3)、(4)证明.

证明　(3) $\forall t\in\mathbf{R}$，构造关于 t 的二次多项式

$$0\leqslant(\boldsymbol{\alpha}+t\boldsymbol{\beta},\boldsymbol{\alpha}+t\boldsymbol{\beta})=(\boldsymbol{\alpha},\boldsymbol{\alpha})+2(\boldsymbol{\alpha},\boldsymbol{\beta})t+(\boldsymbol{\beta},\boldsymbol{\beta})t^2,$$

所以

$$\Delta=4(\boldsymbol{\alpha},\boldsymbol{\beta})^2-4(\boldsymbol{\alpha},\boldsymbol{\alpha})(\boldsymbol{\beta},\boldsymbol{\beta})\leqslant 0.$$

即

$$(\boldsymbol{\alpha},\boldsymbol{\beta})^2\leqslant(\boldsymbol{\alpha},\boldsymbol{\alpha})(\boldsymbol{\beta},\boldsymbol{\beta})=\|\boldsymbol{\alpha}\|^2\cdot\|\boldsymbol{\beta}\|^2,$$

所以

$$|(\boldsymbol{\alpha},\boldsymbol{\beta})|\leqslant\|\boldsymbol{\alpha}\|\cdot\|\boldsymbol{\beta}\|.$$

(4) $$\begin{aligned}\|\boldsymbol{\alpha}-\boldsymbol{\beta}\|^2&=(\boldsymbol{\alpha}-\boldsymbol{\beta},\boldsymbol{\alpha}-\boldsymbol{\beta})=\|\boldsymbol{\alpha}\|^2-2(\boldsymbol{\alpha},\boldsymbol{\beta})+\|\boldsymbol{\beta}\|^2\\&\geqslant\|\boldsymbol{\alpha}\|^2-2\|\boldsymbol{\alpha}\|\cdot\|\boldsymbol{\beta}\|+\|\boldsymbol{\beta}\|^2=(\|\boldsymbol{\alpha}\|-\|\boldsymbol{\beta}\|)^2,\end{aligned}$$

故

$$\|\boldsymbol{\alpha}-\boldsymbol{\beta}\|\geqslant\big|\|\boldsymbol{\alpha}\|-\|\boldsymbol{\beta}\|\big|.$$

$$\begin{aligned}(\|\boldsymbol{\alpha}\|+\|\boldsymbol{\beta}\|)^2&=\|\boldsymbol{\alpha}\|^2+2\|\boldsymbol{\alpha}\|\cdot\|\boldsymbol{\beta}\|+\|\boldsymbol{\beta}\|^2\geqslant\|\boldsymbol{\alpha}\|^2-2(\boldsymbol{\alpha},\boldsymbol{\beta})+\|\boldsymbol{\beta}\|^2\\&=(\boldsymbol{\alpha}-\boldsymbol{\beta},\boldsymbol{\alpha}-\boldsymbol{\beta})=\|\boldsymbol{\alpha}-\boldsymbol{\beta}\|^2,\end{aligned}$$

故

$$\|\boldsymbol{\alpha}\|+\|\boldsymbol{\beta}\|\geqslant\|\boldsymbol{\alpha}-\boldsymbol{\beta}\|.$$

注意，柯西-施瓦茨不等式里仅当 $\boldsymbol{\alpha}$，$\boldsymbol{\beta}$ 线性相关时取等号；三角不等式里，仅当 $\boldsymbol{\alpha}$，$\boldsymbol{\beta}$ 同向时第二个不等式取等号，即两边之差等于第三边；仅当 $\boldsymbol{\alpha}$，$\boldsymbol{\beta}$ 反向时第一个不等式取等号，即两边之和等于第三边.

定义 6.3.3　两非零向量 $\boldsymbol{\alpha}$ 与 $\boldsymbol{\beta}$ 的夹角定义为 $\theta=\arccos\dfrac{(\boldsymbol{\alpha},\boldsymbol{\beta})}{\|\boldsymbol{\alpha}\|\cdot\|\boldsymbol{\beta}\|}$.

特别地，当 $\theta=\dfrac{\pi}{2}$ 时，称 $\boldsymbol{\alpha}$，$\boldsymbol{\beta}$ 正交(orthogonal)，记为 $\boldsymbol{\alpha}\perp\boldsymbol{\beta}$. 显然，非零向量 $\boldsymbol{\alpha}$ 和 $\boldsymbol{\beta}$ 正交的充要条件是 $(\boldsymbol{\alpha},\boldsymbol{\beta})=0$.

向量夹角

例 6.3.1 $\boldsymbol{\alpha}=[1,1,1]^{\mathrm{T}}$，$\boldsymbol{\beta}=[3,2,3]^{\mathrm{T}}$，求 $\boldsymbol{\alpha}$，$\boldsymbol{\beta}$ 之间的距离、夹角以及与 $\boldsymbol{\alpha}$ 同方向的单位向量.

向量长度的应用

解 $\|\boldsymbol{\alpha}\|=\sqrt{(\boldsymbol{\alpha},\boldsymbol{\alpha})}=\sqrt{3}$，$\|\boldsymbol{\beta}\|=\sqrt{(\boldsymbol{\beta},\boldsymbol{\beta})}=\sqrt{22}$，$(\boldsymbol{\alpha},\boldsymbol{\beta})=8$，

$$\boldsymbol{\alpha}-\boldsymbol{\beta}=\begin{bmatrix}-2\\-1\\-2\end{bmatrix},$$

故

$$\|\boldsymbol{\alpha}-\boldsymbol{\beta}\|=\sqrt{(\boldsymbol{\alpha}-\boldsymbol{\beta},\boldsymbol{\alpha}-\boldsymbol{\beta})}=3,$$

$$\cos\theta=\frac{(\boldsymbol{\alpha},\boldsymbol{\beta})}{\|\boldsymbol{\alpha}\|\cdot\|\boldsymbol{\beta}\|}=\frac{8}{\sqrt{66}}=\frac{4\sqrt{66}}{33}.$$

所以

$$\theta=\arccos\frac{4\sqrt{66}}{33}.$$

令

$$\boldsymbol{\eta}=\frac{1}{\|\boldsymbol{\alpha}\|}\cdot\boldsymbol{\alpha}=\frac{1}{\sqrt{3}}\begin{bmatrix}1\\1\\1\end{bmatrix},$$

显然，$\|\boldsymbol{\eta}\|=1$ 且 $\boldsymbol{\eta}$ 与 $\boldsymbol{\alpha}$ 同方向.

例 6.3.2 设 $\boldsymbol{\alpha}=[1,0,1,1]^{\mathrm{T}}$，$\boldsymbol{\beta}=[-1,1,-1,0]^{\mathrm{T}}$，$\|\boldsymbol{\alpha}-\boldsymbol{\gamma}\|=1$，求 $\|\boldsymbol{\beta}-\boldsymbol{\gamma}\|$ 的取值范围.

解 $\|\boldsymbol{\alpha}-\boldsymbol{\beta}\|=\sqrt{(\boldsymbol{\alpha}-\boldsymbol{\beta},\boldsymbol{\alpha}-\boldsymbol{\beta})}=\sqrt{10}$.

$\boldsymbol{\beta}-\boldsymbol{\gamma}=\boldsymbol{\beta}-\boldsymbol{\alpha}+\boldsymbol{\alpha}-\boldsymbol{\gamma}=(\boldsymbol{\alpha}-\boldsymbol{\gamma})-(\boldsymbol{\alpha}-\boldsymbol{\beta})$.

由三角不等式，$\big|\,\|\boldsymbol{\alpha}-\boldsymbol{\gamma}\|-\|\boldsymbol{\alpha}-\boldsymbol{\beta}\|\,\big|\leqslant\|(\boldsymbol{\alpha}-\boldsymbol{\gamma})-(\boldsymbol{\alpha}-\boldsymbol{\beta})\|\leqslant\|\boldsymbol{\alpha}-\boldsymbol{\gamma}\|+\|\boldsymbol{\alpha}-\boldsymbol{\beta}\|$，即 $\sqrt{10}-1\leqslant\|\boldsymbol{\beta}-\boldsymbol{\gamma}\|\leqslant\sqrt{10}+1$.

定义 6.3.4 定义了内积的实向量空间 $\mathbf{R}^n$ 称为 n 维欧几里得空间(Eulcidean space)，在 $\mathbf{R}^n$ 中有：

规范正交基

(1) 如果向量组 $\boldsymbol{\alpha}_1,\boldsymbol{\alpha}_2,\cdots,\boldsymbol{\alpha}_m$ 不含零向量，且向量组中向量两两正交，即 $(\boldsymbol{\alpha}_i,\boldsymbol{\alpha}_j)=0$，$i\neq j$，则称这个向量组是一个正交组.

(2) 由单位向量构成的正交组称为规范正交组(或标准正交组).

(3) $\mathbf{R}^n$ 中的向量组 $\boldsymbol{\varepsilon}_1$，$\boldsymbol{\varepsilon}_2$，…，$\boldsymbol{\varepsilon}_n$ 满足

$$(\boldsymbol{\varepsilon}_i,\boldsymbol{\varepsilon}_j)=\delta_{ij}=\begin{cases}0, & i\neq j,\\ 1, & i=j,\end{cases}$$

称该向量组为 $\mathbf{R}^n$ 的一个规范正交基(或标准正交基).

例 6.3.3 试证 $\mathbf{R}^n$ 中的任意正交组线性无关.

证明 设 $\boldsymbol{\alpha}_1,\boldsymbol{\alpha}_2,\cdots,\boldsymbol{\alpha}_m$ 是 $\mathbf{R}^n$ 中的一个正交组，考虑

$$k_1\boldsymbol{\alpha}_1+k_2\boldsymbol{\alpha}_2+\cdots+k_m\boldsymbol{\alpha}_m=\mathbf{0},$$

用 $\boldsymbol{\alpha}_i$ 与上式两端作内积，有

$$(k_1\boldsymbol{\alpha}_1+k_2\boldsymbol{\alpha}_2+\cdots+k_m\boldsymbol{\alpha}_m,\ \boldsymbol{\alpha}_i)=(\mathbf{0},\ \boldsymbol{\alpha}_i)=0,$$

即

$$(k_i\boldsymbol{\alpha}_i,\ \boldsymbol{\alpha}_i)=0,$$

则

$$k_i=0\quad(i=1,\ \cdots,\ n).$$

所以 $\boldsymbol{\alpha}_1,\boldsymbol{\alpha}_2,\cdots,\boldsymbol{\alpha}_m$ 线性无关.

定义 6.3.5　设 n 阶实矩阵 Q 满足 $QQ^{\mathrm{T}}=\boldsymbol{I}$，则称 Q 为正交矩阵.

正交矩阵

容易证明如下结论：

(1) n 阶实矩阵 Q 是正交矩阵$\Leftrightarrow Q^{\mathrm{T}}Q=\boldsymbol{I}\Leftrightarrow Q^{\mathrm{T}}=Q^{-1}$.

(2)Q 是正交矩阵，则 $\forall\boldsymbol{\alpha}\in R^{n\times 1}$，$\|\boldsymbol{\alpha}\|=\|Q\boldsymbol{\alpha}\|$. 即正交变换是保持向量长度不变的变换.

例 6.3.4　设 $Q=(\boldsymbol{\beta}_1,\ \boldsymbol{\beta}_2,\ \cdots,\ \boldsymbol{\beta}_n)$是 n 阶实矩阵，则 Q 是正交矩阵的充要条件是：$\boldsymbol{\beta}_1,\ \boldsymbol{\beta}_2,\ \cdots,\ \boldsymbol{\beta}_n$ 是规范正交组.

证明　n 阶实矩阵 Q 是正交矩阵$\Leftrightarrow Q^{\mathrm{T}}Q=\boldsymbol{I}$

$$\Leftrightarrow\boldsymbol{I}=Q^{\mathrm{T}}Q=\begin{bmatrix}\boldsymbol{\beta}_1^{\mathrm{T}}\\ \boldsymbol{\beta}_2^{\mathrm{T}}\\ \vdots\\ \boldsymbol{\beta}_n^{\mathrm{T}}\end{bmatrix}[\boldsymbol{\beta}_1,\ \boldsymbol{\beta}_2,\ \cdots,\ \boldsymbol{\beta}_n]=\begin{bmatrix}\boldsymbol{\beta}_1^{\mathrm{T}}\boldsymbol{\beta}_1 & \boldsymbol{\beta}_1^{\mathrm{T}}\boldsymbol{\beta}_2 & \cdots & \boldsymbol{\beta}_1^{\mathrm{T}}\boldsymbol{\beta}_n\\ \boldsymbol{\beta}_2^{\mathrm{T}}\boldsymbol{\beta}_1 & \boldsymbol{\beta}_2^{\mathrm{T}}\boldsymbol{\beta}_2 & \cdots & \boldsymbol{\beta}_2^{\mathrm{T}}\boldsymbol{\beta}_n\\ \vdots & \vdots & & \vdots\\ \boldsymbol{\beta}_n^{\mathrm{T}}\boldsymbol{\beta}_1 & \boldsymbol{\beta}_n^{\mathrm{T}}\boldsymbol{\beta}_2 & \cdots & \boldsymbol{\beta}_n^{\mathrm{T}}\boldsymbol{\beta}_n\end{bmatrix}$$

$$\Leftrightarrow(\boldsymbol{\beta}_i,\ \boldsymbol{\beta}_j)=\boldsymbol{\beta}_i^{\mathrm{T}}\cdot\boldsymbol{\beta}_j=\delta_{ij}=\begin{cases}0, & i\neq j\\ 1, & i=j\end{cases}(i,\ j=1,\ \cdots,\ n)$$

$\Leftrightarrow\boldsymbol{\beta}_1,\ \boldsymbol{\beta}_2,\ \cdots,\ \boldsymbol{\beta}_n$ 是规范正交组.

注意:我们经常通过构造正交规范组来构造正交矩阵.

定理 6.3.1　n 阶实对称矩阵的特征值都是实数.

实对称矩阵的特征值性质 1

证明　设复数 λ 是 $\boldsymbol{A}$ 的特征值，则存在 $\boldsymbol{\alpha}\neq 0$，使得

$$\boldsymbol{A\alpha}=\lambda\boldsymbol{\alpha}.$$

两端取共轭有

$$\overline{\boldsymbol{A}}\cdot\overline{\boldsymbol{\alpha}}=\overline{\lambda}\cdot\overline{\boldsymbol{\alpha}}.$$

$\boldsymbol{A}$ 是实矩阵，故 $\overline{\boldsymbol{A}}=\boldsymbol{A}$，从而有

$$\boldsymbol{A}\overline{\boldsymbol{\alpha}}=\overline{\lambda}\cdot\overline{\boldsymbol{\alpha}}.$$

用 $\boldsymbol{\alpha}^{\mathrm{T}}$ 左乘上式两端有

$$\boldsymbol{\alpha}^{\mathrm{T}}\boldsymbol{A}\overline{\boldsymbol{\alpha}}=\overline{\lambda}\boldsymbol{\alpha}^{\mathrm{T}}\overline{\boldsymbol{\alpha}}.\tag{6.3.1}$$

由于 $\boldsymbol{A}=\boldsymbol{A}^{\mathrm{T}}$ 且考虑到 $\boldsymbol{\alpha}^{\mathrm{T}}\boldsymbol{A}\overline{\boldsymbol{\alpha}}$及$\overline{\boldsymbol{\alpha}}^{\mathrm{T}}\boldsymbol{\alpha}$ 是数，得

$$\begin{aligned}\boldsymbol{\alpha}^{\mathrm{T}}\boldsymbol{A}\overline{\boldsymbol{\alpha}}&=(\boldsymbol{\alpha}^{\mathrm{T}}\boldsymbol{A}\overline{\boldsymbol{\alpha}})^{\mathrm{T}}=\overline{\boldsymbol{\alpha}}^{\mathrm{T}}\boldsymbol{A}^{\mathrm{T}}\boldsymbol{\alpha}=\overline{\boldsymbol{\alpha}}^{\mathrm{T}}\lambda\boldsymbol{\alpha}=\lambda\overline{\boldsymbol{\alpha}}^{\mathrm{T}}\boldsymbol{\alpha}\\&=\lambda(\overline{\boldsymbol{\alpha}}^{\mathrm{T}}\boldsymbol{\alpha})^{\mathrm{T}}=\lambda\boldsymbol{\alpha}^{\mathrm{T}}\overline{\boldsymbol{\alpha}}.\end{aligned}\tag{6.3.2}$$

比较(6.3.1)与(6.3.2)得

$$(\lambda-\overline{\lambda})\boldsymbol{\alpha}^{\mathrm{T}}\overline{\boldsymbol{\alpha}}=0.$$

由 $\boldsymbol{\alpha}\neq\mathbf{0}$，可得 $\boldsymbol{\alpha}^{\mathrm{T}}\bar{\boldsymbol{\alpha}}\neq 0$，所以

$$\lambda-\bar{\lambda}=0.$$

所以，λ 是实数.

定理 6.3.2 实对称矩阵的不同特征值所对应的特征向量不仅线性无关，而且正交.

实对称矩阵的特征值性质 2

证明 由例 6.3.2 知正交组必然是线性无关组，因此我们只需证明不同特征值对应的特征向量正交就可以了.

设 $\lambda_1\neq\lambda_2$ 是 $\boldsymbol{A}$ 的两个不同的特征值，其对应的特征向量分别为 $\boldsymbol{\alpha}_1$，$\boldsymbol{\alpha}_2$，则

$$\boldsymbol{A}\boldsymbol{\alpha}_1=\lambda_1\boldsymbol{\alpha}_1, \tag{6.3.3}$$

$$\boldsymbol{A}\boldsymbol{\alpha}_2=\lambda_2\boldsymbol{\alpha}_2. \tag{6.3.4}$$

用 $\boldsymbol{\alpha}_2^{\mathrm{T}}$ 左乘(6.3.3)两端，$\boldsymbol{\alpha}_1^{\mathrm{T}}$ 左乘(6.3.4)两端，得

$$\boldsymbol{\alpha}_2^{\mathrm{T}}\boldsymbol{A}\boldsymbol{\alpha}_1=\lambda_1\boldsymbol{\alpha}_2^{\mathrm{T}}\boldsymbol{\alpha}_1=\lambda_1\boldsymbol{\alpha}_1^{\mathrm{T}}\boldsymbol{\alpha}_2, \tag{6.3.5}$$

$$\boldsymbol{\alpha}_1^{\mathrm{T}}\boldsymbol{A}\boldsymbol{\alpha}_2=\lambda_2\boldsymbol{\alpha}_1^{\mathrm{T}}\boldsymbol{\alpha}_2. \tag{6.3.6}$$

注意到 $\boldsymbol{\alpha}_2^{\mathrm{T}}\boldsymbol{A}\boldsymbol{\alpha}_1=(\boldsymbol{\alpha}_2^{\mathrm{T}}\boldsymbol{A}\boldsymbol{\alpha}_1)^{\mathrm{T}}=\boldsymbol{\alpha}_1^{\mathrm{T}}\boldsymbol{A}^{\mathrm{T}}\boldsymbol{\alpha}_2=\boldsymbol{\alpha}_1^{\mathrm{T}}\boldsymbol{A}\boldsymbol{\alpha}_2$，则有

$$\lambda_1\boldsymbol{\alpha}_1^{\mathrm{T}}\boldsymbol{\alpha}_2=\lambda_2\boldsymbol{\alpha}_1^{\mathrm{T}}\boldsymbol{\alpha}_2. \tag{6.3.7}$$

而 $\lambda_1\neq\lambda_2$，必有 $\boldsymbol{\alpha}_1^{\mathrm{T}}\boldsymbol{\alpha}_2=0$，所以

$$(\boldsymbol{\alpha}_1,\boldsymbol{\alpha}_2)=\boldsymbol{\alpha}_1^{\mathrm{T}}\boldsymbol{\alpha}_2=0.$$

即 $\boldsymbol{\alpha}_1$ 与 $\boldsymbol{\alpha}_2$ 正交.

定理 6.3.3 n 阶实对称矩阵正交相似于对角阵. 即：$\forall\boldsymbol{A}\in\mathbf{R}^{n\times n}$，$\boldsymbol{A}=\boldsymbol{A}^{\mathrm{T}}$，存在正交矩阵 $\boldsymbol{Q}$，使得 $\boldsymbol{Q}^{-1}\boldsymbol{A}\boldsymbol{Q}=\boldsymbol{Q}^{\mathrm{T}}\boldsymbol{A}\boldsymbol{Q}=\mathrm{diag}(\lambda_1,\lambda_2,\cdots,\lambda_n)$.

证明 利用数学归纳法.

ⅰ：$n=1$ 时，结论显然成立.

ⅱ：假设 $n-1$ 时，结论成立. 即：$\boldsymbol{B}$ 为 $n-1$ 阶实对称矩阵时，存在 $n-1$ 阶正交矩阵 $\boldsymbol{M}$，使得 $\boldsymbol{M}^{-1}\boldsymbol{B}\boldsymbol{M}=\boldsymbol{M}^{\mathrm{T}}\boldsymbol{B}\boldsymbol{M}=\mathrm{diag}(\lambda_2,\lambda_3,\cdots,\lambda_n)$为对角阵.

下面证明 n 时结论成立.

令实数 λ_1 是 $\boldsymbol{A}$ 的特征值，实向量 $\boldsymbol{\alpha}_1=(c_1,c_2,\cdots,c_n)^{\mathrm{T}}$ 为相应的特征向量，则 $\boldsymbol{A}\boldsymbol{\alpha}_1=\lambda_1\boldsymbol{\alpha}_1$.

不失一般性，设 $c_1\neq 0$，则向量组

$$\boldsymbol{\alpha}_1,\boldsymbol{e}_2,\cdots,\boldsymbol{e}_n \tag{1}$$

是线性无关组(其中 $\boldsymbol{e}_i$ 为单位阵的第 i 列，$i=2,\cdots,n$).

用定理 6.3.4 中的施密特正交规范化方法将(1)正交规范化得标准正交基 $\boldsymbol{\gamma}_1$，$\boldsymbol{\gamma}_2$，$\cdots$，$\boldsymbol{\gamma}_n$，其中$\boldsymbol{\gamma}_1=\dfrac{1}{\|\boldsymbol{\alpha}_1\|}\cdot\boldsymbol{\alpha}_1$，有 $\boldsymbol{A}\boldsymbol{\gamma}_1=\lambda_1\boldsymbol{\gamma}_1+0\boldsymbol{\gamma}_2+\cdots+0\boldsymbol{\gamma}_n$，$\boldsymbol{A}\boldsymbol{\gamma}_k=b_{1k}\boldsymbol{\gamma}_1+b_{2k}\boldsymbol{\gamma}_2+\cdots+b_{nk}\boldsymbol{\gamma}_n(k=2,\cdots,n)$.

将此 n 个等式写为矩阵形式

$$\boldsymbol{A}(\boldsymbol{\gamma}_1\quad\boldsymbol{\gamma}_2\quad\cdots\quad\boldsymbol{\gamma}_n)=(\boldsymbol{\gamma}_1\quad\boldsymbol{\gamma}_2\quad\cdots\quad\boldsymbol{\gamma}_n)\begin{bmatrix}\lambda_1 & b_{12} & \cdots & b_{1n}\\ 0 & b_{22} & \cdots & b_{2n}\\ 0 & b_{n2} & \cdots & b_{nn}\end{bmatrix}.$$

令 $\boldsymbol{P}=(\boldsymbol{\gamma}_1,\boldsymbol{\gamma}_2,\cdots,\boldsymbol{\gamma}_n)$，则 $\boldsymbol{P}$ 为正交矩阵且

$$\boldsymbol{P}^{-1}\boldsymbol{A}\boldsymbol{P}=\begin{bmatrix}\lambda_1 & b_{12} & \cdots & b_{1n}\\ 0 & b_{22} & \cdots & b_{2n}\\ 0 & b_{n2} & \cdots & b_{nn}\end{bmatrix}=\begin{bmatrix}\lambda_1 & \boldsymbol{\theta}\\ \boldsymbol{0} & \boldsymbol{B}\end{bmatrix}.$$

$\begin{bmatrix}\lambda_1 & \boldsymbol{\theta}\\ \boldsymbol{0} & \boldsymbol{B}\end{bmatrix}=\boldsymbol{P}^{-1}\boldsymbol{A}\boldsymbol{P}=\boldsymbol{P}^{\mathrm{T}}\boldsymbol{A}\boldsymbol{P}$，显然为实对称矩阵. 故

$$\begin{bmatrix}\lambda_1 & \boldsymbol{\theta}\\ \boldsymbol{0} & \boldsymbol{B}\end{bmatrix}=\begin{bmatrix}\lambda_1 & \boldsymbol{\theta}\\ \boldsymbol{0} & \boldsymbol{B}\end{bmatrix}^{\mathrm{T}}=\begin{bmatrix}\lambda_1 & \boldsymbol{0}\\ \boldsymbol{\theta}^{\mathrm{T}} & \boldsymbol{B}^{\mathrm{T}}\end{bmatrix}.$$

则 $\boldsymbol{\theta}=\boldsymbol{0}$ 且 $\boldsymbol{B}=\boldsymbol{B}^{\mathrm{T}}$ 为 $n-1$ 阶实对称矩阵. 所以存在 $n-1$ 阶正交矩阵 $\boldsymbol{M}$，使得 $\boldsymbol{M}^{-1}\boldsymbol{B}\boldsymbol{M}=\boldsymbol{M}^{\mathrm{T}}\boldsymbol{B}\boldsymbol{M}=\mathrm{diag}(\lambda_2,\cdots,\lambda_n)$.

令 $\boldsymbol{Q}=\boldsymbol{P}\begin{bmatrix}1 & \boldsymbol{0}\\ \boldsymbol{0} & \boldsymbol{M}\end{bmatrix}$，则容易验证 $\boldsymbol{Q}$ 为正交矩阵且

$$\begin{aligned}\boldsymbol{Q}^{-1}\boldsymbol{A}\boldsymbol{Q}=\boldsymbol{Q}^{\mathrm{T}}\boldsymbol{A}\boldsymbol{Q}&=\begin{bmatrix}1 & \boldsymbol{0}\\ \boldsymbol{0} & \boldsymbol{M}^{\mathrm{T}}\end{bmatrix}\boldsymbol{P}^{\mathrm{T}}\boldsymbol{A}\boldsymbol{P}\begin{bmatrix}1 & \boldsymbol{0}\\ \boldsymbol{0} & \boldsymbol{M}\end{bmatrix}\\ &=\begin{bmatrix}1 & \boldsymbol{0}\\ \boldsymbol{0} & \boldsymbol{M}^{\mathrm{T}}\end{bmatrix}\begin{bmatrix}\lambda_1 & \boldsymbol{0}\\ \boldsymbol{0} & \boldsymbol{B}\end{bmatrix}\begin{bmatrix}1 & \boldsymbol{0}\\ \boldsymbol{0} & \boldsymbol{M}\end{bmatrix}=\begin{bmatrix}\lambda_1 & \boldsymbol{0}\\ \boldsymbol{0} & \boldsymbol{M}^{\mathrm{T}}\boldsymbol{B}\end{bmatrix}\begin{bmatrix}1 & \boldsymbol{0}\\ \boldsymbol{0} & \boldsymbol{M}\end{bmatrix}\\ &=\begin{bmatrix}\lambda_1 & \boldsymbol{0}\\ \boldsymbol{0} & \boldsymbol{M}^{\mathrm{T}}\boldsymbol{B}\boldsymbol{M}\end{bmatrix}=\mathrm{diag}(\lambda_1,\lambda_2,\cdots,\lambda_n).\end{aligned}$$

由归纳法原理，定理成立.

推论 6.3.1　设 $\boldsymbol{A}$ 为 n 阶实对称矩阵，λ 是 $\boldsymbol{A}$ 的特征多项式的 k 重零点，则 $\mathrm{rank}(\lambda\boldsymbol{I}-\boldsymbol{A})=n-k$，从而对应于特征值 λ 的线性无关的特征向量恰有 k 个.

利用以上结论，我们得到将实对称矩阵 $\boldsymbol{A}$ 正交相似对角化的一般步骤：

(1) 求出 $\boldsymbol{A}$ 的全部互不相同的特征值 $\lambda_1,\lambda_2,\cdots,\lambda_s$，其重数依次为 $k_1,k_2,\cdots,k_s$，且 $\sum\limits_{i=1}^{s}k_i=n$.

(2) 对每个 k_i 重特征值 λ_i，求出方程 $(\lambda_i\boldsymbol{I}-\boldsymbol{A})\boldsymbol{\alpha}=\boldsymbol{0}$ 的一个特殊的基础解系. 即要求该含有 k_i 个向量的基础解系是一个正交规范组. 由于 $\sum\limits_{i=1}^{s}k_i=n$，且不同特征值对应的特征向量正交，故共可得到 n 个两两正交的单位特征向量.

(3) 以这 n 个向量作为列向量构造矩阵 $\boldsymbol{Q}$，$\boldsymbol{Q}$ 必然是正交矩阵，且满足

$$\boldsymbol{Q}^{-1}\boldsymbol{A}\boldsymbol{Q}=\boldsymbol{\Lambda}=\begin{bmatrix}\lambda_1 & & & \\ & \lambda_2 & & \\ & & \ddots & \\ & & & \lambda_n\end{bmatrix}.$$

注意:特征值 λ_j 必须与 $\boldsymbol{Q}$ 中的列向量的排列顺序相对应.

考虑以上三个步骤中的第二步，我们该如何来找到一个齐次方程组的正交且规范的基础解系呢？一般是先求出齐次方程组的任意一个基础解系(通常不是正交组)，再利用施密特正交规范化方法将其正交规范化，得到一个正交规范的基础解系. 为此，接下来我们讨论将一个线性无关向量组改造为正交规范组的施密特(Schmidt)正交规范化方法.

施密特正交规范化方法

定理 6.3.4 设 $\boldsymbol{\alpha}_1, \boldsymbol{\alpha}_2, \cdots, \boldsymbol{\alpha}_m$(Ⅰ)是 $\mathbf{R}^n$ 中的一个线性无关向量组，构造

$$\begin{cases}\boldsymbol{\beta}_1=\boldsymbol{\alpha}_1, \\ \boldsymbol{\beta}_2=\boldsymbol{\alpha}_2-\dfrac{(\boldsymbol{\alpha}_2, \boldsymbol{\beta}_1)}{(\boldsymbol{\beta}_1, \boldsymbol{\beta}_1)}\boldsymbol{\beta}_1, \\ \boldsymbol{\beta}_3=\boldsymbol{\alpha}_3-\dfrac{(\boldsymbol{\alpha}_3, \boldsymbol{\beta}_1)}{(\boldsymbol{\beta}_1, \boldsymbol{\beta}_1)}\boldsymbol{\beta}_1-\dfrac{(\boldsymbol{\alpha}_3, \boldsymbol{\beta}_2)}{(\boldsymbol{\beta}_2, \boldsymbol{\beta}_2)}\boldsymbol{\beta}_2, \\ \quad\vdots \\ \boldsymbol{\beta}_m=\boldsymbol{\alpha}_m-\dfrac{(\boldsymbol{\alpha}_m, \boldsymbol{\beta}_1)}{(\boldsymbol{\beta}_1, \boldsymbol{\beta}_1)}\boldsymbol{\beta}_1-\dfrac{(\boldsymbol{\alpha}_m, \boldsymbol{\beta}_2)}{(\boldsymbol{\beta}_2, \boldsymbol{\beta}_2)}\boldsymbol{\beta}_2-\cdots-\dfrac{(\boldsymbol{\alpha}_m, \boldsymbol{\beta}_{m-1})}{(\boldsymbol{\beta}_{m-1}, \boldsymbol{\beta}_{m-1})}\boldsymbol{\beta}_{m-1},\end{cases} \tag{Ⅱ}$$

$$\begin{cases}\boldsymbol{\gamma}_1=\dfrac{1}{\|\boldsymbol{\beta}_1\|}\cdot\boldsymbol{\beta}_1, \\ \boldsymbol{\gamma}_2=\dfrac{1}{\|\boldsymbol{\beta}_2\|}\cdot\boldsymbol{\beta}_2, \\ \quad\vdots \\ \boldsymbol{\gamma}_m=\dfrac{1}{\|\boldsymbol{\beta}_m\|}\cdot\boldsymbol{\beta}_m,\end{cases} \tag{Ⅲ}$$

则(Ⅲ)是一个正交规范组,且(Ⅲ)与(Ⅰ)等价.

定理中向量组(Ⅱ)和(Ⅲ)的等价性是显然的，向量组(Ⅰ)和(Ⅱ)的等价性证明参考例 6.3.7. 需要说明的是，向量$\dfrac{(\boldsymbol{\alpha}_m, \boldsymbol{\beta}_j)}{(\boldsymbol{\beta}_j, \boldsymbol{\beta}_j)}\boldsymbol{\beta}_j$在几何上代表了向量 $\boldsymbol{\alpha}_m$ 在向量 $\boldsymbol{\beta}_j$ 方向的投影向量. 向量组(Ⅱ)中，$\boldsymbol{\beta}_1=\boldsymbol{\alpha}_1$;而 $\boldsymbol{\beta}_2$ 恰好是 $\boldsymbol{\alpha}_2$ 减掉 $\boldsymbol{\alpha}_2$ 在 $\boldsymbol{\beta}_1$ 上的投影后的向量，该向量显然与 $\boldsymbol{\beta}_1$ 正交;$\boldsymbol{\beta}_3$ 恰好是 $\boldsymbol{\alpha}_3$ 减掉 $\boldsymbol{\alpha}_3$ 在 $\boldsymbol{\beta}_1$ 与 $\boldsymbol{\beta}_2$ 所构成的平面上的投影后的向量，该向量显然与 $\boldsymbol{\beta}_1$、$\boldsymbol{\beta}_2$ 正交;$\boldsymbol{\beta}_4$ 恰好是 $\boldsymbol{\alpha}_4$ 减掉 $\boldsymbol{\alpha}_4$ 在 $\boldsymbol{\beta}_1$、$\boldsymbol{\beta}_2$、$\boldsymbol{\beta}_3$ 所构成的“超平面”上的投影后的向量，该向量显然与 $\boldsymbol{\beta}_1$、$\boldsymbol{\beta}_2$、$\boldsymbol{\beta}_3$ 正交;其余依此类推. 因此，构造向量组(Ⅱ)的过程实质上就是正交化过程，而构造向量组(Ⅲ)的过程显然是规范化过程.

下面我们通过几个实例来说明如何利用上述定理将一个实对称矩阵正交对角化.

例 6.3.5 设 $\boldsymbol{A}=\begin{bmatrix}4 & 2 & 2 \\ 2 & 4 & 2 \\ 2 & 2 & 4\end{bmatrix}$，求正交阵 $\boldsymbol{Q}$，使得 $\boldsymbol{Q}^{-1}\boldsymbol{A}\boldsymbol{Q}=\boldsymbol{\Lambda}$ 为对角阵.

施密特正交规范化例题

解　$$|\lambda \boldsymbol{I}-\boldsymbol{A}|=\begin{vmatrix}\lambda-4 & -2 & -2\\ -2 & \lambda-4 & -2\\ -2 & -2 & \lambda-4\end{vmatrix}=(\lambda-8)(\lambda-2)^2,$$

故 $\boldsymbol{A}$ 的特征值为 $\lambda_1=8$，$\lambda_2=\lambda_3=2$.

当 $\lambda_1=8$ 时，解齐次方程组

$$(8\boldsymbol{I}-\boldsymbol{A})\boldsymbol{\alpha}=\begin{bmatrix}4 & -2 & -2\\ -2 & 4 & -2\\ -2 & -2 & 4\end{bmatrix}\begin{bmatrix}\boldsymbol{\alpha}_1\\ \boldsymbol{\alpha}_2\\ \boldsymbol{\alpha}_3\end{bmatrix}=\begin{bmatrix}0\\0\\0\end{bmatrix},$$

得基础解系 $\boldsymbol{\xi}_1=[1, 1, 1]^{\mathrm{T}}$. 由于此基础解系只有一个解向量，故无须正交化，只需规范化，得

$$\boldsymbol{\eta}_1=\frac{1}{\|\boldsymbol{\xi}_1\|}\cdot\boldsymbol{\xi}_1=\left[\frac{1}{\sqrt{3}}, \frac{1}{\sqrt{3}}, \frac{1}{\sqrt{3}}\right]^{\mathrm{T}}.$$

当 $\lambda_2=\lambda_3=2$ 时，解齐次方程组

$$(2\boldsymbol{I}-\boldsymbol{A})\boldsymbol{\alpha}=\begin{bmatrix}-2 & -2 & -2\\ -2 & -2 & -2\\ -2 & -2 & -2\end{bmatrix}\boldsymbol{\alpha}=\begin{bmatrix}0\\0\\0\end{bmatrix},$$

得基础解系 $\boldsymbol{\xi}_2=[-1, 1, 0]^{\mathrm{T}}$，$\boldsymbol{\xi}_3=[-1, 0, 1]^{\mathrm{T}}$，利用施密特正交化方法将其正交化得

$$\boldsymbol{\beta}_2=\boldsymbol{\xi}_2=[-1, 1, 0]^{\mathrm{T}},$$

$$\boldsymbol{\beta}_3=\boldsymbol{\xi}_3-\frac{(\boldsymbol{\xi}_3, \boldsymbol{\beta}_2)}{(\boldsymbol{\beta}_2, \boldsymbol{\beta}_2)}\cdot\boldsymbol{\beta}_2=\begin{bmatrix}-1\\0\\1\end{bmatrix}-\frac{1}{2}\begin{bmatrix}-1\\1\\0\end{bmatrix}=\begin{bmatrix}-\frac{1}{2}\\ -\frac{1}{2}\\ 1\end{bmatrix}.$$

将 $\boldsymbol{\beta}_2$，$\boldsymbol{\beta}_3$ 单位化，得

$$\boldsymbol{\eta}_2=\frac{1}{\|\boldsymbol{\beta}_2\|}\cdot\boldsymbol{\beta}_2=\begin{bmatrix}-\frac{1}{\sqrt{2}}\\ \frac{1}{\sqrt{2}}\\ 0\end{bmatrix},\quad \boldsymbol{\eta}_3=\frac{1}{\|\boldsymbol{\beta}_3\|}\cdot\boldsymbol{\beta}_3=\begin{bmatrix}-\frac{1}{\sqrt{6}}\\ \frac{1}{\sqrt{6}}\\ \frac{2}{\sqrt{6}}\end{bmatrix}.$$

令 $\boldsymbol{Q}=[\boldsymbol{\eta}_1, \boldsymbol{\eta}_2, \boldsymbol{\eta}_3]=\begin{bmatrix}\frac{1}{\sqrt{3}} & -\frac{1}{\sqrt{2}} & -\frac{1}{\sqrt{6}}\\ \frac{1}{\sqrt{3}} & \frac{1}{\sqrt{2}} & -\frac{1}{\sqrt{6}}\\ \frac{1}{\sqrt{3}} & 0 & \frac{2}{\sqrt{6}}\end{bmatrix}$，则 $\boldsymbol{Q}^{-1}\boldsymbol{A}\boldsymbol{Q}=\boldsymbol{\Lambda}=\begin{bmatrix}8 & 0 & 0\\ 0 & 2 & 0\\ 0 & 0 & 2\end{bmatrix}$.

例 6.3.6　已知 3 阶实对称矩阵 $\boldsymbol{A}$ 的三个特征值为 $\lambda_1=2$，$\lambda_2=\lambda_3=1$，且对应于 λ_2，λ_3 的特征向量为 $\boldsymbol{\xi}_2=[1, 1, -1]^{\mathrm{T}}$，$\boldsymbol{\xi}_3=[2, 3, -3]^{\mathrm{T}}$，求出矩阵 $\boldsymbol{A}$ 的与 $\lambda_1=2$ 对应的一

个特征向量及矩阵 $\boldsymbol{A}$.

解 设与 $\lambda_1=2$ 对应的一个特征向量为 $\boldsymbol{\xi}_1=[x_1, x_2, x_3]^{\mathrm{T}}$. 由定理 6.3.2 知 $(\boldsymbol{\xi}_1, \boldsymbol{\xi}_2)=(\boldsymbol{\xi}_1, \boldsymbol{\xi}_3)=0$, 即

实对称矩阵特征值例题

$$\begin{cases} x_1+x_2-x_3=0, \\ 2x_1+3x_2-3x_3=0. \end{cases}$$

解此方程组, 得到与 $\lambda_1=2$ 对应的特征向量 $\boldsymbol{\xi}_1=[0, 1, 1]^{\mathrm{T}}$, 令

$$\boldsymbol{P}=[\boldsymbol{\xi}_1, \boldsymbol{\xi}_2, \boldsymbol{\xi}_3]=\begin{bmatrix} 0 & 1 & 2 \\ 1 & 1 & 3 \\ 1 & -1 & -3 \end{bmatrix},$$

则

$$\boldsymbol{P}^{-1}\boldsymbol{A}\boldsymbol{P}=\begin{bmatrix} 2 & 0 & 0 \\ 0 & 1 & 0 \\ 0 & 0 & 1 \end{bmatrix},$$

$$\begin{aligned} \boldsymbol{A} &= \boldsymbol{P}\begin{bmatrix} 2 & 0 & 0 \\ 0 & 1 & 0 \\ 0 & 0 & 1 \end{bmatrix}\boldsymbol{P}^{-1} \\ &= \begin{bmatrix} 0 & 1 & 2 \\ 1 & 1 & 3 \\ 1 & -1 & -3 \end{bmatrix}\begin{bmatrix} 2 & 0 & 0 \\ 0 & 1 & 0 \\ 0 & 0 & 1 \end{bmatrix}\begin{bmatrix} 0 & \frac{1}{2} & \frac{1}{2} \\ 3 & -1 & 1 \\ -1 & \frac{1}{2} & -\frac{1}{2} \end{bmatrix} \\ &= \begin{bmatrix} 1 & 0 & 0 \\ 0 & \frac{3}{2} & \frac{1}{2} \\ 0 & \frac{1}{2} & \frac{3}{2} \end{bmatrix}. \end{aligned}$$

例 6.3.7 $n\times m$ 阶矩阵 $\boldsymbol{A}$ 的列向量组线性无关, 则存在列向量组正交的 $n\times m$ 阶矩阵 $\boldsymbol{Q}$ 以及 $m\times m$ 阶上三角矩阵 $\boldsymbol{R}$(对角线以下的元素全为 0 的矩阵), 使得 $\boldsymbol{A}=\boldsymbol{Q}\boldsymbol{R}$.

证明 令 $\boldsymbol{A}=[\boldsymbol{\alpha}_1, \boldsymbol{\alpha}_2, \cdots, \boldsymbol{\alpha}_m]$, 按照施密特正交化过程构造

$$\begin{cases} \boldsymbol{\beta}_1=\boldsymbol{\alpha}_1, \\ \boldsymbol{\beta}_2=\boldsymbol{\alpha}_2-\dfrac{(\boldsymbol{\alpha}_2, \boldsymbol{\beta}_1)}{(\boldsymbol{\beta}_1, \boldsymbol{\beta}_1)}\boldsymbol{\beta}_1, \\ \boldsymbol{\beta}_3=\boldsymbol{\alpha}_3-\dfrac{(\boldsymbol{\alpha}_3, \boldsymbol{\beta}_1)}{(\boldsymbol{\beta}_1, \boldsymbol{\beta}_1)}\boldsymbol{\beta}_1-\dfrac{(\boldsymbol{\alpha}_3, \boldsymbol{\beta}_2)}{(\boldsymbol{\beta}_2, \boldsymbol{\beta}_2)}\boldsymbol{\beta}_2, \\ \quad\vdots \\ \boldsymbol{\beta}_m=\boldsymbol{\alpha}_m-\dfrac{(\boldsymbol{\alpha}_m, \boldsymbol{\beta}_1)}{(\boldsymbol{\beta}_1, \boldsymbol{\beta}_1)}\boldsymbol{\beta}_1-\dfrac{(\boldsymbol{\alpha}_m, \boldsymbol{\beta}_2)}{(\boldsymbol{\beta}_2, \boldsymbol{\beta}_2)}\boldsymbol{\beta}_2-\cdots-\dfrac{(\boldsymbol{\alpha}_m, \boldsymbol{\beta}_{m-1})}{(\boldsymbol{\beta}_{m-1}, \boldsymbol{\beta}_{m-1})}\boldsymbol{\beta}_{m-1}. \end{cases}$$

则

$$\begin{cases} \boldsymbol{\alpha}_1=\boldsymbol{\beta}_1, \\ \boldsymbol{\alpha}_2=\dfrac{(\boldsymbol{\alpha}_2,\boldsymbol{\beta}_1)}{(\boldsymbol{\beta}_1,\boldsymbol{\beta}_1)}\boldsymbol{\beta}_1+\boldsymbol{\beta}_2, \\ \boldsymbol{\alpha}_3=\dfrac{(\boldsymbol{\alpha}_3,\boldsymbol{\beta}_1)}{(\boldsymbol{\beta}_1,\boldsymbol{\beta}_1)}\boldsymbol{\beta}_1+\dfrac{(\boldsymbol{\alpha}_3,\boldsymbol{\beta}_2)}{(\boldsymbol{\beta}_2,\boldsymbol{\beta}_2)}\boldsymbol{\beta}_2+\boldsymbol{\beta}_3, \\ \quad\vdots \\ \boldsymbol{\alpha}_m=\dfrac{(\boldsymbol{\alpha}_m,\boldsymbol{\beta}_1)}{(\boldsymbol{\beta}_1,\boldsymbol{\beta}_1)}\boldsymbol{\beta}_1+\dfrac{(\boldsymbol{\alpha}_m,\boldsymbol{\beta}_2)}{(\boldsymbol{\beta}_2,\boldsymbol{\beta}_2)}\boldsymbol{\beta}_2+\cdots+\dfrac{(\boldsymbol{\alpha}_m,\boldsymbol{\beta}_{m-1})}{(\boldsymbol{\beta}_{m-1},\boldsymbol{\beta}_{m-1})}\boldsymbol{\beta}_{m-1}+\boldsymbol{\beta}_m. \end{cases}$$

将上式写成如下矩阵乘积形式

$$\begin{aligned} &[\boldsymbol{\alpha}_1,\boldsymbol{\alpha}_2,\boldsymbol{\alpha}_3,\cdots,\boldsymbol{\alpha}_m] \\ =&[\boldsymbol{\beta}_1,\boldsymbol{\beta}_2,\boldsymbol{\beta}_3,\cdots,\boldsymbol{\beta}_m]\begin{bmatrix} 1 & \dfrac{(\boldsymbol{\alpha}_2,\boldsymbol{\beta}_1)}{(\boldsymbol{\beta}_1,\boldsymbol{\beta}_1)} & \dfrac{(\boldsymbol{\alpha}_3,\boldsymbol{\beta}_1)}{(\boldsymbol{\beta}_1,\boldsymbol{\beta}_1)} & \cdots & \dfrac{(\boldsymbol{\alpha}_m,\boldsymbol{\beta}_1)}{(\boldsymbol{\beta}_1,\boldsymbol{\beta}_1)} \\ 0 & 1 & \dfrac{(\boldsymbol{\alpha}_3,\boldsymbol{\beta}_2)}{(\boldsymbol{\beta}_2,\boldsymbol{\beta}_2)} & \cdots & \dfrac{(\boldsymbol{\alpha}_m,\boldsymbol{\beta}_2)}{(\boldsymbol{\beta}_2,\boldsymbol{\beta}_2)} \\ 0 & 0 & 1 & \cdots & \dfrac{(\boldsymbol{\alpha}_m,\boldsymbol{\beta}_3)}{(\boldsymbol{\beta}_3,\boldsymbol{\beta}_3)} \\ \vdots & \vdots & \vdots & & \vdots \\ 0 & 0 & 0 & \cdots & 1 \end{bmatrix}, \end{aligned}$$

即

$$\boldsymbol{A}=\boldsymbol{Q}\boldsymbol{R}.$$

其中，$\boldsymbol{Q}$ 是列向量组正交的 $n\times m$ 阶矩阵，$\boldsymbol{R}$ 是上三角阵.

利用施密特正交化以及规范化过程，我们进一步可以证明：任意 n 阶可逆矩阵 $\boldsymbol{A}$ 都可以分解为一个正交矩阵 $\boldsymbol{Q}$ 与一个对角线元素全为正数的上三角矩阵 $\boldsymbol{R}$ 乘积的形式.

例 6.3.8　在一个人员相对固定的网络虚拟社区，网民正对某一热门话题进行讨论，假设参与人数维持单位 1 不变，初始时刻持赞同态度占 5%，反对态度占 15%，中立态度占 80%；现隐藏于该社区的意见领袖开始用发贴等手段进行舆论导向，假设导向的结果是每过一个时间周期后就有 50%的持赞同态度的人仍然持赞同态度，40%的持赞同态度的人转变为中立态度，10%的持赞同态度的人转变为反对态度；50%的持中立态度的人仍然持中立态度，30%的持中立态度的人转变为赞同态度，20%的持中立态度的人转变为反对态度；50%的持反对态度的人仍然持反对态度，40%的持反对态度的人转变为中立态度，10%的持反对态度的人转变为赞同态度. 问：100 个周期时各种态度的人的比例分别是多少？

解　设向量 $\boldsymbol{\alpha}^{(k)}=(x_1^{(k)},x_2^{(k)},x_3^{(k)})^{\mathrm{T}}$ 的三个分量分别表示第 k 个周期中持赞同、中立、反对的人数比例，显然 $\boldsymbol{\alpha}^{(1)}=(0.05,0.8,0.15)^{\mathrm{T}}$，由题意有

$$\begin{cases} x_1^{(k+1)}=0.5x_1^{(k)}+0.3x_2^{(k)}+0.1x_3^{(k)}, \\ x_2^{(k+1)}=0.4x_1^{(k)}+0.5x_2^{(k)}+0.4x_3^{(k)}, \\ x_3^{(k+1)}=0.1x_1^{(k)}+0.2x_2^{(k)}+0.5x_3^{(k)}. \end{cases}$$

令

$$\boldsymbol{A}=\begin{bmatrix}0.5 & 0.3 & 0.1\\ 0.4 & 0.5 & 0.4\\ 0.1 & 0.2 & 0.5\end{bmatrix},$$

则

$$\boldsymbol{\alpha}^{(k+1)}=\boldsymbol{A}\boldsymbol{\alpha}^{(k)},$$

$$\boldsymbol{\alpha}^{(100)}=\boldsymbol{A}\boldsymbol{\alpha}^{(99)}=\cdots=\boldsymbol{A}^{99}\boldsymbol{\alpha}^{(1)}.$$

此处的 $\boldsymbol{A}$ 一般称为状态转移矩阵.

容易求得 $\boldsymbol{A}$ 的特征值为

$$\lambda_1=1.0,\quad \lambda_2=0.4,\quad \lambda_3=0.1.$$

相应的特征向量为

$$\boldsymbol{\eta}_1=\begin{bmatrix}-0.5287\\ -0.7464\\ -0.4043\end{bmatrix},\quad \boldsymbol{\eta}_2=\begin{bmatrix}-0.7071\\ 0\\ 0.7071\end{bmatrix},\quad \boldsymbol{\eta}_3=\begin{bmatrix}0.5345\\ -0.8018\\ 0.2673\end{bmatrix}.$$

显然，三个特征向量是线性无关的，故构造矩阵

$$\boldsymbol{P}=[\boldsymbol{\eta}_1,\boldsymbol{\eta}_2,\boldsymbol{\eta}_3]=\begin{bmatrix}-0.5287 & -0.7071 & 0.5345\\ -0.7464 & 0 & -0.8018\\ -0.4043 & 0.7071 & 0.2673\end{bmatrix},$$

$$\boldsymbol{\Lambda}=\begin{bmatrix}1 & 0 & 0\\ 0 & 0.4 & 0\\ 0 & 0 & 0.1\end{bmatrix},$$

必有

$$\boldsymbol{A}=\boldsymbol{P}\boldsymbol{\Lambda}\boldsymbol{P}^{-1},$$

$$\boldsymbol{A}^n=\boldsymbol{P}\boldsymbol{\Lambda}^n\boldsymbol{P}^{-1}=\boldsymbol{P}\begin{bmatrix}1 & 0 & 0\\ 0 & 0.4^n & 0\\ 0 & 0 & 0.1^n\end{bmatrix}\boldsymbol{P}^{-1},$$

$$\boldsymbol{\alpha}^{(100)}=\boldsymbol{A}^{99}\boldsymbol{\alpha}^{(1)}=\boldsymbol{P}^{-1}\boldsymbol{\Lambda}^{99}\boldsymbol{P}\boldsymbol{\alpha}^{(1)}=\boldsymbol{P}\begin{bmatrix}1 & 0 & 0\\ 0 & 0.4^{99} & 0\\ 0 & 0 & 0.1^{99}\end{bmatrix}\boldsymbol{P}^{-1}\boldsymbol{\alpha}^{(1)}$$

$$\approx\boldsymbol{P}\begin{bmatrix}1 & 0 & 0\\ 0 & 0 & 0\\ 0 & 0 & 0\end{bmatrix}\boldsymbol{P}^{-1}\boldsymbol{\alpha}^{(1)}$$

$$\approx\begin{bmatrix}-0.5287 & -0.7071 & 0.5345\\ -0.7464 & 0 & -0.8018\\ -0.4043 & 0.7071 & 0.2673\end{bmatrix}\begin{bmatrix}1 & 0 & 0\\ 0 & 0 & 0\\ 0 & 0 & 0\end{bmatrix}$$

$$
\begin{bmatrix} -0.5955 & -0.5955 & -0.5955 \\ -0.5500 & -0.0786 & 0.8642 \\ 0.5543 & -0.6929 & 0.5543 \end{bmatrix} \begin{bmatrix} 0.05 \\ 0.8 \\ 0.15 \end{bmatrix}
$$

$$
= \begin{bmatrix} 0.3148 \\ 0.4444 \\ 0.2407 \end{bmatrix} = \boldsymbol{\beta}.
$$

由推导过程可知，100 个周期以后三个状态的人数比例向量趋于稳定值 $\boldsymbol{\beta}$.

此外，读者还可以通过“北太天元软件”编程验证：当初始向量分别取

$$
\boldsymbol{\alpha}^{(1)} = \begin{bmatrix} 0.2 \\ 0.2 \\ 0.6 \end{bmatrix}, \begin{bmatrix} 0.3 \\ 0.3 \\ 0.4 \end{bmatrix}, \begin{bmatrix} 0.9 \\ 0.05 \\ 0.05 \end{bmatrix}, \cdots
$$

时，100 个周期以后三个状态的人数比例向量仍然趋于稳定值 $\boldsymbol{\beta}$. 动力学上把 $\boldsymbol{\beta}$ 称为吸引子.

本题的另外一种解法如下：

三个三维特征向量构成的向量组 $\boldsymbol{\eta}_1$，$\boldsymbol{\eta}_2$，$\boldsymbol{\eta}_3$ 线性无关，则该向量组必然是三维向量空间的一个基底，故任意一个三维向量均可由 $\boldsymbol{\eta}_1$，$\boldsymbol{\eta}_2$，$\boldsymbol{\eta}_3$ 线性表出，不妨设

$$
\boldsymbol{\alpha}^{(1)} = c_1\boldsymbol{\eta}_1 + c_2\boldsymbol{\eta}_2 + c_3\boldsymbol{\eta}_3, \tag{6.3.8}
$$

$$
\begin{aligned}
\boldsymbol{\alpha}^{(n)} &= \boldsymbol{A}\boldsymbol{\alpha}^{(n-1)} = \cdots = \boldsymbol{A}^{n-1}\boldsymbol{\alpha}^{(1)} \\
&= \boldsymbol{A}^{n-1}(c_1\boldsymbol{\eta}_1 + c_2\boldsymbol{\eta}_2 + c_3\boldsymbol{\eta}_3) \\
&= c_1\boldsymbol{A}^{n-1}\boldsymbol{\eta}_1 + c_2\boldsymbol{A}^{n-1}\boldsymbol{\eta}_2 + c_3\boldsymbol{A}^{n-1}\boldsymbol{\eta}_3 \\
&= c_1\lambda_1{}^{n-1}\boldsymbol{\eta}_1 + c_2\lambda_2{}^{n-1}\boldsymbol{\eta}_2 + c_3\lambda_3{}^{n-1}\boldsymbol{\eta}_3 \\
&= c_1 1^{n-1}\boldsymbol{\eta}_1 + c_2 0.4^{n-1}\boldsymbol{\eta}_2 + c_3 0.1^{n-1}\boldsymbol{\eta}_3 \\
&\xrightarrow{n\to\infty} c_1\boldsymbol{\eta}_1.
\end{aligned}
$$

显然，c_1，c_2，c_3 可以通过求解非齐次方程组(6.3.8)获得.

例 6.3.9　解如下微分方程组：

$$
\begin{cases} x_1'(t) = 3x_1(t) + x_2(t), \\ x_2'(t) = x_1(t) + 2x_2(t) + x_3(t), \\ x_3'(t) = x_2(t) + 3x_3(t). \end{cases}
$$

解　令 $\boldsymbol{\alpha}(t) = [x_1(t), x_2(t), x_3(t)]^{\mathrm{T}}$，则

$$
\boldsymbol{\alpha}'(t) = [x_1'(t), x_2'(t), x_3'(t)]^{\mathrm{T}},
$$

有

$$
\boldsymbol{\alpha}'(t) = \boldsymbol{A}\boldsymbol{\alpha}(t),
$$

其中，

$$
\boldsymbol{A} = \begin{bmatrix} 3 & 1 & 0 \\ 1 & 2 & 1 \\ 0 & 1 & 3 \end{bmatrix}.
$$

易求得 $\boldsymbol{A}$ 的特征值为 $\lambda_1=1$，$\lambda_2=3$，$\lambda_3=4$.

$\lambda_1=1$ 时，解 $(\boldsymbol{I}-\boldsymbol{A})\boldsymbol{\alpha}=0$，得相应特征向量 $\boldsymbol{\xi}_1=[1,\ -2,\ 1]^{\mathrm{T}}$.

$\lambda_2=3$ 时，解 $(3\boldsymbol{I}-\boldsymbol{A})\boldsymbol{\alpha}=0$，得相应特征向量 $\boldsymbol{\xi}_2=[1,\ 0,\ -1]^{\mathrm{T}}$.

$\lambda_3=4$ 时，解 $(4\boldsymbol{I}-\boldsymbol{A})\boldsymbol{\alpha}=0$，得相应特征向量 $\boldsymbol{\xi}_3=[1,\ 1,\ 1]^{\mathrm{T}}$.

令 $\boldsymbol{P}=[\boldsymbol{\xi}_1,\ \boldsymbol{\xi}_2,\ \boldsymbol{\xi}_3]=\begin{bmatrix}1 & 1 & 1\\ -2 & 0 & 1\\ 1 & -1 & 1\end{bmatrix}$，则

$$\boldsymbol{P}^{-1}\boldsymbol{A}\boldsymbol{P}=\operatorname{diag}(1,\ 3,\ 4).$$

令 $\boldsymbol{\alpha}(t)=\boldsymbol{P}\boldsymbol{\gamma}(t)$，其中，$\boldsymbol{\gamma}(t)=[y_1(t),\ y_2(t),\ y_3(t)]^{\mathrm{T}}$，则 $\boldsymbol{\alpha}'(t)=\boldsymbol{P}\boldsymbol{\gamma}'(t)$，有

$$\boldsymbol{P}\boldsymbol{\gamma}'(t)=\boldsymbol{A}\boldsymbol{P}\boldsymbol{\gamma}(t),$$

即

$$\boldsymbol{\gamma}'(t)=\boldsymbol{P}^{-1}\boldsymbol{A}\boldsymbol{P}\boldsymbol{\gamma}(t)=\operatorname{diag}(1,\ 3,\ 4)\boldsymbol{\gamma}(t).$$

所以有

$$\begin{bmatrix}y_1'(t)\\ y_2'(t)\\ y_3'(t)\end{bmatrix}=\begin{bmatrix}y_1(t)\\ 3y_2(t)\\ 4y_3(t)\end{bmatrix},$$

$$\begin{bmatrix}y_1(t)\\ y_2(t)\\ y_3(t)\end{bmatrix}=\begin{bmatrix}c_1\mathrm{e}^{t}\\ c_2\mathrm{e}^{3t}\\ c_3\mathrm{e}^{4t}\end{bmatrix},\quad (c_i\in\mathbf{R},\ i=1,\ 2,\ 3)$$

$$\boldsymbol{\alpha}(t)=\boldsymbol{P}\boldsymbol{\gamma}(t)=\begin{bmatrix}1 & 1 & 1\\ -2 & 0 & 1\\ 1 & -1 & 1\end{bmatrix}\begin{bmatrix}c_1\mathrm{e}^{t}\\ c_2\mathrm{e}^{3t}\\ c_3\mathrm{e}^{4t}\end{bmatrix}=\begin{bmatrix}c_1\mathrm{e}^{t}+c_2\mathrm{e}^{3t}+c_3\mathrm{e}^{4t}\\ -2c_1\mathrm{e}^{t}+c_3\mathrm{e}^{4t}\\ c_1\mathrm{e}^{t}-c_2\mathrm{e}^{3t}+c_3\mathrm{e}^{4t}\end{bmatrix}.$$

习题 6

1. 求下列矩阵的特征值与特征向量.

(1) $\begin{bmatrix}1 & 2\\ 3 & 4\end{bmatrix}$；　　(2) $\begin{bmatrix}-1 & 7\\ 7 & 9\end{bmatrix}$；

(3) $\begin{bmatrix}1 & 3 & 1\\ 3 & 2 & 3\\ 1 & 3 & 1\end{bmatrix}$；　　(4) $\begin{bmatrix}0 & 1 & -3\\ 1 & 0 & 1\\ -3 & 1 & 0\end{bmatrix}$.

2. $\boldsymbol{P}=\begin{bmatrix}2 & 0 & 1\\ 1 & 3 & 1\\ 1 & 2 & 4\end{bmatrix}$，$\boldsymbol{\Lambda}=\begin{bmatrix}2 & 0 & 0\\ 0 & -1 & 0\\ 0 & 0 & 1\end{bmatrix}$，$\boldsymbol{\Lambda}=\boldsymbol{P}^{-1}\boldsymbol{A}\boldsymbol{P}$，

$\boldsymbol{B}=7\boldsymbol{A}^4+12\boldsymbol{A}^3+7\boldsymbol{A}^2+5\boldsymbol{A}+3\boldsymbol{I}$，

$\boldsymbol{C}=\boldsymbol{A}^4-3\boldsymbol{A}^3-\boldsymbol{A}^2-2\boldsymbol{A}+16\boldsymbol{I}$.

求证：(1) $|\boldsymbol{B}|=0$；(2) $\boldsymbol{C}$ 不可逆.

3. 下列哪些矩阵可以对角化？若可对角化，求出可逆阵 $\boldsymbol{P}$，使得 $\boldsymbol{P}^{-1}\boldsymbol{A}\boldsymbol{P}=\boldsymbol{\Lambda}$ 为对角阵.

(1) $\begin{bmatrix}1&3&1\\2&0&5\\0&2&4\end{bmatrix}$；　(2) $\begin{bmatrix}1&0&0\\2&0&0\\3&2&1\end{bmatrix}$；

(3) $\begin{bmatrix}0&1&2\\1&0&1\\2&1&0\end{bmatrix}$；　(4) $\begin{bmatrix}1&2&3\\2&3&1\\3&1&2\end{bmatrix}$.

4. 用施密特正交规范化方法将下列向量组正交规范化.

Ⅰ：$\boldsymbol{\alpha}_1=[-1,\ -2,\ 3,\ 2]$，$\boldsymbol{\alpha}_2=[0,\ -1,\ 1,\ 2]$，$\boldsymbol{\alpha}_3=[-16,\ 0,\ -2,\ 1]$.

Ⅱ：$\boldsymbol{\beta}_1=[1,\ 4,\ 7]^{\mathrm{T}}$，$\boldsymbol{\beta}_2=[2,\ 5,\ 8]^{\mathrm{T}}$，$\boldsymbol{\beta}_3=[3,\ 6,\ 10]^{\mathrm{T}}$.

Ⅲ：$\boldsymbol{\eta}_1=\begin{bmatrix}0\\-1\\1\end{bmatrix}$，$\boldsymbol{\eta}_2=\begin{bmatrix}1\\1\\1\end{bmatrix}$，$\boldsymbol{\eta}_3=\begin{bmatrix}1\\-1\\-1\end{bmatrix}$.

5. 对以下实对称矩阵 $\boldsymbol{A}$，求正交矩阵 $\boldsymbol{Q}$，使得 $\boldsymbol{Q}^{\mathrm{T}}\boldsymbol{A}\boldsymbol{Q}$ 为对角阵.

(1) $\begin{bmatrix}0&-1&1\\-1&0&1\\1&1&0\end{bmatrix}$；　(2) $\begin{bmatrix}1&3&-2\\3&2&1\\-2&1&1\end{bmatrix}$；

(3) $\begin{bmatrix}1&-2&1\\-2&0&-2\\1&-2&1\end{bmatrix}$；　(4) $\begin{bmatrix}0&-1&0\\-1&2&-1\\0&-1&0\end{bmatrix}$.

6. 求出下列齐次线性方程组的一个正交规范的基础解系.

(1) $\begin{cases}x_1+3x_2-2x_3+x_4=0,\\2x_1+5x_2+\ x_3\qquad=0;\end{cases}$

(2) $\begin{cases}x_1+2x_2-\ 7x_3=0,\\-3x_1+6x_2+21x_3=0.\end{cases}$

7. 设 $\boldsymbol{A}=\begin{bmatrix}0.8&1&2\\0&0.6&1\\0&0&0.4\end{bmatrix}$，求 $\lim\limits_{n\to\infty}\boldsymbol{A}^n$.

8. 设 $x_0=-1$，$y_0=1$，$x_n=2x_{n-1}-y_{n-1}$，$y_n=\dfrac{3}{2}x_{n-1}-\dfrac{1}{2}y_{n-1}$，求：$\lim\limits_{n\to\infty}x_n$ 及 $\lim\limits_{n\to\infty}y_n$.

9. 设非零向量 $\boldsymbol{\alpha}=[a_1,\ a_2,\ \cdots,\ a_n]^{\mathrm{T}}$，$\boldsymbol{\beta}=[b_1,\ b_2,\ \cdots,\ b_n]^{\mathrm{T}}$ 且 $(\boldsymbol{\alpha},\ \boldsymbol{\beta})=0$，令 $\boldsymbol{A}=\boldsymbol{\alpha}\cdot\boldsymbol{\beta}^{\mathrm{T}}$，求：

(1) $\boldsymbol{A}^2$；

(2)$\boldsymbol{A}$ 的特征值与特征向量.

10. 设 $\boldsymbol{A}=\begin{bmatrix}2&1&1\\1&2&1\\1&1&2\end{bmatrix}$ 的逆 $\boldsymbol{A}^{-1}$ 有一个特征向量为 $\boldsymbol{\beta}=\begin{bmatrix}1\\k\\1\end{bmatrix}$，求 k 的值.

11. 三阶实对称矩阵 $\boldsymbol{A}$ 的特征值是 1，2，3，$\boldsymbol{A}$ 的属于特征值 1，2 的特征向量分别是 $\boldsymbol{\beta}_1=[-1,\ -1,\ 1]^{\mathrm{T}}$，$\boldsymbol{\beta}_2=[1,\ -2,\ -1]^{\mathrm{T}}$.

(1)求 $\boldsymbol{A}$ 的属于特征值 3 的特征向量；

(2)求方阵 $\boldsymbol{A}$.

12. 设 $\boldsymbol{A}=\begin{bmatrix}2&0&0\\0&0&1\\0&1&x\end{bmatrix}$，$\boldsymbol{B}=\begin{bmatrix}2&0&0\\0&y&0\\0&0&-1\end{bmatrix}$，且 $\boldsymbol{A}\backsim\boldsymbol{B}$，求：

(1)x，y 的值；

(2)可逆阵 $\boldsymbol{P}$，使得 $\boldsymbol{P}^{-1}\boldsymbol{A}\boldsymbol{P}=\boldsymbol{B}$.

13. 设 n 阶矩阵 $\boldsymbol{A}$ 的各行元素之和为 7.

(1)求证：$\lambda=7$ 是 $\boldsymbol{A}$ 的一个特征值，且 $\boldsymbol{\beta}=[1,\ 1,\ \cdots,\ 1]^{\mathrm{T}}$ 是相应的特征向量；

(2)当 $\boldsymbol{A}$ 可逆时，$\boldsymbol{A}^{-1}$的各行元素之和为多少？矩阵 $3\boldsymbol{A}^{-1}+\boldsymbol{A}^2+2\boldsymbol{A}$ 的各行元素之和为多少？

14. 设 n 阶方阵 $\boldsymbol{A}$ 满足$(\boldsymbol{A}+\boldsymbol{I})^{2012}=\boldsymbol{0}$，证明 $\boldsymbol{A}$ 可逆.

15. 设 n 维向量 $\boldsymbol{\alpha}\neq\boldsymbol{0}$，$\boldsymbol{\gamma}\neq\boldsymbol{0}$，$n$ 阶矩阵 $\boldsymbol{A}$ 满足 $\boldsymbol{A}\boldsymbol{\alpha}=\lambda_1\boldsymbol{\alpha}$，$\boldsymbol{A}^{\mathrm{T}}\boldsymbol{\gamma}=\lambda_2\boldsymbol{\gamma}$，且 $\lambda_1\neq\lambda_2$，则 $\boldsymbol{\alpha}$ 与 $\boldsymbol{\gamma}$ 正交.

16. 三阶实对称矩阵 $\boldsymbol{A}$ 的三个特征值为$\lambda_1=\lambda_2=1$，$\lambda_3=2$，且对应于 $\lambda_1=\lambda_2=1$ 的特征向量为 $\boldsymbol{\eta}_1=[1,\ 1,\ -1]^{\mathrm{T}}$，$\boldsymbol{\eta}_2=[-4,\ -6,\ 6]^{\mathrm{T}}$.

(1)求 $\boldsymbol{A}$ 的属于特征值$\lambda_3=2$ 的特征向量；

(2)求矩阵 $\boldsymbol{A}$.

17. $\boldsymbol{A}$ 为 n 阶正交阵，λ 是 $\boldsymbol{A}$ 的特征值，证明 λ 的模为 1.

18. 设 $\boldsymbol{A}$ 为实对称矩阵，证明：必有实对称矩阵 $\boldsymbol{B}$，使得 $\boldsymbol{B}^{1001}=\boldsymbol{A}$.

19. 设 n 阶矩阵 $\boldsymbol{A}\neq 0$，若存在一个正整数 $m\geqslant 2$，使得 $\boldsymbol{A}^m=0$，证明：$\boldsymbol{A}$ 不可对角化.

20. 设 $\boldsymbol{A}$ 和 $\boldsymbol{B}$ 均是 n 阶实对称矩阵，且有正交阵 $\boldsymbol{T}$，使得 $\boldsymbol{T}^{-1}\boldsymbol{A}\boldsymbol{T}$ 及 $\boldsymbol{T}^{-1}\boldsymbol{B}\boldsymbol{T}$ 均是对角阵，证明：$\boldsymbol{A}\boldsymbol{B}$ 也是实对称矩阵.

在线练习 6

第 7 章　二次型

二次型理论，特别是二次型的算术理论，是以二次不定方程研究为根源，并在此基础上发展起来的研究领域. 随着二次型理论在物理、统计、优化、编码理论、组合理论、信息科学等领域体现出越来越重要的作用，人们对二次型及高次型的研究已经发展成一个独立的数学新分支，并吸引了众多的数学家投身其中①. 从 20 世纪 30 年代开始，被誉为"中国二次型研究开拓者"的数学家柯召院士在二次型领域做出了一系列重要工作，他和他的团队对二次型理论进行了系统、深入的研究，内容涉及表 n 元整系数正定二次型为线性型平方和问题、表 n 元整系数正定二次型为不可分解型之和问题以及幺模 n 元正定二次型的等价分类问题等.

§7.1　二次型及其矩阵表示

例 7.1.1　问 $7x^2+5y^2+2\sqrt{3}xy=4$ 表示平面上何种二次曲线?

分析　这不是一个标准方程，因此我们很难对该方程作出准确的判断. 但是一旦将坐标系 xOy 作一个旋转，那么问题就简单多了.

解　令

$$\begin{cases} x=\dfrac{1}{2}x'+\dfrac{\sqrt{3}}{2}y', \\ y=-\dfrac{\sqrt{3}}{2}x'+\dfrac{1}{2}y', \end{cases}$$

有

$$x'^2+\frac{y'^2}{\dfrac{1}{2}}=1.$$

显然，该方程表示一椭圆.

可是我们事先怎么知道要作一个什么样的旋转变换呢? 接下来我们就来讨论如何解决这类问题的一般性情形.

① 白苏华. 柯召传[M]. 北京:科学出版社，2010.

定义 7.1.1 称系数属于数域 P 的二次齐次多项式

$$
\begin{aligned}
f(x_1, x_2, \cdots, x_n) = a_{11}x_1^2 &+ 2a_{12}x_1x_2 + 2a_{13}x_1x_3 + \cdots + 2a_{1n}x_1x_n \\
&+ a_{22}x_2^2 + 2a_{23}x_2x_3 + \cdots + 2a_{2n}x_2x_n \\
&+ a_{33}x_3^2 + \cdots + 2a_{3n}x_3x_n \\
&+ \cdots \\
&+ a_{nn}x_n^2 \qquad (7.1.1)
\end{aligned}
$$

二次型的定义

为数域 P 上的一个 n 元二次型(quadratic form).

当 P 为实数域时，称 f 为实二次型；当 P 为复数域时，称 f 为复二次型. 本书只讨论实二次型.

称只含有平方项的二次型为标准二次型，简称标准形.

令 $a_{ij}=a_{ji}$，则 $2a_{ij}x_ix_j=a_{ij}x_ix_j+a_{ji}x_jx_i$，故(7.1.1)可写为

$$
\begin{aligned}
f(x_1, x_2, \cdots, x_n) &= a_{11}x_1^2 + a_{12}x_1x_2 + \cdots + a_{1n}x_1x_n \\
&\quad + a_{21}x_2x_1 + a_{22}x_2^2 + \cdots + a_{2n}x_2x_n \\
&\quad + \cdots \\
&\quad + a_{n1}x_nx_1 + a_{n2}x_nx_2 + \cdots + a_{nn}x_n^2 \\
&= \boldsymbol{\alpha}^{\mathrm{T}}\boldsymbol{A}\boldsymbol{\alpha}. \qquad (7.1.2)
\end{aligned}
$$

其中，$\boldsymbol{\alpha}=[x_1, x_2, \cdots, x_n]^{\mathrm{T}}$，$\boldsymbol{A}=\begin{bmatrix} a_{11} & a_{12} & \cdots & a_{1n} \\ a_{21} & a_{22} & \cdots & a_{2n} \\ \vdots & \vdots & & \vdots \\ a_{n1} & a_{n2} & \cdots & a_{nn} \end{bmatrix}$，且 $\boldsymbol{A}=\boldsymbol{A}^{\mathrm{T}}$.

称(7.1.2)为二次型 $f(x_1, x_2, \cdots, x_n)$的矩阵表示，实对称矩阵 $\boldsymbol{A}$ 称为 f 的矩阵. f 称为实对称矩阵 $\boldsymbol{A}$ 的二次型. $\boldsymbol{A}$ 的秩称为 f 的秩. 显然，标准二次型的矩阵是对角阵，对角阵对应的二次型是标准形. 此外，二次型和它的矩阵是相互唯一确定的.

例 7.1.2 设 $\boldsymbol{A}=\begin{bmatrix} 1 & 2 & 3 \\ 3 & 2 & 1 \\ 2 & 3 & 1 \end{bmatrix}$，$\boldsymbol{\alpha}=[x_1, x_2, x_3]^{\mathrm{T}}$，写出二次型 $f(\boldsymbol{\alpha})=\boldsymbol{\alpha}^{\mathrm{T}}\boldsymbol{A}\boldsymbol{\alpha}$ 的矩阵.

二次型矩阵表示例题

解 $\boldsymbol{A}$ 不是对称矩阵，因此二次型 f 中 x_ix_j 的系数为 $a_{ij}+a_{ji}(i\neq j)$，x_i^2 的系数为 a_{ii}，故二次型 f 的矩阵 $\boldsymbol{B}$ 中的元素 b_{ij} 可写为

$$
b_{ij}=\frac{a_{ij}+a_{ji}}{2} \qquad (i, j=1, 2, 3).
$$

故

$$
\boldsymbol{B}=\frac{1}{2}(\boldsymbol{A}+\boldsymbol{A}^{\mathrm{T}})=\begin{bmatrix} 1 & \frac{5}{2} & \frac{5}{2} \\ \frac{5}{2} & 2 & 2 \\ \frac{5}{2} & 2 & 1 \end{bmatrix}.
$$

例 7.1.3　设 $A=\begin{bmatrix}1&-1&1\\-1&2&\frac{1}{2}\\1&\frac{1}{2}&3\end{bmatrix}$，试写出以 A 为矩阵的二次型.

解　$f(\boldsymbol{\alpha})=\boldsymbol{\alpha}^{\mathrm{T}}\boldsymbol{A}\boldsymbol{\alpha}=x_1^2-2x_1x_2+2x_1x_3+2x_2^2+x_2x_3+3x_3^2.$

在二次型的研究中，核心问题之一是对给定的二次型(7.1.1)确定一个可逆矩阵(满秩矩阵)$\boldsymbol{P}$，使得通过可逆线性变换(满秩线性变换)

$$\boldsymbol{\alpha}=\boldsymbol{P}\boldsymbol{\gamma},$$

其中 $\boldsymbol{\alpha}=[x_1,x_2,\cdots,x_n]^{\mathrm{T}}$，$\boldsymbol{\gamma}=[y_1,y_2,\cdots,y_n]^{\mathrm{T}}$，将 f 化简成关于新变量 y_1，y_2，$\cdots$，y_n 的标准形，即

可逆线性替换

$$f(\boldsymbol{\alpha})=\boldsymbol{\alpha}^{\mathrm{T}}\boldsymbol{A}\boldsymbol{\alpha}=(\boldsymbol{P}\boldsymbol{\gamma})^{\mathrm{T}}\boldsymbol{A}(\boldsymbol{P}\boldsymbol{\gamma})=\boldsymbol{\gamma}^{\mathrm{T}}(\boldsymbol{P}^{\mathrm{T}}\boldsymbol{A}\boldsymbol{P})\boldsymbol{\gamma}$$

$$=\boldsymbol{\gamma}^{\mathrm{T}}\boldsymbol{\Lambda}\boldsymbol{\gamma}=\sum_{i=1}^{n}\lambda_i y_i^2.$$

故如果能找到满秩矩阵 $\boldsymbol{P}$，使得

$$\boldsymbol{P}^{\mathrm{T}}\boldsymbol{A}\boldsymbol{P}=\boldsymbol{\Lambda}$$

为对角阵，则很容易把(7.1.1)化为标准形.

定义 7.1.2　设 $\boldsymbol{A}$，$\boldsymbol{B}$ 是 n 阶矩阵，若存在可逆矩阵 $\boldsymbol{P}$，使得 $\boldsymbol{B}=\boldsymbol{P}^{\mathrm{T}}\boldsymbol{A}\boldsymbol{P}$，则称 $\boldsymbol{A}$ 与 $\boldsymbol{B}$ 合同(或 $\boldsymbol{A}$ 合同于 $\boldsymbol{B}$)，记为 $\boldsymbol{A}\backsimeq\boldsymbol{B}$.

容易验证合同关系有如下性质：

(1) 反身性，$\boldsymbol{A}\backsimeq\boldsymbol{A}$.

(2) 对称性，若 $\boldsymbol{A}\backsimeq\boldsymbol{B}$，则 $\boldsymbol{B}\backsimeq\boldsymbol{A}$.

(3) 传递性，若 $\boldsymbol{A}\backsimeq\boldsymbol{B}$，$\boldsymbol{B}\backsimeq\boldsymbol{C}$，则 $\boldsymbol{A}\backsimeq\boldsymbol{C}$.

合同矩阵

定理 7.1.1　任一实对称矩阵都合同于一对角阵.

证明　设 $\boldsymbol{A}$ 是一实对称阵. 由定理 6.3.3 知存在正交矩阵 $\boldsymbol{P}$，使得 $\boldsymbol{P}^{-1}\boldsymbol{A}\boldsymbol{P}=\boldsymbol{\Lambda}$ 为对角阵. 而正交矩阵 $\boldsymbol{P}$ 显然是可逆的，且 $\boldsymbol{P}^{-1}=\boldsymbol{P}^{\mathrm{T}}$，故 $\boldsymbol{P}^{\mathrm{T}}\boldsymbol{A}\boldsymbol{P}=\boldsymbol{\Lambda}$. 定理得证.

§7.2　二次型化为标准形

§7.2.1　正交变换法

二次齐次函数 $f(x_1,x_2,\cdots,x_n)$ 表示的是 n 维空间中的二次曲面，如果能把其化为平方和的形式，那么二次曲面的标准形式便确定了，从而也就确定了该二次曲面的形状. 因此，接下来我们就来研究如何通过可逆线性变换将一个二次型化简为只含平方项的标准形.

正交变换法化二次型为标准形

例 7.2.1 将二次型 $f(x_1, x_2, x_3)=x_1x_2+x_1x_3-3x_2x_3$ 化为标准形.

解 二次型 f 的矩阵为

$$\boldsymbol{A}=\begin{bmatrix} 0 & \frac{1}{2} & \frac{1}{2} \\ \frac{1}{2} & 0 & -\frac{3}{2} \\ \frac{1}{2} & -\frac{3}{2} & 0 \end{bmatrix}.$$

$\boldsymbol{A}$ 的特征多项式为

$$|\lambda\boldsymbol{I}-\boldsymbol{A}|=\begin{vmatrix} \lambda & -\frac{1}{2} & -\frac{1}{2} \\ -\frac{1}{2} & \lambda & \frac{3}{2} \\ -\frac{1}{2} & \frac{3}{2} & \lambda \end{vmatrix}=(\lambda-\frac{3}{2})(\lambda-\frac{\sqrt{17}-3}{4})(\lambda+\frac{\sqrt{17}+3}{4}).$$

$\boldsymbol{A}$ 有特征值 $\lambda_1=\frac{3}{2}$, $\lambda_2=\frac{\sqrt{17}-3}{4}$, $\lambda_3=-\frac{\sqrt{17}+3}{4}$.

$\lambda_1=\frac{3}{2}$ 时，解齐次方程组

$$(\frac{3}{2}\boldsymbol{I}-\boldsymbol{A})\boldsymbol{\alpha}=\begin{bmatrix} \frac{3}{2} & -\frac{1}{2} & -\frac{1}{2} \\ -\frac{1}{2} & \frac{3}{2} & \frac{3}{2} \\ -\frac{1}{2} & \frac{3}{2} & \frac{3}{2} \end{bmatrix}\begin{bmatrix} x_1 \\ x_2 \\ x_3 \end{bmatrix}=\begin{bmatrix} 0 \\ 0 \\ 0 \end{bmatrix},$$

得基础解系 $\boldsymbol{\xi}_1=[0, 1, -1]^{\mathrm{T}}$.

将其单位化，得

$$\boldsymbol{\eta}_1=[0, \frac{\sqrt{2}}{2}, -\frac{\sqrt{2}}{2}]^{\mathrm{T}}.$$

$\lambda_2=\frac{\sqrt{17}-3}{4}$ 时，解齐次方程组

$$(\frac{\sqrt{17}-3}{4}\boldsymbol{I}-\boldsymbol{A})\boldsymbol{\alpha}=\begin{bmatrix} \frac{\sqrt{17}-3}{4} & -\frac{1}{2} & -\frac{1}{2} \\ -\frac{1}{2} & \frac{\sqrt{17}-3}{4} & \frac{3}{2} \\ -\frac{1}{2} & \frac{3}{2} & \frac{\sqrt{17}-3}{4} \end{bmatrix}\begin{bmatrix} x_1 \\ x_2 \\ x_3 \end{bmatrix}=\begin{bmatrix} 0 \\ 0 \\ 0 \end{bmatrix},$$

得基础解系 $\boldsymbol{\xi}_2=\left[\frac{\sqrt{17}+3}{2}, 1, 1\right]^{\mathrm{T}}$.

将其单位化，得

$$\boldsymbol{\eta}_2=\left[\sqrt{\frac{3+\sqrt{17}}{2\sqrt{17}}},\sqrt{\frac{2}{17+3\sqrt{17}}},\sqrt{\frac{2}{17+3\sqrt{17}}}\right]^{\mathrm{T}}.$$

$\lambda_3=-\dfrac{\sqrt{17}+3}{4}$时，解齐次方程组

$$\left(-\frac{\sqrt{17}+3}{4}\boldsymbol{I}-\boldsymbol{A}\right)\boldsymbol{\alpha}=\begin{bmatrix}-\frac{\sqrt{17}+3}{4} & -\frac{1}{2} & -\frac{1}{2}\\ -\frac{1}{2} & -\frac{\sqrt{17}+3}{4} & \frac{3}{2}\\ -\frac{1}{2} & \frac{3}{2} & -\frac{\sqrt{17}+3}{4}\end{bmatrix}\begin{bmatrix}x_1\\x_2\\x_3\end{bmatrix}=\begin{bmatrix}0\\0\\0\end{bmatrix},$$

得基础解系 $\boldsymbol{\xi}_3=\left[\dfrac{3-\sqrt{17}}{2},1,1\right]^{\mathrm{T}}$.

将其单位化，得

$$\boldsymbol{\eta}_3=\left[-\sqrt{\frac{\sqrt{17}-3}{2\sqrt{17}}},\sqrt{\frac{2}{17-3\sqrt{17}}},\sqrt{\frac{2}{17-3\sqrt{17}}}\right]^{\mathrm{T}}.$$

令

$$\boldsymbol{P}=(\boldsymbol{\eta}_1,\boldsymbol{\eta}_2,\boldsymbol{\eta}_3)=\begin{bmatrix}0 & \sqrt{\frac{3+\sqrt{17}}{2\sqrt{17}}} & -\sqrt{\frac{\sqrt{17}-3}{2\sqrt{17}}}\\ \frac{\sqrt{2}}{2} & \sqrt{\frac{2}{17+3\sqrt{17}}} & \sqrt{\frac{2}{17-3\sqrt{17}}}\\ -\frac{\sqrt{2}}{2} & \sqrt{\frac{2}{17+3\sqrt{17}}} & \sqrt{\frac{2}{17-3\sqrt{17}}}\end{bmatrix},$$

则 $\boldsymbol{P}^{\mathrm{T}}$ 是正交矩阵，且

$$\boldsymbol{P}^{\mathrm{T}}\boldsymbol{A}\boldsymbol{P}=\boldsymbol{P}^{-1}\boldsymbol{A}\boldsymbol{P}=\boldsymbol{\Lambda}=\begin{bmatrix}\frac{3}{2} & 0 & 0\\ 0 & \frac{\sqrt{17}-3}{4} & 0\\ 0 & 0 & -\frac{\sqrt{17}+3}{4}\end{bmatrix}.$$

故作可逆线性变换(此处亦是正交变换)$\boldsymbol{\alpha}=\boldsymbol{P}\boldsymbol{\gamma}$ 得

$$f(\boldsymbol{\alpha})=\boldsymbol{\alpha}^{\mathrm{T}}\boldsymbol{A}\boldsymbol{\alpha}=(\boldsymbol{P}\boldsymbol{\gamma})^{\mathrm{T}}\boldsymbol{A}(\boldsymbol{P}\boldsymbol{\gamma})=\boldsymbol{\gamma}^{\mathrm{T}}\boldsymbol{P}^{\mathrm{T}}\boldsymbol{A}\boldsymbol{P}\boldsymbol{\gamma}=\boldsymbol{\gamma}^{\mathrm{T}}\boldsymbol{\Lambda}\boldsymbol{\gamma}$$

$$=\frac{3}{2}y_1^2+\frac{\sqrt{17}-3}{4}y_2^2-\frac{\sqrt{17}+3}{4}y_3^2.$$

这就是二次型 $f(\boldsymbol{\alpha})$的标准形.

从此例可以看出，在矩阵正交相似对角化过程中，如果进行精确计算，尽管是低阶矩阵其计算量也相当大，所以我们通常是在掌握计算原理之后，借助一些数值计算软件进行近似计算(参考第 8 章).

例 7.2.2 设 $f(\boldsymbol{\alpha})=2x_1^2+4x_1x_2-4x_1x_3+5x_2^2-8x_2x_3+5x_3^2$，试将 $f(\boldsymbol{\alpha})$化为标准形.

解 二次型 f 的矩阵为

$$\boldsymbol{A}=\begin{bmatrix}2&2&-2\\2&5&-4\\-2&-4&5\end{bmatrix}.$$

二次型标准化例题 1

$\boldsymbol{A}$ 的特征多项式为

$$|\lambda\boldsymbol{I}-\boldsymbol{A}|=\begin{vmatrix}\lambda-2&-2&2\\-2&\lambda-5&4\\2&4&\lambda-5\end{vmatrix}=(\lambda-1)^2(\lambda-10).$$

$\boldsymbol{A}$ 有特征值$\lambda_1=\lambda_2=1$，$\lambda_3=10$.

$\lambda_1=\lambda_2=1$ 时，解齐次方程组

$$(\boldsymbol{I}-\boldsymbol{A})\boldsymbol{\alpha}=\begin{bmatrix}-1&-2&2\\-2&-4&4\\2&4&-4\end{bmatrix}\begin{bmatrix}x_1\\x_2\\x_3\end{bmatrix}=\begin{bmatrix}0\\0\\0\end{bmatrix},$$

得基础解系 $\boldsymbol{\xi}_1=[0,\ 1,\ 1]^{\mathrm{T}}$，$\boldsymbol{\xi}_2=[2,\ 0,\ 1]^{\mathrm{T}}$.

将 $\boldsymbol{\xi}_1$，$\boldsymbol{\xi}_2$ 正交化，得

$$\boldsymbol{\beta}_1=\boldsymbol{\xi}_1=\begin{bmatrix}0\\1\\1\end{bmatrix},$$

$$\boldsymbol{\beta}_2=\boldsymbol{\xi}_2-\frac{(\boldsymbol{\xi}_2,\boldsymbol{\beta}_1)}{(\boldsymbol{\beta}_1,\boldsymbol{\beta}_1)}\cdot\boldsymbol{\beta}_1=\begin{bmatrix}2\\0\\1\end{bmatrix}-\frac{1}{2}\begin{bmatrix}0\\1\\1\end{bmatrix}=\begin{bmatrix}2\\-\frac{1}{2}\\\frac{1}{2}\end{bmatrix}.$$

再将 $\boldsymbol{\beta}_1$，$\boldsymbol{\beta}_2$ 单位化，得

$$\boldsymbol{\eta}_1=\frac{1}{\|\boldsymbol{\beta}_1\|}\cdot\boldsymbol{\beta}_1=\begin{bmatrix}0\\\frac{\sqrt{2}}{2}\\\frac{\sqrt{2}}{2}\end{bmatrix},\quad \boldsymbol{\eta}_2=\frac{1}{\|\boldsymbol{\beta}_2\|}\cdot\boldsymbol{\beta}_2=\begin{bmatrix}\frac{2\sqrt{2}}{3}\\-\frac{\sqrt{2}}{6}\\\frac{\sqrt{2}}{6}\end{bmatrix}.$$

$\lambda_3=10$ 时，解齐次方程组

$$(10\boldsymbol{I}-\boldsymbol{A})\boldsymbol{\alpha}=\begin{bmatrix}8&-2&2\\-2&5&4\\2&4&5\end{bmatrix}\begin{bmatrix}x_1\\x_2\\x_3\end{bmatrix}=\begin{bmatrix}0\\0\\0\end{bmatrix},$$

得基础解系 $\boldsymbol{\xi}_3=[\frac{1}{2},\ 1,\ -1]^{\mathrm{T}}$.

将其单位化，得

$$\boldsymbol{\eta}_3=\frac{1}{\|\boldsymbol{\xi}_3\|}\cdot\boldsymbol{\xi}_3=\begin{bmatrix}\frac{1}{3}\\\frac{2}{3}\\-\frac{2}{3}\end{bmatrix}.$$

令

$$\boldsymbol{P}=[\boldsymbol{\eta}_1,\boldsymbol{\eta}_2,\boldsymbol{\eta}_3]=\begin{bmatrix}0&\frac{2\sqrt{2}}{3}&\frac{1}{3}\\\frac{\sqrt{2}}{2}&-\frac{\sqrt{2}}{6}&\frac{2}{3}\\\frac{\sqrt{2}}{2}&\frac{\sqrt{2}}{6}&-\frac{2}{3}\end{bmatrix},$$

则 $\boldsymbol{P}$ 是正交矩阵，且

$$\boldsymbol{P}^{\mathrm{T}}\boldsymbol{A}\boldsymbol{P}=\boldsymbol{P}^{-1}\boldsymbol{A}\boldsymbol{P}=\boldsymbol{\Lambda}=\begin{bmatrix}1&0&0\\0&1&0\\0&0&10\end{bmatrix}.$$

故作可逆线性变换 $\boldsymbol{\alpha}=\boldsymbol{P}\boldsymbol{\gamma}$ 得

$$f(\boldsymbol{\alpha})=\boldsymbol{\alpha}^{\mathrm{T}}\boldsymbol{A}\boldsymbol{\alpha}=\boldsymbol{\gamma}^{\mathrm{T}}\boldsymbol{P}^{\mathrm{T}}\boldsymbol{A}\boldsymbol{P}\boldsymbol{\gamma}=\boldsymbol{\gamma}^{\mathrm{T}}\boldsymbol{\Lambda}\boldsymbol{\gamma}=y_1^2+y_2^2+10y_3^2.$$

上述方法具有一般性，即利用定理 7.1.1 很容易证明如下定理.

定理 7.2.1　任一实二次型 $f(\boldsymbol{\alpha})=\boldsymbol{\alpha}^{\mathrm{T}}\boldsymbol{A}\boldsymbol{\alpha}$，其中 $\boldsymbol{A}=\boldsymbol{A}^{\mathrm{T}}\in\mathbf{R}^{n\times n}$，则存在正交变换 $\boldsymbol{\alpha}=\boldsymbol{P}\boldsymbol{\gamma}$，其中 $\boldsymbol{P}$ 是正交矩阵，使得 $f(\boldsymbol{\alpha})$化为标准形，即

$$f(\boldsymbol{\alpha})=\lambda_1y_1^2+\lambda_2y_2^2+\cdots+\lambda_ny_n^2.$$

其中，λ_1，λ_2，…，λ_n 是$\boldsymbol{A}$ 的 n 个特征值.

例 7.2.3　求多元函数 $f(x,y,z)=x^2+3y^2+4z^2+4xy+2xz-2yz$ 在约束条件 $x^2+y^2+z^2=1$ 下的最大值与最小值.

解　令 $\boldsymbol{\alpha}=(x,y,z)^{\mathrm{T}}$，$\boldsymbol{A}=\begin{bmatrix}1&2&1\\2&3&-1\\1&-1&4\end{bmatrix}$，显然，$\|\boldsymbol{\alpha}\|^2=1$，则二次型

$$f(\boldsymbol{\alpha})=\boldsymbol{\alpha}^{\mathrm{T}}\boldsymbol{A}\boldsymbol{\alpha}.$$

易求得 $\boldsymbol{A}$ 的特征值$\lambda_1=4$，$\lambda_2=2+\sqrt{7}$，$\lambda_3=2-\sqrt{7}$.

由于$\boldsymbol{A}$ 是实对称矩阵，故存在正交阵 $\boldsymbol{P}$，使得

$$\boldsymbol{P}^{\mathrm{T}}\boldsymbol{A}\boldsymbol{P}=\mathrm{diag}(4,2+\sqrt{7},2-\sqrt{7}).$$

令 $\boldsymbol{\alpha}=\boldsymbol{P}\boldsymbol{\gamma}$，其中 $\boldsymbol{\gamma}=[x_1,y_1,z_1]^{\mathrm{T}}$. 有

$$1=\|\boldsymbol{\alpha}\|^2=\boldsymbol{\alpha}^{\mathrm{T}}\boldsymbol{\alpha}=\boldsymbol{\gamma}^{\mathrm{T}}\boldsymbol{P}^{\mathrm{T}}\boldsymbol{P}\boldsymbol{\gamma}=\boldsymbol{\gamma}^{\mathrm{T}}\boldsymbol{I}\boldsymbol{\gamma}=\|\boldsymbol{\gamma}\|^2=x_1^2+y_1^2+z_1^2.$$

以及

$$f(\boldsymbol{\alpha})=\boldsymbol{\alpha}^{\mathrm{T}}\boldsymbol{A}\boldsymbol{\alpha}=\boldsymbol{\gamma}^{\mathrm{T}}\boldsymbol{P}^{\mathrm{T}}\boldsymbol{A}\boldsymbol{P}\boldsymbol{\gamma}=\boldsymbol{\gamma}^{\mathrm{T}}\mathrm{diag}(4,\ 2+\sqrt{7},\ 2-\sqrt{7})\boldsymbol{\gamma}$$
$$=4x_1^2+(2+\sqrt{7})y_1^2+(2-\sqrt{7})z_1^2.$$

显然
$$f(\boldsymbol{\alpha})\geqslant(2-\sqrt{7})x_1^2+(2-\sqrt{7})y_1^2+(2-\sqrt{7})z_1^2$$
$$=(2-\sqrt{7})(x_1^2+y_1^2+z_1^2)$$
$$=2-\sqrt{7},$$

且$[x_1,\ y_1,\ z_1]^{\mathrm{T}}=[0,\ 0,\ 1]^{\mathrm{T}}$时等号可取到.

$$f(\boldsymbol{\alpha})\leqslant(2+\sqrt{7})x_1^2+(2+\sqrt{7})y_1^2+(2+\sqrt{7})z_1^2$$
$$=(2+\sqrt{7})(x_1^2+y_1^2+z_1^2)$$
$$=2+\sqrt{7},$$

且$[x_1,\ y_1,\ z_1]^{\mathrm{T}}=[0,\ 1,\ 0]^{\mathrm{T}}$ 时等号可取到.

综上，$2-\sqrt{7}\leqslant f(\boldsymbol{\alpha})\leqslant 2+\sqrt{7}$，所以多元函数 f 的最大值和最小值分别为 $2+\sqrt{7}$ 和 $2-\sqrt{7}$.

§7.2.2 配方法

将二次型化为标准形时，正交变换法非常重要，但是计算烦琐，且只能针对实二次型使用. 如果所作线性变换矩阵不要求是正交矩阵，而仅仅要求其可逆，那么我们可以用拉格朗日配方法来完成. 这种方法不需要求矩阵的特征值与特征向量，只需反复使用以下两个公式：

配方法化二次型为标准形

$$a^2+2ab+b^2=(a+b)^2,\quad a^2-b^2=(a+b)(a-b),$$

就能将二次型化为只含平方项的标准形.

例 7.2.4 用配方法将 $f(x_1,\ x_2,\ x_3)=x_1^2+x_3^2+x_1x_2$ 化为标准形.

解 $$f(x_1,\ x_2,\ x_3)=x_1^2+x_1x_2+\left(\frac{1}{2}x_2\right)^2-\left(\frac{1}{2}x_2\right)^2+x_3^2$$
$$=\left(x_1+\frac{1}{2}x_2\right)^2-\frac{1}{4}x_2^2+x_3^2.$$

令

$$\begin{cases}y_1=x_1+\dfrac{1}{2}x_2,\\ y_2=x_2,\\ y_3=x_3,\end{cases}$$

即

$$\begin{bmatrix}y_1\\y_2\\y_3\end{bmatrix}=\begin{bmatrix}1&\frac{1}{2}&0\\0&1&0\\0&0&1\end{bmatrix}\begin{bmatrix}x_1\\x_2\\x_3\end{bmatrix},$$

则
$$f(\boldsymbol{\alpha})=g(\boldsymbol{\gamma})=y_1^2-\frac{1}{4}y_2^2+y_3^2.$$

例 7.2.5　用配方法将 $f(\boldsymbol{\alpha})=x_1x_2+x_1x_3-3x_2x_3$ 化为标准形.

分析　此二次型中无平方项，故先用平方差公式作一次可逆线性变换，使新变量的二次型含平方项，再用例 7.2.4 中的办法化简.

二次型标准化
例题 2

解　令

$$\begin{cases}x_1=y_1+y_2,\\x_2=y_1-y_2,\\x_3=y_3,\end{cases}$$

即

$$\boldsymbol{\alpha}=\begin{bmatrix}x_1\\x_2\\x_3\end{bmatrix}=\begin{bmatrix}1&1&0\\1&-1&0\\0&0&1\end{bmatrix}\begin{bmatrix}y_1\\y_2\\y_3\end{bmatrix}=\boldsymbol{C\gamma},$$

则

$$\begin{aligned}f(\boldsymbol{\alpha})&=y_1^2-y_2^2+(y_1+y_2)\cdot y_3-3(y_1-y_2)y_3\\&=y_1^2-2y_1y_3-y_2^2+4y_2y_3\\&=(y_1-y_3)^2-y_2^2+4y_2y_3-y_3^2\\&=(y_1-y_3)^2-(y_2-2y_3)^2+3y_3^2.\end{aligned}$$

再令

$$\begin{cases}z_1=y_1-y_3,\\z_2=y_2-2y_3,\\z_3=y_3,\end{cases}$$

即

$$\boldsymbol{\theta}=\begin{bmatrix}z_1\\z_2\\z_3\end{bmatrix}=\begin{bmatrix}1&0&-1\\0&1&-2\\0&0&1\end{bmatrix}\begin{bmatrix}y_1\\y_2\\y_3\end{bmatrix}=\boldsymbol{D\gamma},$$

有

$$f(\boldsymbol{\alpha})=z_1^2-z_2^2+3z_3^2.$$

由 $\boldsymbol{\theta}=\boldsymbol{D\gamma}$，易得

$$\boldsymbol{\gamma}=\boldsymbol{D}^{-1}\boldsymbol{\theta}=\begin{bmatrix}1&0&1\\0&1&2\\0&0&1\end{bmatrix}\boldsymbol{\theta}.$$

所以

$$\boldsymbol{\alpha}=\boldsymbol{C\gamma}=\boldsymbol{CD}^{-1}\boldsymbol{\theta}=\begin{bmatrix}1&1&0\\1&-1&0\\0&0&1\end{bmatrix}\begin{bmatrix}1&0&1\\0&1&2\\0&0&1\end{bmatrix}\boldsymbol{\theta}=\begin{bmatrix}1&1&3\\1&-1&-1\\0&0&1\end{bmatrix}\boldsymbol{\theta}.$$

故

$$f(\boldsymbol{\alpha})=g(\boldsymbol{\theta})=z_1^2-z_2^2+3z_3^2$$

为标准形.

比较例 7.2.1 与例 7.2.4 的结果,易知二次型的标准形不唯一.

对于任一 n 元二次型,我们有如下结论.

定理 7.2.2 对于任一 n 元二次型 $f(\boldsymbol{\alpha})=\boldsymbol{\alpha}^{\mathrm{T}}\boldsymbol{A}\boldsymbol{\alpha}$ ($\boldsymbol{A}=\boldsymbol{A}^{\mathrm{T}}$),通过配平方处理都可以找到一个可逆线性替换 $\boldsymbol{\alpha}=\boldsymbol{C}\boldsymbol{\gamma}$,使得

$$f(\boldsymbol{\alpha})=g(\boldsymbol{\gamma})=d_1y_1^2+d_2y_2^2+\cdots+d_ny_n^2.$$

配方法结论

证明可参见文献[1].

推论 7.2.1 任意 n 阶对称矩阵 $\boldsymbol{A}$ 都合同于对角阵.

* §7.2.3 合同变换法

定理 7.2.3 对任意实对称矩阵 $\boldsymbol{A}$,存在初等矩阵 $\boldsymbol{E}_1$,$\boldsymbol{E}_2$,…,$\boldsymbol{E}_s$,使得

$$\boldsymbol{E}_s^{\mathrm{T}}\cdots\boldsymbol{E}_2^{\mathrm{T}}\boldsymbol{E}_1^{\mathrm{T}}\boldsymbol{A}\boldsymbol{E}_1\boldsymbol{E}_2\cdots\boldsymbol{E}_s=\boldsymbol{\Lambda}=\mathrm{diag}(d_1,\ d_2,\ \cdots,\ d_n).$$

证明 由定理 7.2.2 的推论知,存在可逆阵 $\boldsymbol{E}$,使得

$$\boldsymbol{E}^{\mathrm{T}}\boldsymbol{A}\boldsymbol{E}=\boldsymbol{\Lambda}=\mathrm{diag}(d_1,\ d_2,\ \cdots,\ d_n).$$

初等变换法化二次型为标准形

又 $\boldsymbol{E}$ 可逆,故存在一系列初等矩阵 $\boldsymbol{E}_1$,$\boldsymbol{E}_2$,…,$\boldsymbol{E}_s$,使得 $\boldsymbol{E}=\boldsymbol{E}_1\boldsymbol{E}_2\cdots\boldsymbol{E}_s$. 所以

$$[\boldsymbol{E}_1\boldsymbol{E}_2\cdots\boldsymbol{E}_s]^{\mathrm{T}}\boldsymbol{A}[\boldsymbol{E}_1\boldsymbol{E}_2\cdots\boldsymbol{E}_s]=\boldsymbol{\Lambda},$$

即

$$\boldsymbol{E}_s^{\mathrm{T}}\cdots\boldsymbol{E}_2^{\mathrm{T}}\boldsymbol{E}_1^{\mathrm{T}}\boldsymbol{A}\boldsymbol{E}_1\boldsymbol{E}_2\cdots\boldsymbol{E}_s=\boldsymbol{\Lambda}=\mathrm{diag}(d_1,\ d_2,\ \cdots,\ d_n).$$

定义 7.2.1 设 $\boldsymbol{E}$ 为初等矩阵,称变换 $\boldsymbol{A}\to\boldsymbol{E}^{\mathrm{T}}\boldsymbol{A}\boldsymbol{E}=\boldsymbol{B}$ 为对 $\boldsymbol{A}$ 作一次合同变换.

由定理 7.2.3 知,任一实对称矩阵 $\boldsymbol{A}$ 可以经过一系列合同变换化为对角阵,而实二次型的矩阵是实对称阵,故可通过一系列合同变换化二次型为标准形. 但是合同变换如何操作呢? 为了解决这一问题,我们先探讨初等矩阵的性质.

初等矩阵有三类,用初等矩阵左(右)乘某一矩阵相当于对该矩阵作一次相应类型的初等行(列)变换.

(1)初等矩阵 $\boldsymbol{E}(i,\ j)$是交换 $\boldsymbol{I}$ 的 i,j 两行(列)后所得对称阵,而 $\boldsymbol{E}(i,\ j)^{\mathrm{T}}\boldsymbol{A}\boldsymbol{E}(i,\ j)=\boldsymbol{E}(i,\ j)\boldsymbol{A}\boldsymbol{E}(i,\ j)$相当于先交换 $\boldsymbol{A}$ 的 i,j 两行得到 $\boldsymbol{E}(i,\ j)\boldsymbol{A}$ 后,再交换 $\boldsymbol{E}(i,\ j)\boldsymbol{A}$ 的 i,j 两列得到 $\boldsymbol{E}(i,\ j)^{\mathrm{T}}\boldsymbol{A}\boldsymbol{E}(i,\ j)$.

(2)初等矩阵 $\boldsymbol{E}(i(\boldsymbol{c}))$是用非零常数乘以 $\boldsymbol{I}$ 的第 i 行(列)后所得对称阵,$\boldsymbol{E}(i(\boldsymbol{c}))^{\mathrm{T}}\boldsymbol{A}\boldsymbol{E}(i(\boldsymbol{c}))=\boldsymbol{E}(i(\boldsymbol{c}))\boldsymbol{A}\boldsymbol{E}(i(\boldsymbol{c}))$相当于先将 $\boldsymbol{A}$ 的第 i 行乘以 $\boldsymbol{c}$ 得到 $\boldsymbol{E}(i(\boldsymbol{c}))\boldsymbol{A}$,再将 $\boldsymbol{E}(i(\boldsymbol{c}))\boldsymbol{A}$的第 i 列乘以 $\boldsymbol{c}$ 就得到 $\boldsymbol{E}(i(\boldsymbol{c}))^{\mathrm{T}}\boldsymbol{A}\boldsymbol{E}(i(\boldsymbol{c}))$.

(3)$\boldsymbol{E}(i,\ j(k))^{\mathrm{T}}=\boldsymbol{E}(i,\ j(k))$,$\boldsymbol{E}(i,\ j(k))^{\mathrm{T}}\boldsymbol{A}\boldsymbol{E}(i,\ j(k))=\boldsymbol{E}(i,\ j(k))\boldsymbol{A}\boldsymbol{E}(i,\ j(k))$相当于先将 $\boldsymbol{A}$ 的第 i 行的 k 倍加到第 j 行得到 $\boldsymbol{E}(i,\ j(k))\boldsymbol{A}$,再将 $\boldsymbol{E}(i,\ j(k))\boldsymbol{A}$ 的第 i 列的 k 倍加到第 j 列得到 $\boldsymbol{E}(i,\ j(k))^{\mathrm{T}}\boldsymbol{A}\boldsymbol{E}(i,\ j(k))$.

总结后的规律为：$A \xrightarrow{\text{初等行变换}} E^{\mathrm{T}}A \xrightarrow[\text{相同列变换}]{} E^{\mathrm{T}}AE.$

因此我们可以构造特殊的矩阵，对其作合同变换，使得合同变换后不仅可得到与 A 合同的对角阵，同时还可得到合同变换阵 E.

(1) $\begin{bmatrix} A \\ I \end{bmatrix} \to \begin{bmatrix} E_s^{\mathrm{T}} \cdots E_2^{\mathrm{T}} E_1^{\mathrm{T}} A E_1 E_2 \cdots E_s \\ I E_1 E_2 \cdots E_s \end{bmatrix} = \begin{bmatrix} E^{\mathrm{T}} A E \\ I E \end{bmatrix} = \begin{bmatrix} \Lambda \\ E \end{bmatrix}.$

(2) $(A, I) \to [E_s^{\mathrm{T}} \cdots E_2^{\mathrm{T}} E_1^{\mathrm{T}} A E_1 E_2 \cdots E_s,\ E_s^{\mathrm{T}} \cdots E_2^{\mathrm{T}} E_1^{\mathrm{T}} I] = [E^{\mathrm{T}} A E,\ E^{\mathrm{T}} I] = [\Lambda,\ E^{\mathrm{T}}].$

也就是说，对 A 作一系列合同变换使其化对角阵 $E^{\mathrm{T}}AE = \Lambda$ 时，只对 I 作其中的列变换，则 I 变为 E；若只对 I 作其中的行变换，则 I 变为 E^{T}.

例 7.2.6　用合同变换法化 $f(\boldsymbol{\alpha}) = x_1x_2 + x_1x_3 - 3x_2x_3$ 为标准形，并写出所用的可逆变换.

二次型标准化
例题 3

解　二次型 f 所对应的矩阵为

$$A = \begin{bmatrix} 0 & \frac{1}{2} & \frac{1}{2} \\ \frac{1}{2} & 0 & -\frac{3}{2} \\ \frac{1}{2} & -\frac{3}{2} & 0 \end{bmatrix},$$

$$\begin{bmatrix} A \\ I \end{bmatrix} = \begin{bmatrix} 0 & \frac{1}{2} & \frac{1}{2} \\ \frac{1}{2} & 0 & -\frac{3}{2} \\ \frac{1}{2} & -\frac{3}{2} & 0 \\ 1 & 0 & 0 \\ 0 & 1 & 0 \\ 0 & 0 & 1 \end{bmatrix} \xrightarrow[1\times\text{第 2 列}+\text{第 1 列}]{1\times\text{第 2 行}+\text{第 1 行}} \begin{bmatrix} 1 & \frac{1}{2} & -1 \\ \frac{1}{2} & 0 & -\frac{3}{2} \\ -1 & -\frac{3}{2} & 0 \\ 1 & 0 & 0 \\ 1 & 1 & 0 \\ 0 & 0 & 1 \end{bmatrix}$$

$$\xrightarrow[(-\frac{1}{2})\times\text{第 1 列}+\text{第 2 列}]{(-\frac{1}{2})\times\text{第 1 行}+\text{第 2 行}} \begin{bmatrix} 1 & 0 & -1 \\ 0 & -\frac{1}{4} & -1 \\ -1 & -1 & 0 \\ 1 & -\frac{1}{2} & 0 \\ 1 & \frac{1}{2} & 0 \\ 0 & 0 & 1 \end{bmatrix}$$

$$\xrightarrow[1\times\text{第 1 列}+\text{第 3 列}]{1\times\text{第 1 行}+\text{第 3 行}}\begin{bmatrix}1 & 0 & 0\\ 0 & -\frac{1}{4} & -1\\ 0 & -1 & -1\\ 1 & -\frac{1}{2} & 1\\ 1 & \frac{1}{2} & 1\\ 0 & 0 & 1\end{bmatrix}$$

$$\xrightarrow[(-4)\times\text{第 2 列}+\text{第 3 列}]{(-4)\times\text{第 2 行}+\text{第 3 行}}\begin{bmatrix}1 & 0 & 0\\ 0 & -\frac{1}{4} & 0\\ 0 & 0 & 3\\ 1 & -\frac{1}{2} & 3\\ 1 & \frac{1}{2} & -1\\ 0 & 0 & 1\end{bmatrix}=\begin{bmatrix}\boldsymbol{E}^{\mathrm{T}}\boldsymbol{AE}\\ \boldsymbol{E}\end{bmatrix}.$$

作可逆线性变换

$$\boldsymbol{\alpha}=\begin{bmatrix}1 & -\frac{1}{2} & 3\\ 1 & \frac{1}{2} & -1\\ 0 & 0 & 1\end{bmatrix}\cdot\boldsymbol{\gamma}=\boldsymbol{E}\cdot\boldsymbol{\gamma},$$

则

$$f(\boldsymbol{\alpha})=g(\boldsymbol{\gamma})=y_1^2-\frac{1}{4}y_2^2+3y_3^2.$$

§7.3 正定二次型

由例 7.2.1、例 7.2.4、例 7.2.5 可以发现实二次型的标准形并不唯一，但是标准形中所含的非零项数是相同的，且正(负)项的个数不变.这个结论具有普遍性，即:对任一实二次型

$$f(\boldsymbol{\alpha})=\boldsymbol{\alpha}^{\mathrm{T}}\boldsymbol{A\alpha}\quad(\boldsymbol{A}=\boldsymbol{A}^{\mathrm{T}}\in\mathbf{R}^{n\times n})$$

存在可逆线性变换 $\boldsymbol{\alpha}=\boldsymbol{P\gamma}$，使得

$$\begin{aligned}f(\boldsymbol{\alpha})&=\boldsymbol{\gamma}^{\mathrm{T}}\boldsymbol{P}^{\mathrm{T}}\boldsymbol{AP\gamma}=\boldsymbol{\gamma}^{\mathrm{T}}\boldsymbol{\Lambda\gamma}\\&=c_1y_1^2+\cdots+c_sy_s^2-d_1y_{s+1}^2-\cdots-d_ty_{s+t}^2+0\cdot y_{s+t+1}^2+\cdots+0\cdot y_n^2\\&=c_1y_1^2+\cdots+c_sy_s^2-d_1y_{s+1}^2-\cdots-d_ty_{s+t}^2.\end{aligned}\tag{7.3.1}$$

其中，$c_i>0$，$d_j>0$，$i=1,\cdots,s$，$j=1,\cdots,t$，且 $s+t=rank(\boldsymbol{A})=r$.

将(7.3.1)作如下可逆线性变换：

$$\begin{cases} z_i=\sqrt{c_i}\cdot y_i, & i=1,\cdots,s, \\ z_{s+j}=\sqrt{d_j}\cdot y_{s+j}, & j=1,\cdots,t, \\ z_{s+t+m}=y_{s+t+m}, & m=1,\cdots,n-r, \end{cases}$$

则

$$f(\boldsymbol{\alpha})=z_1^2+\cdots+z_s^2-z_{s+1}^2-\cdots-z_{s+t}^2\quad(s+t=rank(\boldsymbol{A})=r).\qquad(7.3.2)$$

称形如(7.3.2)的二次型为**规范形**(normal form)，s 称为**正惯性指标**，t 称为**负惯性指标**.

于是，我们引入如下的重要定理(证明过程可参见文献[1]).

定理 7.3.1(惯性定理)　任一实二次型总可以经过可逆线性变换化成规范形，且规范形是唯一的. 即正、负惯性指标是两个不变量.

惯性定理

推论 7.3.1　任意实对称矩阵 $\boldsymbol{A}$ 合同于对角阵 $\begin{bmatrix} \boldsymbol{I}_s & & \\ & -\boldsymbol{I}_t & \\ & & \boldsymbol{0} \end{bmatrix}$，其中 $s+t=rank(\boldsymbol{A})$. 即：$\forall \boldsymbol{A}\in\mathbf{R}^{n\times n}$，$\boldsymbol{A}=\boldsymbol{A}^{\mathrm{T}}$，$\exists$ 可逆阵 $\boldsymbol{P}\in\mathbf{R}^{n\times n}$ 使得

$$\boldsymbol{P}^{\mathrm{T}}\boldsymbol{A}\boldsymbol{P}=\mathrm{diag}(\boldsymbol{I}_s,\ -\boldsymbol{I}_t,\ \boldsymbol{0}),\quad s+t=rank(\boldsymbol{A}).$$

有了以上的准备工作，接下来我们讨论二次型的分类问题.

定义 7.3.1　设有 n 元实二次型 $f(\boldsymbol{\alpha})=\boldsymbol{\alpha}^{\mathrm{T}}\boldsymbol{A}\boldsymbol{\alpha}$，如果对任意 $\boldsymbol{\alpha}\neq\boldsymbol{0}$ 有

(1) $f(\boldsymbol{\alpha})>0$，则称 $f(\boldsymbol{\alpha})$ 为正定二次型.

(2) $f(\boldsymbol{\alpha})\geqslant 0$，则称 $f(\boldsymbol{\alpha})$ 为半正定二次型.

(3) $f(\boldsymbol{\alpha})<0$，则称 $f(\boldsymbol{\alpha})$ 为负定二次型.

(4) $f(\boldsymbol{\alpha})\leqslant 0$，则称 $f(\boldsymbol{\alpha})$ 为半负定二次型.

(5) $f(\boldsymbol{\alpha})$ 既可取到正值，又能取到负值，则称 $f(\boldsymbol{\alpha})$ 为不定二次型.

二次型分类

例 7.3.1　任意 $\boldsymbol{\alpha}\in\mathbf{R}^{n\times 1}$，$f(\boldsymbol{\alpha})=x_1^2+\cdots+x_n^2$ 是正定二次型，$g(\boldsymbol{\alpha})=x_1^2+x_2^2+\cdots+x_r^2\,(r<n)$ 是半正定二次型，$h(\boldsymbol{\alpha})=x_1^2+x_2^2+\cdots+x_s^2-x_{s+1}^2-\cdots-x_{s+t}^2\,(s+t<n)$ 是不定二次型.

对于 n 元二次型的规范形，设 s，t 分别是正、负惯性指标，容易验证：$s=n$ 时二次型正定；$t=n$ 时二次型负定；$n>s>0$ 且 $t=0$ 时二次型半正定；$n>t>0$ 且 $s=0$ 时二次型半负定；$s>0$ 且 $t>0$ 时二次型不定.

定义 7.3.2　设 $\boldsymbol{A}$ 为 n 阶实对称矩阵，$f(\boldsymbol{\alpha})=\boldsymbol{\alpha}^{\mathrm{T}}\boldsymbol{A}\boldsymbol{\alpha}$(半)正定，则称 $\boldsymbol{A}$ 为(半)正定矩阵，即(半)正定二次型的矩阵称为(半)正定矩阵.

关于二次型，有如下定理.

正定矩阵

定理 7.3.2　二次型经过可逆线性变换，其类型不变.

证明　设 $f(\boldsymbol{\alpha})=\boldsymbol{\alpha}^{\mathrm{T}}\boldsymbol{A}\boldsymbol{\alpha}$，$\boldsymbol{\alpha}=\boldsymbol{P}\boldsymbol{\gamma}$，$\boldsymbol{P}$ 可逆，则对任意 $\boldsymbol{\alpha}\neq\boldsymbol{0}$，有 $\boldsymbol{\gamma}\neq\boldsymbol{0}$，且对任意 $\boldsymbol{\gamma}\neq\boldsymbol{0}$，有 $\boldsymbol{\alpha}\neq\boldsymbol{0}$，$f(\boldsymbol{\alpha})=\boldsymbol{\alpha}^{\mathrm{T}}\boldsymbol{A}\boldsymbol{\alpha}=\boldsymbol{\gamma}^{\mathrm{T}}(\boldsymbol{P}^{\mathrm{T}}\boldsymbol{A}\boldsymbol{P})\boldsymbol{\gamma}$.

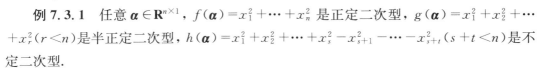

从而由定义 7.3.1，有 $\boldsymbol{\alpha}^{\mathrm{T}}\boldsymbol{A}\boldsymbol{\alpha}$ 正定(半正定，负定，半负定，不定)$\Leftrightarrow\boldsymbol{\gamma}^{\mathrm{T}}(\boldsymbol{P}^{\mathrm{T}}\boldsymbol{A}\boldsymbol{P})\boldsymbol{\gamma}$ 正定(半正定，负定，半负定，不定).

利用定理 7.3.2，对于一个一般的二次型，总可以先将其通过可逆线性变换化为规范形，然后再判断其类型.

定理 7.3.3 设 n 阶实矩阵 $\boldsymbol{A}=\boldsymbol{A}^{\mathrm{T}}$ 且 $f(\boldsymbol{\alpha})=\boldsymbol{\alpha}^{\mathrm{T}}\boldsymbol{A}\boldsymbol{\alpha}$ 是实二次型，则以下命题等价.

(1)$\boldsymbol{A}$ 为正定矩阵.

(2)$\boldsymbol{A}$ 的特征值全为正数.

(3)$f(\boldsymbol{\alpha})$的正惯性指标 $s=n$.

(4)$\boldsymbol{A}$ 合同于单位阵 $\boldsymbol{I}$.

(5)存在可逆实矩阵 $\boldsymbol{C}$，使得 $\boldsymbol{A}=\boldsymbol{C}^{\mathrm{T}}\boldsymbol{C}$.

证明 采用循环证法.

(1)$\Rightarrow$(2).

设 λ 是 $\boldsymbol{A}$ 的特征值，则存在 $\boldsymbol{\alpha}\neq\boldsymbol{0}$，使得

$$\boldsymbol{A}\boldsymbol{\alpha}=\lambda\boldsymbol{\alpha},$$

两端左乘 $\boldsymbol{\alpha}^{\mathrm{T}}$,有

$$\boldsymbol{\alpha}^{\mathrm{T}}\boldsymbol{A}\boldsymbol{\alpha}=\lambda\boldsymbol{\alpha}^{\mathrm{T}}\boldsymbol{\alpha},$$

又 $\boldsymbol{A}$ 是正定矩阵且 $\boldsymbol{\alpha}\neq\boldsymbol{0}$，故

$$\boldsymbol{\alpha}^{\mathrm{T}}\boldsymbol{\alpha}>0,$$

且

$$\boldsymbol{\alpha}^{\mathrm{T}}\boldsymbol{A}\boldsymbol{\alpha}>0,$$

所以

$$\lambda>0.$$

(2)$\Rightarrow$(3).

设 $\boldsymbol{A}$ 的特征值$\lambda_i>0(i=1, 2, \cdots, n)$，则存在正交变换 $\boldsymbol{\alpha}=\boldsymbol{Q}\boldsymbol{\gamma}$，使得

$$f(\boldsymbol{\alpha})=\boldsymbol{\alpha}^{\mathrm{T}}\boldsymbol{A}\boldsymbol{\alpha}=\lambda_1y_1^2+\cdots+\lambda_ny_n^2=\boldsymbol{\gamma}^{\mathrm{T}}\mathrm{diag}(\lambda_1,\cdots,\lambda_n)\boldsymbol{\gamma}.$$

再作可逆变换

$$\boldsymbol{\gamma}=\begin{bmatrix}\sqrt{\lambda_1}^{-1} & & & \\ & \sqrt{\lambda_2}^{-1} & & \\ & & \ddots & \\ & & & \sqrt{\lambda_n}^{-1}\end{bmatrix}\boldsymbol{\alpha}=\boldsymbol{C}\boldsymbol{\alpha},$$

有

$$\begin{aligned}f(\boldsymbol{\alpha})&=(\boldsymbol{C}\boldsymbol{\alpha})^{\mathrm{T}}\mathrm{diag}(\lambda_1,\cdots,\lambda_n)(\boldsymbol{C}\boldsymbol{\alpha})\\&=\boldsymbol{\alpha}^{\mathrm{T}}[\boldsymbol{C}^{\mathrm{T}}\mathrm{diag}(\lambda_1,\cdots,\lambda_n)\boldsymbol{C}]\boldsymbol{\alpha}\\&=\boldsymbol{\alpha}^{\mathrm{T}}\boldsymbol{I}\boldsymbol{\alpha}\\&=x_1^2+x_2^2+\cdots+x_n^2,\end{aligned}$$

故 f 的正惯性指标 $s=n$.

(3)⇒(4).

f 的正惯性指标 $s=n$，由惯性定理知存在可逆变换 $\boldsymbol{\alpha}=\boldsymbol{C\gamma}$，使得

$$f(\boldsymbol{\alpha})=\boldsymbol{\alpha}^{\mathrm{T}}\boldsymbol{A\alpha}=y_1^2+y_2^2+\cdots+y_n^2,$$

即

$$(\boldsymbol{C\gamma})^{\mathrm{T}}\boldsymbol{A}(\boldsymbol{C\gamma})=y_1^2+y_2^2+\cdots+y_n^2=\boldsymbol{\gamma}^{\mathrm{T}}\boldsymbol{\gamma},$$

$$\boldsymbol{\gamma}^{\mathrm{T}}\boldsymbol{C}^{\mathrm{T}}\boldsymbol{AC\gamma}=\boldsymbol{\gamma}^{\mathrm{T}}\boldsymbol{\gamma}.$$

即

$$\boldsymbol{\gamma}^{\mathrm{T}}(\boldsymbol{C}^{\mathrm{T}}\boldsymbol{AC}-\boldsymbol{I})\boldsymbol{\gamma}=0.$$

由 $\boldsymbol{\gamma}$ 的任意性知

$$\boldsymbol{C}^{\mathrm{T}}\boldsymbol{AC}-\boldsymbol{I}=\boldsymbol{O},$$

故

$$\boldsymbol{A}\cong\boldsymbol{I}.$$

(4)⇒(5).

$\boldsymbol{A}\cong\boldsymbol{I}$，则存在可逆阵 $\boldsymbol{P}$，使得 $\boldsymbol{P}^{\mathrm{T}}\boldsymbol{AP}=\boldsymbol{I}$. 故 $\boldsymbol{A}=(\boldsymbol{P}^{\mathrm{T}})^{-1}\boldsymbol{IP}^{-1}=(\boldsymbol{P}^{-1})^{\mathrm{T}}(\boldsymbol{P}^{-1})$，令 $\boldsymbol{C}=\boldsymbol{P}^{-1}$，则 $\boldsymbol{A}=\boldsymbol{C}^{\mathrm{T}}\boldsymbol{C}$.

(5)⇒(1).

$\boldsymbol{A}=\boldsymbol{C}^{\mathrm{T}}\boldsymbol{C}$，$\boldsymbol{C}$ 可逆，则 $\forall\boldsymbol{\alpha}\neq\boldsymbol{0}$，有 $\boldsymbol{C\alpha}\neq\boldsymbol{0}$ 且二次型

$$f(\boldsymbol{\alpha})=\boldsymbol{\alpha}^{\mathrm{T}}\boldsymbol{A\alpha}=\boldsymbol{\alpha}^{\mathrm{T}}\boldsymbol{C}^{\mathrm{T}}\boldsymbol{C\alpha}=(\boldsymbol{C\alpha})^{\mathrm{T}}(\boldsymbol{C\alpha})>0,$$

故 $\boldsymbol{A}$ 是正定矩阵.

推论 7.3.2　正定矩阵的行列式大于零.

例题

定理 7.3.4　设 n 阶阵 $\boldsymbol{A}=\boldsymbol{A}^{\mathrm{T}}$，$rank(\boldsymbol{A})=r$，$f(\boldsymbol{\alpha})=\boldsymbol{\alpha}^{\mathrm{T}}\boldsymbol{A\alpha}$ 是实二次型，则以下命题等价.

(1)$\boldsymbol{A}$ 为半正定矩阵.

(2)$\boldsymbol{A}$ 的特征值非负.

(3)$f(\boldsymbol{\alpha})$的正惯性指标 $s=r\leqslant n$.

(4)$\boldsymbol{A}$ 合同于对角阵 $\mathrm{diag}(\boldsymbol{I}_r, \boldsymbol{0})$.

(5)存在 n 阶矩阵 $\boldsymbol{C}$，使得 $\boldsymbol{A}=\boldsymbol{C}^{\mathrm{T}}\boldsymbol{C}$.

定理 7.3.3、7.3.4 是关于二次型正定与半正定的判断条件，我们一般不专门讨论二次型负定与半负定的判断条件. 因为要想判断 $f(\boldsymbol{\alpha})$是否是负定(或半负定)，我们只需判断负 $f(\boldsymbol{\alpha})$是否是正定(或半正定)就可以了.

关于正定二次型的判定，我们还有定理 7.3.5.

定义 7.3.3　设 $\boldsymbol{A}=(a_{ij})_n$，$\boldsymbol{A}$ 位于左上角的子式

$$D_k=\begin{vmatrix} a_{11} & a_{12} & \cdots & a_{1k} \\ a_{21} & a_{22} & \cdots & a_{2k} \\ \vdots & \vdots & & \vdots \\ a_{k1} & a_{k2} & \cdots & a_{kk} \end{vmatrix}\quad(k=1,\cdots,n)$$

分别称为 $\boldsymbol{A}$ 的 $k(k=1,\cdots,n)$ 阶顺序主子式.

定理 7.3.5(霍尔维茨定理) n 阶实数对称矩阵 $\boldsymbol{A}$ 为正定矩阵的充要条件是 $\boldsymbol{A}$ 的各阶顺序主子式都大于零.

霍尔维茨定理

证明 必要性.

设

$$\boldsymbol{A}=\begin{bmatrix} a_{11} & a_{12} & \cdots & a_{1n} \\ a_{21} & a_{22} & \cdots & a_{2n} \\ \vdots & \vdots & & \vdots \\ a_{n1} & a_{n2} & \cdots & a_{nn} \end{bmatrix},$$

$$\forall \boldsymbol{\alpha}=(x_1,\cdots,x_k,x_{k+1},\cdots,x_n)^{\mathrm{T}}\neq \boldsymbol{0},$$

n 元二次型

$$f(x_1,\cdots,x_k,x_{k+1},\cdots,x_n)=\boldsymbol{\alpha}^{\mathrm{T}}\boldsymbol{A}\boldsymbol{\alpha}>0.$$

令

$$\boldsymbol{A}_k=\begin{bmatrix} a_{11} & a_{12} & \cdots & a_{1k} \\ a_{21} & a_{22} & \cdots & a_{2k} \\ \vdots & \vdots & & \vdots \\ a_{k1} & a_{k2} & \cdots & a_{kk} \end{bmatrix}$$

则 $\boldsymbol{A}_k$ 必为实对称阵.

$$\forall \boldsymbol{\alpha}_k=(x_1,\cdots,x_k)^{\mathrm{T}}\neq \boldsymbol{0},$$

k 元二次型

$$f_k(x_1,\cdots,x_k)=\boldsymbol{\alpha}_k^{\mathrm{T}}\boldsymbol{A}_k\boldsymbol{\alpha}_k=f(x_1,\cdots,x_k,0,\cdots,0)>0,$$

故 $f_k(x_1,\cdots,x_k)=\boldsymbol{\alpha}_k^{\mathrm{T}}\boldsymbol{A}_k\boldsymbol{\alpha}_k$ 为正定二次型,$\boldsymbol{A}_k$ 为正定矩阵. 所以有

$$|\boldsymbol{A}_k|>0.$$

充分性. 对 n 作数学归纳.

(1) $n=1$ 时,结论显然成立.

(2)设 $n-1$ 时,结论成立. 下面证明 n 时结论成立. 将 n 阶实对称阵 $\boldsymbol{A}$ 分块如下:

$$\boldsymbol{A}=\begin{bmatrix} \boldsymbol{A}_{n-1} & \boldsymbol{\alpha} \\ \boldsymbol{\alpha}^{\mathrm{T}} & a_{nn} \end{bmatrix},$$

$\boldsymbol{A}_{n-1}$必为各阶顺序主子式均大于零的 $n-1$ 阶实对称矩阵. 由归纳假设,$\boldsymbol{A}_{n-1}$为 $n-1$ 阶正定矩阵. 存在 $n-1$ 阶可逆阵 $\boldsymbol{C}$,使得

$$\boldsymbol{C}^{\mathrm{T}}\boldsymbol{A}_{n-1}\boldsymbol{C}=\boldsymbol{I}_{n-1}.$$

令

$$\boldsymbol{P}=\begin{bmatrix} \boldsymbol{C} & -\boldsymbol{A}_{n-1}^{-1}\boldsymbol{\alpha} \\ \boldsymbol{0}^{\mathrm{T}} & 1 \end{bmatrix},$$

则 $\boldsymbol{P}$ 可逆且

$$\boldsymbol{P}^{\mathrm{T}}=\begin{bmatrix}\boldsymbol{C}^{\mathrm{T}} & \boldsymbol{0}\\ -\boldsymbol{\alpha}^{\mathrm{T}}(\boldsymbol{A}_{n-1}^{-1})^{\mathrm{T}} & 1\end{bmatrix}=\begin{bmatrix}\boldsymbol{C}^{\mathrm{T}} & \boldsymbol{0}\\ -\boldsymbol{\alpha}^{\mathrm{T}}\boldsymbol{A}_{n-1}^{-1} & 1\end{bmatrix}.$$

故

$$\begin{aligned}\boldsymbol{P}^{\mathrm{T}}\boldsymbol{A}\boldsymbol{P}&=\begin{bmatrix}\boldsymbol{C}^{\mathrm{T}}\boldsymbol{A}_{n-1} & \boldsymbol{C}^{\mathrm{T}}\boldsymbol{\alpha}\\ -\boldsymbol{\alpha}^{\mathrm{T}}\boldsymbol{A}_{n-1}^{-1}\boldsymbol{A}_{n-1}+\boldsymbol{\alpha}^{\mathrm{T}} & -\boldsymbol{\alpha}^{\mathrm{T}}\boldsymbol{A}_{n-1}^{-1}\boldsymbol{\alpha}+a_{nn}\end{bmatrix}\begin{bmatrix}\boldsymbol{C} & -\boldsymbol{A}_{n-1}^{-1}\boldsymbol{\alpha}\\ \boldsymbol{0}^{\mathrm{T}} & 1\end{bmatrix}\\
&=\begin{bmatrix}\boldsymbol{C}^{\mathrm{T}}\boldsymbol{A}_{n-1} & \boldsymbol{C}^{\mathrm{T}}\boldsymbol{\alpha}\\ \boldsymbol{0}^{\mathrm{T}} & a_{nn}-\boldsymbol{\alpha}^{\mathrm{T}}\boldsymbol{A}_{n-1}^{-1}\boldsymbol{\alpha}\end{bmatrix}\begin{bmatrix}\boldsymbol{C} & -\boldsymbol{A}_{n-1}^{-1}\boldsymbol{\alpha}\\ \boldsymbol{0}^{\mathrm{T}} & 1\end{bmatrix}\\
&=\begin{bmatrix}\boldsymbol{C}^{\mathrm{T}}\boldsymbol{A}_{n-1}\boldsymbol{C} & -\boldsymbol{C}^{\mathrm{T}}\boldsymbol{A}_{n-1}\boldsymbol{A}_{n-1}^{-1}\boldsymbol{\alpha}+\boldsymbol{C}^{\mathrm{T}}\boldsymbol{\alpha}\\ \boldsymbol{0}^{\mathrm{T}} & a_{nn}-\boldsymbol{\alpha}^{\mathrm{T}}\boldsymbol{A}_{n-1}^{-1}\boldsymbol{\alpha}\end{bmatrix}\\
&=\begin{bmatrix}\boldsymbol{I}_{n-1} & \boldsymbol{0}\\ \boldsymbol{0}^{\mathrm{T}} & a_{nn}-\boldsymbol{\alpha}^{\mathrm{T}}\boldsymbol{A}_{n-1}^{-1}\boldsymbol{\alpha}\end{bmatrix}.\end{aligned}$$

令

$$d=a_{nn}-\boldsymbol{\alpha}^{\mathrm{T}}A_{n-1}^{-1}\boldsymbol{\alpha},$$

则

$$\boldsymbol{A}\backsimeq\begin{bmatrix}\boldsymbol{I}_{n-1} & \boldsymbol{0}\\ \boldsymbol{0}^{\mathrm{T}} & d\end{bmatrix},$$

且

$$d=|\boldsymbol{P}|^2\cdot|\boldsymbol{A}|>0,$$

而

$$\begin{bmatrix}\boldsymbol{I}_{n-1} & \boldsymbol{0}\\ \boldsymbol{0}^{\mathrm{T}} & \sqrt{d}\end{bmatrix}^{\mathrm{T}}\begin{bmatrix}\boldsymbol{I}_{n-1} & \boldsymbol{0}\\ \boldsymbol{0}^{\mathrm{T}} & 1\end{bmatrix}\begin{bmatrix}\boldsymbol{I}_{n-1} & \boldsymbol{0}\\ \boldsymbol{0}^{\mathrm{T}} & \sqrt{d}\end{bmatrix}=\begin{bmatrix}\boldsymbol{I}_{n-1} & \boldsymbol{0}\\ \boldsymbol{0}^{\mathrm{T}} & d\end{bmatrix}.$$

故

$$\begin{bmatrix}\boldsymbol{I}_{n-1} & \boldsymbol{0}\\ \boldsymbol{0}^{\mathrm{T}} & d\end{bmatrix}\backsimeq\begin{bmatrix}\boldsymbol{I}_{n-1} & \boldsymbol{0}\\ \boldsymbol{0}^{\mathrm{T}} & 1\end{bmatrix}=\boldsymbol{I}_n.$$

由合同关系的传递性有

$$A\backsimeq\boldsymbol{I}_n.$$

所以 $\boldsymbol{A}$ 是 n 阶正定矩阵.

由归纳假设充分性得证.

推论 7.3.3　$\boldsymbol{A}$ 为 n 阶实对称矩阵，则二次型 $f(\boldsymbol{\alpha})=\boldsymbol{\alpha}^{\mathrm{T}}\boldsymbol{A}\boldsymbol{\alpha}$ 为负定二次型的充要条件是 $\boldsymbol{A}$ 的奇数阶顺序主子式小于零，而偶数阶顺序主子式大于零.

证明　$f(\boldsymbol{\alpha})=\boldsymbol{\alpha}^{\mathrm{T}}\boldsymbol{A}\boldsymbol{\alpha}$ 为负定二次型$\Leftrightarrow g(\boldsymbol{\alpha})=-f(\boldsymbol{\alpha})=-\boldsymbol{\alpha}^{\mathrm{T}}\boldsymbol{A}\boldsymbol{\alpha}$ 为正定二次型$\Leftrightarrow$ $-\boldsymbol{A}$为正定矩阵$\Leftrightarrow-\boldsymbol{A}$ 的各阶顺序主子式大于零$\Leftrightarrow\boldsymbol{A}$ 的奇数阶顺序主子式小于零，而偶数阶顺序主子式大于零.

例 7.3.2　求 t 的取值范围，使二次型

$$f(x_1,x_2,x_3)=tx_1^2+2x_2^2+tx_3^2+2x_1x_2+4x_1x_3+2x_2x_3$$

正定.

例题

解 二次型的矩阵 $\boldsymbol{A}=\begin{bmatrix} t & 1 & 2 \\ 1 & 2 & 1 \\ 2 & 1 & t \end{bmatrix}$.

二次型正定等价于 $\boldsymbol{A}$ 的三个顺序主子式大于零,故 $t>0$,

$$\begin{vmatrix} t & 1 \\ 1 & 2 \end{vmatrix}=2t-1>0,$$

$$\begin{vmatrix} t & 1 & 2 \\ 1 & 2 & 1 \\ 2 & 1 & t \end{vmatrix}=2(t-2)(t+1)>0.$$

综上,$t>2$ 时,$f(x_1,x_2,x_3)$为正定二次型.

例 7.3.3 设 $\boldsymbol{A}$ 是 n 阶正定矩阵,$\boldsymbol{I}$ 是 n 阶单位矩阵. 证明:$|\boldsymbol{A}+\boldsymbol{I}|>1$.

证明 设 $\lambda_1, \lambda_2, \cdots, \lambda_n$ 是 $\boldsymbol{A}$ 的特征值,$\boldsymbol{A}$ 正定. 故 $\lambda_i>0(i=1, 2, \cdots, n)$且 $\boldsymbol{A}+\boldsymbol{I}$ 的特征值是 $\lambda_1+1, \lambda_2+1, \cdots, \lambda_n+1$,所以

$$|\boldsymbol{A}+\boldsymbol{I}|=(\lambda_1+1)(\lambda_2+1)\cdots(\lambda_n+1)>1.$$

§7.4 二次型的应用

前面我们曾提到二次型有着广泛的应用,本节就从极值、科学计算、解析几何几个角度对二次型的应用作一个初步的探讨.

§7.4.1 多元函数的极值问题

设 $\boldsymbol{\alpha}=[x_1, x_2, \cdots, x_n]^{\mathrm{T}}\in\mathbf{R}^n$,$n$ 元函数 $y=f(\boldsymbol{\alpha})$(注:包括但不限于二次齐次多项式)在点 $\boldsymbol{\alpha}=(x_1^0, x_2^0, \cdots, x_n^0)^{\mathrm{T}}$ 的邻域有二阶连续偏导数

$$f_{ij}(\boldsymbol{\alpha})=\frac{\partial^2 f}{\partial x_i \partial x_j} \quad (i, j=1, 2, \cdots, n).$$

显然,$f_{ij}(\boldsymbol{\alpha})=f_{ji}(\boldsymbol{\alpha})(i, j=1, 2, \cdots, n)$.

记 $\Delta\boldsymbol{\alpha}=\boldsymbol{\alpha}-\boldsymbol{\alpha}_0=(h_1, h_2, \cdots, h_n)^{\mathrm{T}}$,$y=f(\boldsymbol{\alpha})$的梯度向量为

$$\mathbf{grad} f(\boldsymbol{\alpha})=\left[\frac{\partial f}{\partial x_1}, \frac{\partial f}{\partial x_2}, \cdots, \frac{\partial f}{\partial x_n}\right]^{\mathrm{T}}.$$

记 $y=f(\boldsymbol{\alpha})$所有二阶偏导数构成的矩阵为

$$H(\boldsymbol{\alpha})=\begin{bmatrix} f_{11}(\boldsymbol{\alpha}) & f_{12}(\boldsymbol{\alpha}) & \cdots & f_{1n}(\boldsymbol{\alpha}) \\ f_{21}(\boldsymbol{\alpha}) & f_{22}(\boldsymbol{\alpha}) & \cdots & f_{2n}(\boldsymbol{\alpha}) \\ \vdots & \vdots & & \vdots \\ f_{n1}(\boldsymbol{\alpha}) & f_{n2}(\boldsymbol{\alpha}) & \cdots & f_{nn}(\boldsymbol{\alpha}) \end{bmatrix}.$$

显然，$H(\boldsymbol{\alpha})=[H(\boldsymbol{\alpha})]^{\mathrm{T}}$.

定理 7.4.1　设 $y=f(\boldsymbol{\alpha})$在点 $\boldsymbol{\alpha}_0=(x_1^0, x_2^0, \cdots, x_n^0)^{\mathrm{T}}$ 的邻域内有定义、连续，且有一阶及二阶连续偏导数，则

(1)当 $\mathbf{grad}f(\boldsymbol{\alpha}_0)=\mathbf{0}$ 且 $H(\boldsymbol{\alpha}_0)$正定时，$y=f(\boldsymbol{\alpha})$在 $\boldsymbol{\alpha}_0$ 取极小值.

(2)当 $\mathbf{grad}f(\boldsymbol{\alpha}_0)=\mathbf{0}$ 且 $H(\boldsymbol{\alpha}_0)$负定时，$y=f(\boldsymbol{\alpha})$在 $\boldsymbol{\alpha}_0$ 取极大值.

(3)当 $\mathbf{grad}f(\boldsymbol{\alpha}_0)=\mathbf{0}$ 且 $H(\boldsymbol{\alpha}_0)$不定时，$\boldsymbol{\alpha}_0$ 不是 $y=f(\boldsymbol{\alpha})$的极值点.

(4)当 $\mathbf{grad}f(\boldsymbol{\alpha}_0)=\mathbf{0}$ 且 $H(\boldsymbol{\alpha}_0)$半正定(或半负定)时，不能确定 $\boldsymbol{\alpha}_0$ 是否为 $y=f(\boldsymbol{\alpha})$的极值点.

证明　将 $y=f(\boldsymbol{\alpha})$在 $\boldsymbol{\alpha}_0$ 处作多元泰勒展开有

$$f(\boldsymbol{\alpha}) = f(\boldsymbol{\alpha}_0) + \sum_{i=1}^{n} \frac{\partial f}{\partial x_i}(\boldsymbol{\alpha}_0)\cdot(x_i - x_i^0)$$

$$+\frac{1}{2!}\sum_{i=1}^{n}\sum_{j=1}^{n} f_{ij}(\boldsymbol{\alpha}_0+\theta\Delta\boldsymbol{\alpha})(x_i-x_i^0)(x_j-x_j^0).$$

其中，$0<\theta<1$，$\Delta\boldsymbol{\alpha}=(x_1-x_1^0, x_2-x_2^0, \cdots, x_n-x_n^0)^{\mathrm{T}}$.(注:可以参照一元泰勒展式理解)

令 $h_i=x_i-x_i^0(i=1,\cdots,n)$，由于 $\mathbf{grad}f(\boldsymbol{\alpha}_0)=\mathbf{0}$ 且 f_{ij} 连续，所以

$$f(\boldsymbol{\alpha})-f(\boldsymbol{\alpha}_0) = 0+\frac{1}{2!}\sum_{i=1}^{n}\sum_{j=1}^{n} f_{ij}(\boldsymbol{\alpha}_0+\theta\Delta\boldsymbol{\alpha})h_i h_j$$

$$=\frac{1}{2}(\Delta\boldsymbol{\alpha})^{\mathrm{T}}H(\boldsymbol{\alpha}_0+\theta\Delta\boldsymbol{\alpha})\cdot\Delta\boldsymbol{\alpha}.$$

当 $\|\Delta\boldsymbol{\alpha}\|$ 充分小时，可以证明二次型 $H(\boldsymbol{\alpha}_0+\theta\Delta\boldsymbol{\alpha})$与二次型 $H(\boldsymbol{\alpha}_0)$的类型是相同的. 故有：

(1)$H(\boldsymbol{\alpha}_0)$正定时，$H(\boldsymbol{\alpha}_0+\theta\Delta\boldsymbol{\alpha})$亦正定，$f(\boldsymbol{\alpha})-f(\boldsymbol{\alpha}_0)>0$，$y=f(\boldsymbol{\alpha})$在 $\boldsymbol{\alpha}_0$ 处取极小值.

(2)$H(\boldsymbol{\alpha}_0)$负定时,$H(\boldsymbol{\alpha}_0+\theta\Delta\boldsymbol{\alpha})$亦负定，$f(\boldsymbol{\alpha})-f(\boldsymbol{\alpha}_0)<0$，$y=f(\boldsymbol{\alpha})$在 $\boldsymbol{\alpha}_0$ 处取极大值.

(3)$H(\boldsymbol{\alpha}_0)$不定时，$H(\boldsymbol{\alpha}_0+\theta\Delta\boldsymbol{\alpha})$亦不定，$f(\boldsymbol{\alpha})-f(\boldsymbol{\alpha}_0)$可能大于零，也可能小于零，则 $\boldsymbol{\alpha}_0$ 不是 $y=f(\boldsymbol{\alpha})$的极值点.

(4)$H(\boldsymbol{\alpha}_0)$半正定(或半负定)时，$H(\boldsymbol{\alpha}_0+\theta\Delta\boldsymbol{\alpha})$亦半正定(或半负定)，$f(\boldsymbol{\alpha})-f(\boldsymbol{\alpha}_0)\geqslant 0$(或 $f(\boldsymbol{\alpha})-f(\boldsymbol{\alpha}_0)\leqslant 0$)，不能确定 $\boldsymbol{\alpha}_0$ 是否为 $f(\boldsymbol{\alpha})$的极值点.(注:可以这样理解，设想三维空间中某曲面上一点 P，它在 x 方向是拐点，而在 y 方向是极大点，此时 P 不是三维空间的极值点)

例 7.4.1　求函数 $f(x, y, z)=2x^4-x+y^2+z^2-yz+y+z$ 的极值.

解　$\mathbf{grad}f(x, y, z)=(f'_x, f'_y, f'_z)^{\mathrm{T}}=\begin{bmatrix} 8x^3-1 \\ 2y-z+1 \\ 2z-y+1 \end{bmatrix}$.

易得驻点 $\boldsymbol{\alpha}_0=[\frac{1}{2}, -1, -1]^{\mathrm{T}}$，则

$$H(\boldsymbol{\alpha}_0)=\begin{bmatrix} f_{11} & f_{12} & f_{13} \\ f_{21} & f_{22} & f_{23} \\ f_{31} & f_{32} & f_{33} \end{bmatrix}=\left.\begin{bmatrix} 24x^2 & 0 & 0 \\ 0 & 2 & -1 \\ 0 & -1 & 2 \end{bmatrix}\right|_{\boldsymbol{\alpha}_0}=\begin{bmatrix} 6 & 0 & 0 \\ 0 & 2 & -1 \\ 0 & -1 & 2 \end{bmatrix}.$$

显然 $H(\boldsymbol{\alpha}_0)$是正定矩阵. 故 $f(\boldsymbol{\alpha})$在 $\boldsymbol{\alpha}_0$ 处取极小值，即

$$f(\boldsymbol{\alpha}_0)=2\times(\frac{1}{2})^4-\frac{1}{2}+(-1)^2+(-1)^2-(-1)\times(-1)+(-1)+(-1)=-\frac{11}{8}.$$

§7.4.2　最小二乘法

在大规模科学与工程计算中，常涉及用一个给定的模型去拟合一大批测量数据，由于测量误差的存在，得到的往往是一个不相容的超定方程组. 这时通常采用最小二乘原理求超定方程组的最佳逼近解.

设 $\mathbf{A}=(a_{ij})_{m\times n}$，$\boldsymbol{b}\in\mathbf{R}^{n\times 1}$是已知数据，$\boldsymbol{\alpha}\in\mathbf{R}^{n\times 1}$是未知向量(待求的模型参数)，当 $m\gg n$ 时，有

$$\mathbf{A}\boldsymbol{\alpha}=\boldsymbol{b}, \tag{7.4.1}$$

式 7.4.1 表示一个超定方程组. 当 $rank(\mathbf{A})\neq rank(\mathbf{A},\boldsymbol{b})$，即 $rank(\mathbf{A})+1=rank(\mathbf{A},\boldsymbol{b})$ 时，方程组(7.4.1)无解.

现在考虑 n 维空间中的两个点，即向量 $\mathbf{A}\boldsymbol{\alpha}$ 与向量 $\boldsymbol{b}$，我们的目标是寻找恰当的向量 $\boldsymbol{\alpha}_0$(n 维空间中另外一个点)，使得点 $\mathbf{A}\boldsymbol{\alpha}$ 与点 $\boldsymbol{b}$ 的距离平方在 $\boldsymbol{\alpha}_0$ 处达到最小，即

$$\|\mathbf{A}\boldsymbol{\alpha}_0-\boldsymbol{b}\|^2=\min_{\boldsymbol{\alpha}\in\mathbf{R}^{n\times 1}}\|\mathbf{A}\boldsymbol{\alpha}-\boldsymbol{b}\|^2. \tag{7.4.2}$$

其中，$\boldsymbol{\alpha}_0$ 称为超定方程组(7.4.1)的最小二乘解.

令

$$\begin{aligned} f(\boldsymbol{\alpha}) &= \|\mathbf{A}\boldsymbol{\alpha}-\boldsymbol{b}\|^2 \\ &=(\mathbf{A}\boldsymbol{\alpha}-\boldsymbol{b},\mathbf{A}\boldsymbol{\alpha}-\boldsymbol{b}) \\ &=(\mathbf{A}\boldsymbol{\alpha}-\boldsymbol{b})^{\mathrm{T}}(\mathbf{A}\boldsymbol{\alpha}-\boldsymbol{b}) \\ &=(\boldsymbol{\alpha}^{\mathrm{T}}\mathbf{A}^{\mathrm{T}}-\boldsymbol{b}^{\mathrm{T}})(\mathbf{A}\boldsymbol{\alpha}-\boldsymbol{b}) \\ &=\boldsymbol{\alpha}^{\mathrm{T}}(\mathbf{A}^{\mathrm{T}}\mathbf{A})\boldsymbol{\alpha}-\boldsymbol{\alpha}^{\mathrm{T}}\mathbf{A}^{\mathrm{T}}\boldsymbol{b}-\boldsymbol{b}^{\mathrm{T}}\mathbf{A}\boldsymbol{\alpha}+\boldsymbol{b}^{\mathrm{T}}\boldsymbol{b} \\ &=\boldsymbol{\alpha}^{\mathrm{T}}(\mathbf{A}^{\mathrm{T}}\mathbf{A})\boldsymbol{\alpha}-2\boldsymbol{\alpha}^{\mathrm{T}}\mathbf{A}^{\mathrm{T}}\boldsymbol{b}+\boldsymbol{b}^{\mathrm{T}}\boldsymbol{b}, \end{aligned}$$

则

$$\mathbf{grad}f(\boldsymbol{\alpha})=2\mathbf{A}^{\mathrm{T}}\mathbf{A}\boldsymbol{\alpha}-2\mathbf{A}^{\mathrm{T}}\boldsymbol{b},$$

故 $f(\boldsymbol{\alpha})$的极值点满足方程组

$$\mathbf{A}^{\mathrm{T}}\mathbf{A}\boldsymbol{\alpha}=\mathbf{A}^{\mathrm{T}}\boldsymbol{b}. \tag{7.4.3}$$

而

$$H(\boldsymbol{\alpha})=\left[\frac{\partial^2 f}{\partial x_i\partial x_j}\right]_{n\times n}=2\mathbf{A}^{\mathrm{T}}\mathbf{A}$$

是半正定矩阵，故需进一步判断方程组(7.4.3)是否有解，如果有解，该解向量对应的点

是否为极小点.

定理 7.4.2　对任意 $\mathbf{A}\in\mathbf{R}^{m\times n}$，$\boldsymbol{\alpha}\in\mathbf{R}^{n\times 1}$，$\boldsymbol{b}\in\mathbf{R}^{n\times 1}$，方程组(7.4.3)一定有解.

证明　只需证明 $rank(\mathbf{A}^{\mathrm{T}}\mathbf{A})=rank(\mathbf{A}^{\mathrm{T}}\mathbf{A},\ \mathbf{A}^{\mathrm{T}}\boldsymbol{b})$就可以了.

首先我们来证明 $rank(\mathbf{A})=rank(\mathbf{A}^{\mathrm{T}}\mathbf{A})$.

考虑 $\mathbf{A}\boldsymbol{\alpha}=\mathbf{0}$ 与 $\mathbf{A}^{\mathrm{T}}\mathbf{A}\boldsymbol{\alpha}=\mathbf{0}$ 解的关系.

如果 $\mathbf{A}\boldsymbol{\alpha}=\mathbf{0}$，必有 $\mathbf{A}^{\mathrm{T}}\mathbf{A}\boldsymbol{\alpha}=\mathbf{0}$；如果 $\mathbf{A}^{\mathrm{T}}\mathbf{A}\boldsymbol{\alpha}=\mathbf{0}$，则 $\boldsymbol{\alpha}^{\mathrm{T}}\mathbf{A}^{\mathrm{T}}\mathbf{A}\boldsymbol{\alpha}=0$. 即：$(\mathbf{A}\boldsymbol{\alpha})^{\mathrm{T}}(\mathbf{A}\boldsymbol{\alpha})=0$. 则列向量 $\mathbf{A}\boldsymbol{\alpha}$ 长度为零，必有 $\mathbf{A}\boldsymbol{\alpha}=\mathbf{0}$.

因此 $\mathbf{A}\boldsymbol{\alpha}=\mathbf{0}$ 与 $\mathbf{A}^{\mathrm{T}}\mathbf{A}\boldsymbol{\alpha}=\mathbf{0}$ 同解. 则

$$rank(\mathbf{A})=rank(\mathbf{A}^{\mathrm{T}}\mathbf{A}),$$

所以

$$rank(\mathbf{A})=rank(\mathbf{A}^{\mathrm{T}}\mathbf{A})\leqslant rank(\mathbf{A}^{\mathrm{T}}\mathbf{A},\ \mathbf{A}^{\mathrm{T}}\boldsymbol{b})=rank(\mathbf{A}^{\mathrm{T}}(\mathbf{A},\ \boldsymbol{b}))\leqslant rank(\mathbf{A}^{\mathrm{T}})=rank(\mathbf{A}).$$

显然，上式只能都取等号. 故 $rank(\mathbf{A}^{\mathrm{T}}\mathbf{A})=rank(\mathbf{A}^{\mathrm{T}}\mathbf{A},\ \mathbf{A}^{\mathrm{T}}\boldsymbol{b})$. 定理得证.

定理 7.4.3　设 $\mathbf{A}\in\mathbf{R}^{m\times n}$，$\boldsymbol{b}\in\mathbf{R}^{n\times 1}$，$\boldsymbol{\alpha}\in\mathbf{R}^{n\times 1}$，$\boldsymbol{\alpha}_0$ 是方程组(7.4.3)的解，则 $\boldsymbol{\alpha}_0$ 是方程组(7.4.1)的最小二乘解.

证明　令 $f(\boldsymbol{\alpha})=\|\mathbf{A}\boldsymbol{\alpha}-\boldsymbol{b}\|^2$，只需证明 $\forall\,\boldsymbol{\alpha}\in\mathbf{R}^{n\times 1}$有 $f(\boldsymbol{\alpha}_0)\leqslant f(\boldsymbol{\alpha})$就可以了.

$$\begin{aligned}
f(\boldsymbol{\alpha})&=(\mathbf{A}\boldsymbol{\alpha}-\boldsymbol{b},\ \mathbf{A}\boldsymbol{\alpha}-\boldsymbol{b})\\
&=(\mathbf{A}\boldsymbol{\alpha}_0-\boldsymbol{b}+\mathbf{A}\boldsymbol{\alpha}-\mathbf{A}\boldsymbol{\alpha}_0,\ \mathbf{A}\boldsymbol{\alpha}_0-\boldsymbol{b}+\mathbf{A}\boldsymbol{\alpha}-\mathbf{A}\boldsymbol{\alpha}_0)\\
&=(\mathbf{A}\boldsymbol{\alpha}_0-\boldsymbol{b},\ \mathbf{A}\boldsymbol{\alpha}_0-\boldsymbol{b})+2(\mathbf{A}\boldsymbol{\alpha}_0-\boldsymbol{b},\ \mathbf{A}\boldsymbol{\alpha}-\mathbf{A}\boldsymbol{\alpha}_0)+(\mathbf{A}\boldsymbol{\alpha}-\mathbf{A}\boldsymbol{\alpha}_0,\ \mathbf{A}\boldsymbol{\alpha}-\mathbf{A}\boldsymbol{\alpha}_0)\\
&\geqslant(\mathbf{A}\boldsymbol{\alpha}_0-\boldsymbol{b},\ \mathbf{A}\boldsymbol{\alpha}_0-\boldsymbol{b})+2(\mathbf{A}\boldsymbol{\alpha}_0-\boldsymbol{b},\ \mathbf{A}\boldsymbol{\alpha}-\mathbf{A}\boldsymbol{\alpha}_0)\\
&=f(\boldsymbol{\alpha}_0)+2(\mathbf{A}\boldsymbol{\alpha}-\mathbf{A}\boldsymbol{\alpha}_0)^{\mathrm{T}}(\mathbf{A}\boldsymbol{\alpha}_0-\boldsymbol{b})\\
&=f(\boldsymbol{\alpha}_0)+2(\boldsymbol{\alpha}-\boldsymbol{\alpha}_0)^{\mathrm{T}}\cdot\mathbf{A}^{\mathrm{T}}(\mathbf{A}\boldsymbol{\alpha}_0-\boldsymbol{b})\\
&=f(\boldsymbol{\alpha}_0)+2(\boldsymbol{\alpha}-\boldsymbol{\alpha}_0)^{\mathrm{T}}(\mathbf{A}^{\mathrm{T}}\mathbf{A}\boldsymbol{\alpha}_0-\mathbf{A}^{\mathrm{T}}\cdot\boldsymbol{b})\\
&=f(\boldsymbol{\alpha}_0)+2(\boldsymbol{\alpha}-\boldsymbol{\alpha}_0)^{\mathrm{T}}\cdot\mathbf{0}\\
&=f(\boldsymbol{\alpha}_0).
\end{aligned}$$

定理得证.

一般地，我们称恰定方程组(7.4.3)是超定方程组(7.4.1)的正则方程组.

例 7.4.2　在某电路实验中，测得电压 V 与电流 I 的一组数据如下[5]：

V_i	1.00	1.25	1.50	1.75	2.00
I_i	5.10	5.79	6.53	7.45	8.46

试用最小二乘法找出电流与电压的函数关系.

解　将数据在 $V-O-I$ 坐标系中描出，发现它们近似构成一条指数曲线，故取 $I=a\cdot e^{bV}$(a，b 为待定参数)作为拟合数据的函数模型(此含参模型也可以由工程经验获得)，由于这是一个非线性模型，因此先设法将其线性化.

对函数 $I=a\cdot e^{bV}$ 两端取对数，有

$$\ln I=\ln a+bV.$$

令

$$\bar{y}=\ln I,\quad A=\ln a,\quad x=V,$$

则

$$\bar{y}=A+bx.$$

为了用最小二乘法求出 A，b，将(V_i, I_i)转化为$(x_i, \bar{y}_i)$：

$x_i=V_i$	1.00	1.25	1.50	1.75	2.00
$\bar{y}_i=\ln I_i$	1.629	1.756	1.876	2.008	2.135

建立超定方程组

$$\begin{cases}1.629=A+1.00b,\\1.756=A+1.25b,\\1.876=A+1.50b,\\2.008=A+1.75b,\\2.135=A+2.00b,\end{cases}$$

即

$$\begin{bmatrix}1&1.00\\1&1.25\\1&1.50\\1&1.75\\1&2.00\end{bmatrix}\begin{bmatrix}A\\b\end{bmatrix}=\begin{bmatrix}1.629\\1.756\\1.876\\2.008\\2.135\end{bmatrix}.$$

由定理 7.4.3 得正则方程组

$$\begin{bmatrix}1&1&1&1&1\\1.00&1.25&1.50&1.75&2.00\end{bmatrix}\begin{bmatrix}1&1.00\\1&1.25\\1&1.50\\1&1.75\\1&2.00\end{bmatrix}\begin{bmatrix}A\\b\end{bmatrix}$$

$$=\begin{bmatrix}1&1&1&1&1\\1.00&1.25&1.50&1.75&2.00\end{bmatrix}\begin{bmatrix}1.629\\1.756\\1.876\\2.008\\2.135\end{bmatrix},$$

即

$$\begin{bmatrix}\sum_{i=1}^{5}1&\sum_{i=1}^{5}x_i\\\sum_{i=1}^{5}x_i&\sum_{i=1}^{5}x_i^2\end{bmatrix}\begin{bmatrix}A\\b\end{bmatrix}=\begin{bmatrix}\sum_{i=1}^{5}\bar{y}_i\\\sum_{i=1}^{5}x_i\bar{y}_i\end{bmatrix},$$

也即

$$\begin{bmatrix} 5 & 7.5 \\ 7.5 & 11.875 \end{bmatrix}\begin{bmatrix} A \\ b \end{bmatrix}=\begin{bmatrix} 9.404 \\ 14.422 \end{bmatrix}.$$

解之得

$$A=1.1224,\ b=0.5056,$$

$$a=e^{A}=3.0722.$$

所以

$$I=3.0722e^{0.5056V}.$$

§7.4.3　二次型在解析几何中的应用

在三维空间直角坐标系中，常见的二次曲面有如下方程形式.

(1)椭球面(ellipsoid)：

$$\frac{x_1^2}{a^2}+\frac{x_2^2}{b^2}+\frac{x_3^2}{c^2}=1 \qquad (a \geqslant b \geqslant c>0).$$

当 $a=b=c$ 时，上式表示半径为 a 的球面.

(2)单叶双曲面(hyperboloid of one sheet)：

$$\frac{x_1^2}{a^2}+\frac{x_2^2}{b^2}-\frac{x_3^2}{c^2}=1 \qquad (a \geqslant b>0,\ c>0).$$

(3)双叶双曲面(hyperboloid of two sheets)：

$$\frac{x_3^2}{c^2}-\frac{x_1^2}{a^2}-\frac{x_2^2}{b^2}=1 \qquad (a \geqslant b>0,\ c>0).$$

(4)二次锥面(cone of the second order)：

$$\frac{x_1^2}{a^2}+\frac{x_2^2}{b^2}-\frac{x_3^2}{c^2}=0 \qquad (a \geqslant b>0,\ c>0).$$

(5)椭圆抛物面(elliptic paraboloid)：

$$\frac{x_1^2}{a^2}+\frac{x_2^2}{b^2}=x_3 \qquad (a \geqslant b>0).$$

(6)双曲抛物面(hyperbolic paraboloid)：

$$\frac{x_1^2}{a^2}-\frac{x_2^2}{b^2}=x_3 \qquad (a \geqslant b>0).$$

以上是六种常见的空间二次曲面，除此之外，还有一些其他二次曲面，比如平行平面等. 可见，只要我们能够把方程转化为上述标准形式之一，相应地就可以判断出该方程所代表的曲面类型.

设三元二次方程的一般形式为

$$a_{11}x_1^2+a_{22}x_2^2+a_{33}x_3^2+2a_{12}x_1x_2+2a_{13}x_1x_3+2a_{23}x_2x_3+ \\ b_1x_1+b_2x_2+b_3x_3+c=0. \tag{7.4.4}$$

令 $\boldsymbol{A}=(a_{ij})_{3\times3}$，其中 $a_{ij}=a_{ji}(i,\ j=1,\ 2,\ 3)$，$\boldsymbol{\alpha}=(x_1,\ x_2,\ x_3)^{\mathrm{T}}$，$\boldsymbol{b}=(b_1,\ b_2,$

$b_3)^{\mathrm{T}}$，则(7.4.4)可写为

$$\boldsymbol{\alpha}^{\mathrm{T}}\boldsymbol{A}\boldsymbol{\alpha}+\boldsymbol{b}^{\mathrm{T}}\boldsymbol{\alpha}+c=0. \tag{7.4.5}$$

由于 $\boldsymbol{A}=\boldsymbol{A}^{\mathrm{T}}$，故可通过正交变换 $\boldsymbol{\alpha}=\boldsymbol{P}\boldsymbol{\gamma}$($\boldsymbol{P}$ 是正交矩阵)使得

$$\boldsymbol{P}^{\mathrm{T}}\boldsymbol{A}\boldsymbol{P}=\boldsymbol{\Lambda}=\operatorname{diag}(\lambda_1,\lambda_2,\lambda_3),$$

即(7.4.5)化为

$$\boldsymbol{\gamma}^{\mathrm{T}}\boldsymbol{\Lambda}\boldsymbol{\gamma}+\boldsymbol{b}^{\mathrm{T}}\boldsymbol{P}\boldsymbol{\gamma}+c=0. \tag{7.4.6}$$

令 $\boldsymbol{b}^{\mathrm{T}}\boldsymbol{P}=[d_1,d_2,d_3]$，则(7.4.6)化为

$$\lambda_1y_1^2+\lambda_2y_2^2+\lambda_3y_3^2+d_1y_1+d_2y_2+d_3y_3+c=0. \tag{7.4.7}$$

(7.4.7)中二次项只含平方项，不含交叉项，故再作一次平移变换(对(7.4.7)配方化简)就能把方程化为容易判断形状的标准方程，从而进一步判断出原三元二次方程所代表曲面的形状. 但问题是我们在三元二次方程化简过程中所作的正交变换与平移变换有没有改变方程所表示的曲面的形状呢？答案是没有. 事实上，正交变换相当于旋转变换，即把坐标轴作了一个旋转且仍然保持其相互间夹角为直角；而平移变换相当于把坐标原点作了一个移动. 故两种变换都不会改变曲面方程所代表的曲面的形状.

例 7.4.3 判断方程 $x_1^2+2x_2^2+2x_3^2-4x_2x_3+2x_1-\sqrt{2}x_2-\sqrt{2}x_3+6=0$ 代表什么曲面.

解 令

$$\boldsymbol{A}=\begin{bmatrix}1&0&0\\0&2&-2\\0&-2&2\end{bmatrix},\ \boldsymbol{\alpha}=\begin{bmatrix}x_1\\x_2\\x_3\end{bmatrix},\ \boldsymbol{b}=\begin{bmatrix}2\\-\sqrt{2}\\-\sqrt{2}\end{bmatrix},$$

故原方程可写为

$$\boldsymbol{\alpha}^{\mathrm{T}}\boldsymbol{A}\boldsymbol{\alpha}+\boldsymbol{b}^{\mathrm{T}}\boldsymbol{\alpha}+6=0.$$

求出 $\boldsymbol{A}$ 的特征值及相应的正交规范的特征向量.

$\lambda_1=0$ 时，$\boldsymbol{\xi}_1=\left[0,\frac{\sqrt{2}}{2},\frac{\sqrt{2}}{2}\right]^{\mathrm{T}}$；

$\lambda_2=1$ 时，$\boldsymbol{\xi}_2=[1,0,0]^{\mathrm{T}}$；

$\lambda_3=4$ 时，$\boldsymbol{\xi}_3=\left[0,\frac{\sqrt{2}}{2},-\frac{\sqrt{2}}{2}\right]^{\mathrm{T}}$.

取正交阵

$$\boldsymbol{P}=\begin{bmatrix}0&1&0\\\frac{\sqrt{2}}{2}&0&\frac{\sqrt{2}}{2}\\\frac{\sqrt{2}}{2}&0&-\frac{\sqrt{2}}{2}\end{bmatrix},$$

则

$$\boldsymbol{P}^{\mathrm{T}}\boldsymbol{A}\boldsymbol{P}=\operatorname{diag}(0,1,4).$$

作正交变换 $\boldsymbol{\alpha}=\boldsymbol{P}\boldsymbol{\gamma}$，其中 $\boldsymbol{\gamma}=[y_1,y_2,y_3]^{\mathrm{T}}$，有

$$\boldsymbol{\gamma}^{\mathrm{T}}\boldsymbol{P}^{\mathrm{T}}\boldsymbol{A}\boldsymbol{P}\boldsymbol{\gamma}+\boldsymbol{b}^{\mathrm{T}}\boldsymbol{P}\boldsymbol{\gamma}+6=0,$$

即

$$y_2^2+2y_2+4y_3^2-2y_1+6=0,$$

$$(y_2+1)^2+4y_3^2=2\left(y_1-\frac{5}{2}\right).$$

作平移变换

$$\begin{cases} z_1=y_1-\dfrac{5}{2}, \\ z_2=y_2+1, \\ z_3=y_3. \end{cases}$$

有

$$\frac{z_2^2}{2}+\frac{z_3^2}{\frac{1}{2}}=z_1.$$

这是一个椭圆抛物面.

习题 7

1. 分别用正交变换法、配方法、合同变换法把下列二次型化为标准形.

(1) $f(x_1, x_2, x_3)=x_1^2+2x_1x_2-2x_1x_3-2x_2x_3$;

(2) $f(x_1, x_2, x_3)=2x_1x_2+2x_1x_3+2x_2x_3$;

(3) $f(x_1, x_2, x_3)=-2x_1^2-x_2^2+x_3^2+2x_1x_2+6x_1x_3+4x_2x_3$.

2. $f(x, y, z)=x^2+4y^2+z^2-4xy-8xz-4yz$，且 $x^2+y^2+z^2=1$，求 $f(x, y, z)$ 的最大值.

3. $f(x_1, x_2, x_3)=[x_1, x_2, x_3]\begin{bmatrix} t & 2 & 2 \\ 2 & t & 2 \\ 2 & 2 & t \end{bmatrix}\begin{bmatrix} x_1 \\ x_2 \\ x_3 \end{bmatrix}$.

(1) 求 t 的值，使 $f(x_1, x_2, x_3)$ 负定；

(2) 求 t 的值，使 $f(x_1, x_2, x_3)$ 半正定.

4. 设 $f(\boldsymbol{\alpha})=\boldsymbol{\alpha}^{\mathrm{T}}\boldsymbol{A}\boldsymbol{\alpha}$ 是一 n 元实二次型，且 $\boldsymbol{A}=\boldsymbol{A}^{\mathrm{T}}$，$\lambda_1\leqslant\lambda_2\leqslant\cdots\leqslant\lambda_n$ 是 $\boldsymbol{A}$ 的 n 个特征值. 证明：对任一 n 维实向量 $\boldsymbol{\alpha}$ 都有 $\lambda_1\boldsymbol{\alpha}^{\mathrm{T}}\boldsymbol{\alpha}\leqslant\boldsymbol{\alpha}^{\mathrm{T}}\boldsymbol{A}\boldsymbol{\alpha}\leqslant\lambda_n\boldsymbol{\alpha}^{\mathrm{T}}\boldsymbol{\alpha}$.

5. 设 $\boldsymbol{A}$ 是 n 阶实对称矩阵，且 $|\boldsymbol{A}|<0$. 证明：存在 n 维实向量 $\boldsymbol{\alpha}$，使得 $\boldsymbol{\alpha}^{\mathrm{T}}\boldsymbol{A}\boldsymbol{\alpha}<0$.

6. 设 $f(\boldsymbol{\alpha})=\boldsymbol{\alpha}^{\mathrm{T}}\boldsymbol{A}\boldsymbol{\alpha}$ 是一实二次型，$\boldsymbol{A}=\boldsymbol{A}^{\mathrm{T}}$，若存在 n 维实向量 $\boldsymbol{\alpha}_1$，$\boldsymbol{\alpha}_2$，使得 $f(\boldsymbol{\alpha}_1)<0$，$f(\boldsymbol{\alpha}_2)>0$. 证明：存在 n 维实向量 $\boldsymbol{\alpha}_0\neq\boldsymbol{0}$，使得 $f(\boldsymbol{\alpha}_0)=0$.

7. $\forall\boldsymbol{A}\in\mathbf{R}^{m\times n}$，$R(\boldsymbol{A})<n$，证明：$\boldsymbol{A}^{\mathrm{T}}\boldsymbol{A}$ 为半正定矩阵.

8. $\forall\boldsymbol{A}\in\mathbf{R}^{m\times n}$，$R(\boldsymbol{A})=n$，证明：$\boldsymbol{A}^{\mathrm{T}}\boldsymbol{A}$ 为正定矩阵.

9. 设 $\boldsymbol{A}$，$\boldsymbol{B}$ 分别是 m 阶和 n 阶正定矩阵，且满足

$$\boldsymbol{C}=\begin{bmatrix}\boldsymbol{A} & \boldsymbol{0}\\ \boldsymbol{0}^{\mathrm{T}} & \boldsymbol{B}\end{bmatrix}.$$

试证明 $\boldsymbol{C}$ 是正定矩阵.

10. 设二次曲面 $x^2+ay^2+z^2+2bxy+2xz+2yz=4$ 可经正交变换$[x, y, z]^{\mathrm{T}}=\boldsymbol{P}[\xi, \eta, \zeta]^{\mathrm{T}}$化为 $\eta^2+4\zeta^2=4$(椭圆柱面方程),求 a,b 的值及正交矩阵 $\boldsymbol{P}$.

11. 设二次型 $f(x_1, x_2, x_3)=2x_1^2+x_2^2+x_3^2+2x_1x_2+tx_2x_3$ 是正定的,求 t 的取值范围.

12. 证明二次型 $f(x_1, x_2, \cdots, x_n)=n\sum\limits_{i=1}^{n}x_i^2-(\sum\limits_{i=1}^{n}x_i)^2$ 是半正定二次型.

13. 设 $\boldsymbol{A}$ 是正定矩阵,证明:$\boldsymbol{A}$ 的对角元素都大于零.

14. 设 $\boldsymbol{A}$ 为实反对称矩阵,证明:$\boldsymbol{I}-\boldsymbol{A}^2$ 为正定矩阵.

15. 设 $\boldsymbol{A}$ 既是正定矩阵,又是正交矩阵,证明:$\boldsymbol{A}$ 是单位矩阵.

在线练习 7

*第 8 章　北太天元在线性代数中的应用

目前为止，我们已经从理论上学习了低阶的行列式、向量、矩阵、线性方程组、矩阵特征值等线性代数问题的计算方法，但是我们在实践中遇到的问题往往是超过一千阶甚至一万阶的高阶问题，因此，传统的笔算方法显得无能为力，我们需要依靠电子计算机并借助于一些专业的数学软件来进行求解. 这类软件较多，如北太天元、MATLAB、MAPPLE、MATHMATICA、ANSYS 等，本章主要简单介绍国产软件北太天元的入门用法.

§8.1　北太天元简介

北太天元是北太天元数值计算通用软件（Baltamatica Numerical Computation Software）的简称，这是我国独立自主研发的第一款面向科学计算与工程计算的国产通用型科学计算软件. 该软件提供科学计算、可视化、交互式程序设计等功能，具备强大的底层数学函数库，支持数值计算、数据分析、数据可视化、数据优化、算法开发等工作，并通过 SDK 与 API 接口，扩展支持各类学科与行业场景，为各领域科学家与工程师提供优质、可靠的科学计算环境. 用户可以把北太天元语言看作一门比 FORTRAN 语言、BASIC 语言、PASCAL 语言、C 语言等计算机高级语言更接近自然语言的计算机高级语言，其允许用户以数学形式的语言编写程序. 该软件的操作和功能函数指令多数是以数学书上的一些常见的英文单词来表达的，并继承了 C 语言的语法格式. 这些特点使得我们使用北太天元更加方便、容易. 使用北太天元有两种常见方法：一种是像其他计算机高级语言一样，在程序编辑窗口（北太天元 Editor/Debug Window）将我们的思想编写成一个程序存储在一个文件里，然后执行这个文件，称为程序式执行，这种方法适合复杂运算；另一种是在命令窗口（北太天元 Command Window）将我们的思想写成命令，逐条执行，称为命令式执行，这种方法适合简单运算. 下面主要介绍北太天元命令式执行的一些常见命令，以加深我们对线性代数部分概念的理解. 注意，本章所有的例题结果都是基于北太天元 V2.5.1 版本获得的.

§8.2 北太天元的基本操作

§8.2.1 启动北太天元

安装完北太天元后,启动北太天元的常见方法是双击系统桌面的北太天元图标,或者在开始菜单的程序选项中选择北太天元快捷方式,或者在北太天元的安装路径中双击可执行文件“baltamatica.vbs”.

§8.2.2 命令窗口

北太天元的命令窗口如图 8.1 所示,其中“>>”为运算提示符,表示北太天元当前已经处于准备就绪状态,随时等候用户输入命令并且命令在用户输入 Enter 键后执行,执行完毕会再次进入准备就绪状态.

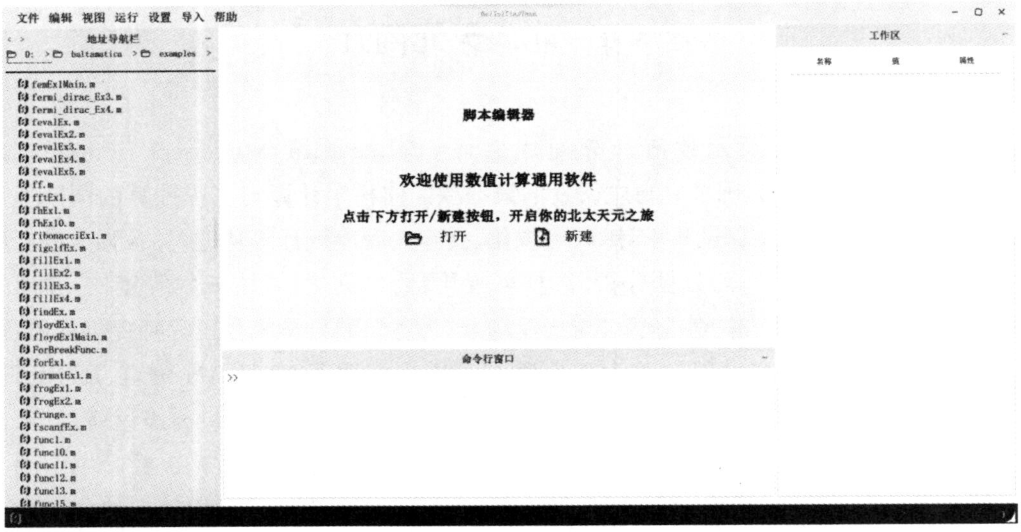

图 8.1 北太天元的命令窗口

§8.2.3 常见运算符

通过表 8.1 可以了解北太天元的常见运算符.

表 8.1　北太天元的常见运算符

运算符	说　　明	键盘按键	说　　明
+	算术加	^	算术乘方
−	算术减	.^	点乘方
*	算术乘	\	算术左除
.*	点乘	.\	点左除
'	矩阵转置．当矩阵是复数时，求矩阵的共轭转置	/	算术右除
.'	矩阵转置．当矩阵是复数时，不求矩阵的共轭转置	./	点右除
==	等于	&,&&	逻辑与．两个操作数同时为 1 时，结果为 1；否则，为 0
~=	不等于	|,||	逻辑或．两个操作数同时为 0 时，结果为 0；否则，为 1
>	大于	~	逻辑非．当操作数为 0 时，结果为 1；否则，为 0
>=	大于等于	any	有非零元素则为真
<	小于	all	所有元素非零则为真
<=	小于等于		

§8.3　向量的生成与运算

向量的生成主要有下面三种方法.

§8.3.1　直接输入法

在命令窗口中直接输入向量元素，并用“[　]”括起来，元素之间可以用逗号、空格或分号分隔，逗号和空格分隔生成行向量，分号分隔生成列向量.

例 8.3.1

```
>> a=[1,2,3]
a=
   1×3 double
     1     2     3
>> b=[1  2  3]
b=
```

```
  1×3 double
    1    2    3
>> c=[1;2;3]
c=
  3×1 double
    1
    2
    3
```

§8.3.2 冒号生成法

冒号生成的基本语法是:b=x_0:step:x_n,x_0 表示向量的首元素值,x_n表示向量的尾元素值,step 表示相邻元素的差值. 当 x_0<x_n时,step 必须大于零;当 x_0<x_n时,step 必须小于零;若 step=1,则可省略输入此项而写成 b=x_0:x_n.

例 8.3.2

```
>> a=3:2:10
a=
  1×4 double
    3    5    7    9
>> b=3:7
b=
  1×5 double
    3    4    5    6    7
>> c=3:-2:9
c=
  1×0 empty double
```

§8.3.3 线性等分生成法

北太天元提供函数 linspace 生成等分向量,格式如下:

a=linspace(x1,x2)　　生成 100 维的向量,使得 a(1)==x1,a(100)==x2,且 a 的各个分量构成等差数列;

a=linspace(x1,x2,n)　　生成 n 维的向量,使得 a(1)==x1,a(n)==x2,且 a 的各个分量构成等差数列.

例 8.3.3

```
>> a=linspace(3,11,4)
```

```
a=
  1×4 double
    3.0000    5.6667    8.3333    11.0000
```

向量的基本运算包括下面三种运算.

(1)加(减)运算、数乘运算以及数的加(减)运算.

例 8.3.4

```
>> a=1:5
a=
  1×5 double
    1    2    3    4    5

>> b=3:7
b=
  1×5 double
    3    4    5    6    7

>> a+b
ans=
  1×5 double
    4    6    8    10    12

>> 3*(a+b)
ans=
  1×5 double
    12    18    24    30    36

>> a+b+3
ans=
  1×5 double
    7    9    11    13    15
```

(2) 向量的转置.

“′”表示转置.

例 8.3.5

```
>> d=a'
d=
  5×1 double
    1
    2
```

```
    3
    4
    5
>> d'
ans=
  1×5 double
    1    2    3    4    5
```

(3)两个向量的点积(内积)运算.

两个向量的数量点积是指两个向量中的一个向量在另外一个向量方向上的投影与该向量(第二个向量)的乘积,即两个向量的内积.

dot(a,b)返回向量 a,b 的数量点积(内积),a 和 b 必须维数相同.

例 8.3.6

```
>> dot(a,b)
ans=
  1×1 double
    85
>> a*b'
ans=
  1×1 double
    85
```

§8.4 矩阵的生成与运算

§8.4.1 矩阵的生成

矩阵的生成主要有两种方式:一是利用生成列向量的方法直接按列生成;二是利用矩阵函数 zeros(m,n) 生成 m 行 n 列的零矩阵,然后编程对各个元素赋予需要的元素值.

例 8.4.1

```
>> A=[1 3 5;0 1 0;1 0 1]
A=
  3×3 double
    1    3    5
    0    1    0
    1    0    1
>> B=zeros(3,3)
```

```
B=
  3×3 double
    0     0     0
    0     0     0
    0     0     0
>> B(1,1)=1,B(1,2)=2,B(1,3)=3
B=
  3×3 double
    1     0     0
    0     0     0
    0     0     0
B=
  3×3 double
    1     2     0
    0     0     0
    0     0     0
B=
  3×3 double
    1     2     3
    0     0     0
    0     0     0
>> B(2,2)=2,B(3,3)=3
B=
  3×3 double
    1     2     3
    0     2     0
    0     0     0
B=
  3×3 double
    1     2     3
    0     2     0
    0     0     3
```

§8.4.2　矩阵的加减运算与乘法运算

用“+”“-”符号进行同型矩阵的加减运算；用”*”符号进行矩阵乘法运算；乘法运算

时要求参与运算的两矩阵满足乘法运算规则,即左矩阵的列数与右矩阵的行数相等.

例 8.4.2 按例 8.4.1 的 A,B 进行运算.

```
>> A+B
ans=
  3×3 double
    2    5    8
    0    3    0
    1    0    4
>> A-B
ans=
  3×3 double
    0    1    2
    0   -1    0
    1    0   -2
>> A*B
ans=
  3×3 double
    1    8   18
    0    2    0
    1    2    6
```

§8.4.3 矩阵的“除法”运算

线性代数教材中没有对矩阵定义除法运算,为了程序设计方便起见,现特别定义两种形式“除法”运算:左除“\”和右除“/”.

设 $\boldsymbol{A},\boldsymbol{B}$ 为 n 阶方阵且 $\boldsymbol{A}$ 可逆,则定义:$\boldsymbol{A}\backslash\boldsymbol{B}=\boldsymbol{A}^{-1}\boldsymbol{B},\boldsymbol{B}/\boldsymbol{A}=\boldsymbol{B}\boldsymbol{A}^{-1}$.

例 8.4.3 按例 8.4.1 的 A, B 进行运算.

```
>> A\B
ans=
  3×3 double
   -0.2500    1.0000    3.0000
   -0.0000    2.0000   -0.0000
    0.2500   -1.0000   -0.0000
>> B/A
ans=
  3×3 double
```

```
  0.5000    0.5000    0.5000
  0.0000    2.0000    0.0000
  0.7500   -2.2500   -0.7500
```

§8.4.4　方阵的乘方运算与矩阵的转置运算

用"^"符号对方阵进行乘方运算：$\boldsymbol{A}\hat{}n=\boldsymbol{A}^n$.

用"′"符号对任意矩阵进行转置运算：$\boldsymbol{A}'=\boldsymbol{A}^{\mathrm{T}}$.

例 8.4.4　按例 8.4.1 的 A，B 进行运算.

```
>> B'
ans=
  3×3 double
    1    0    0
    2    2    0
    3    0    3
>> A'
ans=
  3×3 double
    1    0    1
    3    1    0
    5    0    1
>> B^3
ans=
  3×3 double
    1   14   39
    0    8    0
    0    0   27
>> A^2
ans=
  3×3 double
    6    6   10
    0    1    0
    2    3    6
```

§8.5 常用的矩阵函数

北太天元中的矩阵函数是指以矩阵整体作为输入变量,从而得到一个输出结果的函数.该输出结果可能是一个数,或者是一个向量,或者是一个矩阵,或者是多个矩阵.

(1) inv(A) 返回 $\boldsymbol{A}$ 的逆矩阵.

(2) det(A) 返回 $\boldsymbol{A}$ 的行列式.

(3) rank(A) 返回 $\boldsymbol{A}$ 的秩.

(4) trace(A) 返回 $\boldsymbol{A}$ 的迹.

(5) eig(A) 返回 $\boldsymbol{A}$ 的 n 个特征向量构成的矩阵.

(6) [C,D]=eig(A) 双赋值语句,返回值 C 中存储了 $\boldsymbol{A}$ 的 n 个特征向量按列构成的矩阵,返回值 D 代表了以 $\boldsymbol{A}$ 的 n 个特征值为对角元构成的对角矩阵.

(7) rref(A) 返回矩阵 $\boldsymbol{A}$ 的行最简形.

例 8.5.1 按例 8.4.1 的 A, B 进行运算.

```
>> B
B=
  3×3 double
    1    2    3
    0    2    0
    0    0    3
>> A
A=
  3×3 double
    1    3    5
    0    1    0
    1    0    1
>> rank(A)
ans=
  1×1 double
    3
>> trace(A)
ans=
  1×1 double
    3
>> det(A)
```

```
ans=
  1×1 double
    -4
>> eig(A)
ans=
  3×3 double
        0.9129   -0.9129   -0.0000
        0.0000    0.0000    0.8575
        0.4082    0.4082   -0.5145
>> [C, D]=eig(A)
C=
  3×3 double
        0.9129   -0.9129   -0.0000
        0.0000    0.0000    0.8575
        0.4082    0.4082   -0.5145
D=
  3×3 double
        3.2361    0.0000    0.0000
        0.0000   -1.2361    0.0000
        0.0000    0.0000    1.0000
>> rref(A)
ans=
  3×3 double
    1    0    0
    0    1    0
    0    0    1
>> inv(A)
ans=
  3×3 double
        -0.2500    0.7500    1.2500
         0.0000    1.0000    0.0000
         0.2500   -0.7500   -0.2500
>> inv(A) * B
ans=
  3×3 double
```

```
-0.2500    1.0000   3.0000
 0.0000    2.0000   0.0000
 0.2500   -1.0000   0.0000
>> B*inv(A)
ans=
 3×3 double
  0.5000    0.5000    0.5000
  0.0000    2.0000    0.0000
  0.7500   -2.2500   -0.7500
```

§8.6 线性方程组求解

§8.6.1 求齐次线性方程组 $\boldsymbol{A\alpha}=\mathbf{0}$ 的基础解系

S=null(A)

当齐次方程组有基础解系时，S 的各列就是其基础解系，且是规范正交的列向量组；否则，S 返回空矩阵.

例 8.6.1

```
>> A=[1 2 3; 1 0 1;0 0 0]
A=
 3×3 double
   1    2    3
   1    0    1
   0    0    0
>> B=[1 2 3; 1 0 1;0 0 1]
B=
 3×3 double
   1    2    3
   1    0    1
   0    0    1
>> S1=null(A)
S1=
 3×1 double
```

```
  -0.5774
  -0.5774
   0.5774
>> S2=null(B)
S2=
  3×0 empty double
>> C=[1 1 1;0 0 0;0 0 0]
C=
  3×3 double
    1    1    1
    0    0    0
    0    0    0
>> S3=null(C)
S3=
  3×2 double
     0.8165    0.0000
    -0.4082   -0.7071
    -0.4082    0.7071
```

§8.6.2　求非齐次线性方程组 $\boldsymbol{A\alpha}=\boldsymbol{b}$ 的解

α=A\b

当方程组有唯一解时，α 表示该解；否则，α 返回无意义的向量.

例 8.6.2　按例 8.6.1 的 A,B,C 进行运算.

```
>> b=[1,1,0]'
b=
  3×1 double
    1
    1
    0
>> A\b
警告:在当前机器精度下矩阵接近奇异.
ans=
  3×1 double
    1
    1
```

```
    0
>> B\b
ans=
  3×1 double
    1
    0
    0
>> C\b
警告:在当前机器精度下矩阵接近奇异.
ans=
  3×1 double
    1
    1
    0
```

显然,本例中 $\boldsymbol{A\alpha}=\boldsymbol{b}$ 是有解的,且有无穷多解,那么如何求出其通解呢?我们可以借助于矩阵的行最简形函数 rref()来求通解.

```
>> rref([A,b])
ans=
  3×4 double
    1    0    1    1
    0    1    1    0
    0    0    0    0
```

这意味着:

$$\begin{cases} x_1+0x_2+\ x_3=1, \\ 0x_1+\ x_2+\ x_3=0, \\ 0x_1+0x_2+0x_3=0, \end{cases}$$

即

$$\begin{cases} x_1+x_3=1, \\ x_2+x_3=0, \end{cases}$$

也即

$$\begin{bmatrix} x_1 \\ x_2 \\ x_3 \end{bmatrix}=\begin{bmatrix} -x_3+1 \\ -x_3 \\ x_3 \end{bmatrix}=\begin{bmatrix} -x_3 \\ -x_3 \\ x_3 \end{bmatrix}+\begin{bmatrix} 1 \\ 0 \\ 0 \end{bmatrix}=x_3\begin{bmatrix} -1 \\ -1 \\ 1 \end{bmatrix}+\begin{bmatrix} 1 \\ 0 \\ 0 \end{bmatrix}.$$

所以 $\boldsymbol{A\alpha}=\boldsymbol{b}$ 的通解为

$$\boldsymbol{\alpha}=k\begin{bmatrix}-1\\-1\\1\end{bmatrix}+\begin{bmatrix}1\\0\\0\end{bmatrix},\quad k\in\mathbf{R}.$$

例 8.6.3　已知

$$\boldsymbol{A}=\begin{bmatrix}1&2&3\\2&4&6\\1&1&1\end{bmatrix},\qquad \boldsymbol{b}=\begin{bmatrix}1\\2\\1\end{bmatrix}.$$

求 $\boldsymbol{A\alpha}=\boldsymbol{b}$ 的通解.

解　利用矩阵[A,b]的行最简形的定义，可以证明 rref([A,b])的最后一列就是 $\boldsymbol{A\alpha}=\boldsymbol{b}$ 的一个特解；而 $\boldsymbol{A\alpha}=\boldsymbol{0}$ 的基础解系可以用函数 null()求出. 故利用下列语句可求出方程组的通解.

```
>> A=[1 2 3;2 4 6;1 1 1]
A=
  3×3 double
    1     2     3
    2     4     6
    1     1     1
>> b=[1,2,1]'
b=
  3×1 double
    1
    2
    1
>> rref([A,b])
ans=
  3×4 double
    1   0   -1   1
    0   1    2   0
    0   0    0   0
>> null(A)
ans=
  3×1 double
      0.4082
     -0.8165
      0.4082
```

故 $\boldsymbol{A\alpha}=\boldsymbol{b}$ 的通解为

$$\boldsymbol{\alpha}=k\begin{bmatrix}0.408248290463864\\-0.816496580927726\\0.408248290463864\end{bmatrix}+\begin{bmatrix}1\\0\\0\end{bmatrix}\approx k\begin{bmatrix}0.4082\\-0.8165\\0.4082\end{bmatrix}+\begin{bmatrix}1\\0\\0\end{bmatrix},\ k\in\mathbf{R}.$$

因此,对于一般的非齐次方程组 $\boldsymbol{A\alpha}=\boldsymbol{b}$,可以首先利用 rank(A)是否等于 rank([A,b])来判断是否有解;有解时,再利用 rank([A,b])是否小于 n 来判断是否有无穷多解;有无穷多解时,再利用例 8.6.3 的方法来求通解.

§8.7 化二次型为标准形

把二次型 $f(x_1,\cdots,x_n)=\boldsymbol{\alpha}^{\mathrm{T}}\boldsymbol{A\alpha}$ 化为标准二次型的方法一般是寻求一个可逆线性变换 $\boldsymbol{\alpha}=\boldsymbol{C\gamma}$,把原二次型化为 $g(y_1,\cdots,y_n)=\boldsymbol{\gamma}^{\mathrm{T}}\boldsymbol{C}^{\mathrm{T}}\boldsymbol{AC\gamma}$,只需$\boldsymbol{C}^{\mathrm{T}}\boldsymbol{AC}$ 是对角阵即可. 由 6.3 节可知,$\boldsymbol{C}$ 取相互正交的单位特征向量即可满足$\boldsymbol{C}^{\mathrm{T}}\boldsymbol{AC}$ 是对角阵且对角元是特征值.

例 8.7.1 将二次型 $f(x_1,x_2,x_3)=x_1x_2+x_1x_3-3x_2x_3$ 化为标准形.

解 二次型 f 的矩阵为

$$\boldsymbol{A}=\begin{bmatrix}0&\frac{1}{2}&\frac{1}{2}\\\frac{1}{2}&0&-\frac{3}{2}\\\frac{1}{2}&-\frac{3}{2}&0\end{bmatrix}$$

首先利用 eig()函数求出 $\boldsymbol{A}$ 的特征值和相应的特征向量.

```
>> A=[0 1/2 1/2;1/2 0 -3/2;1/2 -3/2 0]
A=
  3×3 double
      0.0000    0.5000     0.5000
      0.5000    0.0000    -1.5000
      0.5000   -1.5000     0.0000
>>[C,D]=eig(A)
C=
  3×3 double
      0.9294    0.3690     0.0000
      0.2610   -0.6572    -0.7071
      0.2610   -0.6572     0.7071
D=
  3×3 double
```

```
    0.2808      0.0000      0.0000
    0.0000     -1.7808      0.0000
    0.0000      0.0000      1.5000
>>eig(A)
ans=
  3×3 double
    0.9294      0.3690       0.0000
    0.2610     -0.6572      -0.7071
    0.2610     -0.6572       0.7071
```

D 显示的特征值为 0.2808，−1.7808，1.5000，所以标准形为

$$g(y_1,y_2,y_3)=0.2808y_1^2-1.7808y_2^2+1.5000y_3^2.$$

此处 $\boldsymbol{C}$ 恰好是一个正交矩阵，故相应的正交变换为 $\boldsymbol{\alpha}=\boldsymbol{C\gamma}$.

以上就是北太天元的一些常见命令（函数），在命令行窗口下它们只能对部分简单的应用问题求解. 更复杂的应用问题一般需要进行程序设计求解，关于程序设计已经超出了本书范围，故建议读者多参考有关北太天元的专门书籍.

习题 8

1. 已知

$$\boldsymbol{A}=\begin{bmatrix}1&2\\3&4\end{bmatrix},\qquad \boldsymbol{B}=\begin{bmatrix}0&1&-3\\1&0&1\\-3&1&0\end{bmatrix}.$$

用北太天元分别求 $\boldsymbol{A}$，$\boldsymbol{B}$ 的行列式、秩、迹、逆矩阵、行最简矩阵、转置矩阵、特征值、特征向量、特征多项式以及与列向量组等价的正交向量组（正交基）.

2. 已知

$$\boldsymbol{B}=\begin{bmatrix}0&1&-3\\1&0&1\\-3&1&0\end{bmatrix},\qquad \boldsymbol{b}=\begin{bmatrix}1\\2\\3\end{bmatrix}.$$

用北太天元求 $\boldsymbol{B\alpha}=\boldsymbol{0}$ 的基础解系和 $\boldsymbol{B\alpha}=\boldsymbol{b}$ 的解.

3. 用北太天元求如下方程组的通解.

$$(1)\begin{cases}x_1+x_2-x_3=1,\\-5x_1-8x_2+x_3=0,\\2x_1+3x_2+x_3=1;\end{cases}$$

$$(2)\begin{cases}x_1+3x_2-x_3=1,\\-2x_1+6x_2-2x_3=-2,\\2x_1-x_2+x_3=9;\end{cases}$$

(3) $\begin{cases} 3x_1+2x_2-x_3=1, \\ -x_1+2x_2+3x_3=0, \\ 6x_1+4x_2-2x_3=2; \end{cases}$

(4) $\begin{cases} x_1-x_3=0, \\ 8x_2+16x_3=8, \\ x_1+x_2+x_3=1; \end{cases}$

(5) $\begin{cases} x_1-x_2-x_3=1, \\ x_1-8x_2+x_3=2, \\ 5x_1+3x_2+x_3=1. \end{cases}$

4. 利用北太天元化如下二次型为标准形.

(1) $f(x_1,x_2,x_3)=x_1x_2+x_1x_3+x_2x_3$;

(2) $f(x_1,x_2,x_3)=x_1^2-x_1x_2+x_2^2-2x_2x_3+x_3^2$;

(3) $f(x_1,x_2,x_3)=x_1x_2+x_1x_3+3x_2^2-2x_2x_3$.

附录　矩阵行最简形的唯一性

定理　每一个矩阵 $\boldsymbol{A}$ 都行等价于唯一一个行最简形矩阵 $\boldsymbol{U}$.

证明　根据行化简算法，用初等行变换将一个矩阵化为阶梯形，一定有行最简形存在.

假设一个矩阵 $\boldsymbol{A}$ 经过初等行变换化成两个行最简形 $\boldsymbol{U}$ 和 $\boldsymbol{V}$，则矩阵 $\boldsymbol{U}$ 的每一非零行最左边非零元一定是首项元素 1. 其所在位置为主元位置，且其所在列为主元列（这仅仅用到了行最简形矩阵定义中的阶梯形性质）.

矩阵 $\boldsymbol{U}$ 和 $\boldsymbol{V}$ 的主元列恰好是非零行的非零首元所在列，这些列构成的向量组线性无关. 由于 $\boldsymbol{U}$ 和 $\boldsymbol{V}$ 都是由 $\boldsymbol{A}$ 经初等行变换得到的，从而它们行等价，因此它们的列向量组有相同的线性相关关系，所以 $\boldsymbol{U}$ 和 $\boldsymbol{V}$ 的主元列出现在相同的位置上. 由于它们是行最简形，如果有 r 个这样的列，主元列就是矩阵 $\boldsymbol{U}$ 和 $\boldsymbol{V}$ 中某个 r 阶单位子矩阵对应的 r 列. 因此，$\boldsymbol{U}$ 和 $\boldsymbol{V}$ 对应的主元列相等.

最后，考虑 $\boldsymbol{U}$ 中任意一个非主元列，比如第 j 列，则该列是全部主元列的线性组合（因为全部主元列是矩阵 $\boldsymbol{U}$ 的列空间的一组基）. 不论是哪种情况，都可以写成 $\boldsymbol{U}\boldsymbol{x}=0$，其中 $\boldsymbol{x}$ 的第 j 个元素为 1. 同样也有 $\boldsymbol{V}\boldsymbol{x}=0$，表示 $\boldsymbol{V}$ 的第 j 列是 $\boldsymbol{V}$ 的主元列的同一线性组织. 由于 $\boldsymbol{U}$ 和 $\boldsymbol{V}$ 对应的主元列相等，$\boldsymbol{U}$ 和 $\boldsymbol{V}$ 的第 j 列也相等. 对于任意非主元列，上述结论都成立，因此 $\boldsymbol{U}=\boldsymbol{V}$. 这就表明 $\boldsymbol{U}$ 是唯一的.

参考文献

[1] 张慎语，周厚隆．线性代数［M］．北京：高等教育出版社，2002.

[2] David C L．线性代数［M］．北京：人民邮电出版社，2007.

[3] Steven J L．线性代数［M］．北京：机械工业出版社，2007.

[4] 四川大学数学学院高等数学教研室．高等数学［M］．北京：高等教育出版社，2010.

[5] 杨大地，谭骏渝．实用数值分析［M］．重庆：重庆大学出版社，2000.

[6] David C L．Linear Algebra and Its Applications［M］．3rd ed．北京：电子工业出版社，2010.

[7] Johnson L W，Riess R D，Arnold J T．Introduction to Linear Algebra［M］．5th ed．北京：机械工业出版社，2002.

[8] 北京大学数学系前代数小组．高等代数［M］．4 版．王萼芳，石生明，修订．北京：高等教育出版社，2013.

[9] 同济大学数学系．线性代数［M］．6 版．北京：高等教育出版社，2014.

[10] Strang G．Linear Algebra and Its Applications［M］．4th ed．Belmont：Thomson Brooks/Cole，2006.